高等学校土建类专业BIM技术应用“十四五”规划教材

建筑BIM技术应用与实践

主　编　韦　玮　葛述苹
副主编　鞠采坪　石椿晖　袁　媛　刘　一

武汉理工大学出版社
·武　汉·

内容简介

本书为普通高等院校本科专业(建筑类)教学设计的应用型教材，结合建筑学及相关专业本科课程编写，属于实践实训类教材；适用于BIM建模技术、绿色建筑技术等相关课程，可作为高校建筑类BIM竞赛的指导用书，也可作为建筑学专业核心设计课程的辅助教材。

本书全面系统地介绍了BIM技术在建筑行业的应用与实践，围绕BIM应用教学和高校建筑类BIM竞赛展开，内容涵盖八个方面：绪论、常用BIM软件介绍、建筑BIM设计操作基础、BIM在绿色建筑技术中的应用、BIM竞赛、BIM技术在本科建筑设计课程中的应用、BIM工程实施应用以及建筑BIM技术展望。在推进产教融合的背景下，本书旨在激发学生的创造力和创新力，指导学生运用BIM技术开展建筑设计，并鼓励学生积极参与各类BIM竞赛。

图书在版编目(CIP)数据

建筑BIM技术应用与实践 / 韦玮, 葛述苹主编. --武汉 : 武汉理工大学出版社, 2024. 7. -- ISBN 978-7-5629-7112-2

Ⅰ. TU71-39

中国国家版本馆CIP数据核字第2024EQ6420号

建筑BIM技术应用与实践
Jianzhu BIM Jishu Yingyong Yu Shijian

项目负责人：王利永(027-87290908)　　责任编辑：王 思　廖 婧
责 任 校 对：张明华　　版面设计：博壹臻远
出 版 发 行：武汉理工大学出版社
网　　址：http://www.wutp.com.cn
地　　址：武汉市洪山区珞狮路122号
邮　　编：430070
印 刷 者：湖北金港彩印有限公司
发 行 者：各地新华书店
开　　本：787mm×1092mm　1/16
印　　张：20.5
字　　数：473千字
版　　次：2024年7月第1版
印　　次：2024年7月第1次印刷
定　　价：59.00元
凡购本书，如有缺页、倒页、脱页等印装质量问题，请向出版社发行部调换。
本社购书热线电话：027-87523148　87391631　87165708(传真)

前 言
Foreword

在当今快速发展的建筑行业中，技术革新不仅提升了工程效率，还深刻改变了设计理念与方法。作为革新的杰出代表，BIM技术已经在全球范围内得到广泛认可和应用。

本书的编写旨在满足普通高等院校本科教学对BIM技术知识的需求，为学生提供系统、全面的BIM技术知识，并着重培养其实践应用能力。通过学习本书，学生能够掌握BIM技术的基本原理和操作技巧，了解其在现代建筑设计、施工和管理中的重要作用，从而在未来的职业生涯中更好地应用BIM技术，推动建筑行业的持续发展。

本书由韦玮、葛述苹担任主编，鞠采坪、石椿晖、袁媛、刘一担任副主编。本书首先介绍了BIM技术的基本概念、发展历程和技术特点，并列举了常用的BIM技术软件，为学生打下坚实的理论基础；其次，详细阐述了建筑BIM设计操作的基础知识和技能，包括BIM软件的基本操作、建模流程、模型分析和优化等方面。在此基础上进一步探讨了BIM在绿色建筑技术中的应用，以提高学生解决实际问题的能力。

此外，本书还总结了BIM竞赛的相关知识和经验，鼓励学生积极参与各类BIM竞赛，锻炼实践能力和创新思维能力。为了使学生更好地将BIM技术应用于本科建筑设计课程中，在"BIM技术在本科建筑设计课程中的应用"这一章，结合具体的课程案例，详细解析了如何在课程设计中应用BIM技术，以及如何通过BIM技术提升课程设计的水平和质量。本书还探讨了BIM工程实施过程中的关键技术和方法，总结了BIM技术在实际工程项目中的应用，开阔学生的视野，为毕业后进入职场做好理论衔接。最后，本书对BIM技术的未来发展进行了展望。随着技术的不断进步和应用场景的持续拓展，BIM技术在建筑行业中的作用将日益重要。通过本书的学习，希望能够激发学生对BIM技术的兴趣和热情，培养其创新精神和实践能力，为建筑行业的未来发展输送更多优秀人才。

在本书编写过程中，特别感谢北京绿建软件股份有限公司的领导陈成、陈颖为本书编写提供的技术支持。沈阳城市建设学院建筑与规划学院学生石如意、吴启航、李祎、杨士沐、牛春雨协助完成了大量文字和图片的处理工作，在此表示衷心的感谢。同时，感谢所有读者的关注和支持。期待通过本书的学习，读者可以探索BIM技术的奥秘，共同推动建筑行业的进步和发展。如有不当之处或疏漏，恳请广大读者批评指正。

编　者

2024年6月

目录
Contents

第 1 章　绪　　论

1.1　BIM 技术概述

1.1.1　BIM 的起源

BIM 的全称为建筑信息模型（Building Information Model），是建筑学、工程学、土木工程等领域的新工具，以建筑工程项目的各项相关信息为基础，通过数字信息模拟建筑物真实信息建立的模型。它具有可视化、协调性、模拟性、优化性和可出图性五大特点。

BIM 的起源可以追溯到 20 世纪 70 年代，在 1975 年，被称为"BIM 之父"的美国佐治亚理工学院建筑与计算机专业教授查克·伊士曼（Chuck Eastman）首次提出了将计算机代替图纸在建筑设计中使用的概念，这被认为是 BIM 的雏形。之后，伊士曼教授进一步在他的作品 *Building Product Models* 中，将建筑产品模型（Building Product Models）定义为工程中的数据模型（Data Model）或信息模型（Information Model）。这些模型应包括各专业的信息、功能需求和性能，将工程项目的所有信息，包括设计、施工和运营管理过程中的数据整合到一个建筑模型中。这不仅有助于实现建筑工程的可视化，还能进行量化分析，从而提高工程建设效率，开启了 BIM 的源头，为 BIM 的发展奠定了基础。

1.1.2　BIM 的发展

在 20 世纪 80 年代后期，芬兰学者提出了产品广义信息模型（Product Information Model）系统，进一步推动了 BIM 的发展。直到 21 世纪初，随着计算机技术的进步，BIM 才开始逐渐进入大众的视野。2002 年，美国国家科学基金会（National Science Foundation）开始资助名为"第一代 BIM"的研究项目，标志着 BIM 的正式起步。同年，Autodesk 公司收购了 RTC 公司及其 Revit 应用程序（一款基于 BIM 技术的建筑设计软件），进一步推动了 BIM 技术在建筑行业的应用。

如今，BIM 已经成为一种以数字技术支持的建筑环境生命周期管理工具，广泛应用于建筑、机械、电气、给排水等各领域。它通过提供充分完整的信息支持建筑或建筑工程项目的生命周期管理，使计算机应用程序能够直接解释建筑信息模型，从而实现更高效、精确的建筑设计、施工和管理。

1.1.3　BIM 的定义

BIM 技术是在建设工程及设施全生命周期内，对其物理和功能特性进行数字化表达，并依此进行设计、施工、运营的总称。它是在建设项目的规划、设计、施工和运维过程中进行数据共享、优化、协同与管理的技术和方法。

通过数字化技术和大数据库资源，BIM在计算机中建立虚拟建筑，提供单一、完整的建筑信息库。简而言之，BIM是在建筑工程实际建造之前，通过电脑模拟建造过程，以解决设计和施工中可能出现的问题。这种模拟带有真实数据，能够真实反映现实问题。

1.1.4 BIM的优势

对比传统二维、三维建筑协同设计流程可以发现，基于BIM技术的协同设计相较于传统的协同设计方法有着许多优势。传统设计过程中，各个设计专业通常是单独完成本专业图纸的绘制。一般情况下，建筑专业会先给出初步的设计图纸，在此基础上，结构专业和设备专业依照建筑图纸进行结构构件的布置和设备的安装设计。当专业间的设计内容发生冲突时，各设计团队通常会通过协调会对冲突问题提出修改建议，然而，仅靠协调会的形式进行协调效率较低，许多冲突需要协调多方面因素。BIM技术通过三维的共同工作平台及三维的信息传递方式，为实现设计、施工一体化提供了良好的技术平台和解决思路，有效解决了建设工程领域目前存在的协调性差、整体性不强等问题。

虽然CAD技术将手工绘图带入了计算机辅助制图阶段，实现了工程设计领域的第一次信息革命，但是其信息技术对产业链的支撑作用是断点的，各个领域和环节之间缺乏关联，信息化的综合应用明显不足。BIM是一种技术、方法和过程，它既包括建筑物全生命周期的信息模型，又包括建筑工程管理行为的模型，将两者完美结合以实现集成管理。BIM与CAD的对比见表1.1。

表1.1 三维建筑设计BIM与传统三维建筑设计CAD的对比

	传统三维建筑设计CAD	BIM三维建筑设计
设计功能	效果图和虚拟现实	效果图、虚拟现实、设计、分析、管理等
参数化模型	无	有
协调效率	较低	较高
与二维设计图纸关系	二维设计的附属品	逻辑对应关系，可以实现“一处修改、处处更新”

BIM技术可以将普通的二维图纸转换成三维模型，并呈现给所有的参与者，也可以将所有专业图纸组建成一个模型。这不仅可以更直观地观察项目的细节，还可以促进不同学科之间的协作，并及时发现设计问题，避免施工中的错误，避免重新设计，减少材料和劳动力的浪费。

1.2 BIM 发展历程及现状

1.2.1 BIM 发展历程

BIM 技术最早在美国建筑市场广泛应用。2007 年，美国建筑业约三分之一的工程项目应用了 BIM 技术；到 2012 年，这一比例上升至约 70%。与此同时，超过一半的建筑公司在高科技 BIM 技术领域拥有研发团队。

随后，欧洲和亚洲的部分国家和地区逐渐开始使用BIM技术进行建筑设计和管理。自 2009 年起，一些日本建筑和设计公司在其建筑生产中使用 BIM 技术。日本 BIM 的开发过程最初是由政府制定和宣布的相关应用指南决定的，软件开发人员遵循特定应用程序规范，随后，BIM 技术的推广逐渐在全国展开。例如，Autodesk Revit、Archi CAD 架构软件制定了符合国家标准的应用程序实现标准。1982 年，新加坡建设局 BCA（Building and Constrution Authority）提出了人工智能计划的想法。到 2011 年，新加坡建筑管理部门发布了 BIM 技术的发展计划，文件指出到 2015 年，BIM 技术在建筑业的应用目标必须实现。新加坡政府通过制定适当的标准和发展战略，以及使用 BIM 技术促进本国 BIM 技术的发展。此外，芬兰、瑞典、丹麦和挪威等国的 BIM 技术也在迅速发展。中国 BIM 技术的进步和发展与日本、新加坡等国家有许多共同点。中国在 21 世纪初开始引入 BIM 技术并逐渐获得行业专业人士的认可。随着 BIM 技术的发展，中国也在采取各种措施积极推广 BIM 技术，设计机构和建筑部门也在共同推动 BIM 技术的发展。住房城乡建设部于 2011 年推出了一系列促进 BIM 技术的政策，各地区随后制定了相应的推广策略。《2016—2020 年建筑业信息化发展纲要》指出，必须努力推广“互联网+”，并尽快实现信息技术领域建筑行业的转型和现代化。

在住房城乡建设部公布了 BIM 技术政策后，北京、上海和广州等城市及河北、山东和湖南等省份，连续发布了有关指导方针，以促进 BIM 技术在该地区的应用和发展。截至目前，全国许多省份、城市和地区都制定了相应的推广政策或制定了相应的应用标准，以促进当地 BIM 技术的普及和发展。

1.2.2 BIM 在国外的发展现状

1.2.2.1 美国

美国作为较早启动建筑业信息化研究的国家，自 2003 年起，美国总务管理局（GSA）通过其下属的公共建筑服务处（Public Buildings Service）启动了一项重要的项目——国家 3D-4D-BIM 计划。该计划旨在通过技术转变，为联邦建筑提供更高效、经济、安全和美观的技术方案，并促进开放标准在建筑行业的应用。

为实现这一目标，GSA 从整个项目生命周期的角度出发，深入探索 BIM（建筑信息模型）技术的应用。该计划涵盖领域广泛，包括空间规划验证、4D进度控制、激光扫描、能量分析、人流和安全验证以及建筑设备分析及决策支持等。这些应用不仅提高了建筑项目的效率和质量，还为建筑行业的可持续发展提供了有力支持。

为确保国家3D-4D-BIM计划的顺利实施，GSA制定了一系列策略进行支持和引导。首先，GSA制定了详细的愿景和价值主张，明确了BIM技术在建筑行业的重要性和应用潜力。其次，GSA利用试点项目积累经验并起到示范作用，通过实际项目验证BIM技术的可行性和效果。此外，GSA还加强人员培训，建立鼓励共享的组织文化，为BIM技术的应用提供了有力的人才保障和团队支持。最后，GSA选择适合的软件和硬件，应用开放标准软、硬件系统构成了BIM应用的基础环境，为BIM技术的广泛应用提供了可靠的技术支持。以上策略的实施不仅推动了美国3D-4D-BIM计划的顺利进行，也为该国建筑业的信息化进程注入了新的活力。

1.2.2.2 英国

与大多数国家不同，英国政府强制要求使用BIM。2011年5月，英国内阁办公室发布了《政府建设战略》（Government Construction Strategy）文件，其中一整章专门讨论建筑信息模型（BIM），明确要求到2016年，政府要全面协同使用3D-BIM，并将全部文件进行信息化管理。

英国的BIM推广体系在全球具有代表性，采用了顶层设计与推动模式。通过中央政府顶层设计推行BIM研究和应用，采取“建立组织机构—研究和制定政策标准—推广应用—开展下一阶段政策标准研究”的滚动式、渐进式持续发展模式。这种模式确保了BIM技术在英国的持续发展和优化。

1.2.2.3 新加坡

在新加坡，BIM技术的发展迅速且处于领先地位。以下是关于BIM在新加坡发展现状的详细概述。

（1）政府推动

新加坡政府高度重视BIM技术的发展，通过建筑和建设局（BCA）等政府机构积极推广BIM技术。政府早在2008年就开始引领多机构共同努力，以实现世界上首个BIM电子提交。从2010年起，新加坡建筑业开始广泛采用BIM技术。政府的目标是建筑业的年生产率增长2%～3%，而BIM技术的应用是实现这一目标的重要手段。

（2）法规和标准

新加坡政府制定了一系列BIM相关的法规和标准，以推动BIM技术的广泛应用。政府要求所有政府建筑项目必须使用BIM模型，并鼓励私人建筑项目也采用BIM技术。此外，政府还发布了BIM电子提交指南和规范，进一步巩固了BIM技术的标准应用。

（3）教育和培训

新加坡政府注重BIM技术人才的培养，鼓励大学开设BIM课程，并为毕业学生提供密集的BIM培训课程。此外，政府还设立BIM专业学位，以培养更多的BIM专业人才。

（4）示范项目

新加坡政府通过设立示范项目来展示BIM技术的优势和应用效果。这些示范项目涵盖了多个领域，如新加坡环球影城主题公园等。这些项目通过BIM技术的应用，实现了建筑施工过程的精确模拟、潜在问题的提前发现以及施工质量和安全的实时监控，提高了施工效率和质量。

（5）协作和合作

新加坡在BIM技术应用方面注重各方之间的协作和合作。政府、企业、学术界等各方共同推动BIM技术的发展和应用，形成了良好的合作氛围。这种协作和合作促进了BIM技术的创新和发展，提高了新加坡在全球BIM技术领域的竞争力。

1.2.2.4 日本

日本软件业较为发达，在建筑信息技术方面也拥有较多的国产软件。日本BIM相关软件厂商认识到BIM是数据集成的基本前提，需要多个软件互相配合，因此，多家日本BIM软件商在国际协同联盟（IAI）日本分会的支持下，以福井计算机株式会社为主导，成立了日本国产解决方案软件联盟。

此外，日本建筑学会于2012年7月发布了日本BIM指南，在BIM团队建设、BIM数据处理、BIM设计流程及应用BIM进行预算、模拟等方面为日本的设计院和施工企业应用BIM提供指导。

BIM技术在日本的发展迅速且处于领先地位，主要体现在以下5个方面：

（1）广泛的应用和认知

日本自2009年起便开始了BIM技术的使用，因此，2009年是日本BIM技术发展的元年。近年来，越来越多的建筑设计企业、施工企业开始积极采用BIM技术。许多大型建筑项目，如成田国际机场第3航站楼、新宿劳动联邦办公大楼、清水新总部等，都成功应用了BIM技术。

（2）完善的标准和规范

日本BIM的技术规范主要包含JIS工业标准等本国技术规范，以及IFC、MVD等引入的国际BIM技术规范。2012年，日本建筑学会发布了BIM导则《JIA BIM导则》，2014年，日本国土交通省发布了政府投资项目中BIM的应用规范《BIM导则（政府建设项目BIM模型制作及应用相关指导）》，这些文件为BIM技术的应用提供了明确的标准和指导。

（3）强大的教育和培训

日本各类学校已经开始进行BIM的使用教学，为学生提供了丰富的BIM知识和技能培训。这种教育培训体系不仅提高了学生的BIM技能水平，也为BIM技术在日本的发展提供了源源不断的人才支持。

（4）深入的行业合作

日本的BIM技术应用不仅仅局限于建筑设计和施工领域，还涉及软件开发、咨询服务等多个行业。例如，Transcosmos公司在建筑行业广泛开展BIM建模服务，并与大林组株式会社等合作，共同推进BIM技术的应用和发展。

（5）显著的成效和案例

BIM 技术的应用在日本已经取得了显著的成效，许多建筑项目通过 BIM 技术实现了精确的模拟、问题的提前发现以及施工质量和安全的实时监控。例如，东邦音乐大学、新须贺川市政厅等建筑项目都是 BIM 技术应用的成功案例。

1.2.2.5　韩国

韩国也是最先一批运用 BIM 技术的国家之一，政府部门致力于制定 BIM 标准，如韩国公共采购服务中心和国土海洋部。以下是关于 BIM 在韩国发展现状的概述。

（1）政府推动与政策支持

韩国政府非常重视 BIM 技术的发展，自 2008 年起就积极推动并呼吁建筑业各领域参与。韩国国土交通海洋部于 2010 年 1 月发布了《建筑领域 BIM 应用指南》，旨在要求建筑企业在申请公共机构的项目时全面应用 BIM 技术作为建设手段，并为相关企业制定较为具体的三维协同设计实施标准。此外，韩国公共采购服务中心也出台了《设施管理 BIM 应用指南》，对 BIM 技术在设计阶段与施工阶段的应用进行了说明与指导。

（2）行业协会与学术机构支持

韩国于 2008 年成立了 Building SMART 协会，正式推广 BIM 技术，并成立了韩国 BIM 协会（Korean Institute of BIM，简称 KIBIM），以发展并普及有关 BIM 的技术和知识。同时，韩国的高等学府如延世大学、庆熙大学、成均馆大学等也针对本科学生和研究生开设了 BIM 课程，旨在培养具备 BIM 知识和技能的建筑业人才。

（3）企业应用与人才培养

韩国的建筑公司积极响应国家政府的号召，大力推进 BIM 技术。现代建设、三星建设、空间综合建筑事务所、大宇建设、GS 建设等 100 多家公司先后成为 BIM 技术的开拓者，在建筑项目的诸多方面探索、应用 BIM 技术。此外，韩国还将 BIM 人才培养与高等教育相结合，旨在将 BIM 纳入建筑设计、建造等从业人员的基本素质培养中，为 BIM 的普及应用储备大量高级人才。

（4）BIM 应用案例与成效

韩国在建筑方面采用 BIM 技术的案例较多，包括迪拜哈法利塔、韩国乐天世界塔、釜山 Centum City、韩国 LH 总部大楼等。这些项目通过 BIM 技术的应用，实现了建筑施工过程的精确模拟，提前发现潜在问题并实时监控施工质量和安全，从而提高了施工效率和质量。

1.2.2.6　北欧

北欧国家在 BIM 发展方面处于较为领先的地位。这些国家包括瑞典、芬兰、挪威、丹麦和冰岛，由于早期政府的大力支持和长时间的发展，BIM 技术应用的普及程度非常高。

一些 BIM 的关键软件供应商，如 Tekla 和 Solibri 的公司总部便位于北欧，Archi CAD 也起源于其邻近的匈牙利。北欧国家拥有大量丰富的数据和模型，强有力地推动了 BIM 技术在北欧国家的应用与发展。北欧并未强制要求全部使用 BIM 技术，但由于当地气候寒冷以及建筑信息软件的先进性，BIM 技术的发展主要依靠企业的自觉行为。

此外，北欧国家在BIM技术的应用方面也取得了一些重要成果。例如，在瑞典，设计阶段的BIM应用十分普遍，施工中的BIM应用也在迅速普及。挪威在BIM技术的应用方面也取得了显著进展，BIM应用已经涵盖从建筑设计、施工到维护管理的全生命周期。

1.2.3 BIM在国内的发展现状

近年来，我国建筑业逐步推进BIM应用，BIM的理念和价值在工程建设行业已经基本得到共识。住房城乡建设部在《2016—2020年建筑业信息化发展纲要》中提出，积极推进基于BIM的施工管理模式和协同工作机制，搭建项目管理信息系统，充分发挥BIM在工程项目规划设计、建设运营中的技术优势。为了促进BIM在建筑业的应用，国家和各地方相继出台了一系列加强BIM推广应用的政策文件，如北京、上海、山东、天津、浙江、沈阳等省市都先后推出BIM发展规划和应用目标。地方大型设计企业和施工企业专门成立了BIM技术研发部，开展碰撞测试，利用模型分析环境、能耗、外观等参数。

1.2.3.1 香港特别行政区

香港特别行政区（以下简称香港）的BIM发展主要靠行业自身推动。2009年，香港便成立了香港BIM学会。到2010年，香港的BIM技术应用已经从概念转变为实用，处于全面推广的初期阶段。香港房屋委员会自 2005 年起率先试用建筑信息模型；为了成功推行BIM，2009年11月，香港房屋委员会发布了BIM应用标准、用户指南及组建资料库等。这些资料有效地为模型建立、档案管理，以及用户之间的沟通创造了良好的环境。香港房屋委员会曾计划在2014年至2015年将BIM技术覆盖所有项目房屋。

1.2.3.2 台湾省

台湾省从两个方向推动BIM的发展。首先，对于建筑行业，省政府希望其自行引进BIM应用。对于新建的公共建筑和公有建筑，其拥有者为政府单位，工程发包和监督均受政府管辖，要求在设计阶段与施工阶段都使用BIM完成。其次，省内一些城市也在积极学习先进的BIM模式，为BIM发展打下基础。另外，台湾省也举办了一些关于BIM的座谈和研讨会，共同推动BIM的发展。

1.2.3.3 政府和行业协会推动BIM技术发展

近年来，BIM在国内建筑业形成一股热潮。除了软件厂商呼吁外，政府、各行业协会与专家、设计单位、施工企业、科研院校等也开始重视并推广BIM。2010年至2011年，中国房地产协会商业地产专业委员会、中国建筑业协会工程建设质量管理分会、中国建筑学会工程管理研究分会、中国土木工程学会计算机应用分会组织并发布了《中国商业地产BIM应用研究报告2010》和《中国工程建设BIM应用研究报告2011》，反映了BIM在我国工程建设行业的发展现状。

2011年5月，住房城乡建设部在发布的《2011—2015年建筑业信息化发展纲要》中明确指出在施工阶段开展BIM技术的研究与应用，推进BIM技术从设计阶段向施工阶段的应用延伸，降低信息传递过程中的衰减；研究基于BIM技术的4D项目管理信息系统在大型复杂工程施工过程的应用，实现对建筑工程的有效可视化管理。

2012 年 1 月，住房城乡建设部发布《关于印发 2012 年工程建设标准规范制订修订计划的通知》，宣布中国 BIM 标准制定工作的正式启动，其中包含五项 BIM 相关标准（已更新至最新版）:《建筑信息模型应用统一标准》（GB / T 51212—2016）、《建筑信息模型存储标准》（GB / T 51447—2021）、《建筑信息模型设计交付标准》（GB / T 51301—2018）、《建筑信息模型分类和编码标准》（GB / T 51269—2017）、《制造工业工程设计信息模型应用标准》（GB / T 51362—2019）。

2013 年 8 月，住房城乡建设部发布《关于征求关于推荐 BIM 技术在建筑领域应用的指导意见（征求意见稿）意见的函》，征求意见稿中明确要求，2016 年以前政府投资的 2 万平方米以上大型公共建筑以及申报绿色建筑项目的设计、施工采用 BIM 技术；截至 2020 年，将完善 BIM 技术应用标准、实施指南，形成 BIM 技术应用标准和政策体系。

尽管我国的 BIM 技术应用起步较晚，但发展迅速，许多企业有着强烈的建筑信息化意识，出现了一批应用 BIM 技术的标杆项目；同时，BIM 的发展也逐渐得到了政府的大力推动。

1.3 BIM 技术特点

基于 BIM 的协同工作环境是一个可持续、透明的环境，在这个环境中可以对项目中的构件信息进行复制与核查，这样能够保证在建筑项目全生命周期中各参与方能够进行及时的沟通，信息在各参与方之间能够准确、及时地进行共享。项目各参与方通过对各设计专业共享的设计信息进行科学的分析，制定相应的决策，使项目得到更好的管理。基于 BIM 技术的三维设计过程相较于传统的设计方法有许多突出的特点。

1.3.1 可视化

BIM 最大的特点就是可视化设计，所见即所得。例如，随着建筑规模、形态、功能越来越复杂，建筑系统也变得更加复杂，经常要将多种系统的复杂管道布置在有限的空间中，并且还要满足相应的空间要求；传统的二维施工图只是在图纸上采用线条绘制表达各个构件信息，其真正构造形式需要工作人员自行想象。BIM 能够实现可视化设计，将构件传统的线条式表达转为一种三维立体式的图形展示。有别于传统设计效果图，BIM 是通过构件的信息自动生成的，同构件之间具有互动性和反馈性。在 BIM 建筑信息模型中，由于整个过程都是可视化的，所以可视化不仅可以用于效果图的展示及报表的生成，更重要的是，项目设计、建造、运营过程中的沟通、讨论、决策都在可视化的状态下进行。设计师能够直观地了解关键部位的空间情况，从而更好地合理设计有限的空间以及有效地提高设计效率和质量。

1.3.2 协调性

在建筑业中，协调工作至关重要。无论是施工单位、业主还是设计单位，都在进行协调和配合。一旦项目实施过程中遇到问题，就需要召开协调会，组织相关人员查找问题并制定解决方案和采取补救措施。在设计阶段，由于各专业设计师之间的沟通不充分，常会出现专业间的冲突。BIM 的协调性服务可以帮助解决这些问题，即在建筑物建造前期对各专业的碰撞问题进行协调，生成协调数据并提供解决方案。

在工程项目的不同阶段，如规划、实施、管理和运行，BIM 的协调性能够确保各部门之间信息的一致性和准确性，减少信息失真，提高整体项目的效率和质量。它使项目参建单位能够在 BIM 的协同平台上进行横向和纵向的信息交流，使各方能够更好地理解并应对项目中的各种需求和挑战。BIM 的协调性还有助于提高设计水平，通过将建筑模型各部分内容和要求相关联，使设计团队可以更加专注于创意设计，而无需花费大量时间在信息沟通和协调上，更好地完成建筑设计。BIM 的协调性还可以提高设计效率和施工质量，通过检查和调整设计过程中各部门的信息，加快设计进度，减少错误和返工。同时，BIM 的协调性使得模型中的信息能够与实际施工情况保持同步，及时更新，从而使施工团队可以准确地执行施工计划，提高施工质量。

总而言之，BIM 的协调性在建筑行业中起到了至关重要的作用。它有助于改善数字信息质量，提升设计水平和效率，提升施工质量，并降低企业间的信息交互成本，从而推动建筑行业的可持续发展。

1.3.3 模拟性

模拟性不仅能够模拟设计出的建筑物模型，还可以模拟在真实世界中无法进行操作的事物。在设计阶段，BIM 可以进行节能模拟、紧急疏散模拟、日照模拟、热能传导模拟等。在招投标和施工阶段，可以进行 4D 模拟（在 3D 模型的基础上加入项目发展时间），通过模拟实际施工确定合理的施工方案，指导施工。同时，还可以进行 5D 模拟（在 4D 模型的基础上加入造价控制），以实现成本控制；在后期运营阶段，可以模拟日常应对紧急情况的处理方式，如地震人员逃生模拟及消防人员疏散模拟等。

1.3.4 优化性

BIM 技术通过创建建筑的三维数字模型，使设计团队能够在虚拟环境中进行方案的比选和优化。利用 BIM 的模拟功能，可以对设计方案进行性能分析，如结构强度、热工性能、声学性能等，在设计阶段发现问题并进行优化。BIM 技术能够实现各专业之间的协同设计：传统的二维设计方式通常存在信息沟通不畅、设计冲突多的问题，而 BIM 技术通过集成建筑、结构、水暖电等各专业信息，使各专业团队能够在统一的平台上进行设计，减少设计冲突，提高设计效率。

BIM 技术还能够优化施工过程，通过模拟施工流程，帮助施工团队制定更加合理的施工方案，减少资源浪费和返工。同时，BIM 技术可以实时监控和调整施工进度，确保项目按时完工。在运营维护阶段，BIM 技术同样具有优化性。通过 BIM 模型，可以方便地获取建筑设备的位置、性能和使用状态等信息，为设备维护和管理提供便利。同时，BIM 技术可以监测和分析建筑的能耗，为节能改造提供依据。

综上所述，BIM 技术的优化性体现在对建筑设计和施工过程的全面优化上，包括设计方案的比选和优化、协同设计、施工过程的优化以及运营维护阶段的改进等。这些优化措施有助于提高建筑项目的效率和质量，降低项目成本，为建筑行业的可持续发展作出贡献。

1.3.5 可出图性

BIM 技术的可出图性是其核心功能之一，指的是通过 BIM 技术可以规范地绘制出准确、详尽的图纸。这一特性在建筑设计和施工中发挥着重要作用，有助于提高设计效率、优化施工方案并降低施工风险。

BIM 技术的可出图性体现在其强大的三维建模能力上。通过 BIM 软件，设计师可以创建精确的三维建筑模型，并在模型中包含几何形状、构件属性和关联数据。这种三维模型不仅可以直观地展示建筑物的外观和结构，还可以在微观层面上详细展示模型组件的精确位置、尺寸和属性。这使得设计师能够更好地理解设计意图，并在施工前进行充分的模拟和优化。BIM 技术的可出图性有助于各阶段的施工活动和计划。通过 BIM 技术，可以自动生成各种施工图纸，如平面图、立面图、剖面图等。这些图纸不仅准确度高，而且包含丰富的信息，如材料属性、构件尺寸、安装要求等。施工人员可以根据这些图纸进行精确施工，避免了因信息不全或理解不清导致的施工问题。此外，BIM 技术还可以对施工进度进行实时监控和调整，确保项目按时完工。BIM 技术的可出图性还有助于优化设计，设计师可以通过 BIM 模型进行各种模拟分析，如结构强度分析、热工性能分析等，在设计阶段发现问题并进行优化。这种优化不仅可以提高建筑的质量和改善建筑的性能，还可以降低施工成本和维护成本。BIM 技术的可出图性还有助于建筑物的生命周期管理，通过 BIM 模型，可以方便地获取建筑物的各种信息，如设备位置、使用状态等，这些信息有助于建筑管理员进行设备的维护和管理，延长建筑的使用寿命和提高运营效率。

综上所述，BIM 技术的可出图性是其在建筑设计和施工中不可或缺的功能之一。它提高了设计效率、优化了施工方案、降低了施工风险，并为建筑物的生命周期管理提供了便利。随着 BIM 技术的不断发展和完善，其在建筑行业的应用前景将更加广阔。

思　考　题

（1）BIM 的具体含义是什么？

（2）BIM 的五大特征是什么？

（3）相比于传统设计，BIM 有哪些优势？

第 2 章　常用 BIM 软件介绍

2.1　BIM 建模软件介绍

2.1.1　Autodesk Revit

Autodesk Revit 软件的前身是由 Revi Technology 公司于 1997 年开发的三维参数化建筑设计软件。2002 年，美国 Autodesk 公司收购了 Revit Technology 公司，并在工程建设行业提出 BIM 的概念。Revit 允许用户根据项目需要手动创建和调整构件间的参数化关系。这些关系可以在创建模型时由 Revit 自动创建，也可以根据项目工程的需要由管理用户手动创建。Revit 的参数化功能为建筑信息模型（BIM）提供了强大的支持，使得设计、施工和运营等各个阶段都能够实现高效、准确的信息共享和协同工作。

Revit 的三个主要的版本为 Revit Architecture、Revit Structure 和 Revit MEP。每个版本都有其特定的应用领域和优势。

2.1.2　Bentley AECOsim Building Designer（现 Open Buildings Designer）

Bentley 软件公司于 2012 年 3 月正式推出其建筑行业一体化解决方案 AECOsim Building Designer（ABD）及相应的能耗计算系统 AECOsim Energy Simulator（AES）。2013 年 7 月，包含中国标准库和工作环境的、具有全中文界面的中国版 ABD 正式发布。

Bentey AECOsim Building Designer 涵盖了建筑、结构、建筑设备及建筑电气四个专业设计模块。其中，建筑设备又涵盖了暖通、给水排水及其他低压管道的设计功能。Bentley AECOsim Building Designer 是一款功能强大的建筑信息模型（BIM）软件，包含集成化的设计环境、模拟和性能分析、多学科团队协作、高效协作等功能。

2.1.3　Archi CAD

Archi CAD 是最早出现的 BIM 软件，其扩展模块中有 MEP（水、暖、电）、ECO（能耗分析）及 Atlantis（渲染插件）等。Archi CAD 支持大型复杂模型的创建和操控，具有业界首创的“后台处理支持”系统，可更快地生成复杂的模型细节。Archi CAD 提供“一对多”的 BIM 基础文档工作流程，简化了建筑物模型和文档。Archi CAD 终端到终端的 BIM 工作流程允许模型在项目结束后继续工作。

2.1.4 Allplan

运用Allplan可迅速建立模型并确定其成本，方便进行体量计算和成本估算。

Allplan Architecture为用户提供全新的智能建筑模型。该软件不仅可以得到平面图、剖面图以及不同规划阶段的详细信息，还包括复杂的面积和体量计算、建筑规范、成本计算、招标管理等。Allplan Engineering可以设置3D的整体设计和详细的细节设计，天花平面图、立面图、横截面、体量和弯钢筋表等都可以从智能化建筑模型中得到，可以节省时间并降低出错概率。该软件包括广泛的现行行业标准和文件格式，包括DWG、DXF、DGN、PDF、IFC，数据交换方便流畅。

2.1.5 Dassault CATIA

CATIA是达索（Dassault）公司开发的CAD/CAE/CAM一体化解决方案，覆盖众多产品设计与制造领域，被广泛应用于建筑、航空航天、汽车制造、船舶、机械制造、消费品等行业。在建筑行业，CATIA适用于复杂造型、超大体量、预制装配式等项目的概念设计、详细设计及施工图设计等。其曲面建模功能及参数化能力，为设计师提供了设计手段，帮助设计师提高设计效率和质量。

2.2 BIM应用及分析软件介绍

2.2.1 模型应用软件

2.2.1.1 Autodesk Navisworks

Autodesk Navisworks是欧特克公司开发的一款建筑模型管理软件，支持项目相关方整合和校审建筑信息模型，以及对相关项目成果的管理和控制。其主要功能包括三维模型的实时漫游、模型整合、碰撞校审、模型渲染、4D模拟等。

此外，Autodesk Navisworks还提供视野设置、剖分工具、选择树、特性查看、颜色变化、隐藏、测量工具、模型校核、TAG标注等多种操作和功能，以支持项目的详细设计、管理和优化。

2.2.1.2 Dassault DELMIA

Dassault DELMIA是一款施工过程精细化虚拟仿真和相关数据管理软件，在建筑施工规划阶段支持用户优化工期和施工方案，降低工程风险。DELMIA支持不同精细度的施工仿真需求，对于简单的施工过程可能只需要做到工序级别的仿真，而对于复杂的施工过程可能需要工艺级别的仿真，甚至可以进行人机交互级别的仿真。

2.2.1.3 Bentley Navigator

Navigator是一款综合设计检查产品，可读取和查询工程行业不同设计文档和数据，同时支持碰撞检查、红线批注、进度模拟、吊装模拟、渲染动画等功能。Navigator 为管理者和项目组成员提供了一个协同工作平台，用户可以在不修改原始设计模型的情况下，添加自己的注释和标注信息。它支持用户交互式地浏览大型复杂 3D 模型，快速查看设备布置、维修通道和其他关键的设计数据；也支持项目建设人员在建造前进行建造模拟，尽早发现施工过程中的不当之处，降低施工成本，避免重复劳动并优化施工进度。

2.2.1.4 Trimble Connect

Trimble Connect 支持基于 BIM 模型的沟通和协作，以及多专业模型导入和碰撞检查。主要功能包括模型操作（三维标记、模型对齐、分配任务、改变部分对象颜色、改变整个模型颜色、合并及查看选择的模型、任务留言、控制整个模型可见性、测量距离、模型对象过滤、碰撞校核及保存视图）和项目管理（创建项目、创建和管理文件夹、创建和管理版本、创建对象保存组、创建任务、定义用户报告、输出报告、文档浏览器、轴线、清单对象属性、管理权限和注意事项、管理用户和组别、沟通链中存储多张图片、临时本地离线存储及查看标注碰撞）等。

2.2.1.5 Act-3D Lumion

Act-3D Lumion是一款由荷兰Act-3D公司开发的实时 3D可视化工具，主要用于建筑、规划和设计领域的三维动画和静帧作品的制作。Lumion使用GPU渲染技术，能够实时编辑 3D 场景，无需漫长的渲染等待时间，使用户能够立即看到修改后的效果。同时提供了各种高质量的材质、光照和多种预设场景和效果，方便用户快速创建想要的效果。Lumion 支持从多种 3D 软件包导入 3D 内容，包括“.SKP”“.DAE”“.FBX”“.MAX”“.3DS”“.OBJ”“.DXF”等文件格式。

2.2.2 主流绿色建筑软件基本介绍

2.2.2.1 Green Building Studio

Green Building Studio 是 Autodesk 公司出品的一款基于 Web 的建筑整体能耗、水资源和碳排放分析工具。主要功能包括能耗和碳排放计算、建筑整体能耗分析、碳排放报告、水资源利用和支出评估、光伏发电潜力、Energy STAR 评分、针对 LEED 的自然采光评价、项目地理信息、精确气象模拟 / 详细气候分析、风能潜力、自然通风潜力、方案比较等。

2.2.2.2 Energy Plus

Energy Plus 是较为流行的一款免费软件，可以用于对建筑的供暖、制冷、照明、通风及其他能源消耗进行全面的能耗模拟分析和经济分析。

2.2.2.3 DeST

DeST（Designer’s Simulation Toolkit）是建筑环境及 HVAC（Heating，Ventilation，Air Conditioning）系统模拟的软件平台，以清华大学建筑学院建筑技术科学系建筑环境与设备研究所十余年的科研成果为理论基础，将现代模拟技术和独特的模拟思想应用于建筑环境和 HVAC 系统的模拟，为建筑环境的相关研究及模拟预测、性能评估提供了方便、实用、可靠的软件工具，为建筑设计及 HVAC 系统的相关研究和系统的模拟预测、性能优化提供了一流的软件工具。目前，DeST 有 7 个版本，常用的有住宅版本（DeST-h）和商业建筑版本（DeST-c）。

2.2.2.4 Design Builder

Design Builder 由英国 Design Builder 公司开发，是一款针对建筑能耗动态模拟程序 Energy Plus 开发的综合用户图形界面模拟软件。该软件可对建筑供暖、制冷、照明、通风、采光等进行全能耗模拟和经济分析，是一款从规划阶段便考虑环境的节能型建筑设计软件。

2.2.2.5 Phoenics

Phoenics 是世界首套计算流体力学与传热学的商业软件，其特点如下：可以最大限度地向用户开放程序，用户可根据需要任意修改并添加用户程序和用户模型；Plant 及 Inform 功能的引入使用户不再需要编写 Fortran 源程序，Ground 程序功能使用户修改并添加模型更加方便。

2.2.2.6 Autodesk Ecotect

Autodesk Ecotect 是一款由 Autodesk 公司开发的可持续建筑设计及分析软件。它提供了一系列功能，帮助建筑师和设计师在建筑设计的早期阶段考虑环境影响和节能问题，实现绿色建筑的目标。主要功能如下：建筑能耗分析、热性能分析、水耗评估、日照分析、阴影和反射分析等。此外，Ecotect 还支持自然通风、声学分析等功能，为建筑师和设计师提供全面的可持续建筑设计解决方案。该软件可以与 Autodesk 的其他产品（如 Revit）配合使用，实现数据的无缝对接和协同工作，适用于概念方案阶段的绿色建筑性能分析，其分析内容较全面，操作界面友好。

2.2.2.7 PKPM 系列软件

PKPM 是由中国建筑科学研究院建筑工程软件研究所研发的工程管理软件。最初，这个软件只有两个模块：PK（排架框架设计）和 PMCAD（平面辅助设计），合称为 PKPM。现在，这两个模块已被强化，并加入了大量功能更强大的模块。PKPM 是系列产品，除了集建筑、结构、设备设计于一体的集成化 CAD 系统外，目前还包括建筑概预算系列、施工系列，以及施工企业信息化模块。近年来，软件在建筑节能和绿色建筑领域作了多方面拓展，在节能、节水、节地、节材和保护环境方面发挥了重要作用。

2.2.2.8 绿建斯维尔系列软件

北京绿建软件股份有限公司（绿建斯维尔）提供了基于 BIM 技术的绿色和健康建筑物理环境模拟解决方案。全系列模拟软件由节能设计、能耗计算、暖通负荷、日照分析、采光分析、建筑通风、建筑声环境和住区热环境组成。该软件支持《民用建筑绿色性能计算标准》(JGJ / T 449—2018）等相关技术标准，支持从风、光、热和声环境等多角度分析和优化建筑性能，为绿色建筑的设计和评价提供技术支撑。软件均运行于 AutoCAD 平台，兼容主流建筑设计软件（天正建筑、斯维尔建筑等）的图档和主流 3D 软件（Revit、SketchUp、Rhino、3Dmax）的模型，采用共享模型技术，数据无缝转换，实现“一模多算”。

2.3 BIM管理与协同平台

2.3.1 广联达BIM5D

广联达BIM5D是广联达科技股份有限公司推出的一款基于BIM（建筑信息模型）技术的施工项目管理软件。该软件以BIM平台为核心，以集成模型为载体，关联施工过程中的进度、合同、成本、质量、安全、图样、物料等信息，为项目提供数据支撑，实现有效决策和精细化管理，达到减少施工变更、缩短工期、控制成本、提升质量的目的。

通过广联达BIM5D项目驾驶舱，可将整个项目的经济指标、进度指标、质量安全等重要信息形象地展示在网页端，为项目的施工总包、分包、业主、监理等各参与方提供了一个实时了解项目进展情况的平台。它支持从单体、楼层、专业、系统等多个维度在线过滤浏览BIM模型，并能查询具体图元的属性和工程值；可从产值、成本、效益、现金收入四个维度宏观展示项目的经济指标；可从时间维度，详细展示每个单体各个专业、楼层的进展情况；可查看每日实际劳动力情况以及相关偏差分析原因；从时间分布、问题类型分布、责任单位分布等各个维度，宏观展示项目的质量安全状态，协助项目管理者分析问题，排查隐患，确保项目正常完工。

2.3.2 云建信4D-BIM

云建信“基于BIM的工程项目4D施工动态管理系统”（简称4D-BIM）是一款基于BIM的跨平台施工项目管理软件系统。4D-BIM通过将BIM与4D技术有机结合，建立基于IFC标准的4D-BIM模型，支持基于BIM的施工进度、施工资源及成本、施工安全与质量、施工场地及设施的4D集成管理、实时控制和动态模拟。4D-BIM不仅可应用于民用建筑工程，也可应用于铁路、桥梁、公路、地铁隧道、综合管廊等市政建设与基础设施工程领域。

2.3.3 Bentley ProjectWise

Bentley ProjectWise是一款专为工程项目管理而设计的软件。它提供了一个集中管理和协作的平台，确保项目团队的各个成员可以安全、高效地访问和共享工程数据和文档。这款软件在整个项目生命周期中管理项目信息、文件和工作流，确保团队成员可以准确地使用最新的设计和工程数据。

2.3.4 Dassault ENOVIA

ENOVIA是企业级的项目管理平台，从企业级的层面与角度去考虑项目管理需求，充分考虑多项目开发、多单位参与、大数据存储、大批用户访问等特点。ENOVIA强调平台的项目管理能够贯穿设计、采购、施工、调试等各业务板块，并实现一体化，全面支撑建设项目全生命周期业务。

ENOVIA 项目管理功能覆盖项目管理领域的 3 个层次、5 个过程组和 9 大知识领域。按照建设项目管理体系特点提供了 KPI 体系和图表。结合三维数据管理和可视化能力，支持成果的质量审查、多维施工规划和项目管理信息与施工过程的三维可视化。

思　考　题

（1）BIM 主流建模软件有哪些？

（2）BIM 应用软件有哪些主要功能？你在建筑设计中可以使用哪些软件？

（3）在方案规划和设计阶段可以利用 BIM 分析软件进行哪些方面的设计优化？

第 3 章　建筑 BIM 设计操作基础

3.1　Revit 建模软件介绍

3.1.1　概述

在我国，Revit 软件是 BIM 设计行业的标准软件，也是建筑业 BIM 体系中使用最广泛的软件之一。Revit 主要针对建筑、结构、机电、基础设施、工业设计等领域的基础建模，支持用户在三维空间内设计建筑物外观、结构及其相关对象与族群。它可以利用平面设计中的图形元素对模型进行开发和解释，从建筑模型或构件数据库中获取材料、尺寸和构造方法等信息，为后续的建筑施工、运营维护和最终拆除提供完整的数据基础。Revit 为业主、设计师、工程师和建造人员提供便捷、直观的设计方案和沟通方式，有效提高整个行业的运转效率。

Revit 系列产品由全球三维设计和工程软件领导者 Autodesk 有限公司开发，提供给建筑从业者一个三维参数化设计平台。初期，Revit 软件分为 Architecture、Structural、MEP 三大模块，以满足不同专业设计师的建模需求。随着时间的推移，这三大功能在 Revit 2013 版本中得到了集成，使协同设计可以在同一软件中进行。目前，常用的是 Revit 2018 版本，如图 3.1 所示为软件打开界面，本章的建模基础操作内容是以 Revit 2018 版本为例进行讲解。

图 3.1　REVIT 2018 软件界面图

在 Revit 软件中，建筑设计师可选用建筑模板，并利用参数化建模功能极快地创建所需的建筑模型。建筑专用模块下拉菜单中包含建筑柱、墙、门窗等多类构件可供用户选用，如图 3.2 所示。

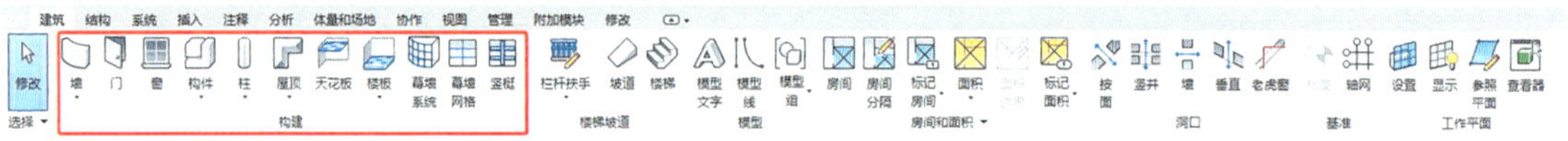

图 3.2　建筑专用模块

结构模块提供结构柱、梁、板等结构构件的设计功能，结构设计师可以轻松地提取各类结构构件使用。第三个系统模块为机电、暖通、给排水专业设计师提供管线系统的建模功能，管线模型中包含了不同管线的位置、功能、材质和成本等详细信息。各专业利用三个不同功能，通过软件内强大的信息交换构建协同平台，能够轻松实现多专业协同设计。

Revit 系列产品的优势主要有以下四个方面：

（1）界面友好，功能分区完善，初学者可以快速上手。

（2）软件可以将各专业作为整体，在同一时间展开各自的设计，通过信息的传递与共享搭建建筑整体 BIM 模型，各专业参与度高。

（3）参数化的关联性修改，设计师可以根据其他专业的修改信息及时更改模型，实现高效率的协同作业。

（4）剖面功能极为强大，可轻松地定位异形建筑及布置结构梁柱。

然而，Revit 系列产品也存在劣势：

作为使用率较高的核心建模软件，Revit 的参数化规则（软件内部计算方法）在对曲面结构设计时通常具有较大难度，特别是异类连续形曲面结构，如不规则曲面屋顶、幕墙、古建筑等。虽然可以利用概念体量的方法完成一些曲面造型，但是操作过程过于繁杂，需要通过空间描绘、拉伸、旋转及融合联合使用。国内大型设计院对于 BIM 模型中的曲面设计环节，大多通过院内自制二次开发插件，输入曲面公式后在 Revit 软件中直接生成曲面。

3.1.2　Revit 软件特性

BIM 支持建筑师在施工前更好地预测竣工后的建筑，使他们在如今日益复杂的商业环境中保持竞争优势。Autodesk Revit Architecture 软件专为 BIM 构建，基于从设计、施工到运营的可靠的项目信息。通过 BIM，建筑公司可以在整个流程中使用一致的信息来设计和绘制创新项目，还可以通过精确实现建筑外观的可视化来支持更好的沟通，模拟真实性能以便让项目各方了解成本、工期与环境影响情况。

建筑行业的竞争极为激烈，需要采用独特的技术来充分发挥专业人员的技能和丰富经验。Revit 软件消除了许多繁杂的任务，使用者对此十分满意。该 Revit 软件有助于在项目设计流程前期探究最新颖的设计概念和外观，并在整个施工文档中忠实传达设计理念。它支持可持续设计、碰撞检测、施工规划和建造，同时帮助与工程师、承包商和业主更好地沟通协作。设计过程中的所有变更都会在相关设计与文档中自动更新，实现更加协调一致的流程，获得更加可靠的设计文档。

Revit软件全面创新的概念设计功能提供了易用工具，帮助进行自由形状建模和参数化设计，并且能够对早期设计进行分析。借助这些功能，设计师可以自由绘制草图，快速创建三维形状，交互处理各个形状。可以利用内置工具进行复杂形状的概念澄清，为建造和施工准备模型。随着设计的持续推进，Revit软件能够围绕最复杂的形状自动构建参数化框架，并提供更高的创建控制能力、精确性和灵活性。在Revit软件的帮助下，从概念模型到施工文档的整个设计流程都在一个直观环境中完成。

3.1.3 Revit 软件项目样板文件

项目样板文件在实际设计过程中起到了非常重要的作用。它统一的标准设置为设计提供了便利，在满足设计标准的同时大大提高了设计师的效率。项目样板提供项目的初始状态，每个Revit软件中都提供几个默认的样板文件，也可以创建自己的样板。基于样板的新项目均继承来自样板的所有族、设置（如单位、填充样式、线样式、线宽和视图比例等）以及几何图形。样板文件是一个系统性文件，其中的很多内容来源于设计中的日积月累。

Revit样板文件以“.rte”为扩展名。使用合适的样板，有助于快速开展项目。国内比较通用的Revit样板文件，如Revit中国本地化样板，集合了国家规范化标准和常用族等优势。

3.1.4 Revit 软件族库

Revit族库是将大量Revit族按照特性、参数等属性分类归档而成的数据库。相关行业企业或组织随着项目的开展和深入，都会积累到一套自己独有的族库。在以后的工作中，可直接调用族库数据，并根据实际情况修改参数，从而提高工作效率。Revit族库可以说是一种无形的知识生产力。族库的质量，是相关行业企业或组织的核心竞争力的一种体现。

3.1.5 Revit 软件基础知识

3.1.5.1 界面功能介绍

Revit软件采用Ribbon界面形式，将命令集成在功能区面板上，直观且便于使用，如图3.3所示。首先，Revit界面功能组成如下：

（1）应用程序按钮：位于软件上部。

（2）快速访问工具栏：集成多个常用工具，可以快速便捷使用，提高绘图效率。

（3）选项卡：包含十一项，直观且便于使用。

（4）功能区：集成相应功能下能够使用的全部功能。

（5）上下文功能区选项卡：使用某些工具或选择图元时会显示，与工具或图元相关；退出该工具或清除选择时，该选项卡将关闭。

（6）选项栏：位于功能区下方，根据当前工具或选定的图元显示条件工具。要将选项栏移动到Revit窗口的底部（状态栏上方），请在选项栏上单击鼠标右键，然后单击“固定在底部”。

（7）状态栏：位于软件下方，提供操作提示，高亮显示图元或构件时会显示族和类型的名称，右侧显示其他控件，包括工作集、编辑请求、设计选项、仅活动项、仅可编辑、排除选项、选择链接、选择基线图元、选择锁定图元、通过面选择图元、选择时拖曳图元、后台进程。

（8）属性面板和项目浏览器：通常将项目浏览器吸附在操作界面的右侧，属性面板中可以调节图元的属性类型，项目浏览器可以清晰地找到项目内各视图、图纸、族等内容。

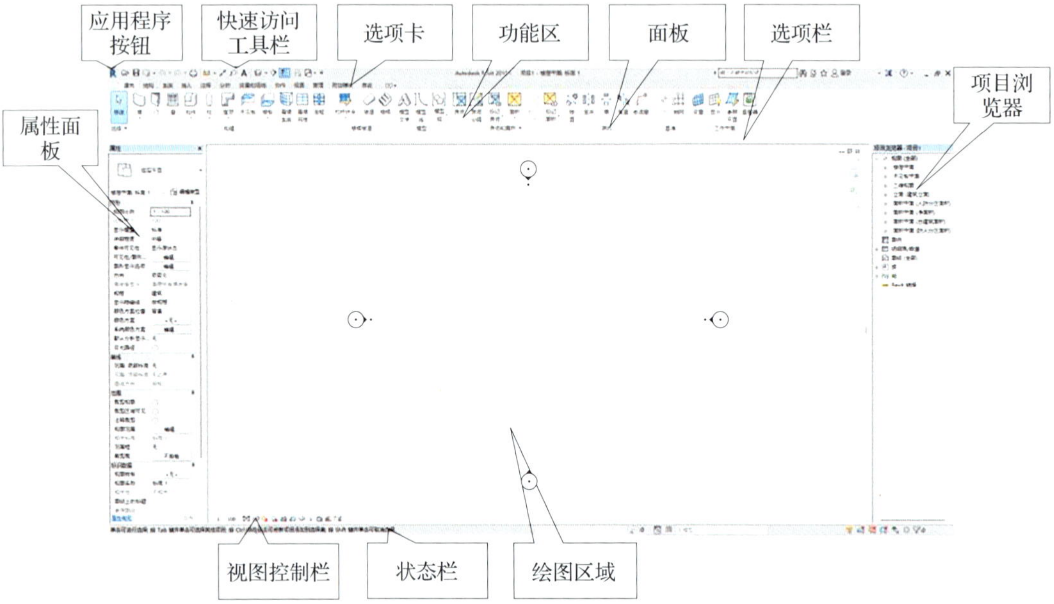

图 3.3　Revit 功能区面板

3.1.5.2　软件基本术语

（1）项目

在 Revit 软件中，项目是单个设计信息数据库模型。项目文件包含建筑的所有设计信息（从几何图形到构造数据），这些信息包括用于设计模型的构件、项目视图和设计图纸。项目中的所有信息之间保持关联，通过使用单个项目文件，可以轻松地修改设计，还可以使修改反映在所有关联区域（平面视图、立面视图、剖面视图、明细表等）中，便于项目管理。

（2）图元

图元是建筑模型中的单个实际项，是图形软件用于操作和组织画面的最基本素材。所有模型都是由图元组成，图元是一组最简单、最通用的几何图形或字符。项目中图元分为以下三种类型：模型图元、基准图元、视图专有图元，其中细分如图 3.4 所示。

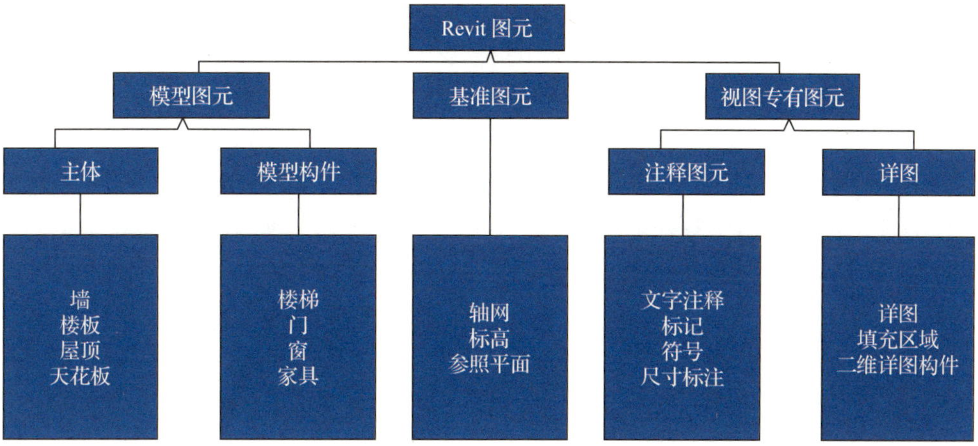

图 3.4　Revit 图元

①模型图元：表示建筑的实际三维几何图形，它们显示在模型的相关视图中，如墙、窗、门和屋顶。

②基准图元：可帮助定义项目定位的图元，包括轴网、标高、参照平面。

③视图专有图元：只显示在放置这些图元的视图中，帮助对模型进行描述或归档。如文字注释、尺寸标注、标记和二维详图构件、填充区域。

（3）类别

类别是以建筑构件性质为基础，对建筑模型进行归类的一组图元。模型图元类别包括墙、梁、机械设备、风道末端等；注释图元类别包括标记、文字注释等。类别、族、类型之间的关系如图 3.5 所示。

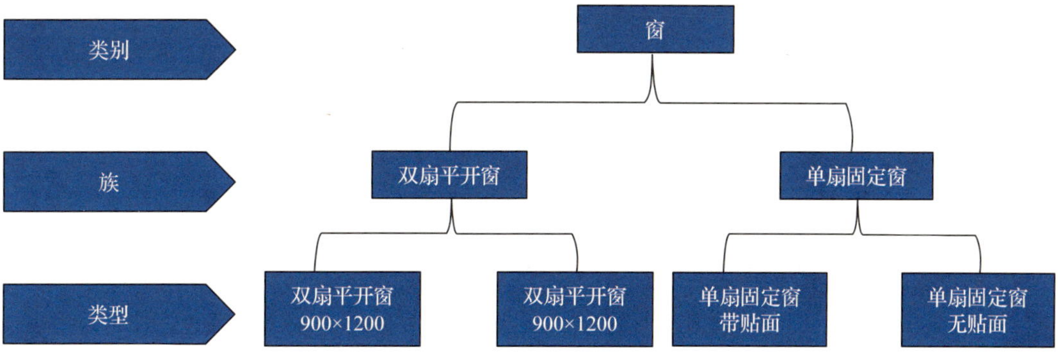

图 3.5　类别、族、类型关系图

（4）族

族是组成项目的构件，同时是参数信息的载体，所有添加到 Revit 项目中的图元都是使用族创建的。一个族中各属性对应的数值可能不同，但属性的设置（名称与含义）是相同的。Revit 软件中有以下三种类型的族：

①系统族：已经在项目中预定义，只能在项目中进行创建和修改，如墙、楼板、天花板等，不能作为外部文件载入或创建，但可以在项目和样板间复制、粘贴或传递。

②可载入族：使用族样板在项目外创建的后缀为 .rfa 文件，可以载入到项目中，具有属性可自定义的特征，因此可载入族是用户最经常创建和修改的族。

③内建族：在当前项目中新建的族，只能存储在当前的项目文件里，不能单独存成后缀为 .rfa 文件，也不能用于其他项目文件。

（5）类型

族可以有多个类型，类型用于表示同一族的不同参数（属性）值。

（6）实例

实例是指放置在项目中的实际项（单个图元）。在建筑（模型实例）或图纸（注释实例）中都有特定的位置。

（7）构件集

构件集是指组成结构的零部件的集合。

3.2 Revit 建模基础

3.2.1 项目设置

3.2.1.1 概述

在开始任何 Revit 建模之前，都需要进行项目设置。通过项目设置选择合适的样板文件、工作界面等便于后续各项工作的进行。在本节中，通过学习项目设置基础命令，需要重点掌握项目样板文件的选择方法以及项目文件的保存。

3.2.1.2 新建项目

选择“新建”→“项目”命令，打开“新建项目”对话框，选择“建筑样板”，如图 3.6 所示，单击“确定”新建项目文件。注意新建文件类型必须选择“项目”，如果选择“项目样板”，则会生成错误格式的项目文件。

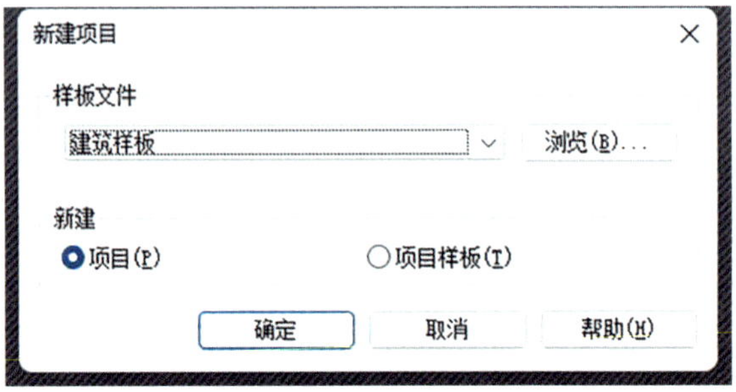

图 3.6　建筑样板选择

需要注意：在 Autodesk Revit 中，项目是整个建筑物设计的联合文件。建筑的所有标准视图、建筑设计图以及明细表都包含在项目文件中。只要修改模型，所有相关的视图、施工图和明细表都会随之自动更新。创建新的项目文件是开始设计的第一步。

如果在样板文件选择中，没有找到“建筑样板”，则需要在软件设置中进行载入。单击软件界面左上角“文件”→“选项”，如图 3.7 所示。进入项目基础设置，选择“文件位置”，查看软件中是否有想使用的项目样板文件，如图 3.8 所示。如果该处没有想使用的项目样板文件，可以点击绿色加号手动载入。

图 3.7　进入选项面板

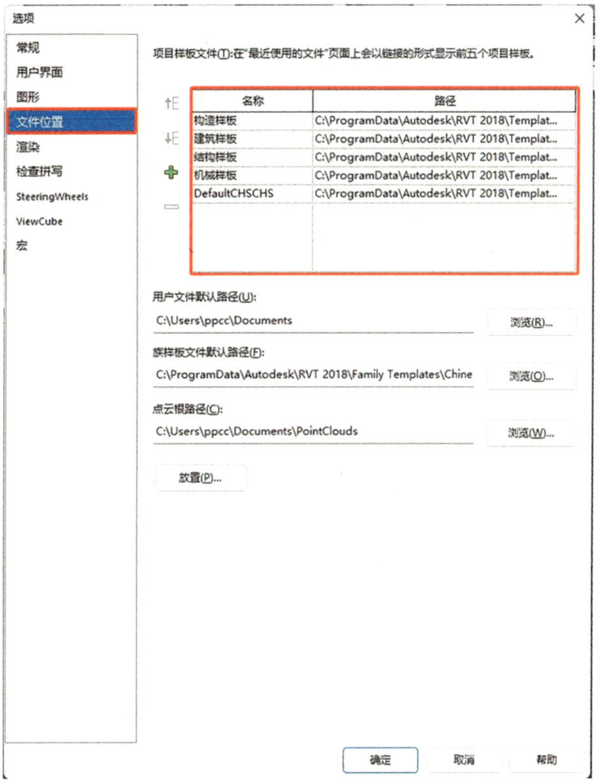

图 3.8　文件位置面板

3.2.1.3　项目设置与保存

单击“管理”选项卡→“项目设置”面板→“项目信息”选项，打开如图 3.9 所示的实例属性对话框，输入项目信息。

使用“管理”面板→“项目单位”命令，打开“项目单位”设置对话框，如图 3.10 所示。单击“长度”→“格式”列按钮，将长度单位设置为毫米（mm）。单击“面积”→“格式”列按钮将面积单位设置为平方米（m^2）。单击“体积”→“格式”列按钮将面积单位设置为立方米（m^3）。单击“应用程序菜单”→“保存”命令，或单击“快速访问工具栏”→“保存”→“另存为”对话框，如图 3.11 所示。

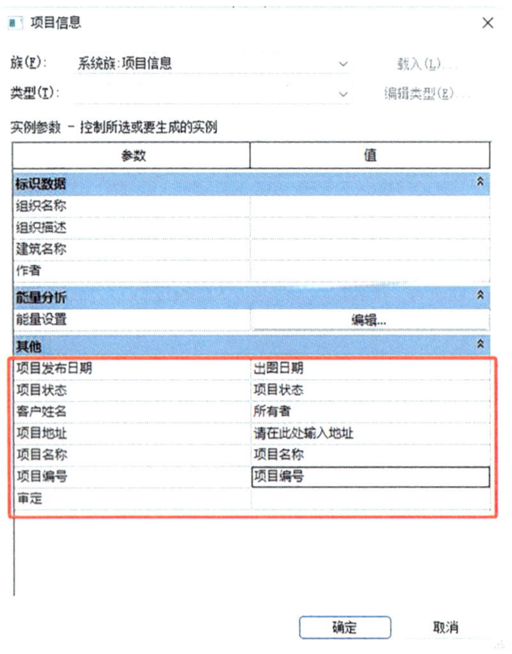

图 3.9　项目信息面板

图 3.10　项目单位面板

图 3.11　项目保存面板

设置保存路径，输入项目文件名为“别墅 01”，单击“保存”即可保存项目文件。注意在保存之前应点开“选项”，如图 3.12 所示，在此对话框调节文件保存的最大备份数。为了防止软件因意外情况关闭而没有及时保存文件，软件会自动进行备份。默认的备份数为 20，但这个值过大，耗用电脑内存过多，故通常设置为 2～3 份为宜，这样既可以在意外关闭时找到最新的文件，又不过多占用内存。

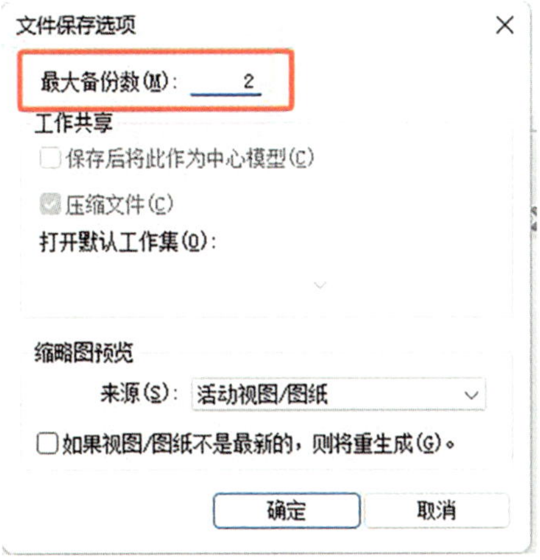

图 3.12　项目备份面板

3.2.1.4　其他设置

在使用 Revit 软件进行项目绘制时，还有其他可以设置的内容，如图 3.8 所示，通过调节选项设置面板，可以进行多种设置。以下是一些常见的设置：

（1）常规：可以设置项目的保存时间和视图选项。

（2）用户界面：可以设置软件的工具栏、快捷键等。

（3）图形：可以对软件操作界面的颜色、光标、文字大小等进行设置。

3.2.2　标高轴网绘制

3.2.2.1　概述

标高用来定义楼层层高及生成平面视图，但标高不一定必须作为楼层层高；轴网用于为构件定位，在 Revit 软件中轴网确定了一个不可见的工作平面。轴网编号及标高符号样式均可定制修改。Revit 软件目前可以绘制弧形和直线轴网，但不支持折线轴网。本部分内容将重点介绍轴网和标高的 2D、3D 显示模式的不同作用、影响范围命令的应用、轴网和标高标头的显示控制，以及如何生成对应标高的平面视图等功能应用。使用“标高”工具，可以定义垂直高度或建筑内的楼层标高。为每个已知楼层或其他必需的建筑参照创建标高时，要注意添加标高，需要在剖面视图或立面视图中添加标高时，可以创建关联的平面视图。使用轴网工具，可以在建筑设计中放置柱轴网线，也可以使用复制、阵列。

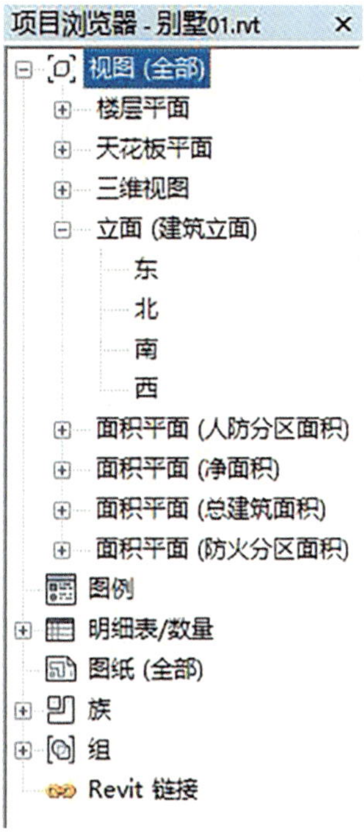

图 3.13　项目浏览器面板

3.2.2.2　创建标高

在 Revit 软件中，“标高”命令必须在立面和剖面视图中使用。因此，在正式开始项目设计前，需提前打开一个立面视图。

在项目浏览器中展开“立面（建筑立面）”项，双击视图名称“南”进入南立面视图，如图 3.13 所示。调整标高 2，将一层与二层之间的层高修改为 3300 mm，如图 3.14 所示。通过属性设置对标高的样式进行设置，包括名称、线宽、颜色、线型图案、符号、标头显示位置等。标高修改的三种方式：修改标头值、临时尺寸标注、属性窗口。选中标高图元后，通过两侧的勾选框可以单独显示或隐藏选中图元的标头。

图 3.14　标高 2 调整

在“建筑”选项卡下点击“标高”，绘制标高 3，调整其间隔使间距为 3000 mm，如图 3.15 所示。

图 3.15　标高 3 绘制图

使用“复制”命令，创建地坪标高和 −1F。选择标高“F2”，单击“修改标高”→“修改”面板→“复制”命令→选项栏勾选多重复制选项“多个”。移动光标，在标高“F2”上单击捕捉一点作为复制参考点，然后垂直向下移动光标，输入间距值“3750”后按“Enter”键确认，复制新的标高，如图 3.16 所示。继续向下移动光标，分别输入间距值“2850”“200”，按“Enter”键确认，复制另外 2 根新的标高。分别选择新复制的 3 根标高，单击蓝色的标头名称，激活文本框，分别输入新的标高名称“3F、2F、1F、0F、−1F、−1F-1”，按“Enter”键确认，结果如图 3.17 所示。

至此，建筑的各个标高创建完成，保存文件。

需要注意：在 Revit 软件中复制的标高是参照标高，因此新复制的标高标头均用黑色显示，且在项目浏览器中的“楼层平面”项下没有创建新的平面视图。由于标高标头之间有干涉，需对标高做局部调整。

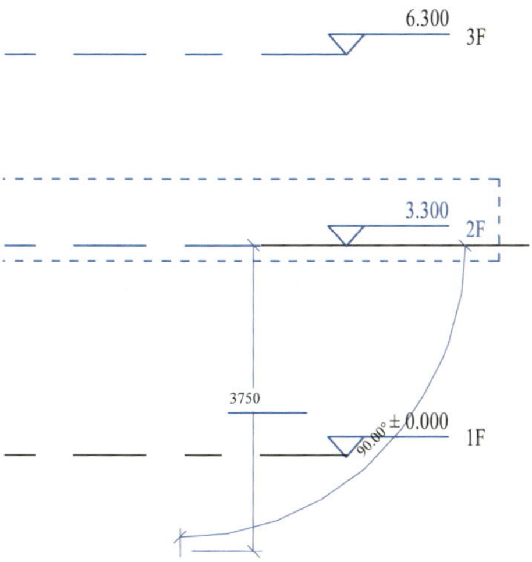

图 3.16　标高复制

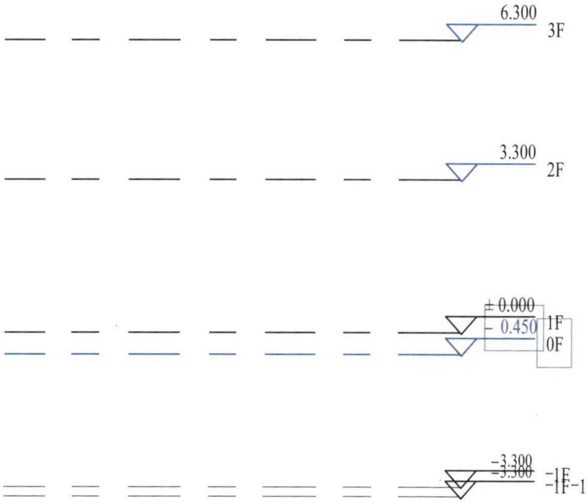

图 3.17　标高完成图

3.2.2.3　编辑标高

在上述模型的基础上编辑标高。按住“Ctrl”键，单击拾取标高“0F”和“−1F-1”，从类型选择器下拉列表中选择“标高：GB_下标高符号”类型，两个标头自动向下翻转方向，结果如图 3.18 所示。

单击选项卡“视图”→“平面视图”→“楼层平面”命令，打开“新建楼层平面”对话框，如图 3.19 所示。从下面列表中选择“−1F”，单击“确定”后，在项目浏览器中创建新的楼层平面“−1F”，并自动打开“−1F”作为当前视图。在项目浏览器中双击“立面（建筑立面）”项下的“南立面”视图，显示标高“−1F”的标头变成蓝色，保存文件。

图 3.18　标高标头样式调整

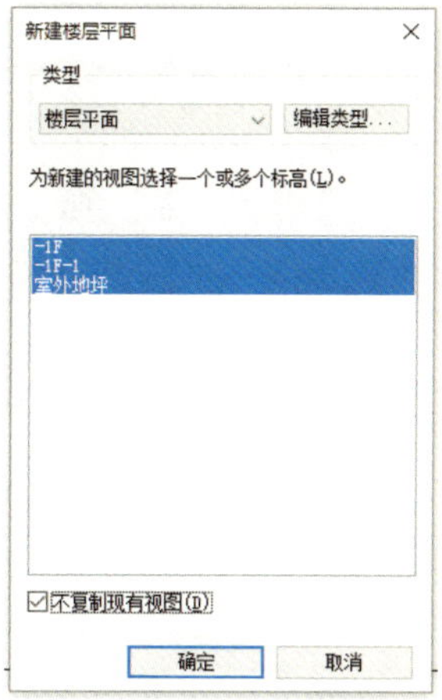

图 3.19　调出楼层平面

3.2.2.4 创建轴网

下面学习在平面图中创建轴网。在 Revit 软件中，轴网只需要在任意一个平面视图中绘制一次，其他平面、立面、剖面视图中都将自动显示。

在上述模型的基础上继续操作，在项目浏览器中双击“楼层平面”项下的“F1”视图，打开首层平面视图。绘制第一条垂直轴线，点击“建筑”选项卡下“轴网”命令，绘制轴网，轴号为①。使用“复制”命令创建②至⑧号轴网。单击选择从左至右第 1 根轴线，移动光标至第 1 根轴线，单击捕捉一点作为复制参考点，然后水平向右移动光标，输入间距值 1200 后，按“Enter”键确认，复制第 2 根轴线。保持光标位于新复制的轴线右侧，分别输入“4300、1100、1500、3900、3900、600、2400”（单位：mm）按“Enter”键确认，复制第 3 至第 9 根轴线。

选择第 8 根轴线，当标头文字变为蓝色，单击文字输入“1 / 7”后，按“Enter”键确认，将第 8 根轴线改为附加轴线。同样地，选择后面的第 9 根轴线，修改标头文字为“8”。完成后的①至⑧号轴线及附加轴线绘制如图 3.20 所示。

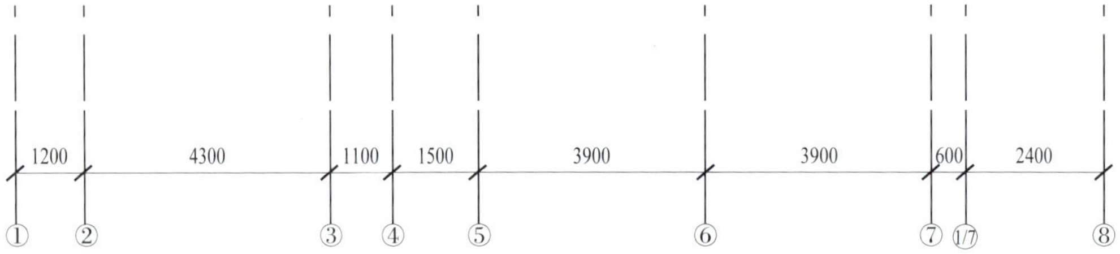

图 3.20 ①至⑧号轴线及附加轴线

单击选项卡“常用”→“轴网”命令，移动光标到视图中①号轴线标头左上方位置单击鼠标左键捕捉一点作为轴线起点。然后从左向右水平移动光标到⑧号轴线右侧一段距离后，再次单击鼠标左键捕捉轴线终点，创建第一条水平轴线。

选择刚创建的水平轴线，修改标头文字为“A”，创建Ⓐ号轴线。

使用“复制”命令，创建Ⓑ至Ⓙ号轴线。移动光标在Ⓐ号轴线上单击捕捉一点作为复制参考点，然后垂直向上移动光标，保持光标位于新复制的轴线右侧，分别输入“4500、1500、4500、900、4500、2700、1800、3400”，按“Enter”键确认，完成复制。

需要注意：需将标头文字为“I”更改为“J”，更名为Ⓙ号轴线（目前软件版本尚不能自动避免 I、O 等轴线编号，需要手动修改）。完成后的轴网如图 3.21 所示，保存文件。

3.2.2.5 编辑轴网

通过属性设置，可以对选中轴网的名称、符号、轴线中段、颜色、末端长度、轴号显示位置等进行设置。绘制完轴网后，需要在平面图和立面视图中手动调整轴线标头位置，修改⑦号和⑴⁄⑺号轴线、Ⓓ号和Ⓔ号轴线标头符号等，以满足出图需求。偏移Ⓓ号轴、⑴⁄⑺号轴线标头，如图 3.22 所示。

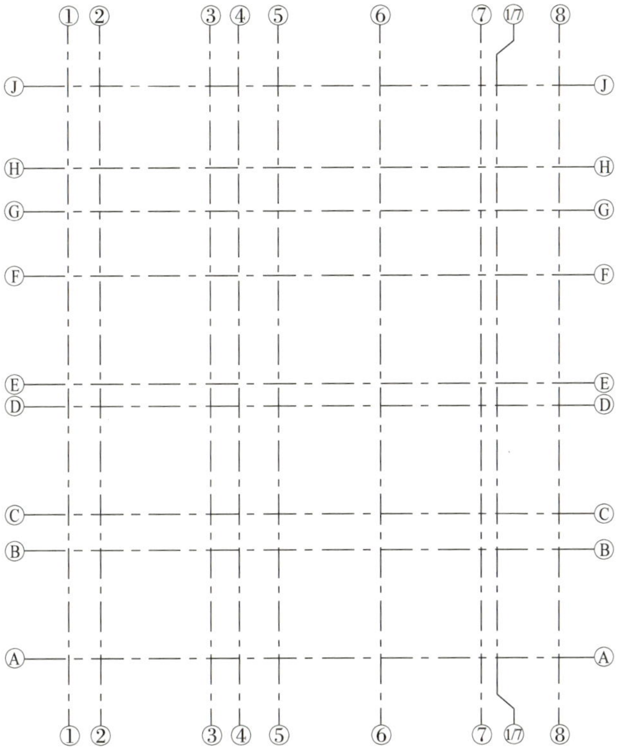

图 3.21　轴网图纸

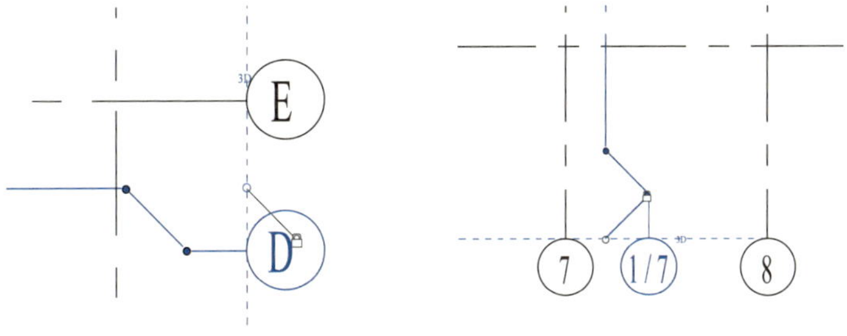

（a）　　　　　　（b）

图 3.22　轴头调整图

（a）Ⓓ轴调整图；（b）⑴⁄⑺轴调整图

标头位置调整：在“标头位置调整”符号上按住鼠标左键拖曳，可整体调整所有标头的位置；如果先单击打开“标头对齐锁”，然后再拖曳即可单独移动一根标头的位置。在项目浏览器中双击“立面（建筑立面）”项下的“南立面”进入南立面视图，使用前述编辑标高和轴网的方法，调整标头位置、添加弯头，结果如图 3.23 所示。

采用同样方法调整东立面或西立面视图标高和轴网。至此标高和轴网创建完成，保存文件。在复选框修改轴号，显示、添加弯头仅影响当前视图。可通过影响范围覆盖其他视图，同时轴线默认为 3D 模式，即绘制与修改会显示在整个三维空间，如仅需要修改某一视图可将轴线改为 2D 模式，再通过影响范围覆盖需要的楼层。

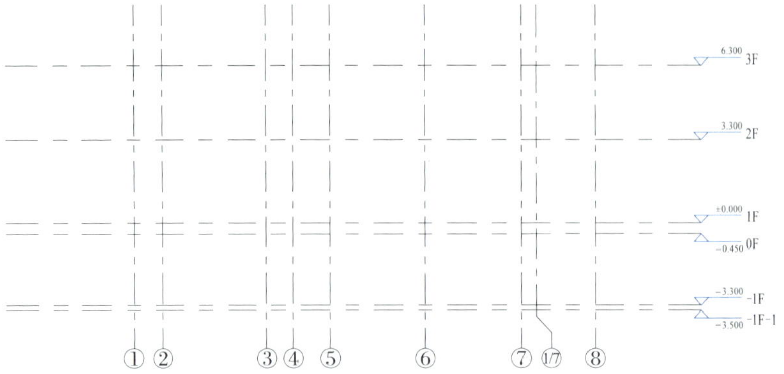

图 3.23　立面轴网样式图

3.2.3　墙体门窗楼板绘制

3.2.3.1　墙体绘制

墙是预定义系统族类型的实例，包括基本墙、叠层墙和幕墙。通过类型属性中的复制可以创建新的类型。基本墙通过结构编辑设置结构类型，使用层或区域可以修改墙类型以定义垂直复合墙的结构并赋予材质。Revit 软件提供了多种绘制墙体的方法，包括直线、矩形、内接多边形、外接多边形、圆、起点终点半径弧、圆心端点弧、相切端点弧、圆角弧、拾取线和拾取面等。

在大多数情况下，当放置直墙时，墙的轮廓为矩形（在平行于其长度的立面中查看时）。如果设计要求其他的轮廓形状，或要求墙中有洞口，可在剖面视图或立面视图中编辑墙的立面轮廓。Revit 软件包括用于为墙建模的“叠层墙”系统族，这些墙包括一面接一面叠放在一起的两面或多面子墙。子墙在不同的高度可以具有不同的墙厚度。叠层墙中的所有子墙都被附着，其几何图形相互连接。仅“基本墙”系统族中的墙类型可以作为子墙。

使用“饰条”工具可以向墙中添加踢脚板、冠顶饰或其他类型的装饰用水平或垂直投影，在三维视图或立面视图中为墙添加墙饰条。使用“分隔缝”工具可以将装饰用水平或垂直剪切，添加到立面视图或三维视图中的墙上。本部分内容着重讲解在案例中基本墙的绘制方法。

在项目浏览器中双击“楼层平面”项下的“−1F”，打开地下一层平面视图。点击“建筑”选项卡下“墙”命令，在“墙”命令下可以编辑多种类型的墙体。初学阶段可以先学习“墙：建筑”命令。首先，在属性面板中创建新的墙体类型，点击“编辑类型”，如图 3.24 所示。点击“复制”创建新的墙体类型，命名为“外墙”，点击“结构”右侧“编辑”命令，设置其构造层，如图 3.25 所示。使用“插入”命令添加墙体的结构层、面层等内容。在“材质”栏中点击右侧三个点，可以调出材质库并选择需要的材质。在“厚度”栏中手动输入数值给出各层的厚度。涂抹层不必给出厚度，因为在实际工程中其厚度相对较薄，在模型中厚度忽略不计。当设定好墙体类型后，点击“确定”。

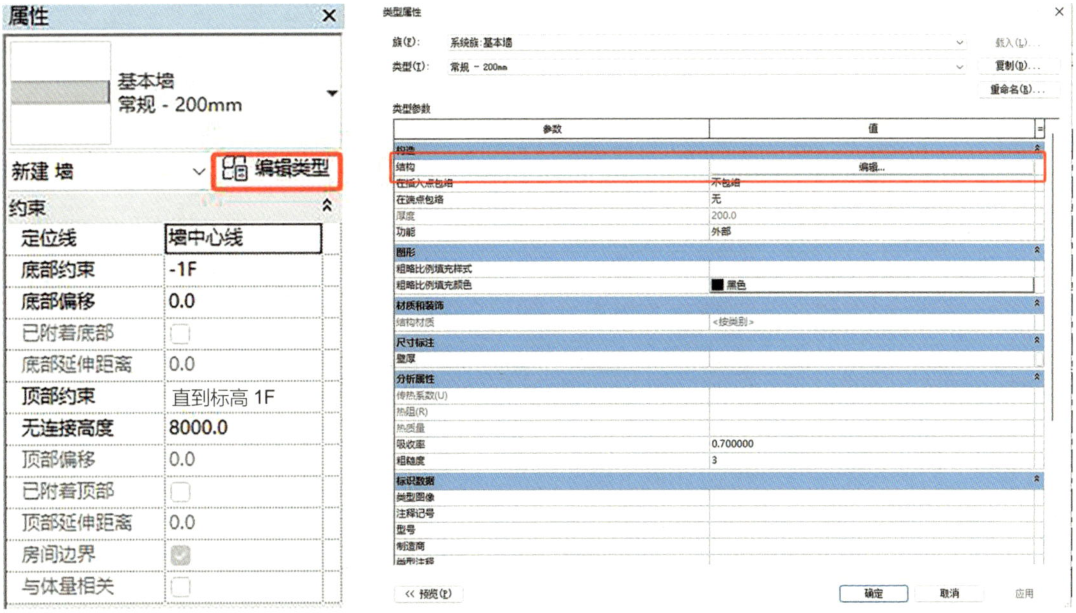

图 3.24　墙体类型、结构编辑图

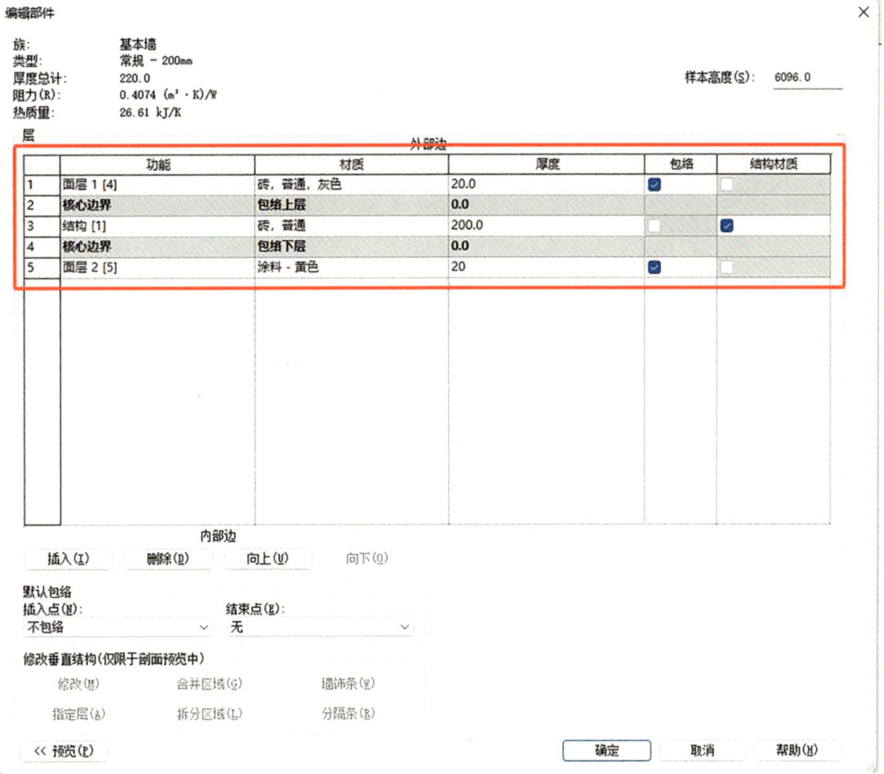

图 3.25　墙体结构图

新建墙体类型后，即可选择该类型墙体直接绘制。单击选项卡“建筑”→“墙”→“基本墙”，调整属性面板→“底部约束”为“−1F”，“顶部约束”为“直到标高 1F”，如图 3.24 所示。

使用“直线”命令，移动光标单击鼠标左键，捕捉Ⓔ轴和②轴交点为绘制墙体起点，顺时针单击捕捉Ⓔ轴和①轴交点、Ⓕ轴和①轴交点、Ⓕ轴和②轴交点、Ⓗ轴和②轴交点、Ⓗ轴和⑦轴交点、Ⓓ轴和⑦轴交点、Ⓓ轴和⑥轴交点、Ⓔ轴和⑥轴交点、Ⓔ轴和⑤轴交点、Ⓑ轴和⑤轴交点、Ⓑ轴和②轴交点、Ⓔ轴和②轴交点，然后绘制墙体，如图 3.26 所示。外墙的绘制通常为逆时针绘制，这样可以保证墙体内外与设计相吻合。如果没有遵循此项绘图原则，可以在绘制后手动选择墙体，显示有箭头的一侧为外侧，单击箭头可以手动翻转。

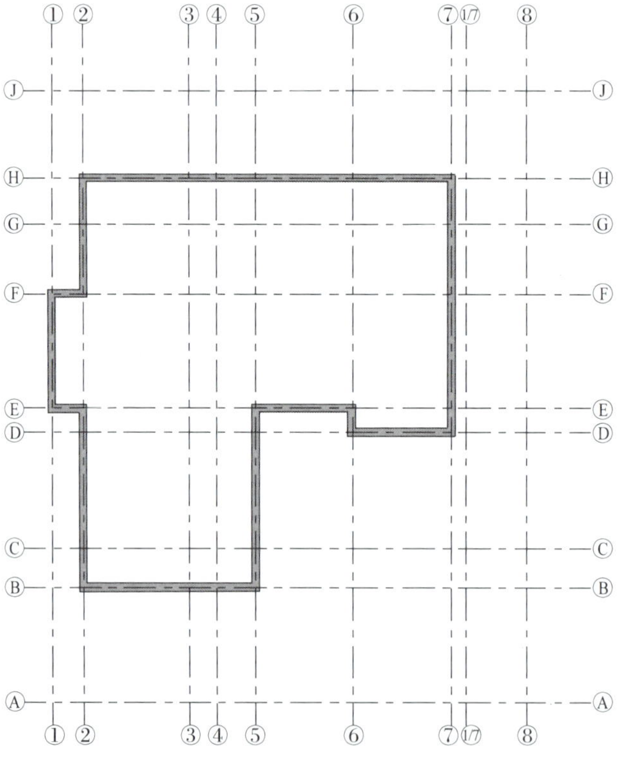

图 3.26　−1F 外墙平面图

切换到三维视图，可以看到完成后的地下一层外墙，如图 3.27 所示，保存文件。

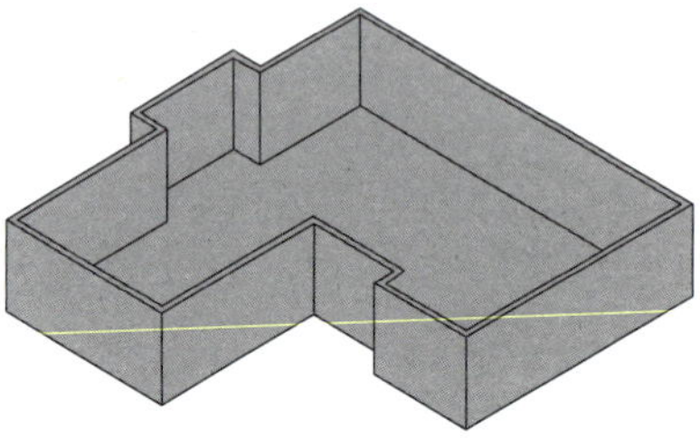

图 3.27　−1F 外墙三维图

首先绘制内墙，以同样的方法新建内墙类型，设置其结构与材质。内墙仅有结构层，材质为“砖/普通”，厚度为“200”（单位：mm），进行绘制的方法为：设置属性→设置实例参数“底部约束”为“−1F”，“顶部约束”为“直到标高 1F”。如图 3.28 所示的内墙位置捕捉轴线交点，绘制地下室内墙。

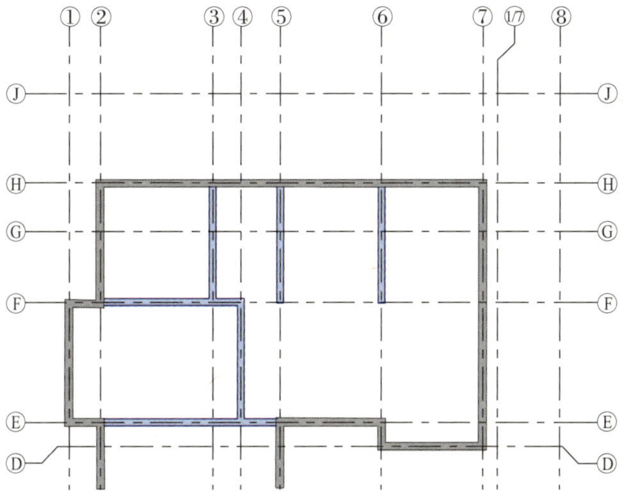

图 3.28　−1F 内墙平面图

其次绘制内部隔墙，以同样的方法新建内部隔墙类型，设置其结构与材质。内墙仅有结构层，材质为“砖/普通”，厚度为 100 mm，进行绘制的方法为：“定位线”选择“核心面→外部”，设置属性→设置实例参数“底部约束”为“−1F”，“顶部约束”为“直到标高 1F”。如图 3.29 所示的内墙位置捕捉轴线交点，绘制内部隔墙。内墙与内部隔墙没有内外之分，这一点与外墙不同。

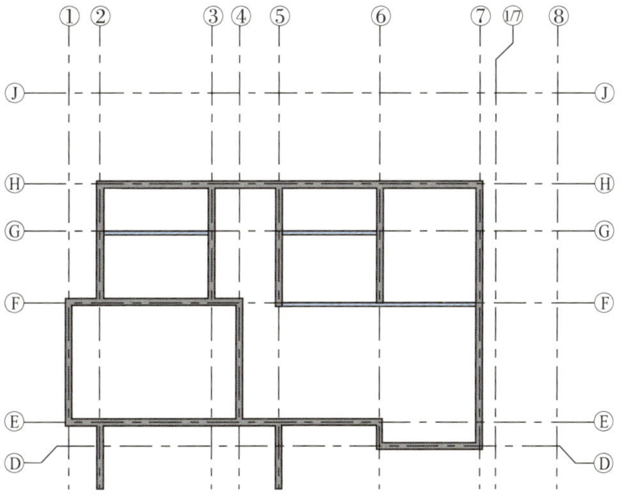

图 3.29　−1F 内部隔墙平面图

完成后的地下一层墙体如图 3.30 所示，保存文件。

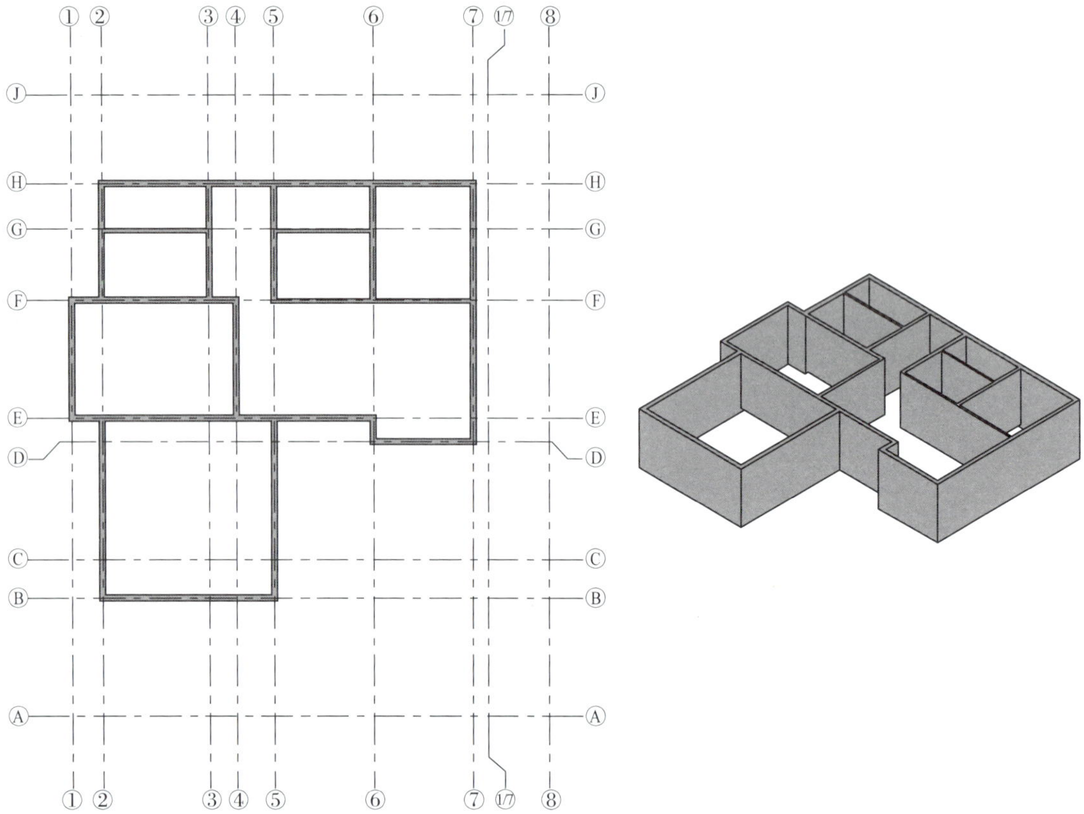

（a）　　　　（b）

图 3.30　–1F 墙体完成图

（a）–1F 墙体平面图；（b）–1F 墙体轴测图

3.2.3.2　墙体的复制

在上述模型的基础上继续操作，当绘制一层墙体时，可以切换到一层平面，较快捷的方式是从地下一层进行复制。切换到三维视图，将光标放在地下一层的外墙上，高亮显示后按 Tab 键，所有外墙将全部高亮显示；单击鼠标左键，地下一层外墙将全部选中，构件显示红色高亮状态，如图 3.31 所示。

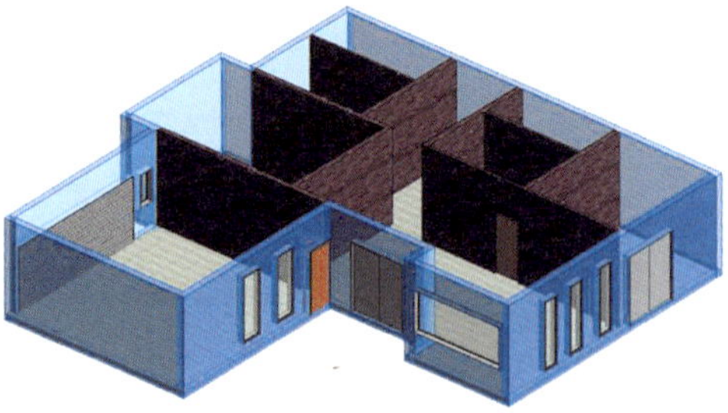

图 3.31　–1F 外墙选择图

单击菜单栏“修改”→“复制到剪贴板”命令，将所有构件复制到剪贴板中备用。单击菜单栏“修改”→“粘贴”→“按选定标高对齐”命令，打开“选择标高”对话框，如图 3.32 所示。单击选择“1F”，单击“确定”。

地下一层平面的外墙均被复制到首层平面，同时，门窗被默认是依附于墙体的构件，因此它们一并被复制，如图 3.33 所示。

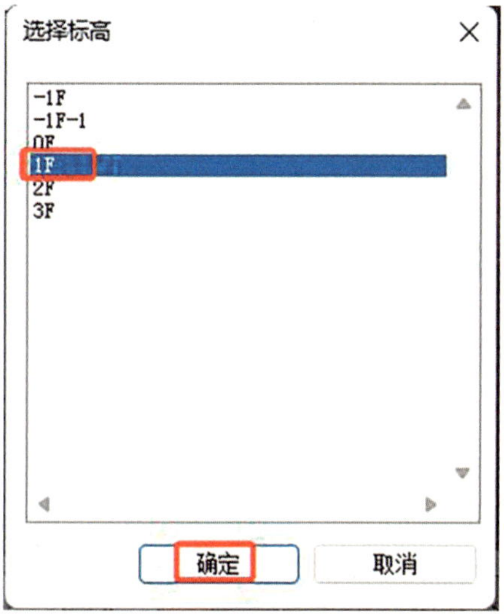

图 3.32　外墙复制图

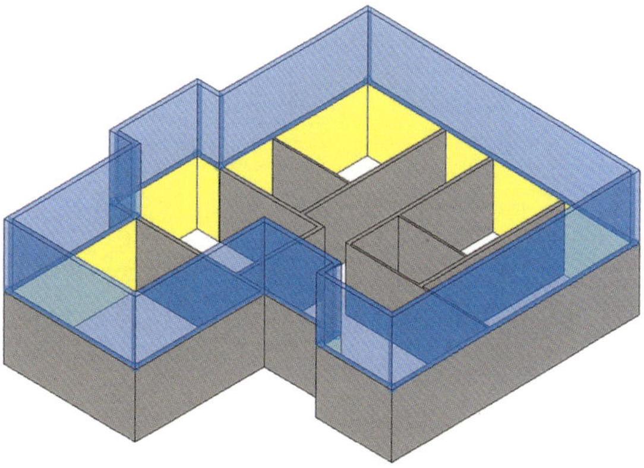

图 3.33　外墙复制完成图

在项目浏览器中双击“楼层平面”项下的“1F”，打开一层平面视图。

框选所有构件，单击选项栏“过滤选择集”工具，打开“过滤器”对话框，如图 3.34 所示，勾选“墙”，单击“确定”，能够快速将所有外墙选择，轴网不会被选择，这是 Revit 软件中常用的选择命令。

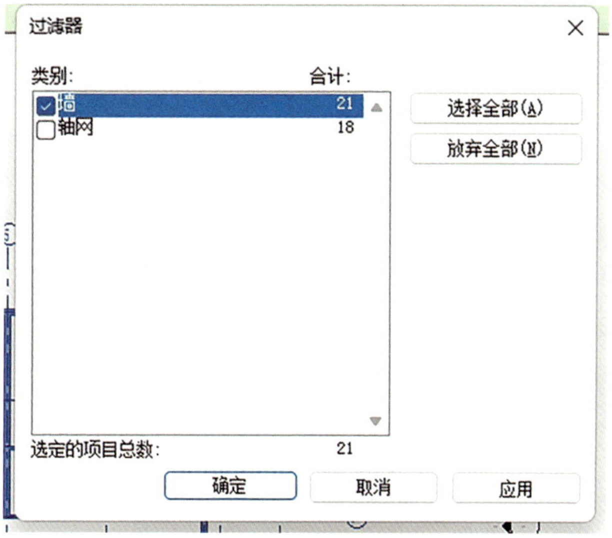

图 3.34　过滤器选择图

在复制构件命令时应注意以下几点：

（1）过滤选择集

当类别多，而需要选择的少时，可以先单击“放弃全部”，再勾选“墙”等需要的类别；当需要选择的多，而不需要选择的相对较少时，可以先单击“选择全部”，再取消勾选不需要的类别，以提高选择效率。

（2）使用过滤器

过滤器是按构件类别快速选择一类或几类构件的快捷方法。

（3）“复制到剪贴板”工具

“复制到剪贴板”工具可将一个或多个图元复制到剪贴板中，然后使用“从剪贴板中粘贴”工具或“对齐粘贴”工具将图元的副本粘贴到其他项目或图纸中。要复制某个选定图元并立即放置该图元时（例如，在同一个视图中），可使用“复制”工具。在某些情况下，可使用“复制到剪贴板”工具，如需要在放置副本之前切换视图。

（4）在 Revit 软件中创建图元没有严格的先后顺序，所以用户可以随时根据需要绘制或复制创建楼层平面视图。

用上述方法复制别墅建筑 2F 墙体。展开“项目浏览器”下“立面”项，鼠标双击“南立面”，进入“南立面”视图。在南立面中，从首层构件左上角位置到首层构件右下角位置，按住鼠标左键拖曳选择框，框选首层所有构件，如图 3.35 所示。

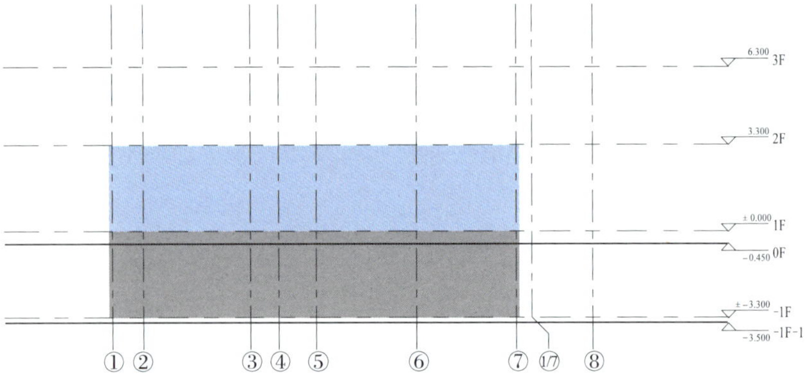

图 3.35　二层墙体选择图

在构件选择状态下，单击选项栏“过滤选择集”工具，打开“过滤器”对话框，确保勾选“墙”类别，单击“确定”关闭对话框。

单击菜单栏“修改”→“复制到剪贴板”命令，将首层平面的所有构件复制到剪贴板中备用。

首层平面所有的墙体构件都被复制到二层平面，如图 3.36 所示。

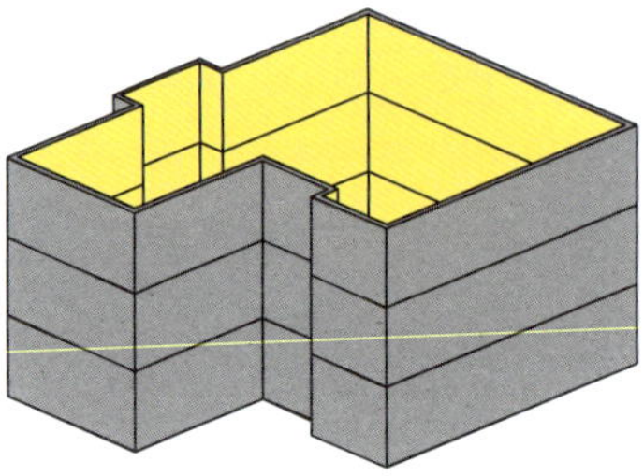

图 3.36　墙体复制完成图

3.2.3.3 其他墙体编辑技巧

（1）调整外墙位置

选中想要移动的墙体，调出修改面板。单击“对齐”命令，移动光标单击拾取Ⓑ轴线，作为对齐目标位置。再移动光标到Ⓑ轴下方的墙体，按 Tab 键拾取墙的中心线位置，移动墙的位置，使其中心线与Ⓑ轴对齐，如图 3.37 所示。

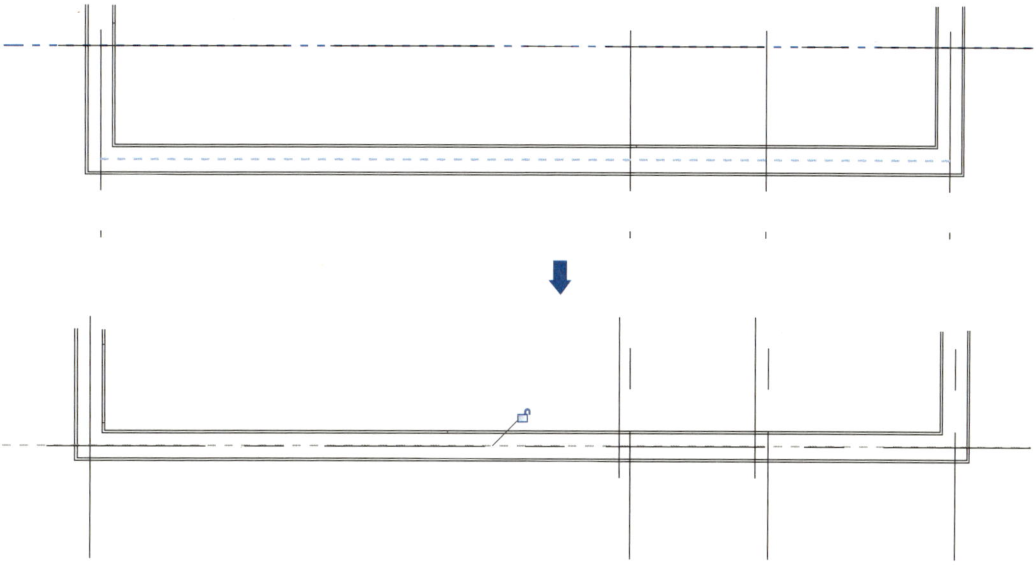

图 3.37 墙体移动图

（2）修改一层建筑外墙类型

选中一道外墙，在类型编辑器中创建面层为机刨横纹灰白色花岗石墙面的外墙类型，如图 3.38 所示，将面层材质修改为花岗岩。

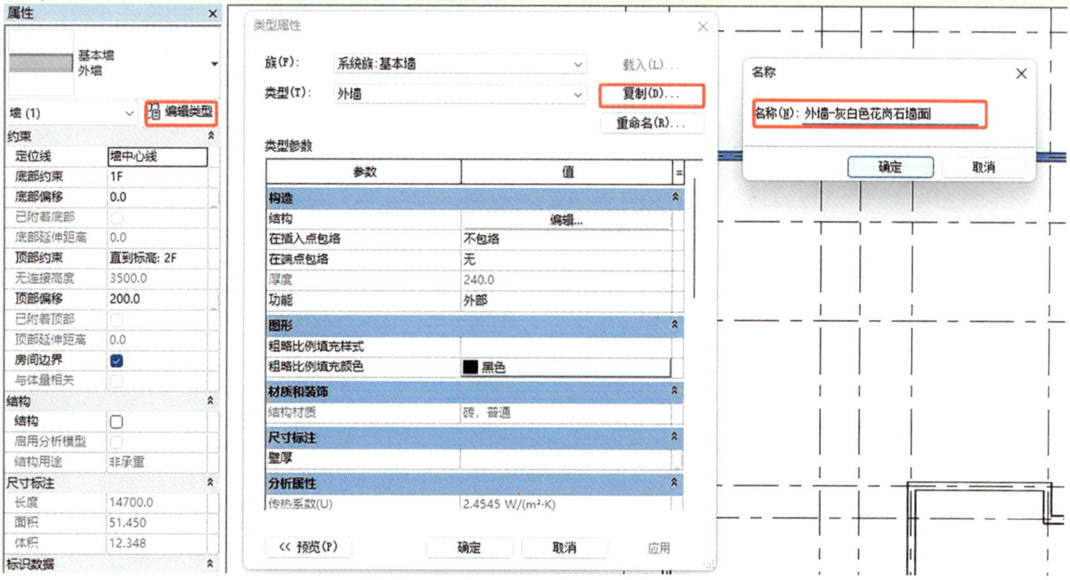

图 3.38 墙体类型复制图

选中 1F 所有外墙，将类型下拉，选择“外墙-灰白色花岗石墙面”，如图 3.39 所示。

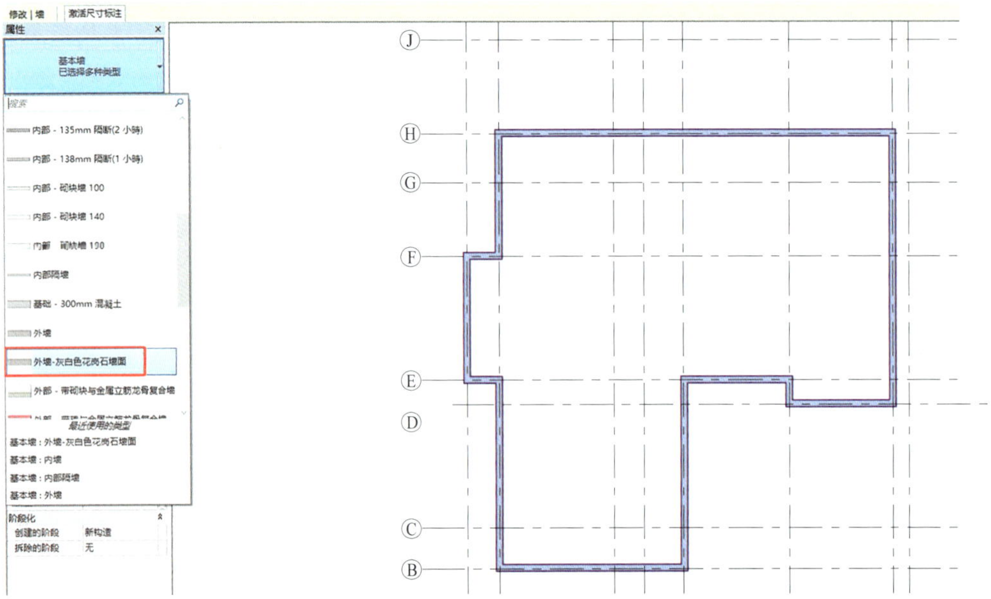

图 3.39　外墙类型修改图

（3）绘制一层平面外墙

在“绘制墙体”的命令下，设置实例参数“底部约束”为“1F”，“顶部约束”为“直到标高 2F”。在选项栏中选择“绘制”命令，“定位线”选择“核心层中心线”，移动光标，单击鼠标左键捕捉Ⓗ轴和⑤轴交点为绘制墙体起点，逆时针捕捉Ⓖ轴位置。

在选项栏中选择“绘制”命令，“定位线”选择“墙中心线”，移动光标，单击鼠标左键捕捉Ⓗ轴和⑤轴交点为绘制墙体起点，逆时针捕捉Ⓖ轴与⑤轴交点、Ⓖ轴与⑥轴交点、Ⓗ轴与⑥轴交点，绘制 3 面墙体，位置如图 3.40 所示。

使用工具栏“对齐”命令，依照上述方法将Ⓖ轴墙体外边线与Ⓖ轴对齐，如图 3.41 所示。

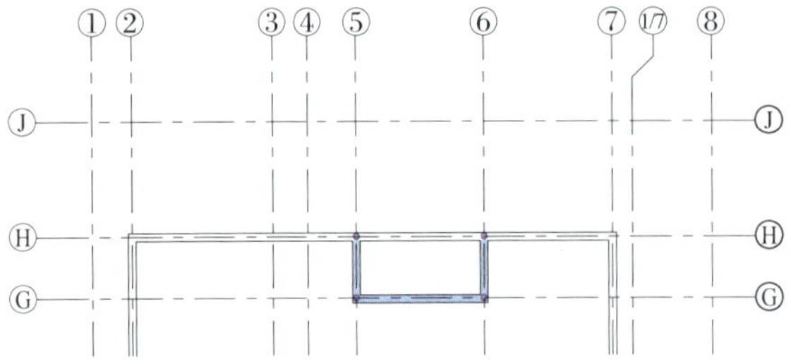

图 3.40　外墙绘制图

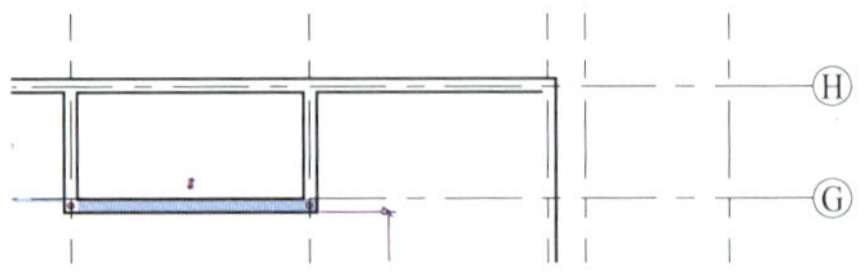

图 3.41　局部墙体对齐图

单击工具栏“拆分”命令，如图 3.42 所示，移动光标到Ⓗ轴上的墙体⑤、⑥轴之间任意位置，单击鼠标左键将墙体拆分为两段。

单击工具栏“修剪”命令，移动光标到Ⓗ轴与⑤轴左边的墙体上单击，再移动光标到⑤轴的墙体上单击，则右侧多余的墙体被去除。同样地，Ⓗ轴与⑥轴右边的墙也用此方法修剪，如图 3.43 所示。

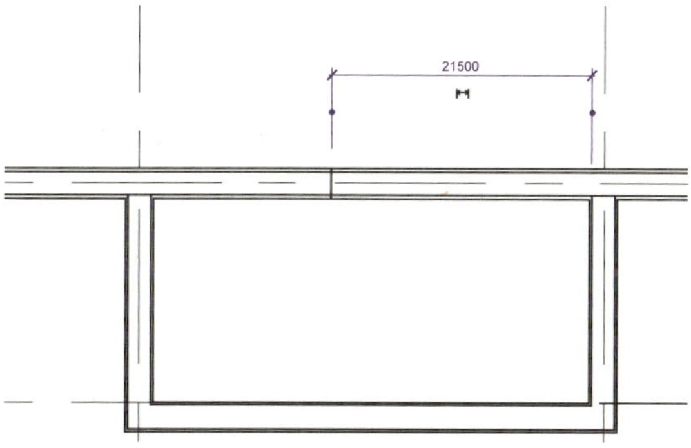

图 3.42　墙体拆分图

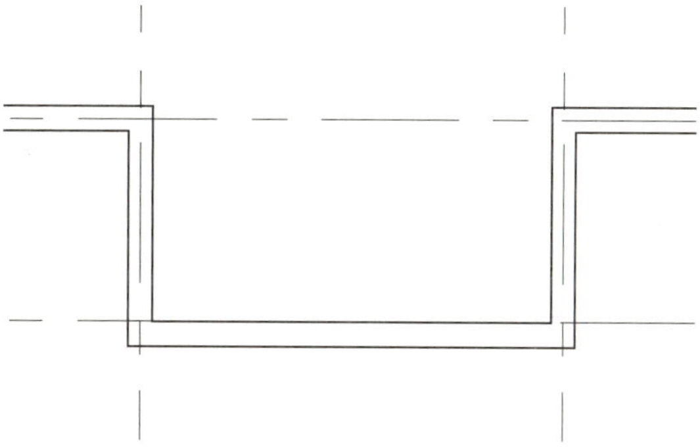

图 3.43　墙体修剪图

一层平面外墙部分如图 3.44 所示，保存文件。

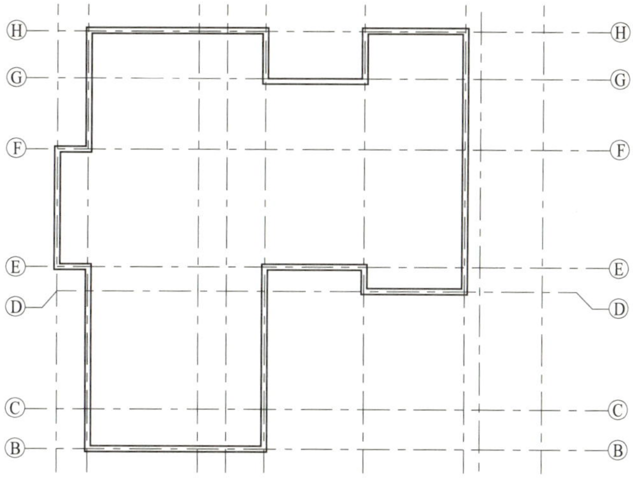

图 3.44　一层外墙平面图

（4）绘制一层平面内墙

单击设计栏“建筑”→“墙”命令，在类型选择器中选择“内墙”类型，选项栏选择“绘制”命令，“定位线”选择“墙中心线”。设置实例参数“底部约束”为“1F”，“顶部约束”为“直到标高 2F”，自动应用，如图 3.45 所示绘制内墙。

在类型编辑器中选择“内部隔墙”类型，选项栏选择“绘制”命令。设置实例参数“底部约束”为“1F”，“顶部约束”为“直到标高 2F”，自动应用，如图 3.46 所示绘制 100 mm 内墙。

（5）绘制二层外墙及内墙

切换到 2F 平面视图，调整外墙位置；单击工具栏中的“对齐”命令，移动光标单击拾取Ⓗ轴线，作为对齐目标位置。移动光标到Ⓙ轴的墙体上，按 Tab 键拾取墙的中心线，移动墙体的位置使其中心线与Ⓗ轴对齐，如图 3.47 所示。

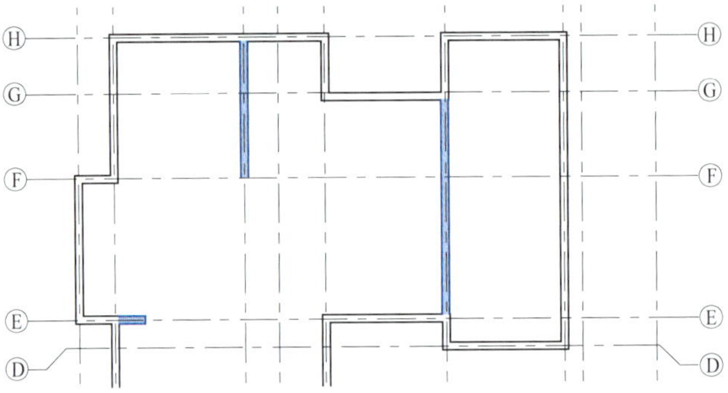

图 3.45　1F 内墙平面图

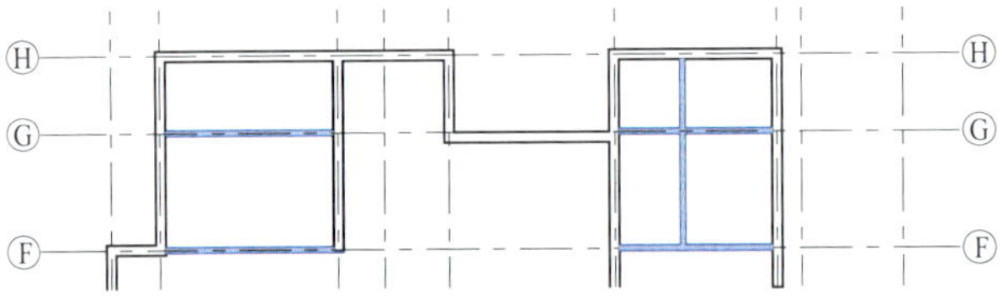

图 3.46　1F 隔墙平面图

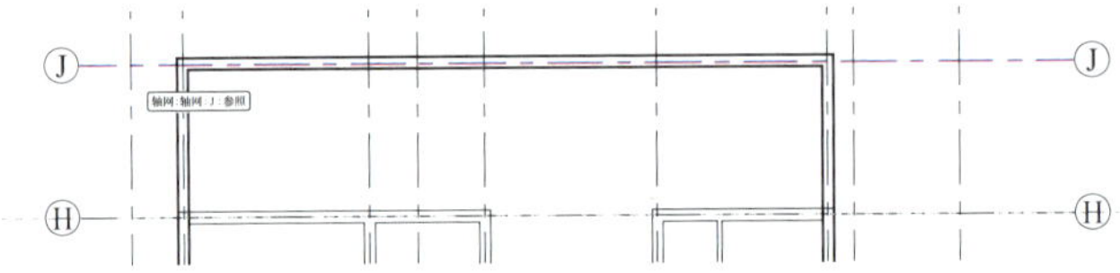

图 3.47　外墙与Ⓗ轴对齐图

同样地，以④轴线作为对齐目标位置，将⑤轴线上的墙体对齐至④轴线；以Ⓒ轴作为对齐目标位置，将Ⓑ轴线上的墙体对齐至Ⓒ轴线，如图 3.48 所示。

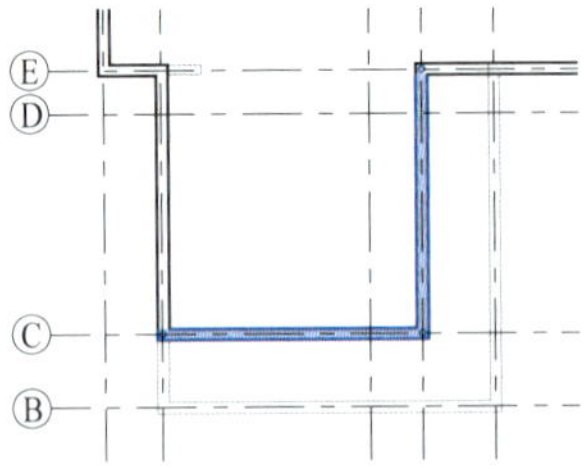

图 3.48　④轴、Ⓑ轴墙体对齐图

其余部分外墙可以通过工具栏“修剪”命令，修改后墙的位置如图 3.49 所示。

新建外墙“基本墙 / 外墙-白色涂料”。选择二层外墙，在类型选择器中将墙体替换为“基本墙 / 外墙-白色涂料”，更新所有外墙类型，如图 3.50 所示。

单击选项栏“属性”按钮，设置二层墙体的“顶部约束”为“直到标高 3F”，自动应用。

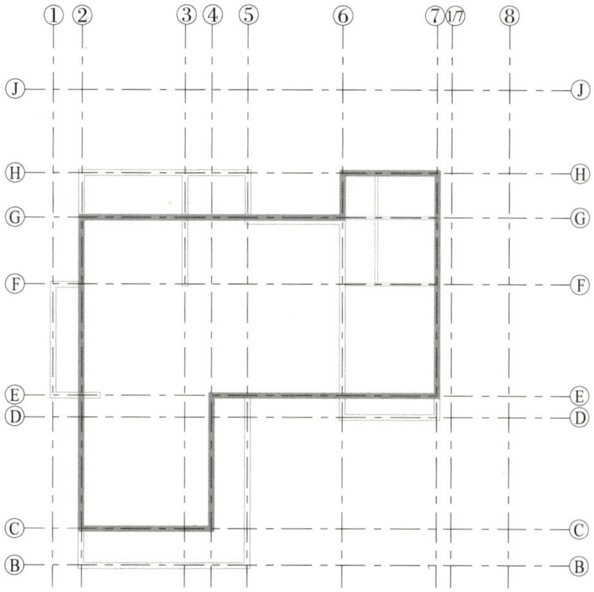

图 3.49　2F 外墙完成平面图

继续绘制二层平面内墙，单击设计栏“建筑”→“墙”命令，在类型选择器中选择“内墙”类型，设置实例参数“底部约束”为“2F”，“顶部约束”为“直到标高 2F”，自动应用。选项栏选择“绘制”命令，“定位线”选择“核心层中心线”，如图 3.51 所示绘制的 2F 内墙平面图。

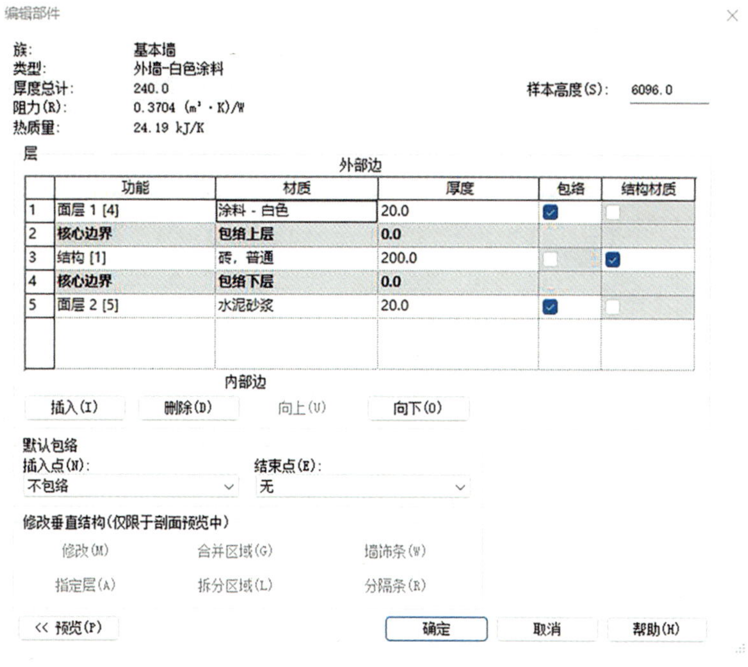

图 3.50　2F 外墙类型结构图

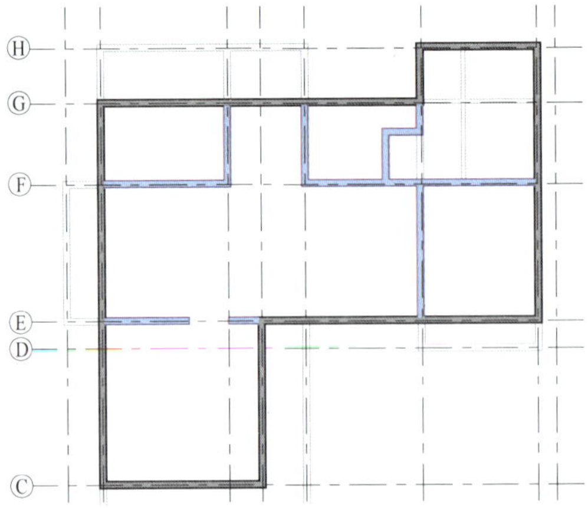

图 3.51　2F 内墙平面图

3.2.3.4　门窗绘制

在上述模型的基础上继续操作，打开“−1F”视图，单击选项卡“建筑”→“门”来练习门的绘制。绘制“装饰木门/门宽度 900 mm/高度 2100 mm”，点击属性面板中的“编辑类型”，复制门的类型，命名为“M0921”。在类型属性中修改门的“宽度”为“900”（单位：mm），“高度”为“2100”（单位：mm），“类型标记”为“M0921”，如图 3.52 所示，点击“确定”，保存修改。

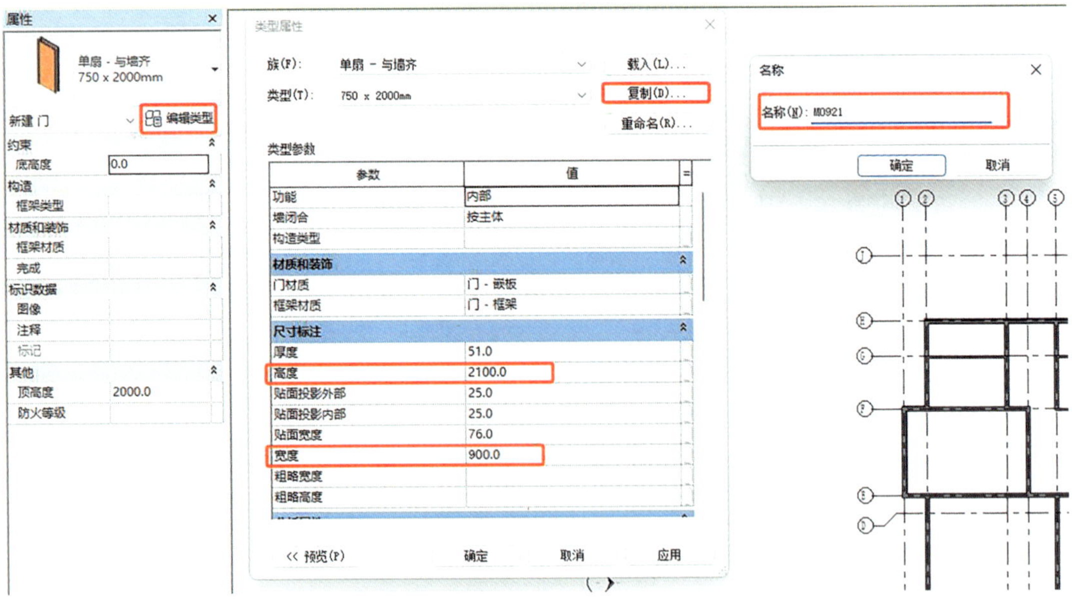

图 3.52　门类型创建图

接下来进行门的放置，放置前在选项栏上选择“在放置时进行标记”，以便对门进行自动标记，要引入标记引线，请选择“引线”并制定长度，如图 3.53 所示。

将光标移动到③轴“普通砖：200 mm”的墙上，此时会出现蓝色的相对尺寸，表示门与周围墙体的距离，如图 3.54 所示。这样可以通过相对尺寸捕捉门的位置。在平面视图中放置门之前，按空格键可以控制门的左右开启方向。

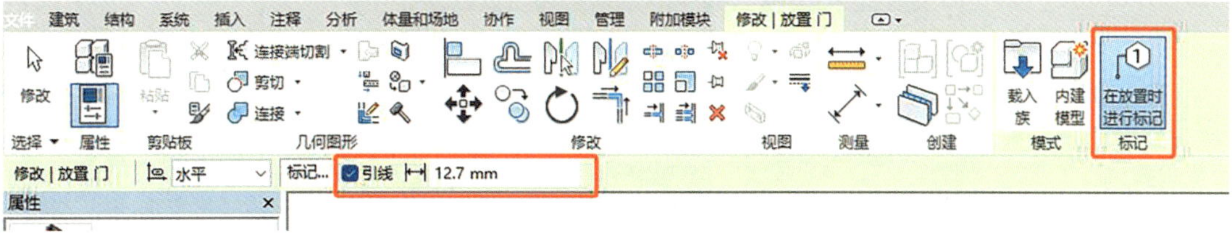

图 3.53　门放置前参数设置图

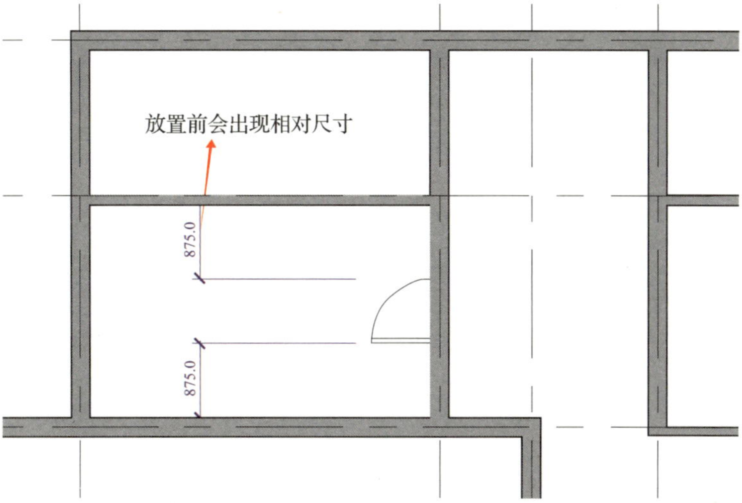

图 3.54　相对尺寸标注图

在墙上合适位置放置门，单击鼠标左键，调整临时尺寸标注蓝色的控制点，将蓝色控制点拖到Ⓕ轴内墙的上边缘，修改尺寸值为“100”（单位：mm），如图 3.55 所示。

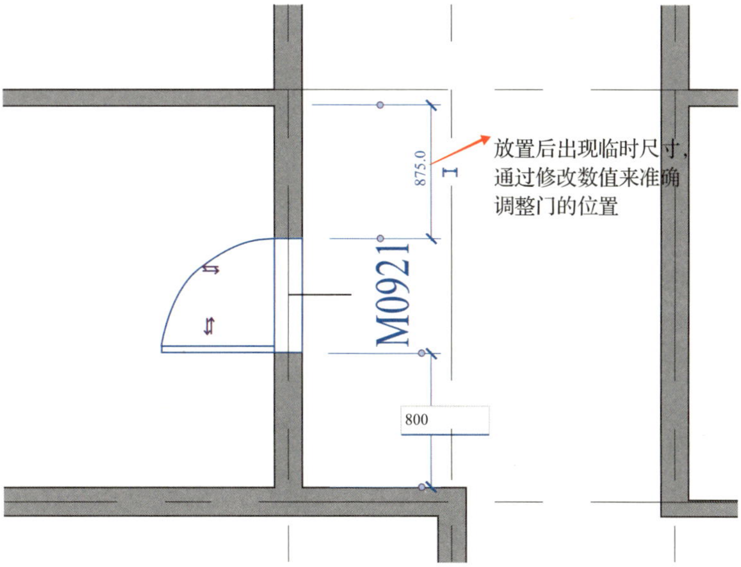

图 3.55　确定门准确位置图

“M0921”修改后的位置如图 3.56 所示。

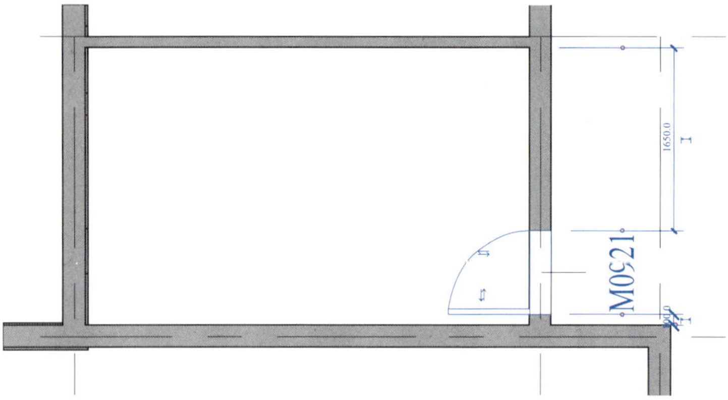

图 3.56　门最终位置图

同样地，在类型编辑器中分别建立以下门的类型：“卷帘门：JLM5422”“装饰木门：M0921”“装饰木门：M0821”“推拉门：TLM2124”，如图 3.58 所示位置插入到地下一层墙上。需要注意：装饰木门可以复制现有的木门类型进行修改，卷帘门和推拉门需要在类型属性面板中点击“载入”，从族库中载入相应类型，再进行相应的调整。

完成后地下一层的门如图 3.57 所示，保存文件。

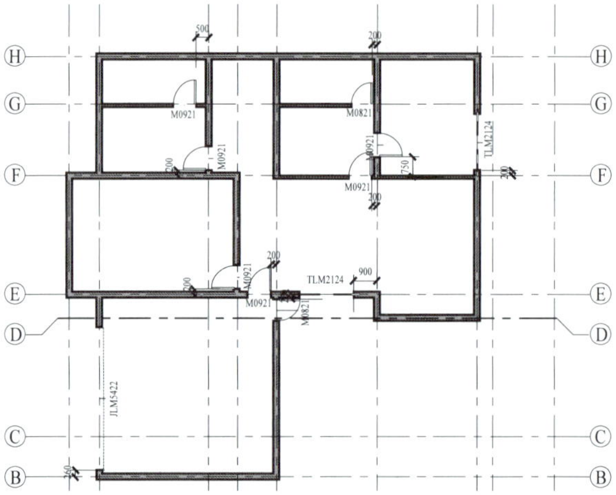

图 3.57　−1F 门位置图

在上述模型的基础上继续操作，打开“−1F”视图，单击选项卡“建筑”→“窗”命令。

与绘制门的命令相同，在类型编辑器中分别载入并编辑“推拉窗 0612：TLC0612”“固定窗 0823：C0823”“固定窗 3415：C3415”“固定窗 0624：C0624”类型，如图 3.58 所示，在墙上单击放置窗户于合适位置。

本案例中窗台高度不尽相同，在前期类型设置时，可以直接设置每种窗户的窗台高度，或在插入窗后手动调整。几个窗户的窗台高度值为：“C0624：250 mm”“C3415：900 mm”“C0823：400 mm”“TLC0612：900 mm”。

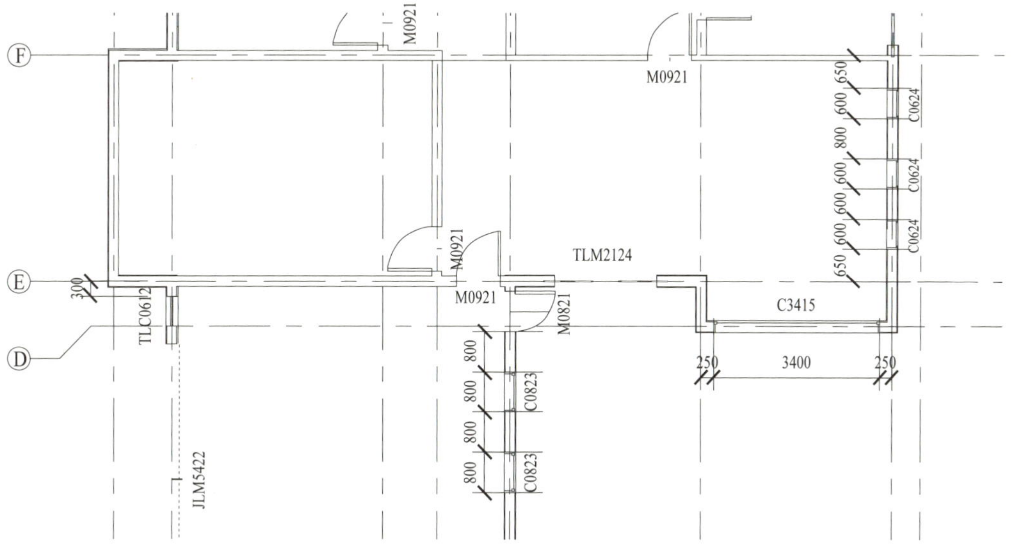

图 3.58　窗平面位置图

可以在任意视图中选择“固定窗 0823：C0823”，在属性面板中点击“编辑类型”，修改“默认窗台高度”值为 400 mm，如图 3.59 所示。

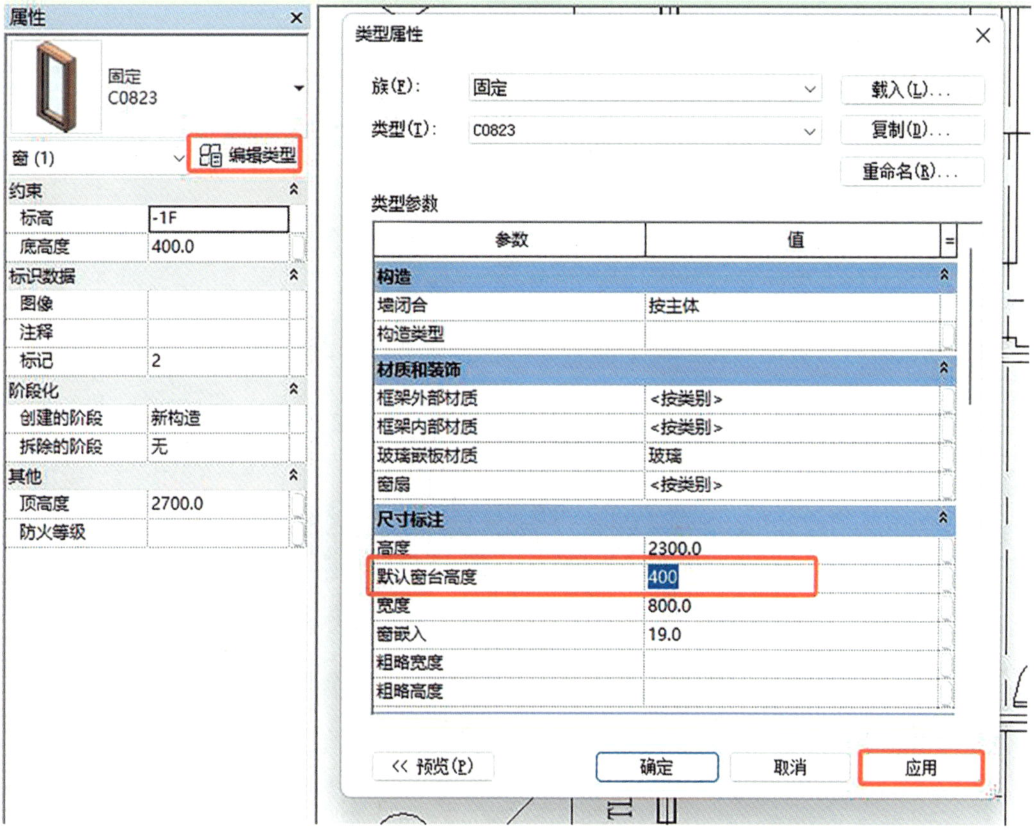

图 3.59　窗台高度调整图

另一种方法是选择窗，移动临时尺寸界线，修改临时尺寸标注值。进入项目浏览器，鼠标单击“立面（建筑立面）”，双击“东立面”进入东立面视图。如图 3.60 所示，在东立面视图中选择“固定窗 0624：C0624”，移动临时尺寸控制点至“-1F“标高线，修改临时尺寸标注值为“250”（单位：mm），按“Enter”键确认修改。

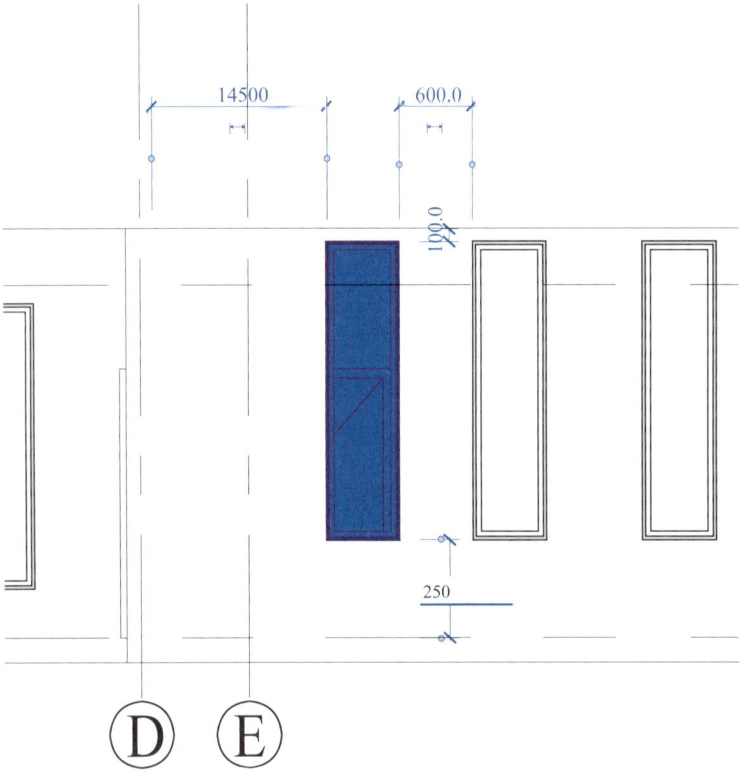

图 3.60　窗户位置调整图

同样地，编辑其他窗的底高度。编辑完成后的地下一层窗如图 3.61 所示，保存文件。

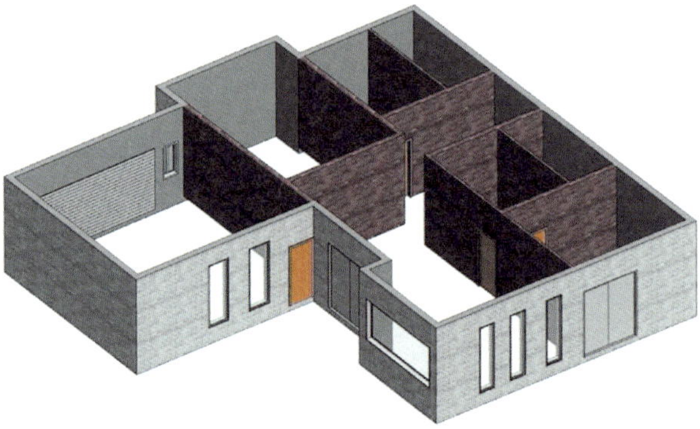

图 3.61　-1F 窗户完成图

一层门窗与地下一层插入门窗的方法相同。接前面练习，在“项目浏览器”→“楼层平面”项下双击“1F”，打开首层楼层。

单击“建筑”→“门”命令，在类型选择器中分别选择门类：“推拉门：TLM1524”“推拉门：TLM3624”“装饰木门：M0921”“装饰木门：M0821”“双扇门：M1824”，移动光标到墙体上单击放置门，并编辑临时尺寸，尺寸位置精确定位如图 3.62 所示。

单击“建筑”→“窗”命令，在类型选择器中创建窗类型：“推拉窗：C3423”“推拉窗：C2406”“固定窗：C0615”“固定窗：C0609”“固定窗：C0625”“固定窗：C0915”“固定窗：C0823”，移动光标到墙体上，单击放置窗，并编辑临时尺寸，尺寸位置精确定位如图 3.62 所示。

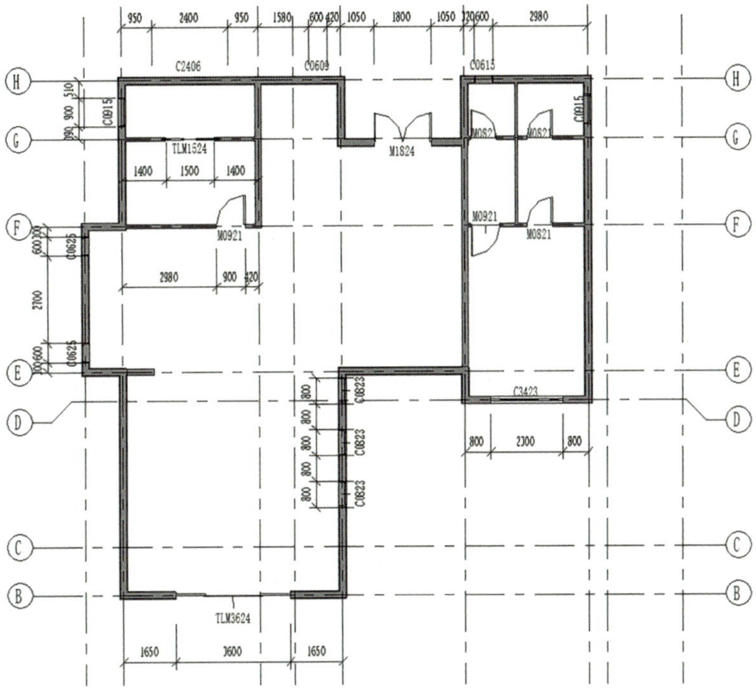

图 3.62　1F 门窗完成图

编辑窗台高度的方法为：在平面视图中选择窗，单击“属性”按钮，打开“图元属性”对话框，设置“底高度”参数值，调整窗户的窗台高度。各窗户的窗台高度如下：C2406 为 1200 mm、C0609 为 1400 mm、C0615 为 900 mm、C0915 为 900 mm、C3423 为 100 mm、C0823 为 100 mm、C0625 为 300 mm。

使用同样的方法插入和编辑二层门窗，编辑程序为项目浏览器→“楼层平面”→鼠标双击“2F”，进入二层平面。

单击设计栏“建筑”→“门”命令，在类型选择器中选择已建好的门类型，移动光标到墙体上，单击放置门，并如图 3.63 所示的尺寸位置，精确定位和编辑临时尺寸。

单击设计栏“建筑”→“窗”命令，在类型选择器中选择“C0609”“C0615”“C0823”“C0915”，如图 3.63 所示的位置移动光标，到墙体上单击放置窗，并如图 3.63 的尺寸位置，精确定位和编辑临时尺寸。

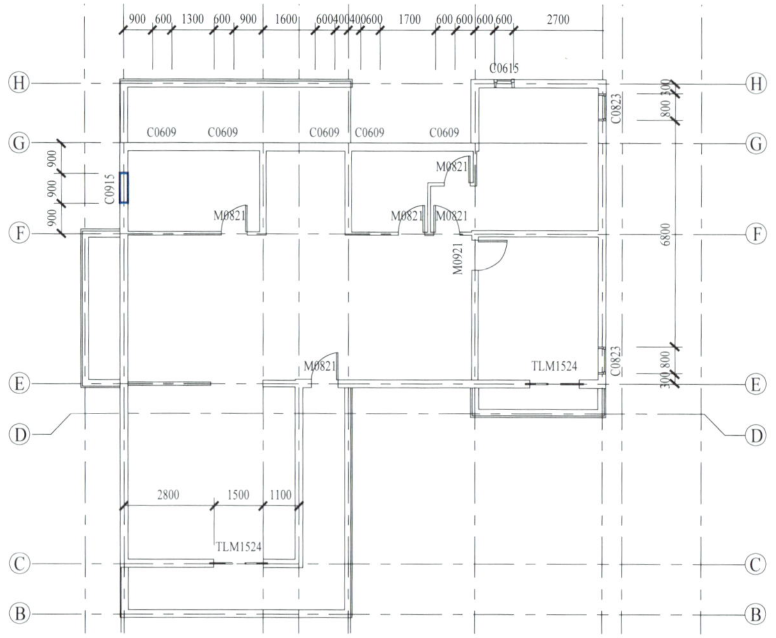

图 3.63　2F 门窗完成图

编辑窗台高度的方法为：在平面视图中选择窗，设置属性，设置“底高度”参数值。各窗户的窗台高度如下：C0609 为 1450 mm、C0615 为 850 mm、C0823 为 100 mm、C0915 为 900 mm。

3.2.3.5　楼板绘制

在上述模型的基础上继续操作，打开地下一层平面 1F。单击选项卡“建筑”→“楼板：建筑”命令，进入楼板绘制模式。同样要先进行楼板的类型设置，设置结构厚度为 150 mm，材质为现浇混凝土的楼板。选择“绘制”面板，单击“拾取墙”命令，如图 3.64 所示在选项栏中设置偏移为“−20”，移动光标到外墙外边线上，依次单击拾取。

外墙外边线自动创建楼板轮廓线，或者用 Tab 键全选外墙，如图 3.65 所示。拾取墙创建的轮廓线自动和墙体保持关联。

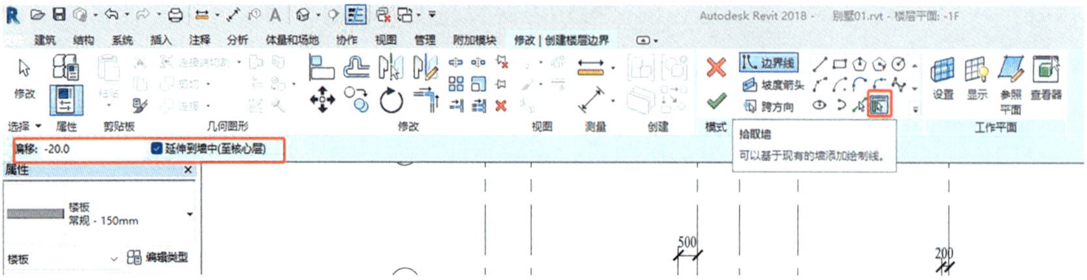

图 3.64　楼板绘制参数图

单击绿色√，完成创建地下一层楼板，如图 3.66 所示，弹出的对话框中选择“是”，楼板与墙相交的地方将自动剪切。

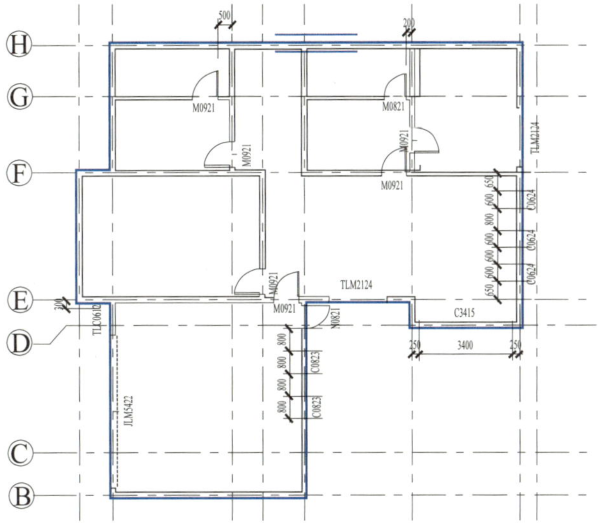

图 3.65　–1F 楼板轮廓图

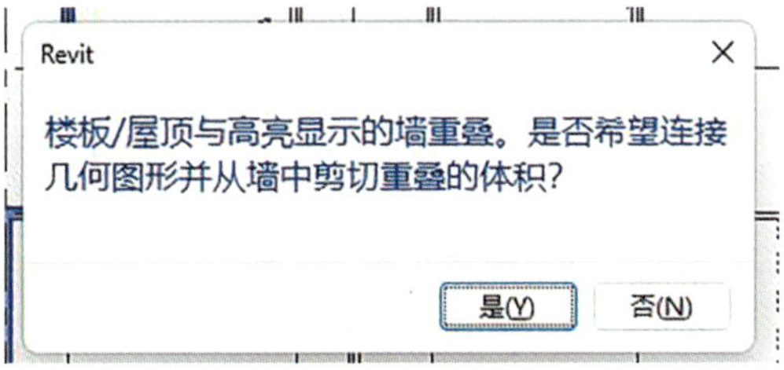

图 3.66　楼板重叠提示图

创建的地下一层楼板如图 3.67 所示。

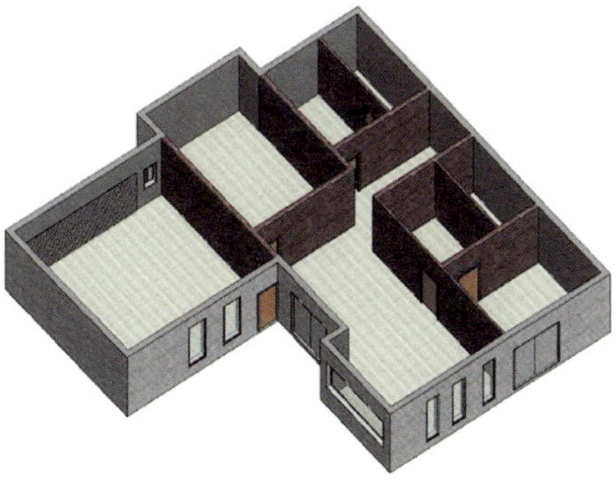

图 3.67　–1F 楼板完成图

下面给别墅创建首层楼板。Revit 软件可以根据墙来创建楼板边界轮廓线并自动创建楼板，在楼板和墙体之间保持关联关系，当墙体位置改变后，楼板也会自动更新。打开首层平面 1F，单击设计栏“建筑”→“楼板：建筑”命令，进入楼板绘制模式，设计栏如图 3.68 所示。

图 3.68　楼板绘制面板图

单击“拾取墙”命令，移动光标到外墙外边线上，依次单击拾取外墙外边线自动创建楼板轮廓线，如图 3.69 所示。拾取墙创建的轮廓线自动和墙体保持关联。

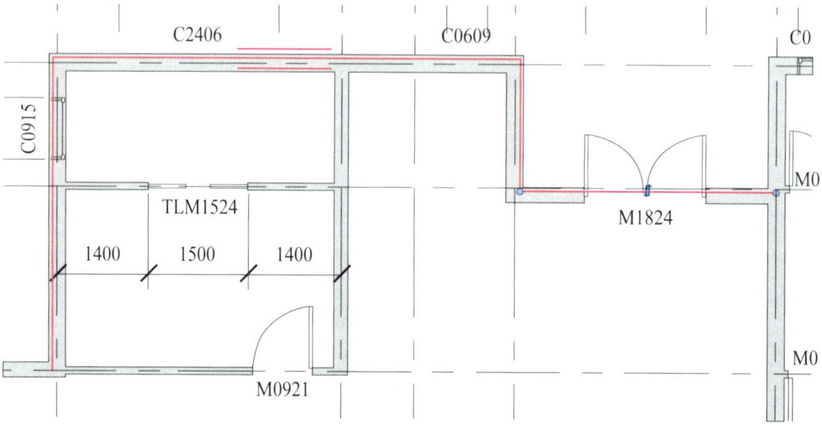

图 3.69　楼板边线拾取图

检查确认轮廓线完全封闭。可以通过工具栏中“修剪”命令修剪轮廓线使其封闭，还可以通过光标拖动迹线端点移动到合适位置来实现，Revit 软件将会自动捕捉附近的其他轮廓线的端点。当完成楼板绘制时，如果轮廓线没有封闭，系统会自动提示。或者单击设计栏“线”命令，选择选项栏上需要的“线”“矩形”“圆弧”等绘制命令，绘制封闭楼板轮廓线。

设置偏移：在选项栏里单击“偏移”命令，选择“数值方式”，设置楼板边缘的“偏移”量为 20 mm，取消勾选“复制”，如图 3.70 所示。

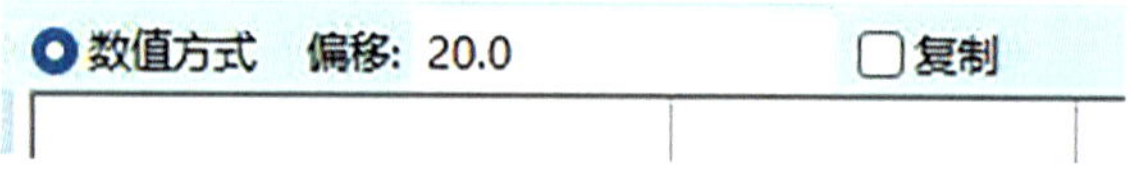

图 3.70　偏移数值设置图

移动光标到一条楼板轮廓线上内侧，在轮廓线内侧出现一条绿色虚线预览后，按 Tab 键直到出现一圈蓝色虚线预览，如图 3.71 所示。单击鼠标左键完成偏移，如图 3.72 所示。

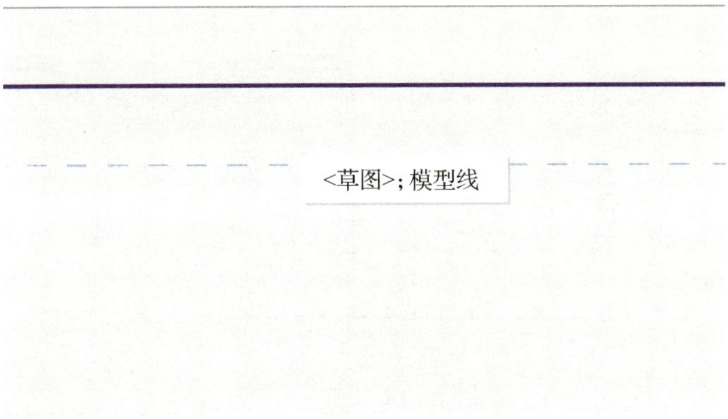

图 3.71　Tab 键切换选择图

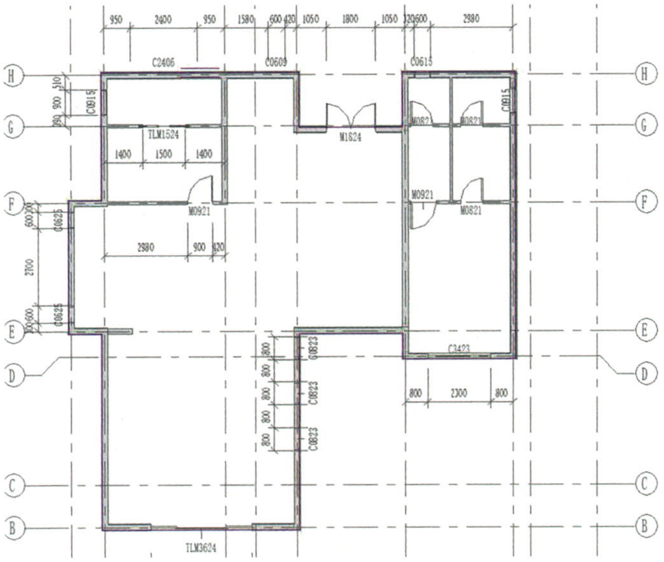

图 3.72　1F 楼板轮廓图

选择Ⓑ轴下面的轮廓线，单击工具栏“移动”命令，光标往下移动，输入“4490”，如图 3.73 所示。

单击设计栏“线”命令，用“绘制”命令绘制，如图 3.74 的线。

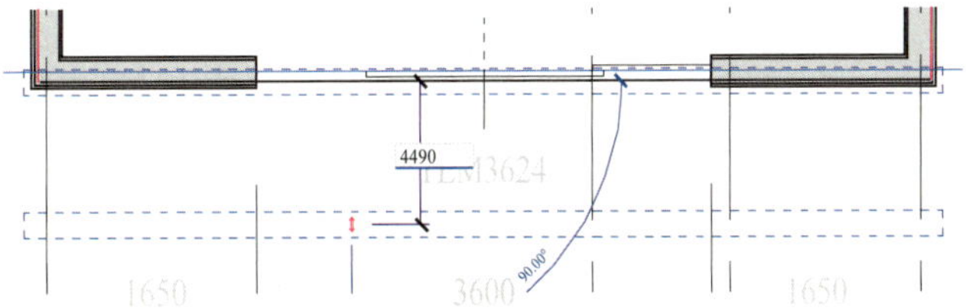

图 3.73　轮廓线移动图

单击工具栏“修剪”命令，将楼板轮廓剪切，如图 3.75 所示。

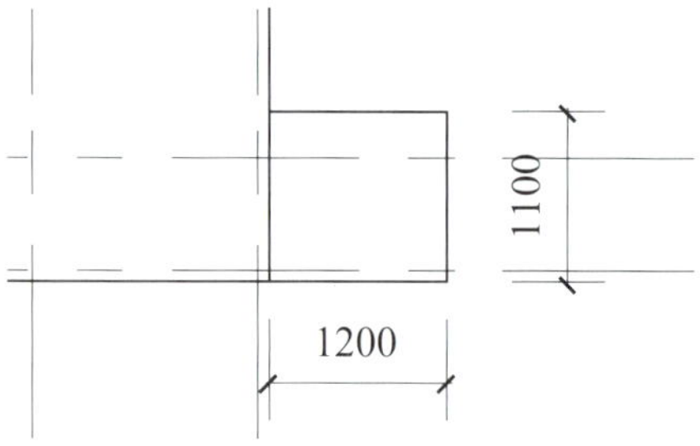

图 3.74　轮廓线绘制图

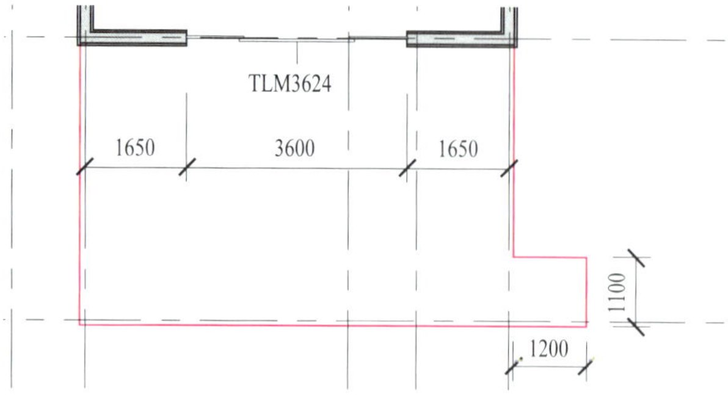

图 3.75　轮廓线修剪完成图

完成后的楼板轮廓线草图如图 3.76 所示。

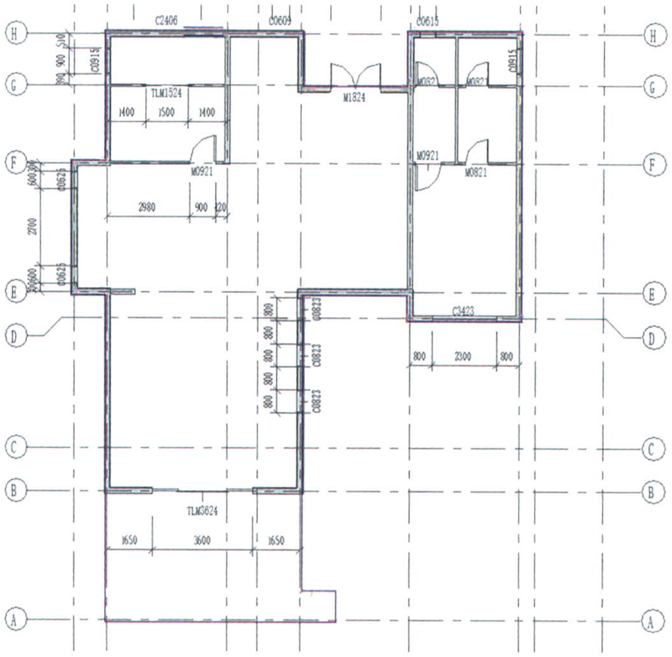

图 3.76　1F 楼板轮廓线完成图

在属性面板，选择楼板“类型”为“常规-100 mm”，自动应用。单击绿色对号创建首层楼板，如图 3.77 所示。

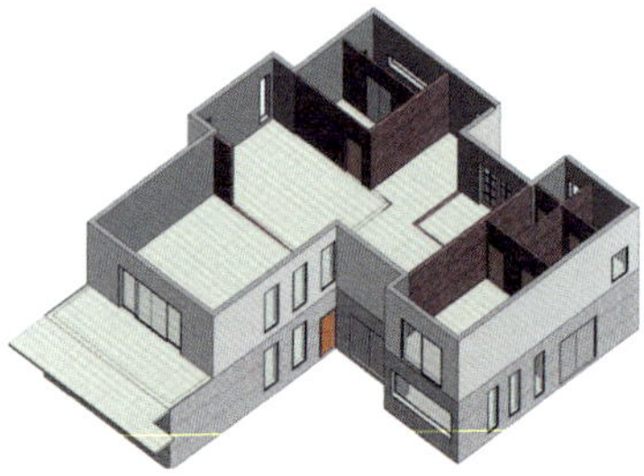

图 3.77　1F 楼板创建完成图

至此，本项目一层平面的主体都已经绘制完成，保存文件。

需要注意：当使用拾取墙时，可以在选项栏勾选“延伸到墙中（至核心层）”，设置到墙体核心的“偏移”量参数值，然后再单击拾取墙体，直接创建带偏移的楼板轮廓线。连接几何图形并剪切重叠体积后，在剖面图上墙体和楼板的交接位置将自动处理。

二层楼板不需要重新创建，只需编辑复制的一层楼板边界位置即可。

在上述模型的基础上继续操作，在视图中选择二层的楼板，单击选项栏中的“编辑轮廓”按钮，打开楼板轮廓草图，如图 3.78 所示。

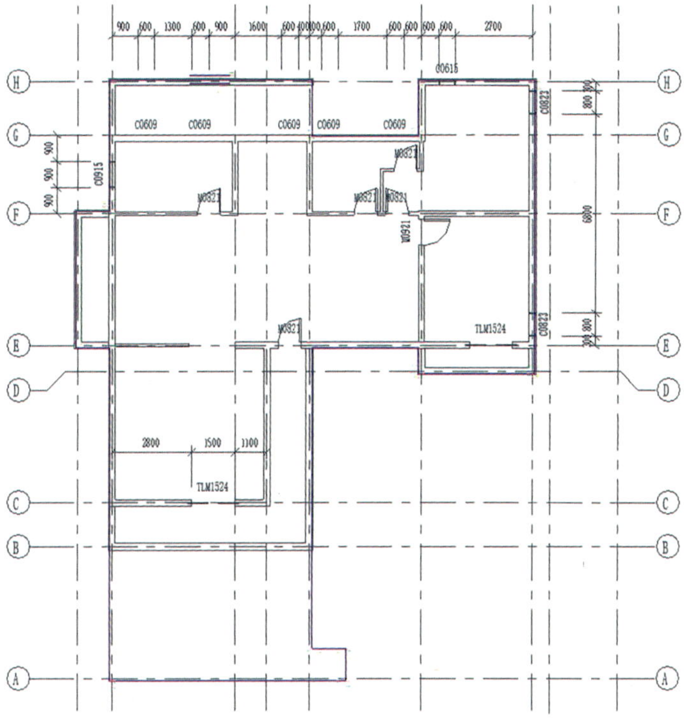

图 3.78　2F 楼板轮廓图

如图 3.79 所示，将Ⓐ轴、Ⓑ轴之间的楼板轮廓线进行修改，去除Ⓐ轴、Ⓑ轴之间的轮廓线，在Ⓑ轴上绘制一条新轮廓线，完成图如图 3.80 所示。

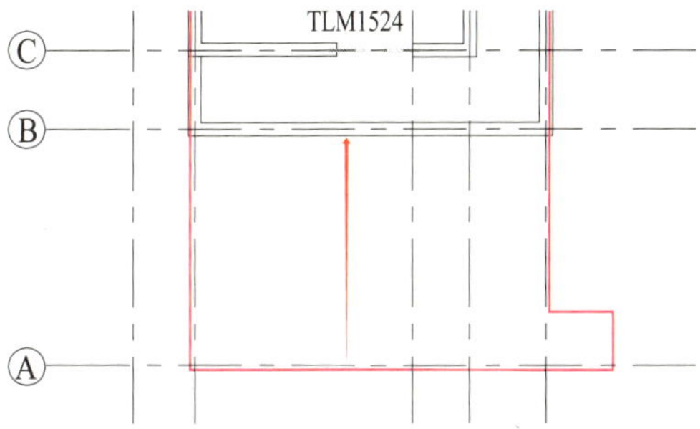

图 3.79　Ⓐ轴、Ⓑ轴轮廓修改图

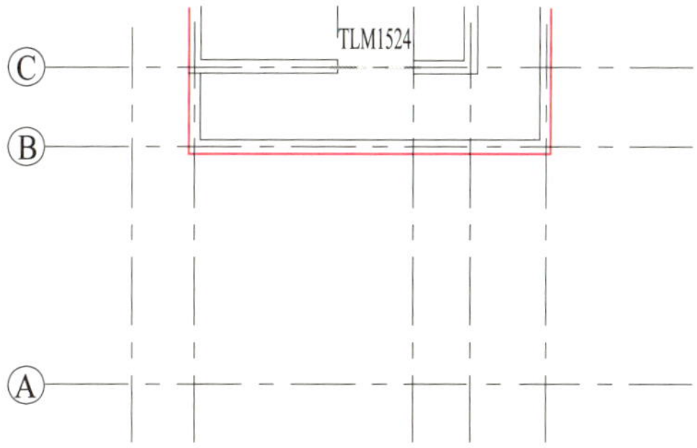

图 3.80　Ⓐ轴、Ⓑ轴轮廓完成图

单击设计栏“常用”→“参照平面”命令，在当前视图中绘制一条相对于Ⓑ轴距离“100 mm”的辅助线，如图 3.81 所示。

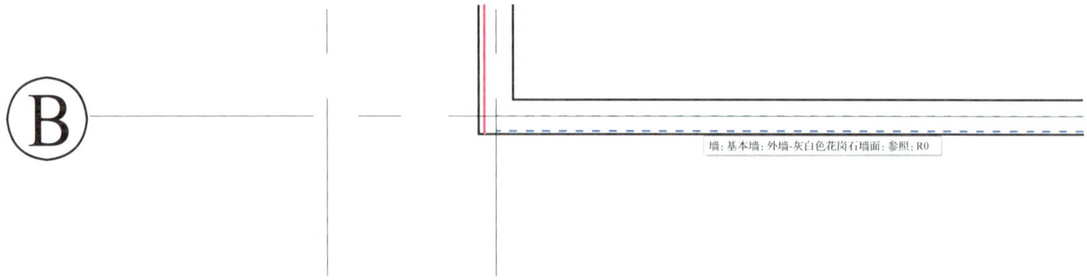

图 3.81　辅助线绘制图

单击工具栏“直线”命令，光标点选辅助线与轮廓线的交点，如图 3.82 所示，绘制新的轮廓线，使用“修建延伸为角”命令，将新绘制的轮廓线与原有轮廓线闭合。再点选原有轮廓线，原有轮廓线会自动对齐到辅助线上。

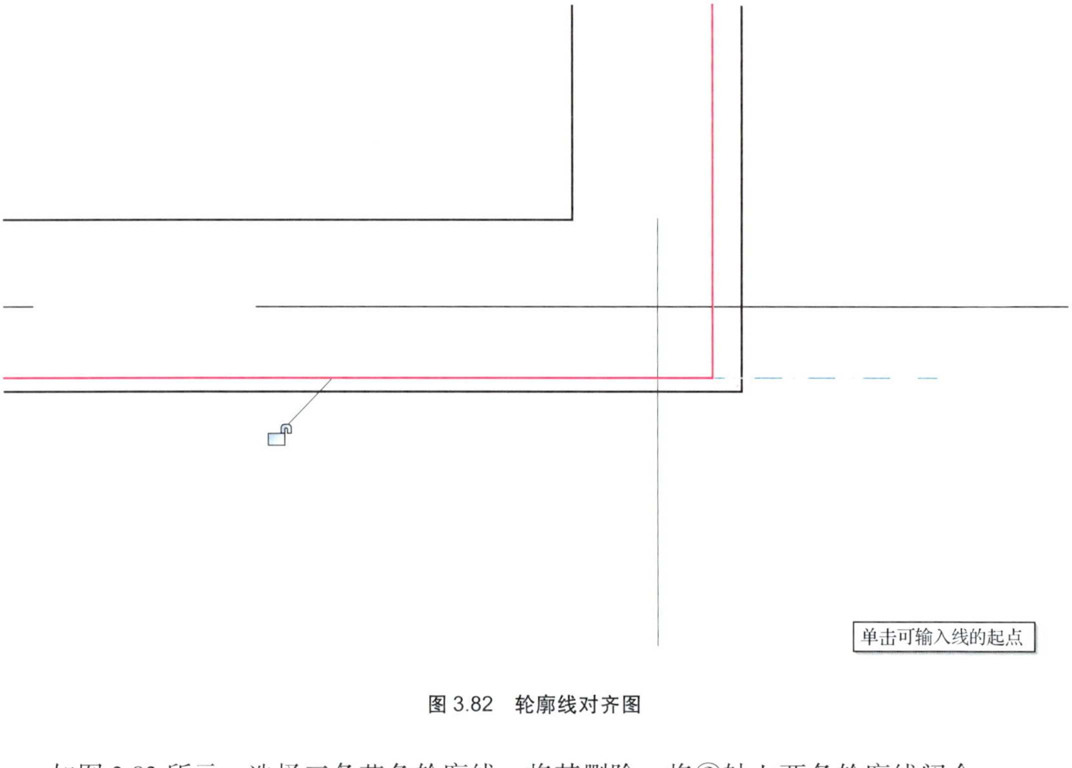

图 3.82　轮廓线对齐图

如图 3.83 所示，选择三条蓝色轮廓线，将其删除，将②轴上两条轮廓线闭合。

同样地，在图 3.84 中将两条蓝色轮廓线删除，随后将Ⓖ轴和②轴上两条轮廓线用“修剪延伸为角”命令闭合。

修剪完成后的二层楼板轮廓线草图如图 3.85 所示。

完成轮廓绘制后，单击“完成绘制”命令，创建二层楼板，如图 3.86 所示。

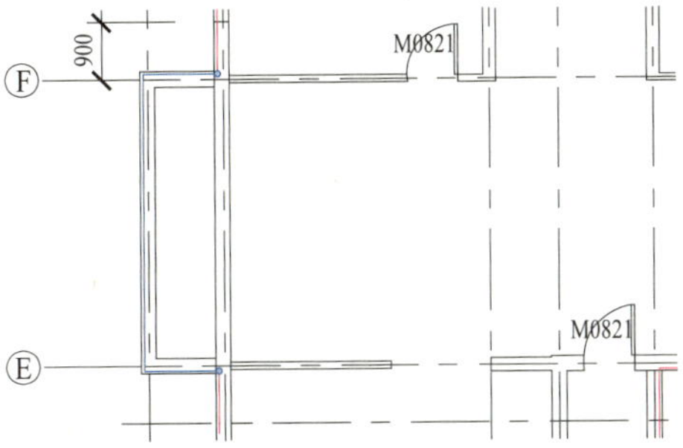

图 3.83　轮廓线修改图

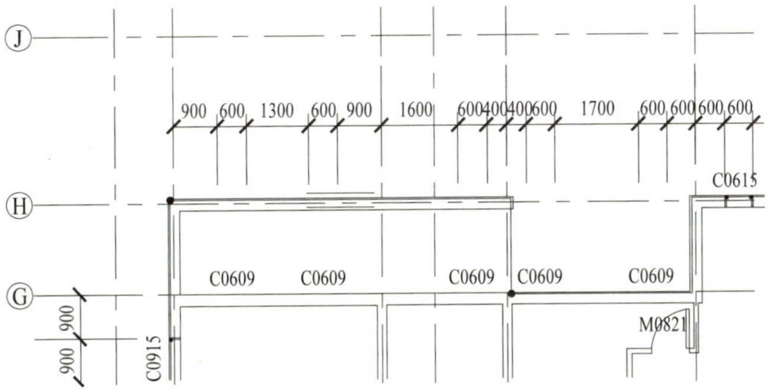

图 3.84　轮廓线闭合图

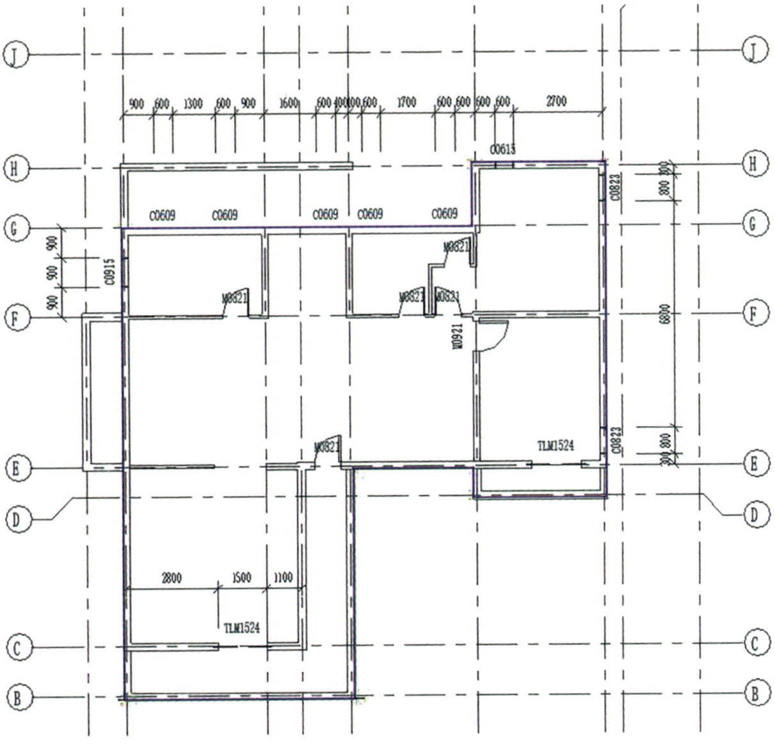

图 3.85　2F 楼板轮廓图

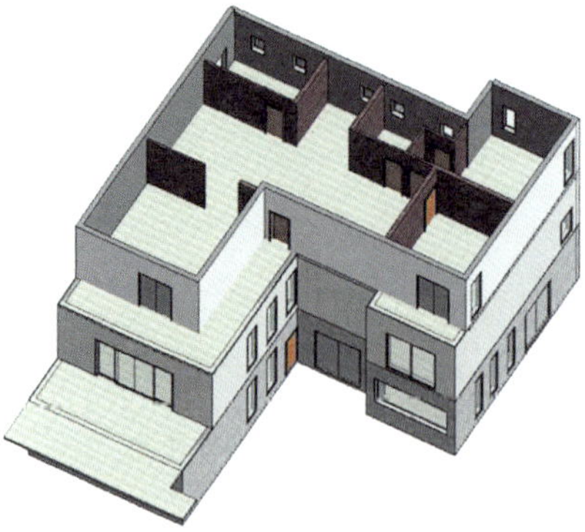

图 3.86 2F 楼板创建完成图

需要注意：楼板轮廓必须是闭合回路，如编辑后无法完成楼板，请检查回路是否闭合或重叠。至此，本项目二层平面的主体都已经绘制完成，保存文件。

3.2.4 玻璃幕墙绘制

3.2.4.1 概述

幕墙是现代建筑设计中广泛应用的建筑构件，由幕墙网格、竖梃和幕墙嵌板组成。在Revit软件中，根据幕墙的复杂程度分为常规幕墙系统、规则幕墙系统和面幕墙系统三种创建方法。常规幕墙是一种特殊类型的墙体，其绘制方法和常规墙体相同，并具有常规墙体的各种属性，可以像编辑常规墙体一样用“附着”“编辑立面轮廓”等命令编辑常规幕墙。幕墙网格的设定与幕墙竖梃的设定均在建筑选项卡下的独立工具栏中进行。

如图 3.87 所示，在Revit软件中幕墙菜单包括三种类型，分别为幕墙、外部玻璃、店面。

（1）幕墙：没有网格或竖梃，没有与此墙类型相关的规则，灵活性最强。

（2）外部玻璃：具有预设网格，如果设置不合适，可以修改网格规则。

（3）店面：具有预设网格和竖梃，如果设置不合适，可以修改网格和竖梃规则。了解这三种类型的特点和区别，可以在制图时选用合适的类型。

3.2.4.2 玻璃幕墙绘制

在项目浏览器中双击“楼层平面”项下的“F1”，打开一层平面视图。

点击“建筑”选项卡下“墙：建筑”，在属性面板中下拉类型，选择“幕墙”，如图 3.87 所示，复制创建新的幕墙类型，输入新的名称“C2156”。在“属性”面板中，如图 3.88 所示，设置“底部约束”为“1F”，“底部偏移”为“100”（单位：mm），“顶部约束”为“未连接”，“无连接高度”为“5600”（单位：mm）。注意勾选“自动嵌入”，这个选项起到了自动剪切墙体的作用。

本案例中的幕墙分割与竖梃是通过参数设置自动完成的，如图 3.89 所示，在幕墙“C2156”的“类型属性”对话框中设置有关参数。

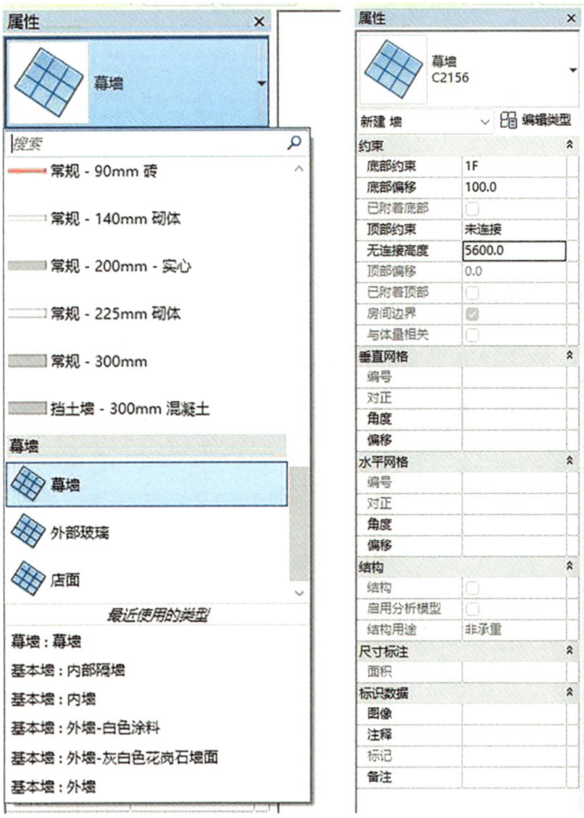

图 3.87　幕墙类型图

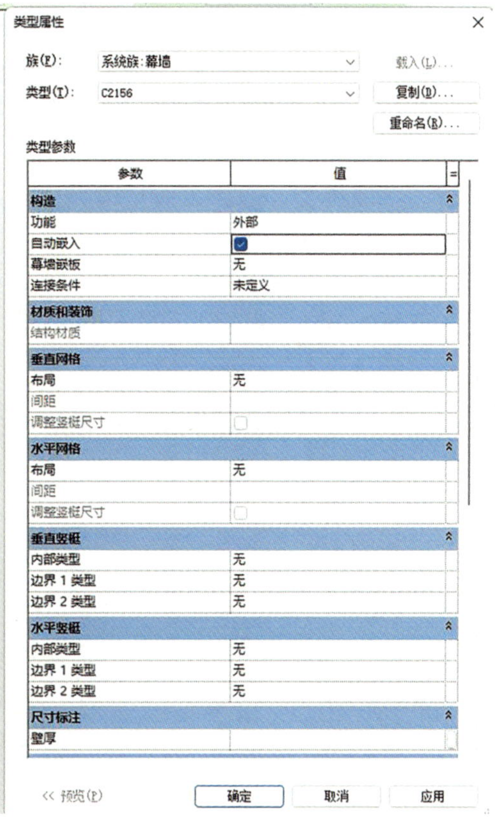

图 3.88　幕墙参数设置图

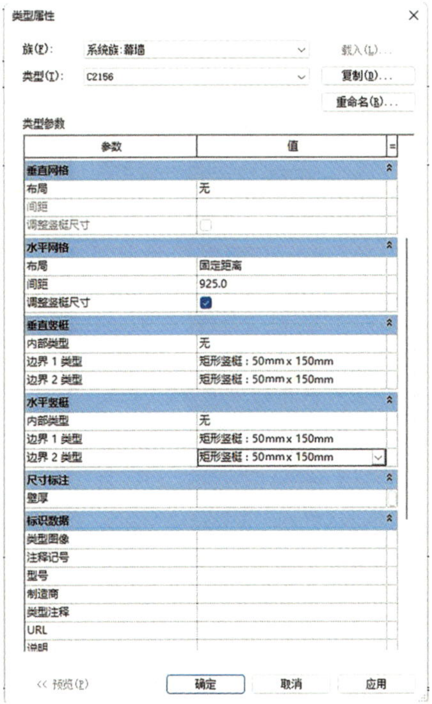

图 3.89　幕墙竖梃参数设置图

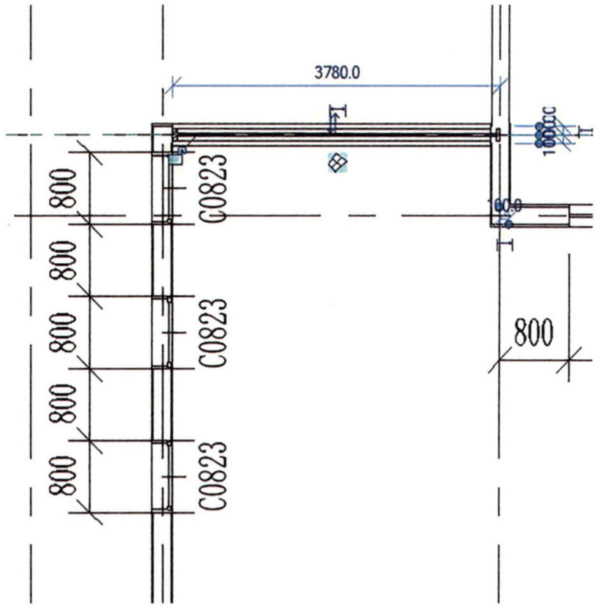

图 3.90　幕墙平面图

幕墙分割线设置：将“垂直网格”→“布局”参数选择“无”，“水平网格”→“布局”选择“固定距离”，“间距”设置为“925.0”，勾选“调整竖梃尺寸”参数。幕墙竖梃设置：在“垂直竖梃”栏中“内部类型”选“无”，“边界1类型”和“边界2类型”均选为“矩形竖梃：50 mm×150 mm”；“水平竖梃”栏中“内部类型”选“无”，“边界1类型”和“边界2类型”均选为“矩形竖梃：50 mm×150 mm”。

设置完上述参数后，单击“确定”关闭对话框。按照绘制墙的方法，在Ⓔ轴与⑤轴和⑥轴交点处的墙上，单击捕捉两点绘制幕墙，位置如图3.90所示。

保存文件，完成后的幕墙如图3.91所示。

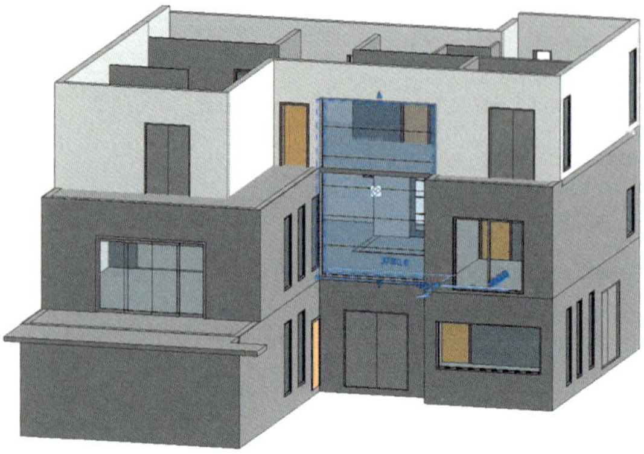

图3.91　幕墙完成图

3.2.4.3　玻璃幕墙网格与竖梃编辑

玻璃幕墙的网格与竖梃编辑有许多操作，下面以某一单独幕墙的绘制为例进行说明。如图3.92所示，根据幕墙的北立面图与东立面图，完成玻璃幕墙创建。

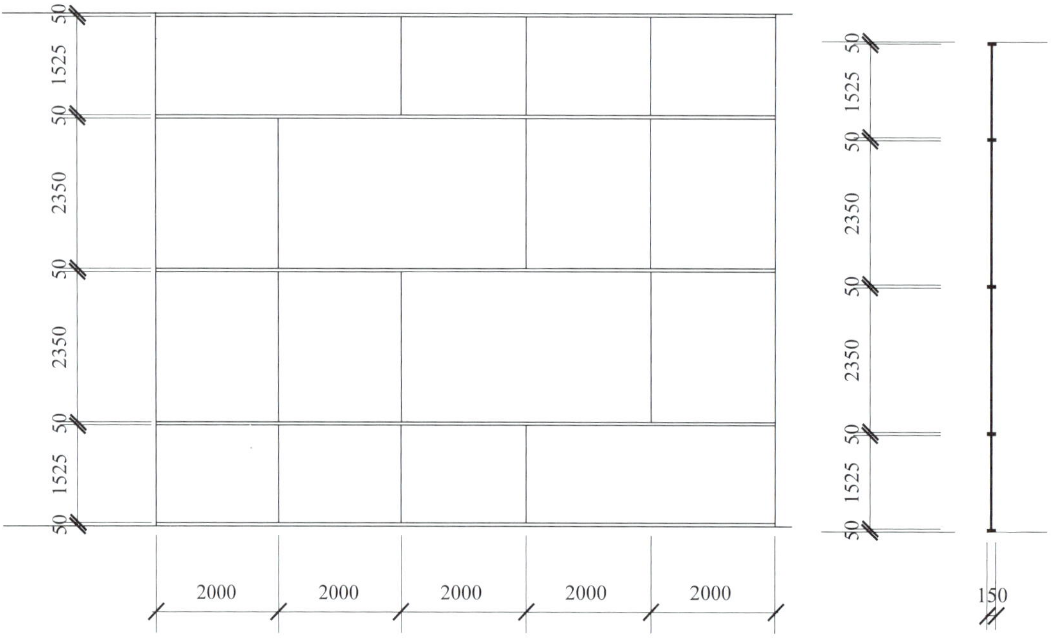

(a)　　(b)

图3.92　幕墙立面图

(a)幕墙北立面图；(b)幕墙东立面图

根据图 3.92 给出的信息可知，本次要绘制的玻璃幕墙长 10 m、高 8 m，点击“建筑”→“墙：建筑”，在属性面板中下拉选择“幕墙”，“顶部约束”选择“未连接”，“无连接高度”为“8000”（单位：mm），在平面中绘制长度为 10 m 玻璃幕墙，如图 3.93 所示。

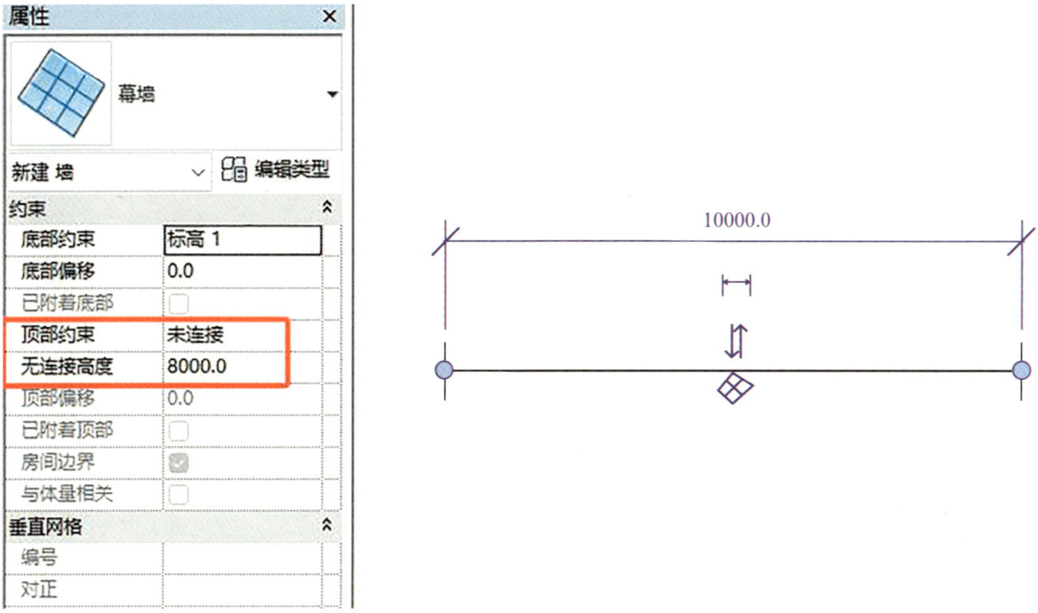

图 3.93　玻璃幕墙绘制图

在项目浏览器中，双击北立面切换到北立面视图，如图 3.94 所示，可见绘制的玻璃幕墙为一整块玻璃，并没有被分割，此时需要根据图中的要求手动绘制幕墙网格。

图 3.94　玻璃幕墙北视图

点击“建筑”→“幕墙网格”，按照图中给出的网格样式进行绘制。如图 3.95 所示，选用“全部分段”进行绘制，鼠标放置在玻璃幕墙竖向的边缘，即会出现绘制横向网格的提示，如图 3.96 所示，单击幕墙网格即可绘制成功。可以选择幕墙网格线进行间距的调整，确保幕墙网格位置准确。同样地，绘制纵向幕墙网格，如图 3.97 所示。

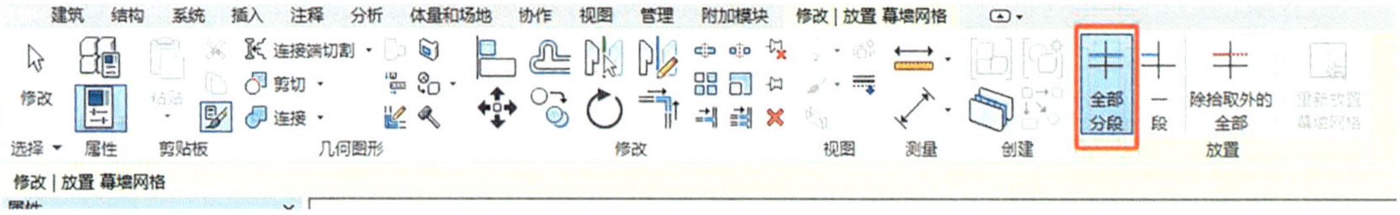

图 3.95　分段选择图

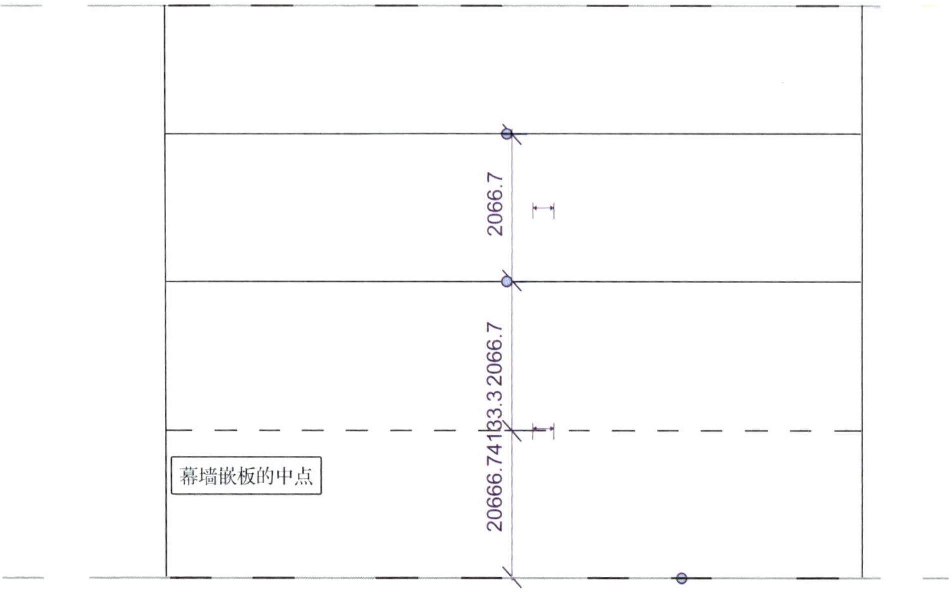

图 3.96　幕墙网格绘制图

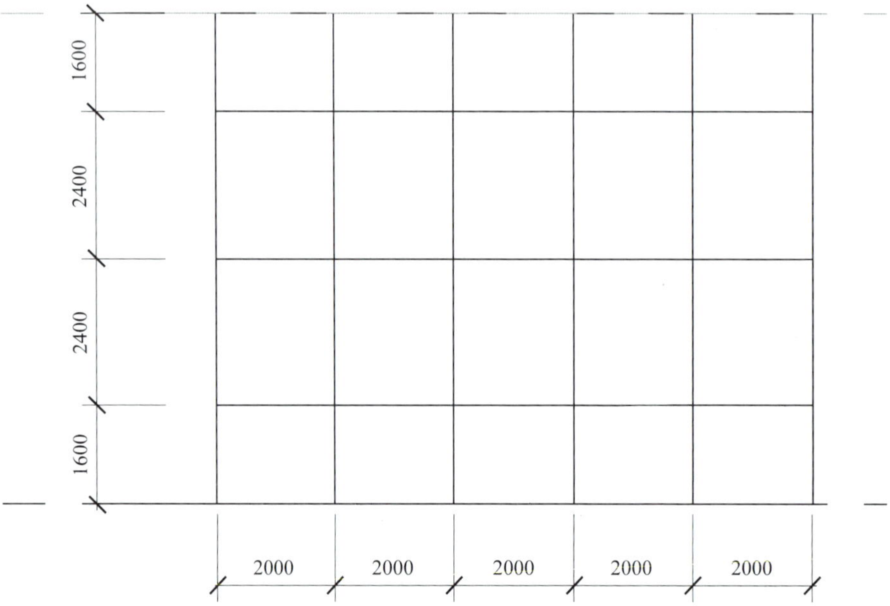

图 3.97　幕墙网格绘制完成图

可以看出，目前的幕墙网格要求与给出的图中要求并不一致，纵向的幕墙网格需要进行局部剪切。选择一条幕墙网格，调出修改选项卡，点击“添加/删除线段”，如图3.98所示。在需要删除的幕墙网格部分单击，以删除多余的幕墙网格，完成图如图3.99所示。

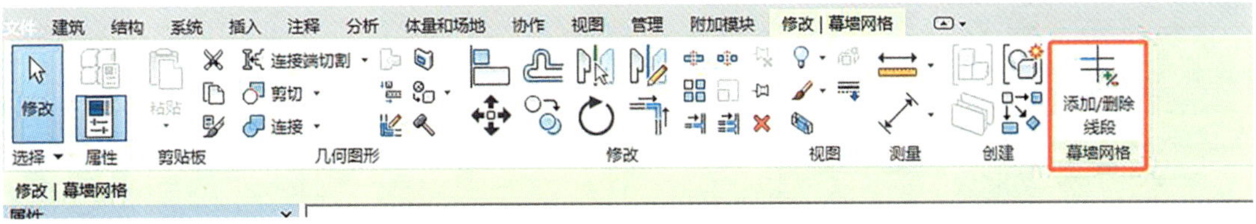

图3.98　添加/删除线段图

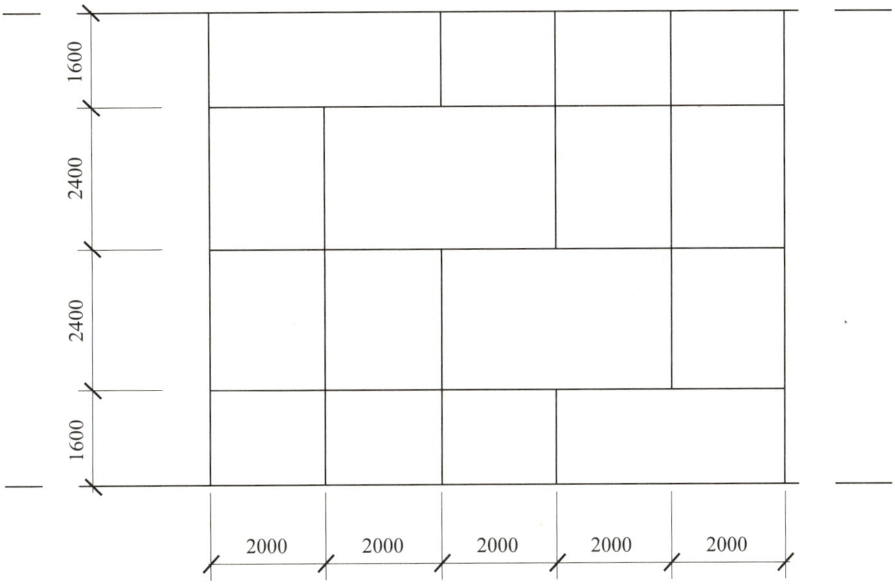

图3.99　幕墙网格调整完成图

接下来创建幕墙竖梃，点击“建筑”→“竖梃”，在修改选项中选择“网格线”，在属性面板中下拉选择“50 mm×150 mm”类型，如图3.100所示，单击需放置竖梃的网格线，即可添加成功。本次练习只需要添加幕墙的横向竖梃，所以选用了“网格线”，在实际项目的制图中，可以根据绘制需要选择“单端网格线”或“全部网格线”命令。同时，竖梃的样式也可以通过预制的类型进行选择，并通过编辑属性来调整尺寸和材质，以实现个性化设置。

3.2.5　屋顶绘制

3.2.5.1　屋顶概述

屋顶是建筑的重要组成部分。在Revit软件中提供了多种建模工具，如迹线屋顶、拉伸屋顶、面屋顶、玻璃斜窗等常规工具。此外，对于一些特殊造型的屋顶，我们还可以通过内建模型工具来创建。

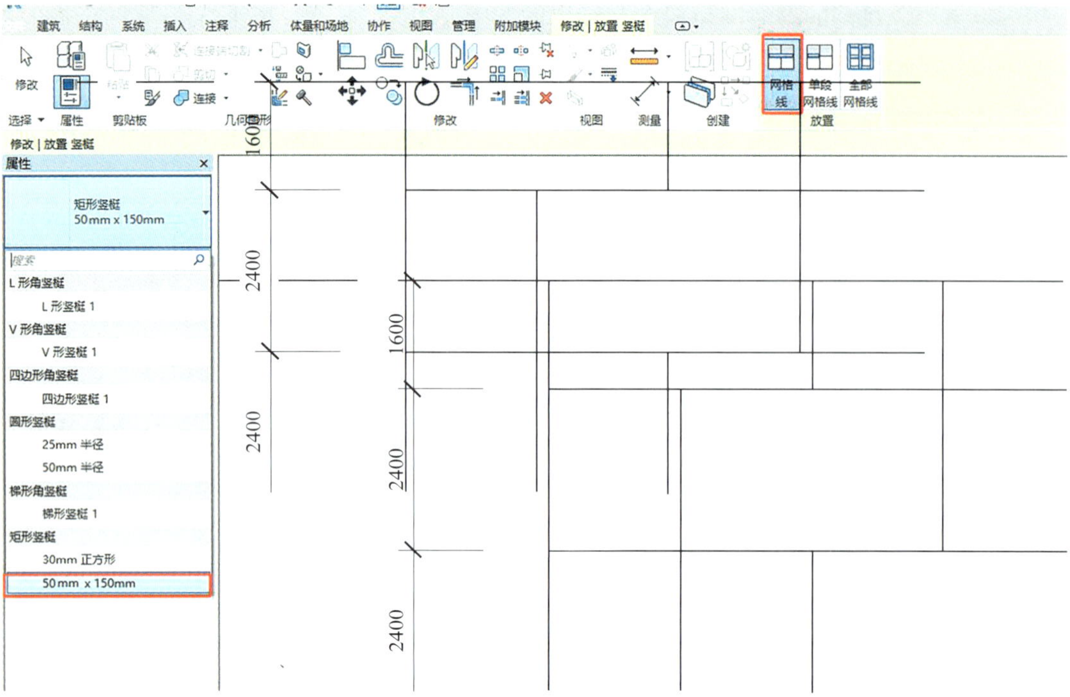

图 3.100　幕墙竖梃设置图

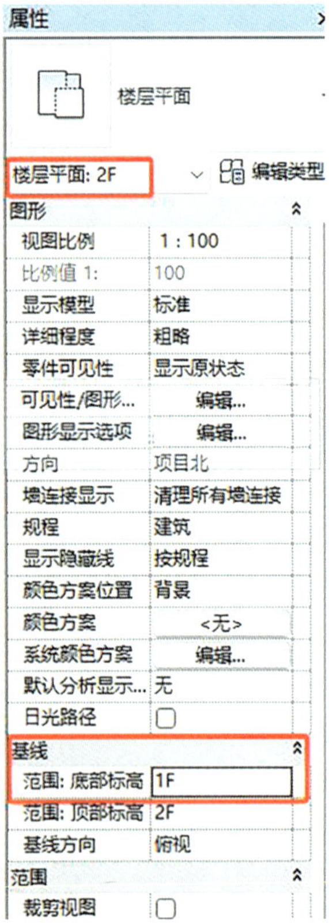

图 3.101　平面属性设置图

3.2.5.2　拉伸屋顶创建

本部分内容以首层Ⓔ轴、Ⓕ轴与①轴、②轴相交接的凸出部分墙体的双坡屋顶为例，详细讲解“拉伸屋顶”命令的使用方法。

在项目浏览器中双击“楼层平面”项下的“2F”，打开二层平面视图。如图3.101所示，在二层平面视图的“属性”面板中，设置参数“基线”为“1F”。如图3.102所示，单击“建筑”→“工作平面”→“参照平面”命令，在Ⓕ轴和Ⓔ轴向外800mm处各绘制一个参照平面，在①轴向左500mm处绘制一个参照平面。单击“建筑”→“屋顶”→“拉伸屋顶”命令，系统会弹出“工作平面”对话框，提示设置工作平面，如图3.103所示。在“工作平面”对话框中选择“拾取一个平面（P）”→“确定”→移动光标单击拾取刚绘制的垂直参照平面→打

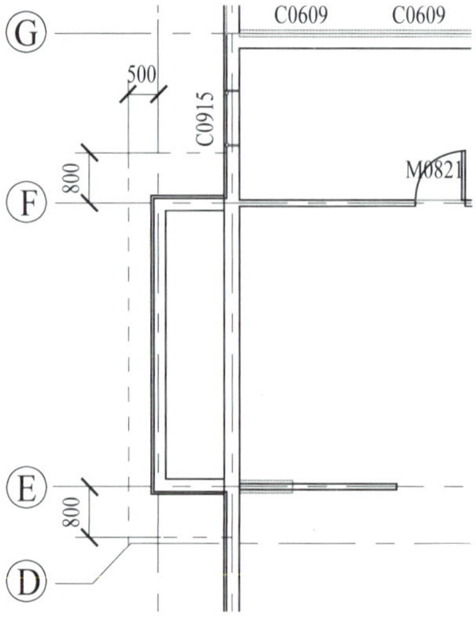

图 3.102　参照平面绘制图

开“进入视图”对话框，如图 3.104 所示。在上面的列表中单击选择“立面：西”→“打开视图”→进入“西立面”视图。

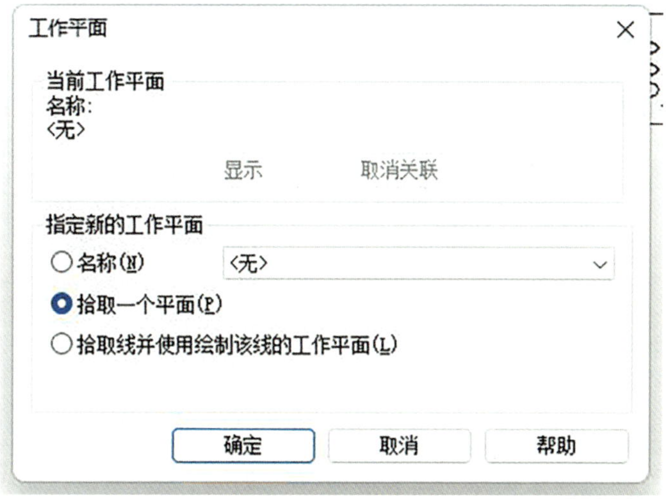

图 3.103　工作平面设置图

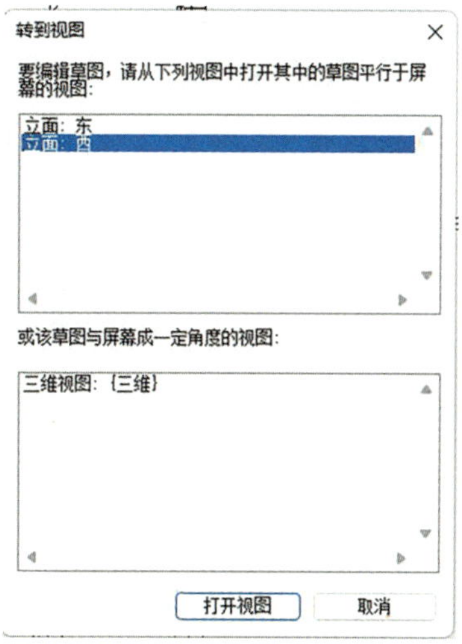

图 3.104　工作平面拾取图

在西立面视图中，软件自动提示屋顶的参照标高选择 2F，偏移量为 0。在西立面视图的中间墙体两侧，可见两个竖向的参照平面。这是在 2F 视图中绘制的两个水平参照平面在西立面的投影，用于创建屋顶时的精确定位。单击绘制面板中的直线命令，按图 3.105 所示尺寸绘制拉伸屋顶截面形状线。在属性面板单击屋顶属性按钮，从类型下拉列表中选择保温屋顶-木材，单击绿色对勾按钮完成屋顶创建，完成图如图 3.106 所示，保存文件。

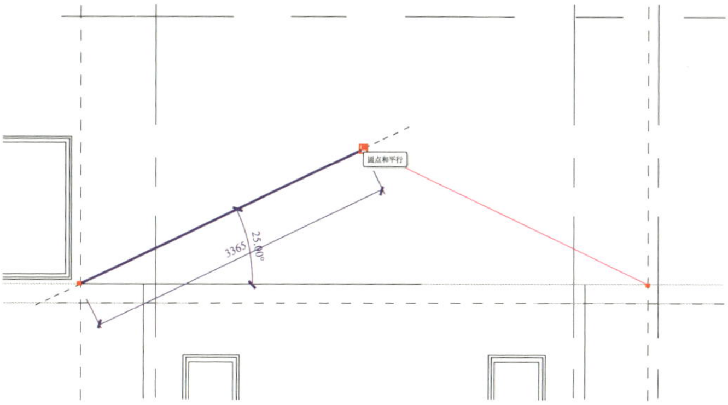

图 3.105　拉伸屋顶截面

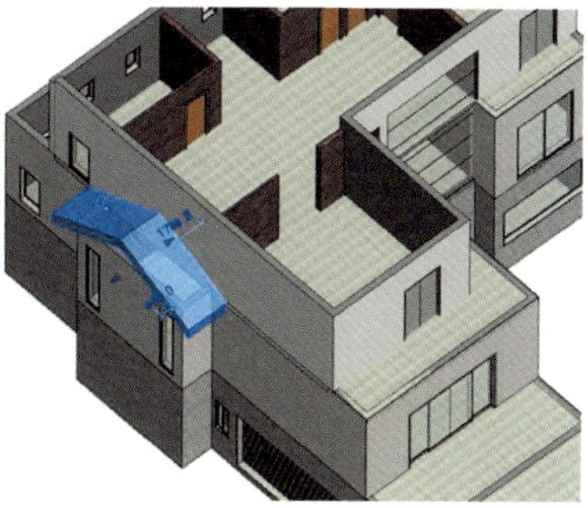

图 3.106　拉伸屋顶创建完成图

在三维视图中观察上文创建的拉伸屋顶，可见屋顶长度过长，延伸到了二层屋内，同时屋顶下面没有山墙。下面将逐步完善上述细节。

连接屋顶：打开三维视图→在“修改”选项卡中选择“几何图形”→“连接/取消连接屋顶”命令→单击拾取延伸到二层屋内的屋顶边缘线→单击拾取左侧二层外墙墙面，如图 3.107（a）所示。如图 3.107（b）所示，即可自动调整屋顶长度，使其端面与二层外墙墙面对齐，最终成果如图 3.107（c）所示。

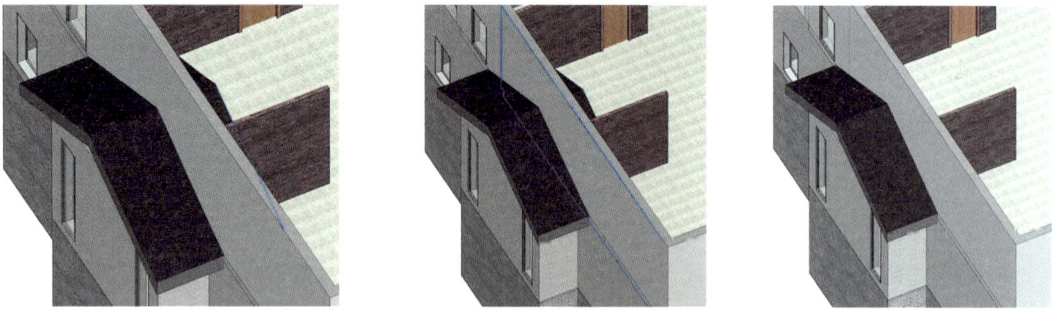

（a）　　　　（b）　　　　（c）

图 3.107　屋顶细节调整图

（a）屋顶边缘线拾取图；（b）二层外墙拾取图；（c）屋顶对齐图

附着墙：按住 Ctrl 键连续单击选择屋顶下面的三面墙→在“修改墙”面板中单击“附着”命令→在选项栏中选择“顶部”→选择屋顶作为附着目标——墙体自动将其顶部附着到屋顶下面，如图 3.108 所示。这样便在墙体和屋顶之间创建了关联。

图 3.108　墙体附着屋顶图

3.2.5.3　迹线屋顶创建

迹线屋顶适用于创建多坡屋面，通过绘制屋顶的迹线，设置每个屋面的坡度，从而绘制形态变化较为多样的多坡屋面。下面使用“迹线屋顶”命令创建项目北侧二层的多坡屋顶。

在上述模型的基础上继续操作，在项目浏览器中，双击“楼层平面”项下的“2F”，打开二层平面视图。

单击“建筑”选项卡，在“屋顶”下拉菜单中选择“迹线屋顶”命令→进入绘制屋顶轮廓迹线草图模式→在“绘制”面板中选择“直线”命令，如图 3.109 所示，绘制屋顶轮廓迹线→轮廓线沿相应轴网向外偏移 800 mm。

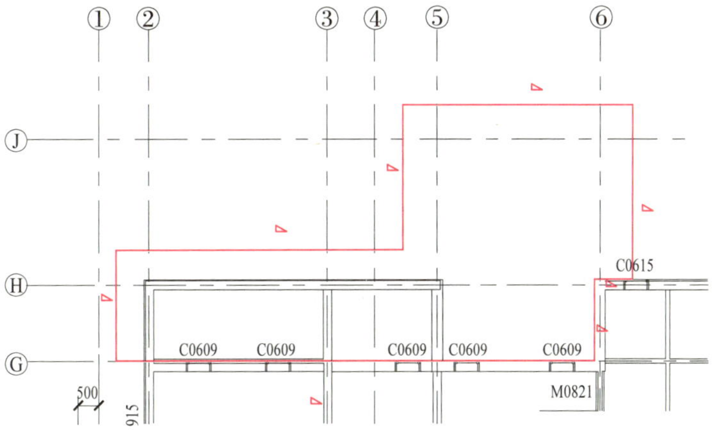

图 3.109 屋顶轮廓迹线图

如图 3-110 所示，单击“属性”→选择“保温屋顶-木材”类型。

修改屋顶坡度：在屋顶“属性”面板中设置“坡度”参数为 22°，如图 3.110 所示。单击“确定”后，所有屋顶迹线的坡度值自动调整为 22°→按住 Ctrl 键，连续单击选择上方、下方和右侧的短水平迹线，以及下方左右两条垂直迹线→在选项栏中取消勾选“定义坡度”选项，以取消这些边的坡度。可见对应的屋顶边缘线上的三角形符号消失，如图 3.111 所示。

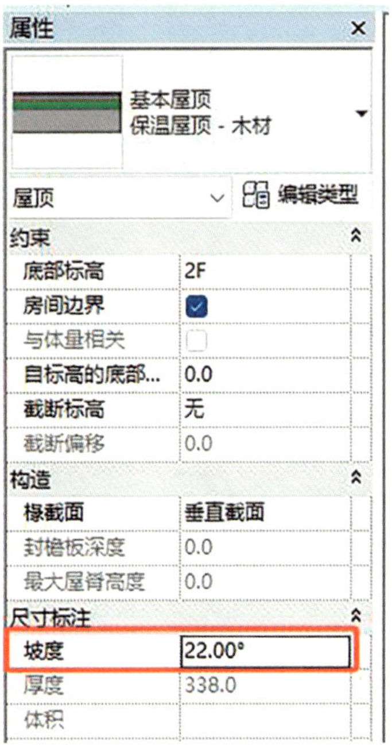

图 3.110 屋顶坡度调整图

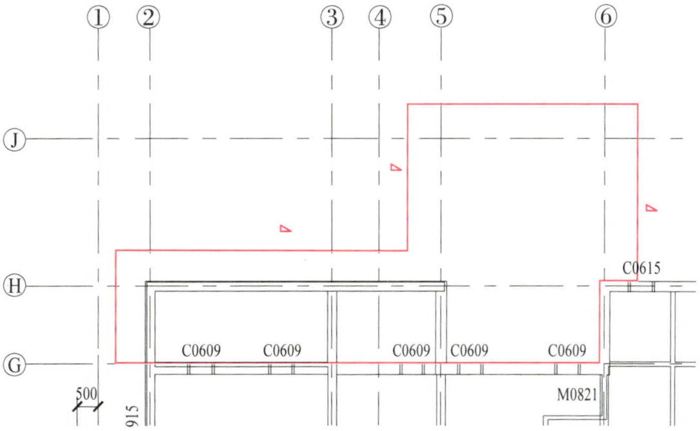

图 3.111 屋顶轮廓调整图

单击“完成屋顶”命令，创建二层多坡屋顶。选择屋顶下的墙体，在选项栏中选择“附着”命令，拾取刚创建的屋顶，将墙体附到屋顶下，保存文件，如图 3.112 所示。用同样的方法创建三层多坡屋顶。

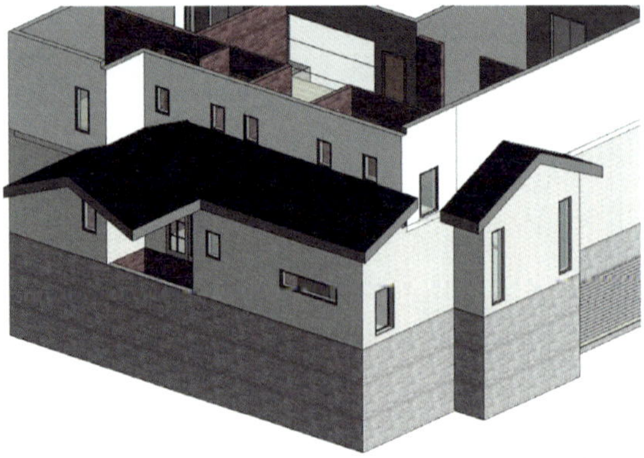

图 3.112　2F 屋顶绘制完成图

在上述模型的基础上继续操作，在项目浏览器中，双击“楼层平面”项下的“3F”，设置参数“基线”为“2F”。

单击“建筑”选项卡→“屋顶”下拉菜单，选择“迹线屋顶”命令→“绘制”面板选择“直线”命令，如图 3.113 所示，在相应的轴线向外偏移 800 mm，绘制屋顶的轮廓→单击“屋顶属性”命令，设置屋顶的“坡度”参数为 22°。

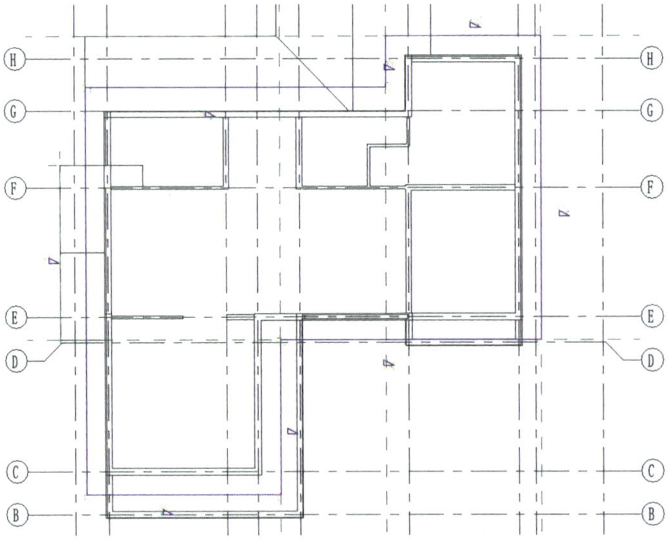

图 3.113　3F 屋顶轮廓平面图

单击“工作平面”面板中“参照平面”命令，如图 3.114 所示，绘制两个参照平面和中间两条水平迹线齐平，并和左右外侧的两条垂直迹线相交。

单击工具栏“拆分”命令，参照平面和左右外侧的两条垂直迹线交点位置，分别单击鼠标左键，将两条垂直迹线拆分成上下两段。按住 Ctrl 键，单击选择左侧迹线拆分后的上半段和侧迹线拆分后的下半段，取消坡度。完成后的屋顶迹线轮廓如图 3.115 所示，单击

“完成屋顶”命令，创建三层多坡屋顶。

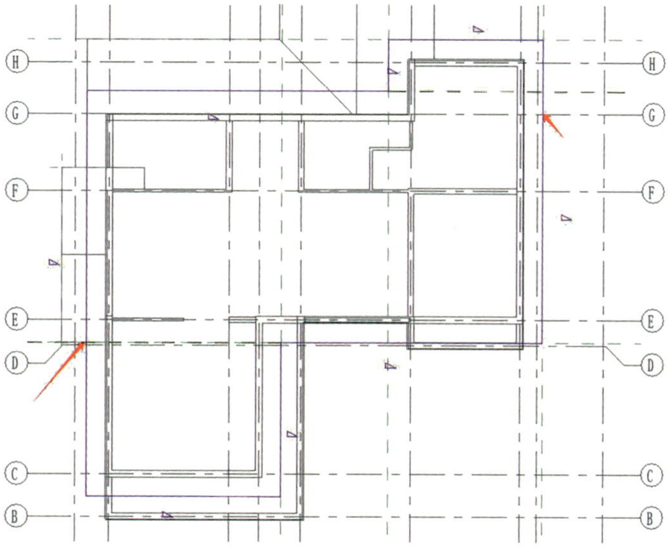

图 3.114　参照平面绘制图

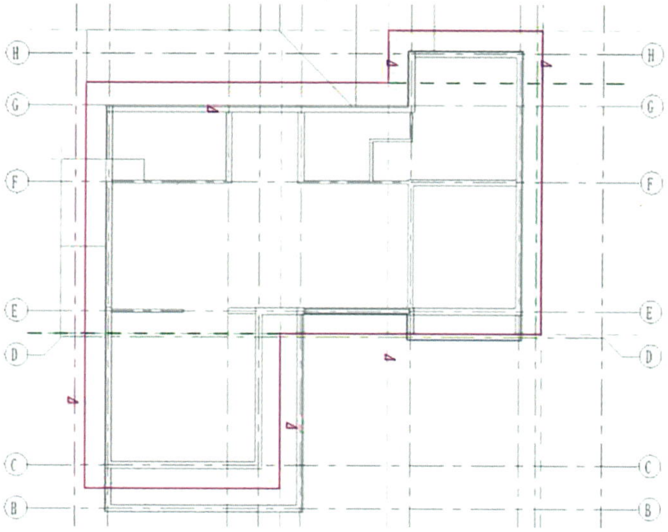

图 3.115　3F 屋顶轮廓完成图

选择三层墙体，用“附着”命令将墙顶部附着到屋顶下面，完成的成果如图 3.116 所示。

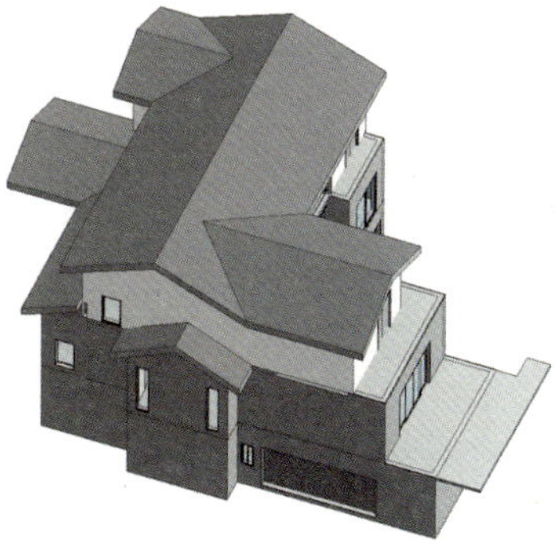

图 3.116　3F 屋顶完成图

3.2.6　楼梯扶手绘制

3.2.6.1　室外楼梯绘制

在项目浏览器中双击“楼层平面”项下的“－1F-1”，打开地下一层平面视图。

单击“建筑”选项→“楼梯坡道”面板→“楼梯”命

令，进入绘制草图模式。在“属性”面板单击“楼梯”命令，如图 3.117 所示，在面板中先选择楼梯类型为“整体浇筑楼梯”，设置楼梯的“底部标高”为−1F-1，“顶部标高”为 1F，“所需踢面数”为 20，“实际踏板深度”为 280 mm。

在“绘制”面板中单击“梯段”命令，选择“直线”绘图模式，在建筑外单击一点作为第一跑起点，垂直向下移动光标，直到显示“创建了 10 个踢面，剩余 10 个”时，单击鼠标左键，捕捉该点作为第一跑终点，创建第一跑草图。按 Esc 键结束绘制命令。

在“常用”选项卡的“工作平面”面板中，单击“参照平面”命令，在草图下方绘制一水平参照平面作为辅助线，临时尺寸距离修改为 900 mm，如图 3.118 所示。

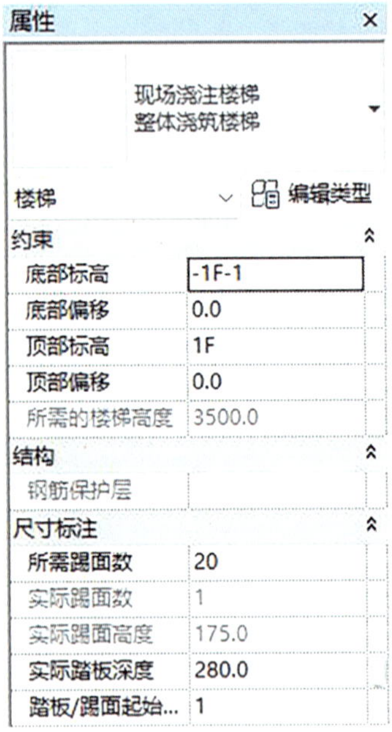

图 3.117　楼梯类型选择

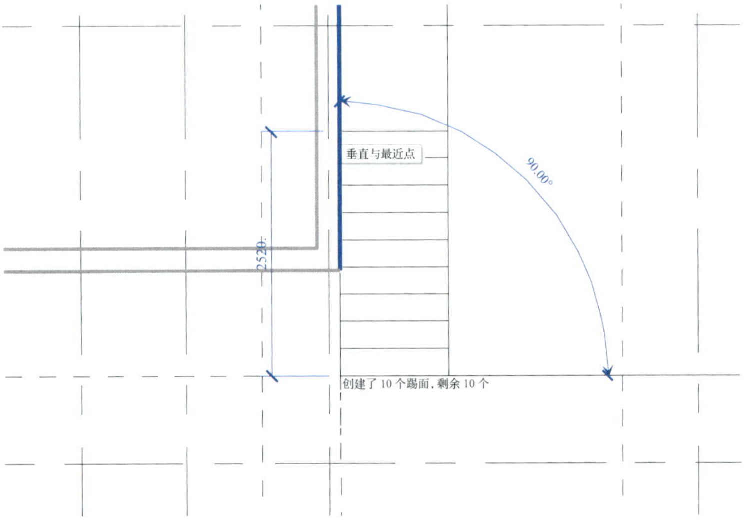

图 3.118　辅助线绘制图

继续选择“梯段”命令，移动光标至水平参照平面上，与梯段中心线延伸相交位置，当参照平面亮显并提示“交点”时，单击捕捉交点作为第二跑起点位置，向下垂直移动光标至矩形预览框外，单击鼠标左键，创建剩余的踏步，如图 3.119 所示。

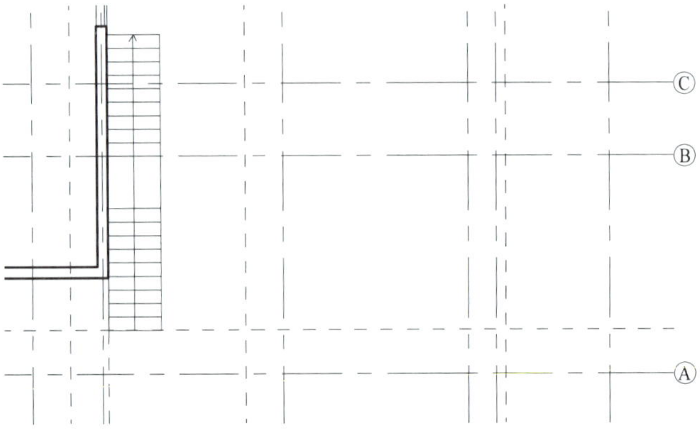

图 3.119　踏步创建图

选择扶手类型时，点击“修改”面板→“栏杆扶手”命令，从对话框下拉列表，选择扶手类型“1100 mm”。单击“完成楼梯”创建室外楼梯，如图 3.120 所示。

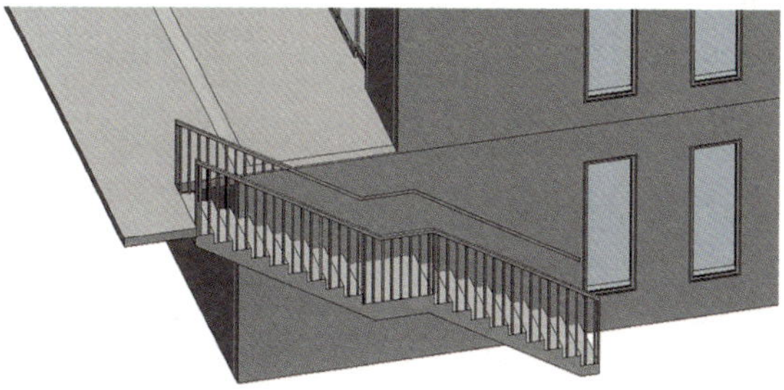

图 3.120　楼梯创建完成图

3.2.6.2　运用梯段命令绘制楼梯

“梯段”命令是创建楼梯的常用方法，本部分以绘制案例中的 U 型楼梯为例，详细介绍楼梯的创建方法。

在上述模型的基础上继续操作，在项目浏览器中双击“楼层平面”项下的“−1F”，打开地下一层平面视图。

单击“建筑”选项卡“楼梯坡道”面板中的“楼梯”命令，进入绘制草图模式。

绘制参照平面：单击“工作平面”面板中的“参照平面”命令，绘制参照平面。如图 3.121 所示，在地下一层楼梯间绘制四条参照平面，并用临时尺寸精确定位参照平面与墙边线的距离。其中，左右两条垂直参照平面到墙边线的距离为 575 mm，是楼梯梯段宽度的一半；下方水平参照平面到下方墙边线的距离为 1380 mm，为第一跑起跑位置；上方水平参照平面与下方水平参照平面的距离为 1820 mm。

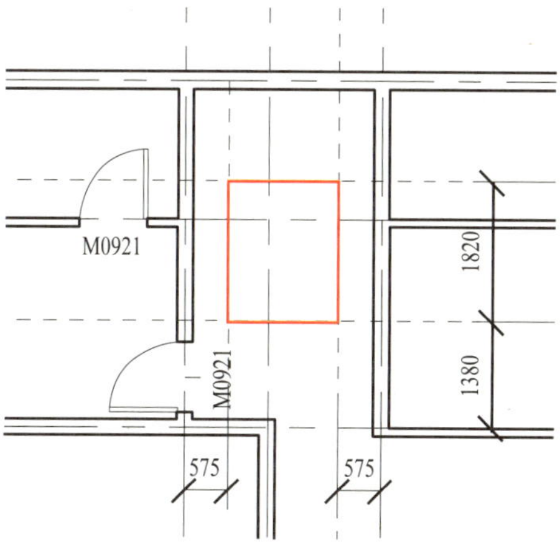

图 3.121　参照平面绘制图

楼梯实例参数设置：单击楼梯“属性”命令，在“属性”对话框中选择“楼梯类型”为“整体浇筑楼梯”，设置楼梯的“底部标高”为−1F，“顶部标高”为 1F，“所需踢面数”为 19，“实际踏板深度”为 260 mm，定位线为“梯段：中心”，如图 3.122 所示。

楼梯类型参数设置：在“属性”对话框中，单击“编辑类型”按钮，打开“类型属性”对话框，设置参数“梯段类型”为“150 mm 结构深度”，“平台类型”为“200 mm 厚度”，如图 3.123 所示。在“材质和装饰”项中，设置楼梯的“整体式材质”参数为“混凝土 / 现场浇筑 / 灰色”。设置完成后，单击“确定”关闭所有对话框。

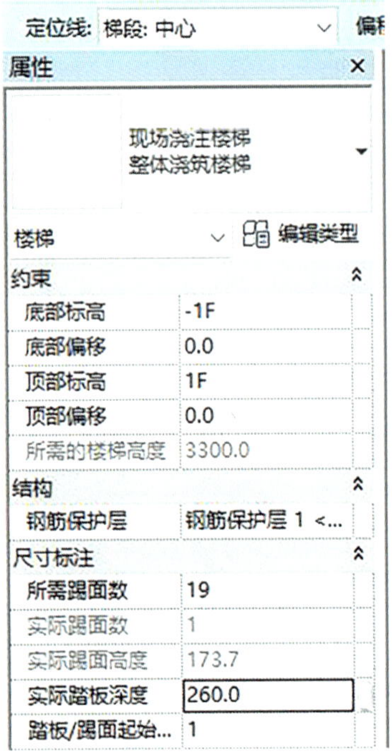

图 3.122　楼梯基本参数设置图

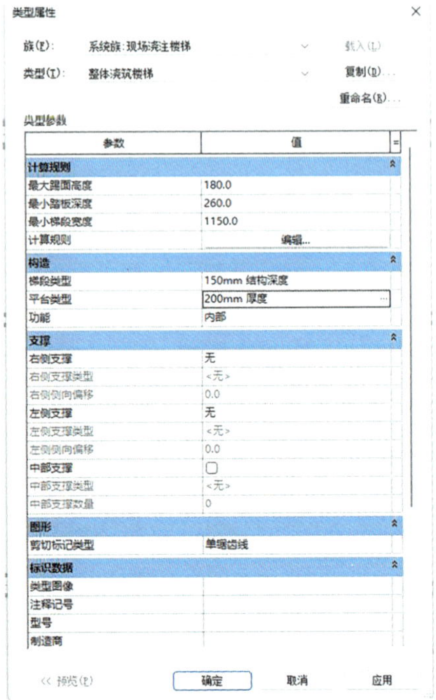

图 3.123　楼梯类型参数设置图

单击“梯段”命令，在默认选项栏中选择“直线”绘图模式，移动光标至参照平面右下角交点位置，两条参照平面亮显，在系统提示“交点”时，单击捕捉该交点作为第一跑起跑位置。

向上垂直移动光标至右上角参照平面交点位置，同时在起跑点下方出现灰色提示字样，显示“创建了 8 个踢面，剩余 11 个”，以及蓝色的临时尺寸，表示从起点到光标所在尺寸位置，已创建 8 个踢面，还剩余 11 个。单击捕捉该交点作为第一跑终点位置，自动绘制第一跑踢面和边界草图。

移动光标到左上角参照平面交点位置，单击捕捉作为第二跑起点位置。向下垂直移动光标到矩形预览图形外，单击捕捉一点，系统会自动创建休息平台和第二跑梯段草图，如图 3.124 所示。单击选择楼梯顶部的蓝色边界线，鼠标拖曳其和顶部墙体内边界重合。

扶手类型：单击“工具”面板→“扶手类型”命令，从对话框下拉列表中选择需要的扶手类型。本案例中选择默认的扶手类型。单击完成楼梯命令，创建地下一层的 U 型不等跑楼梯。注意楼梯完成绘制后，扶手栏杆没有落到楼梯踏步上，如图 3.125 所示。可以在视图中选择此扶手，单击鼠标右键，选择“翻转方向”命令，扶手自动调整使栏杆落到楼梯踏步上，如图 3.126 所示。

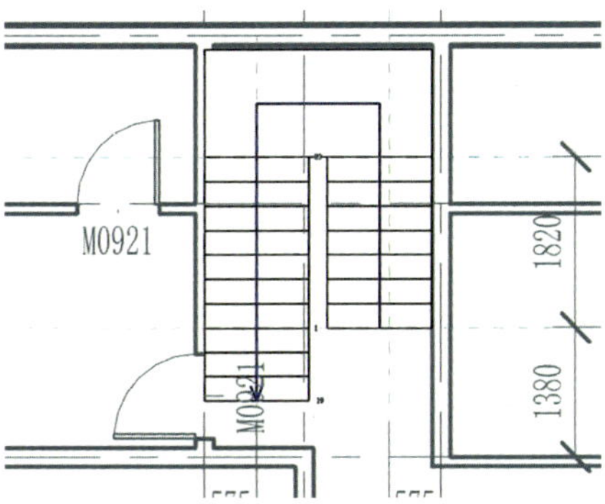

图 3.124 楼梯平面图

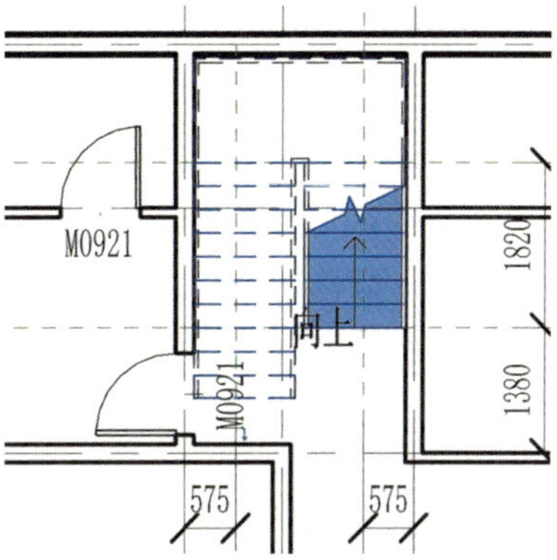

图 3.125 楼梯扶手调整图

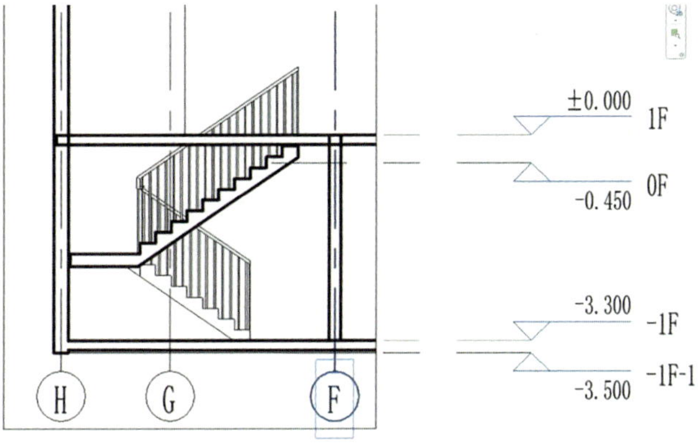

图 3.126 楼梯剖面图

3.2.6.3 编辑踢面和边界线

在上述模型的基础上继续操作，单击选择绘制的楼梯，在选项栏中单击“编辑楼梯”命令，重新回到绘制楼梯模式。选中要修改的梯段，点击修改面板中的“转换为草图”命令，将梯段构件转换为自定义构件以进行编辑，但这个命令是不可逆的。点击“修改”选项卡→“工具”面板→“编辑草图”，选择右侧第一跑的踢面线，按 Delete 键删除。单击“绘制”面板→“踢面”命令，选择“三点画弧”命令，单击捕捉下方水平参照平面左右两边踢面线端点，再捕捉弧线中间一个端点，绘制一段圆弧。如图 3.127 所示，复制 7 条该圆弧踢面。设计栏单击“完成楼梯”命令，即可创建圆弧踢面楼梯，如图 3.128 所示。

3.2.6.4 多层楼梯

在上述模型的基础上继续操作，在项目浏览器中双击“楼层平面”项下的“−1F”，打开地下一层平面视图。选择地下一层的楼梯，点击“复制”→“粘贴”→“与选定的标高对齐”→选择“1F”，楼梯便向上复制成功。如图 3.129 所示，将不够契合之处进行调整，即可完成楼梯的绘制，保存文件。

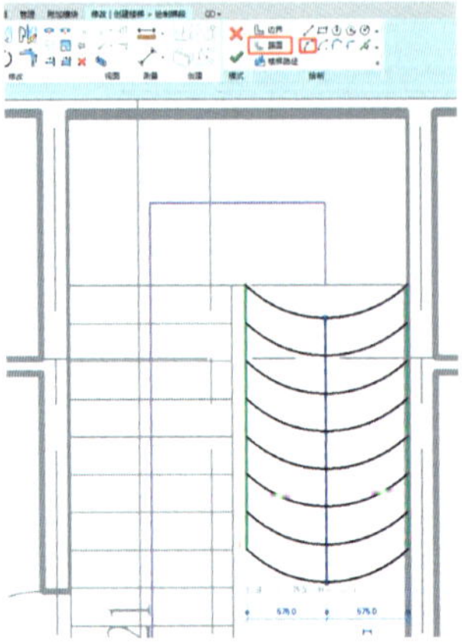

图 3.127　弧形踢蹬绘制图

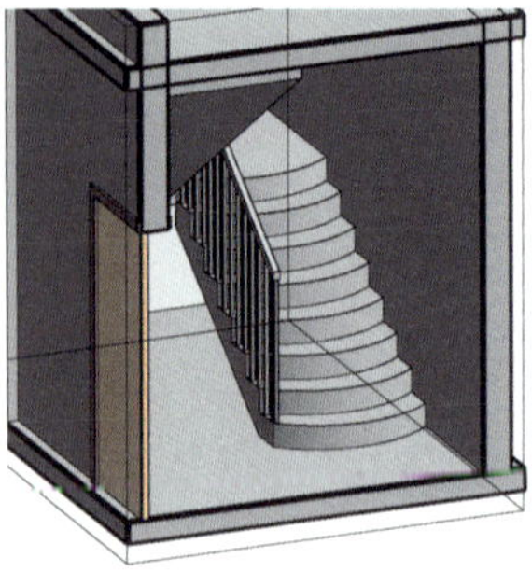

图 3.128　弧形楼梯绘制完成图

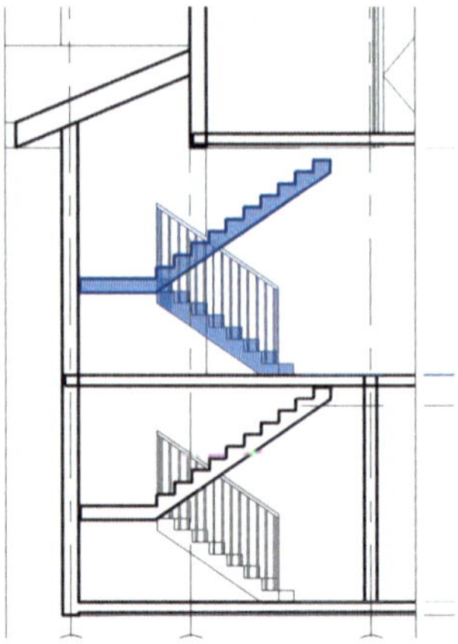

图 3.129　楼梯剖面图

3.2.7　坡道与室外台阶绘制

3.2.7.1　坡道命令绘制

Revit 软件的“坡道”创建方法和“楼梯”非常相似，本节简要讲解。

在上述模型的基础上继续操作，在项目浏览器中双击“楼层平面”项下的“−1F-1”，打开“−1F-1”平面视图。单击“建筑”选项卡→“楼梯坡道”面板→“坡道”命令，进入绘制模式。

单击“属性”面板，设置参数“底部标高”为“−1F-1”，“顶部标高”为“−1F”，“顶部偏移”为“200”（单位：mm），“宽度”为“2500”（单位：mm），如图 3.130 所示。

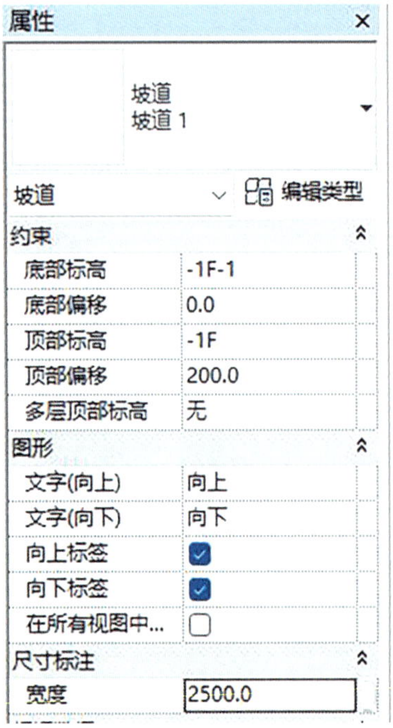

图 3.130　坡道参数设置图

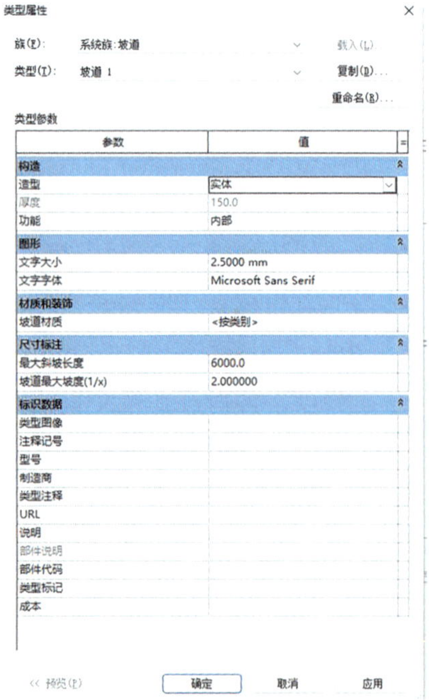

图 3.131　坡道类型属性图

单击“编辑/新建”按钮打开坡道“类型属性”对话框，设置参数“最大斜坡长度”为“6000”，“坡道最大坡度（1/x）”为“2”，“造型”为“实体”，如图3.131所示。设置完成后，单击“确定”两次，关闭实例“属性”对话框。单击“工具”面板→“扶手类型”命令，设置“扶手类型”参数为“无”，单击“确定”。

单击“绘制”面板→“梯段”命令，选项栏选择“直线”工具，移动光标到绘图区域中，从右向左拖曳光标，绘制坡道梯段，可框选所有草图线，将其移动到图示位置，如图3.132所示。单击“完成坡道”命令，创建的坡道如图3.133所示，保存文件。

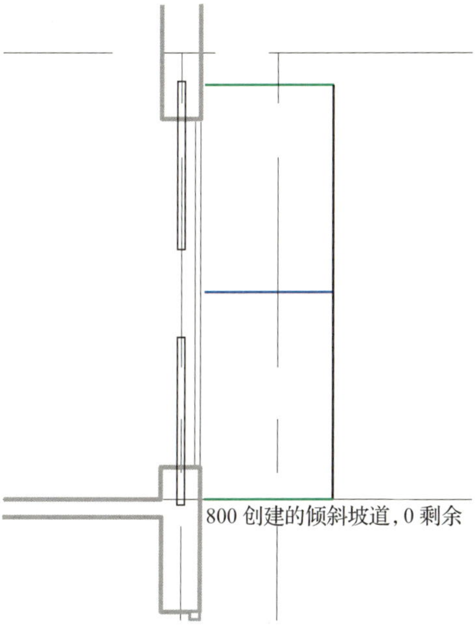

图3.132　坡道平面图

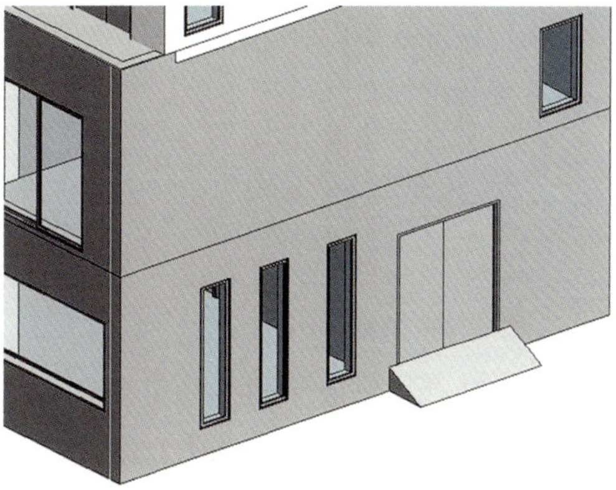

图3.133　坡道完成图

3.2.7.2　带边坡的坡道

由于“坡道”命令不能创建两侧带边坡的坡道，推荐使用“楼板”命令来创建。

在上述模型的基础上继续操作，在项目浏览器中双击“楼层平面”项下的“−1F-1”，打开“−1F-1”平面视图。单击“楼板”命令，选择“直线”命令，选项栏取消勾选“定义坡度”，在右下角入口处绘制如图3.134所示的楼板轮廓。

单击“楼板属性”命令，点击“编辑类型”，新创建楼板类型为“边坡坡道”。单击“确定”，关闭对话框。

单击“完成楼板”命令创建平楼板。

选择刚绘制的平楼板，“形状编辑”面板显示几个形状编辑工具：

（1）选项栏选择“绘制分割线”工具，楼板边界变成绿色虚线显示。如图3.135所示，在上下角部位置各绘制一条蓝色分割线。

（2）“修改子图元”工具：拖曳点或分割线以修改其位置或相对高程。

（3）“添加点”工具：可以向图元几何图形添加单独的点，每个点可设置不同的相对高程值。

（4）“绘制分割线”工具：可以绘制分割线，将板的现有面分割成更小的子区域。

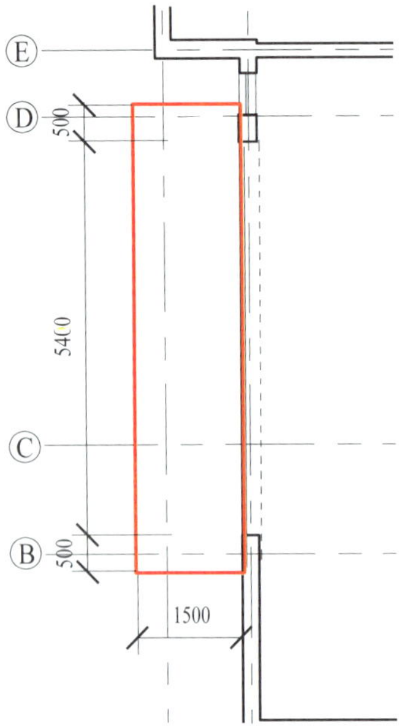

图 3.134　楼板轮廓图

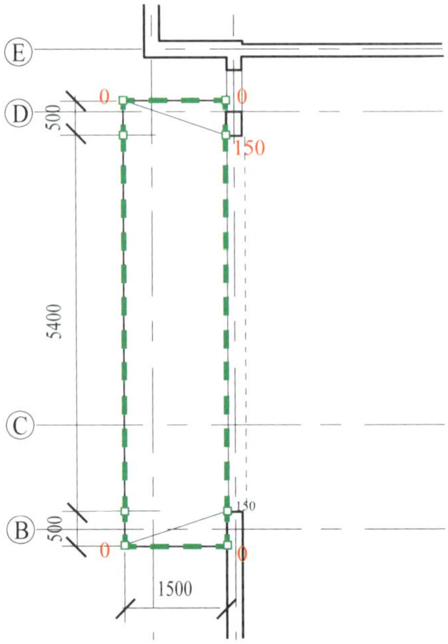

图 3.135　分割线绘制图

选项栏选择“修改子图元”工具，如图 3.135 所示，分别单击楼板边界的 4 个点，出现蓝色临时相对高程值（默认为 0），单击文字输入“150”后按 Enter 键，将该边界线相较于其他线条抬高 150 mm。

完成后按 Esc 键结束编辑命令，平楼板变为带边坡的坡道，如图 3.136 所示。

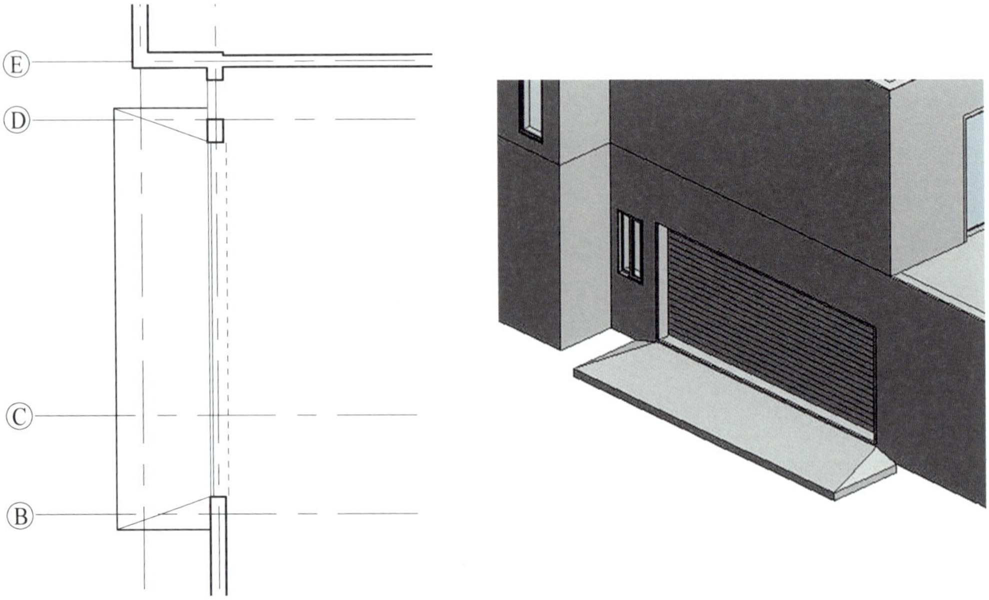

（a）　　　　　（b）

图 3.136　带边坡坡道完成图

（a）平面图；（b）轴测图

3.2.7.3 主入口台阶绘制

Revit软件中没有专用的“台阶”命令，但可以通过创建在位族、外部构件族、楼板边缘，以及楼梯等方式创建各种台阶模型。以下讲述用“楼板边缘”命令创建台阶的方法。

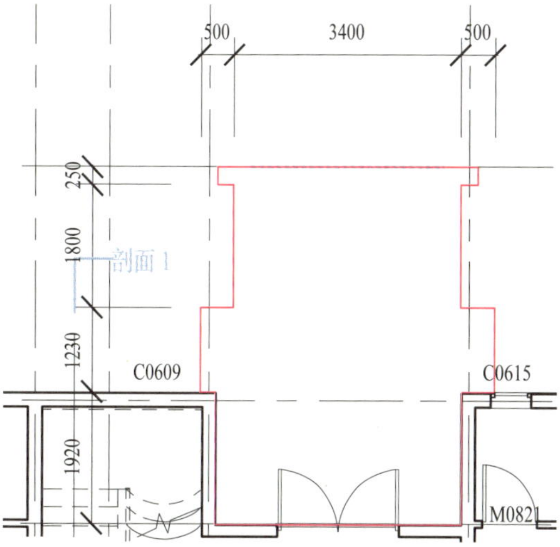

图 3.137 室外楼板轮廓图

在上述模型的基础上继续操作，在项目浏览器中，双击“楼层平面”项下的“1F”，打开“1F”平面视图。

首先绘制北侧主入口处的室外楼板。单击“楼板”命令，用“直线”命令绘制如图3.137所示楼板的轮廓。

单击“楼板属性”命令，打开楼板“实例属性”对话框，将楼板类型替换为“常规：450 mm”，单击“确定”关闭对话框。

单击“完成楼板”，完成后的室外楼板如图3.138所示。

接下来添加楼板两侧的台阶。打开三维视图，单击“建筑”选项卡→“楼板”命令下拉菜单中的“楼板：建筑”命令，类型选择器中选择“常规：150 mm”类型。在属性面板中，设定自标高的高度偏移为−150 mm，在图中绘制楼板轮廓，点击“完成”，生成的台阶如图3.139所示。

图 3.138 室外楼板完成图

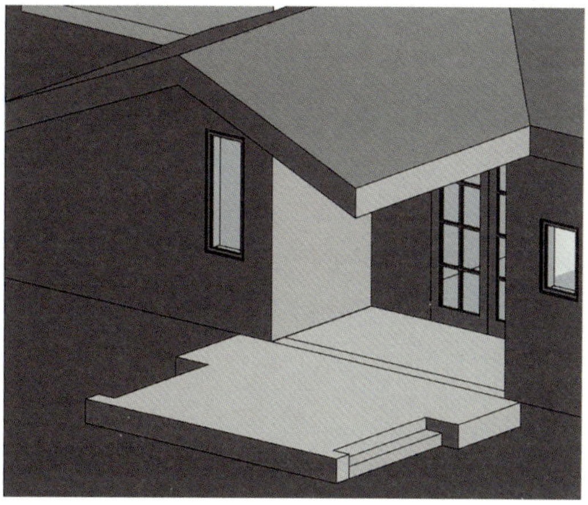

图 3.139 室外台阶完成图

3.2.7.4 地下一层台阶绘制

同样地，用“楼板”命令为地下一层南侧入口处添加台阶：在类型选择器中，选择“常规：300 mm”，绘制第二级台阶，再选择“常规：150 mm”绘制第一级台阶，如图3.140所示。如果绘制的台阶与建筑的相对高度不吻合，可以在属性面板中调节自标高的高度偏移数值，使模型正确。

图 3.140　南侧入口室外台阶完成图

3.2.8　柱梁结构构件绘制

3.2.8.1　概述

本部分内容主要讲述如何创建和编辑建筑柱、结构柱、梁、梁系统，以及结构支架等。通过本节的学习，应该了解建筑柱和结构柱的应用方法和区别。建筑柱是围绕结构柱创建柱框外围模型，主要用于装饰应用，并继承连接到的其他图元的材质。结构柱垂直承重图元，具有许多由其自身配置和行业标准定义的属性，并包含可用于数据交换的分析模型。Revit 软件中提供了垂直柱和斜柱两种放置方式，可以快速在轴网处或在柱处放置柱子。放置柱子时，使用空格键可以更改柱的方向，每次按空格键时，柱将旋转以便与选定位置的相交轴网对齐。在没有轴网的情况下，按空格键时柱会旋转 90°。

根据项目需要，有时我们需要创建结构梁系统和结构支架，如对楼层净高产生影响的大梁。梁类别只在结构选项卡中存在，主要用于结构用途，可以通过载入族载入新的梁类型。大多数时候我们可以在剖面上通过二维填充命令绘制梁剖面，示意即可。

3.2.8.2　绘制结构柱

在项目浏览器中双击“楼层平面”下的“−1F-1”，打开“−1F-1”平面视图。

单击“建筑”选项卡→“构建”面板中的“柱”命令下拉菜单，选择“结构柱”，在类型选择器中选择柱类型“混凝土柱-矩形-柱 250 mm×450 mm”，如图 3.141 所示，使结构柱的中心点相对于①轴“600 mm”、Ⓐ轴“1100 mm”的位置单击放置结构柱（可先放置结构柱，然后编辑临时尺寸，调整其位置）。如果柱子放置后，提示在本层中不可见，或切换立面看到柱子不在理想标高中，则可选中结构柱，在左侧属性面板中重新设置其底部标高和底部偏移量的数值，以保证模型准确。打开三维视图，选择刚绘制的结构柱，在选项栏中单击“附着”命令，再单击拾取一层楼，将柱的顶部附着到楼板下面，如图 3.142 所示，保存文件。

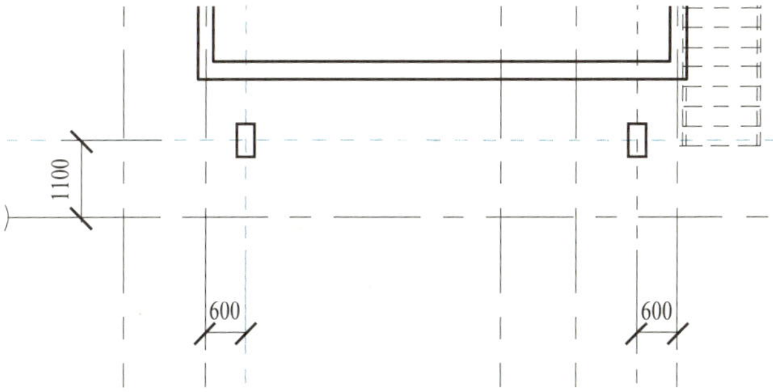

图 3.141　结构柱平面图

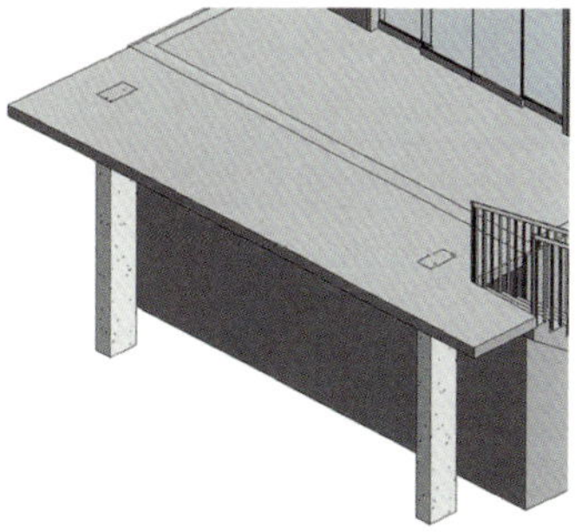

图 3.142　结构柱轴测图

在上述模型的基础上继续操作，在项目浏览器中双击“楼层平面”下的“1F”，打开一层平面视图，创建一层平面结构柱。

单击“建筑”选项卡的“构建”面板中的“柱”命令下拉菜单，选择“结构柱”命令。在类型选择器中选择柱类型“混凝土柱-矩形-柱 250 mm×250 mm”，在如图 3.143 所示位置尺寸处，在主入口上方单击放置两个结构柱。从左下向右上方向框选刚绘制的结构柱，在“属性”面板上设置参数“底部标高”为“0F”，“顶部标高”为“2F”，“顶部偏移”为“0”。单击“确定”修改结构柱高度。

3.2.8.3　绘制建筑柱

在上述模型的基础上继续操作，单击“建筑”选项卡的“构建”面板中的“柱”命令下拉菜单，选择“建筑柱”命令，在类型选择器中选择柱类型“矩形柱 200 mm×200 mm”，单击“图元属性”按钮，打开“实例属性”对话框，设置“底部标高”为“2F”，“顶部标高”为“3F”，单击“确定”。单击捕捉两个结构柱的中心位置，在结构柱上方放置两个建筑柱。这时“矩形柱 200 mm×200 mm”底部正好在“混凝土柱-矩形-柱 250 mm×250 mm”结构柱的顶部位置。

打开北立面视图，选择两个矩形柱，在选项栏单击“附着”命令中的“附着顶部/底部”选项，再单击拾取上面的屋顶，将矩形柱附着于屋顶下面。完成后的主入口柱子如图 3.144 所示，保存文件。

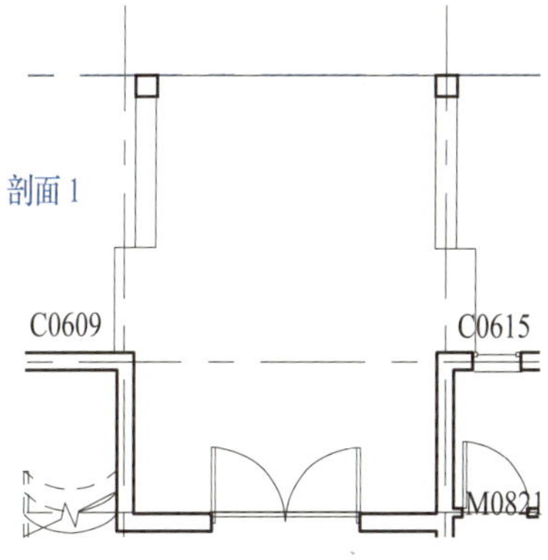

图 3.143　1F 结构柱平面图

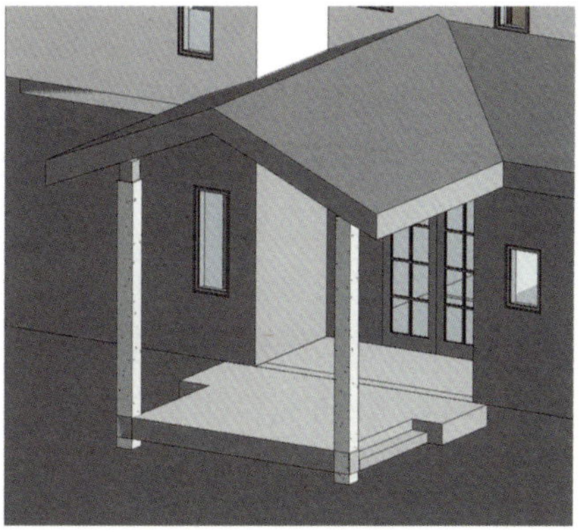

图 3.144　1F 入口柱子完成图

在项目浏览器中双击“楼层平面”下的“2F”，打开二层平面视图，创建二层平面建筑柱。

单击“建筑”选项卡的“构建”面板中的“柱”命令下拉菜单，选择“建筑柱”命令，在类型选择器中选择柱类型“矩形柱 300 mm×200 mm”。

移动光标捕捉Ⓑ轴与④轴的交点单击放置建筑柱。移动光标捕捉Ⓒ轴与⑤轴的交点，先单击“空格键”调整柱的方向，再单击鼠标左键放置建筑柱。结果如图 3.145 所示右下角两个建筑柱。

选择刚创建的Ⓑ轴上的柱，单击工具栏“复制”命令，在④轴上单击捕捉一点作为复制的基点，水平向左移动光标，输入“4000”后按 Enter 键，在左侧 4000 mm 处复制一个建筑柱，如图 3.145 所示。

选择刚创建的Ⓒ轴上的柱，单击工具栏“复制”命令，选项栏勾选“多个”连续复制，在Ⓒ轴上单击捕捉一点作为复制的基点，垂直向上移动光标，连续两次输入“1800”后按 Enter 键，在右侧复制两个建筑柱，如图 3.145 所示。完成后的模型如图 3.146 所示，保存文件。

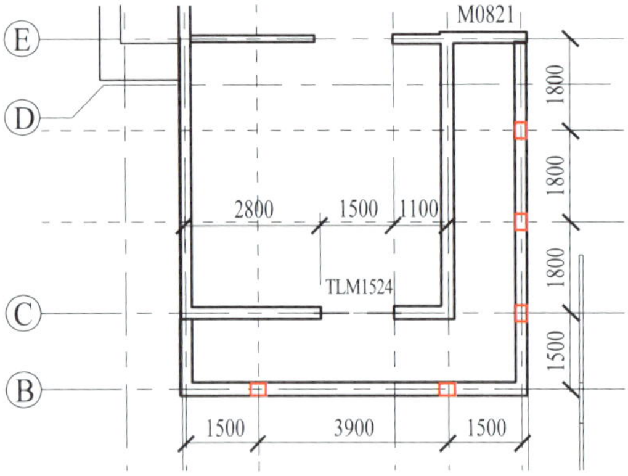

图 3.145　2F 建筑柱平面图

图 3.146　2F 建筑柱绘制完成图

3.2.9　族绘制

3.2.9.1　族类别和族参数的选择

在项目绘制过程中，绘图者会发现某些构件并没有预制，尤其是一些经过特殊设计的构件。此时，需要按照设计思路自行绘制，因此，便引入族绘制的内容。族是组成项目的构件，同时是参数信息的载体。所有添加到 Revit 项目中的图元都是使用族创建的。一个族中各个属性对应的数值可能不同，但属性的设置（名称与含义）是相同的。根据所建模的类型，选择相应的类别进行建模。需要注意：不同类别的参数会有所区别，需要大家通过实践去体会。Revit 软件中有三种类型的族：系统族、可载入族和内建族，本部分内容以内建族为例介绍族的绘制方法。

3.2.9.2　内建模型“形状”功能介绍

点击“建筑”→“构建”→“构件”→“内建模型”，在弹出的对话框中选择“常规模型”，点击“确定”。选择相对应的类别后，会出现“创建”命令栏，如图 3.147 所示。接下来，分别介绍各个命令的使用。

图 3.147　内建模型形状创建命令面板

3.2.9.3　实心拉伸

实心拉伸是通过拉伸二维形状（轮廓）建立三维模型。以下以建立立方体为例说明拉伸命令的用法。

点击“实心拉伸”命令，生成“修改 / 创建拉伸”。在“绘制”栏选择“矩形”，在绘制界面上绘制 2000 mm×2000 mm 的正方形，如图 3.148 所示。在属性面板中将拉伸高度的数值改为“1000”，如图 3.149 所示，就可以绘制高度为 1000 mm 的立方体。

点击“完成编辑模型”即可生成立方体，如图 3.150 所示。点击完成模型后，创建的拉伸形状将直接被载入项目中。

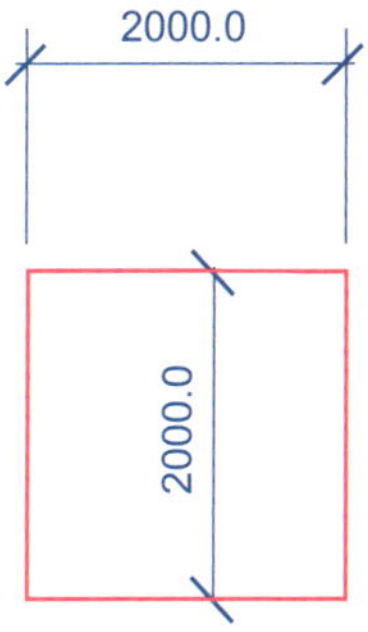

图 3.148　实心拉伸平面轮廓图

图 3.149　实心拉伸终点设置图

图 3.150　实心拉伸形状完成图

注意：不同视图的参照平面不同，创建的形状也会有所区别，请大家自行尝试。

3.2.9.4　实心融合

实心融合命令用于创建实心三维形状，该形状沿其长度发生变化，从起始形状融合到最终形状，如图 3.151 所示。

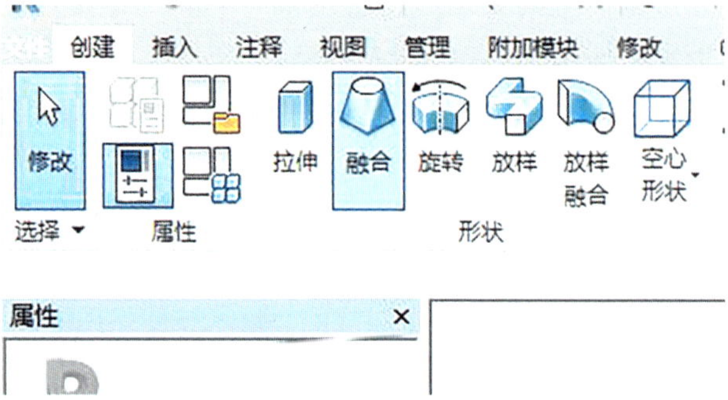

图 3.151　实心融合命令面板图

以棱台为例说明实心融合的创建方法。点击“实心融合”命令，生成“修改 / 创建融合底部边界”；在“绘制”栏选择“矩形”，在平面中绘制，结果图如图 3.152 所示。

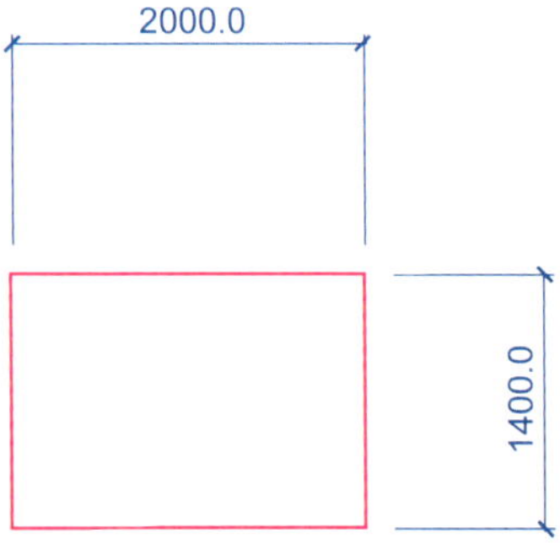

图 3.152　实心融合底部轮廓图

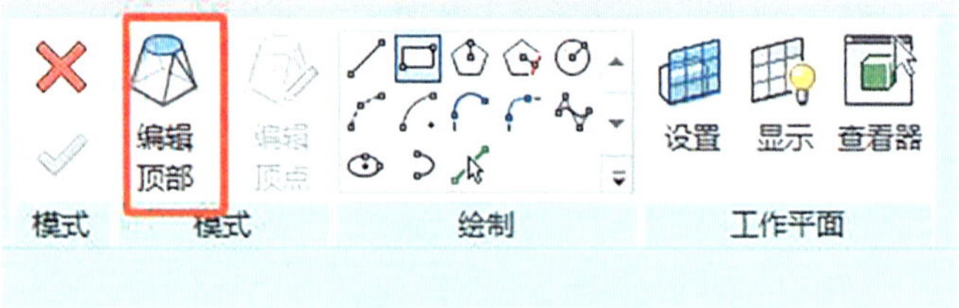

图 3.153　实心融合编辑顶部面板图

点击“编辑顶部”生成“修改 / 创建融合顶部边界”，如图 3.153 所示。在“绘制”栏选择“矩形”，在平面中绘制，在属性面板中根据设计调整第一端点和第二端点的标高。绘制完成后，点击“完成编辑模型”即可生成棱台，如图 3.154 所示。

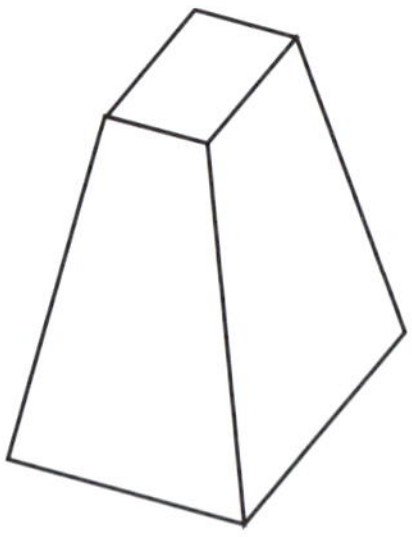

图 3.154　实心融合创建完成图

3.2.9.5　实心旋转

“实心旋转通过绕轴放样二维轮廓，可以创建三维形状”，如图 3.155 所示。

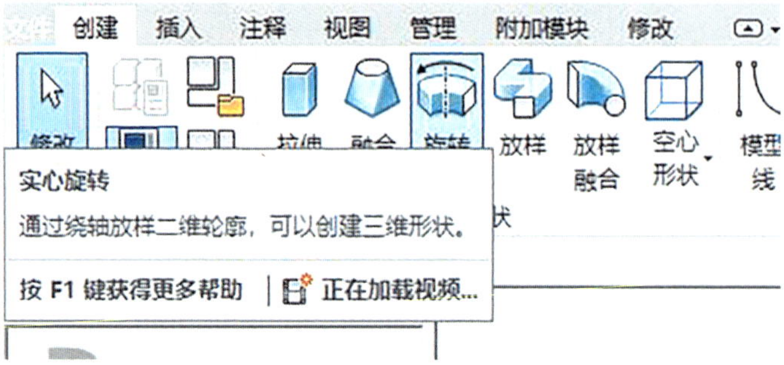

图 3.155　实心旋转命令面板图

以三角锥为例说明实例创建的用法，点击“实心旋转”命令，生成“修改/创建旋转”。在“绘制”栏点击“边界线”并选择“直线”，绘制三角形平面边界线（轮廓线），如图3.156所示。

点击“轴线”命令，绘制用于旋转的轴线，如图3.157所示，点击“完成编辑模型”即可生成三角锥。

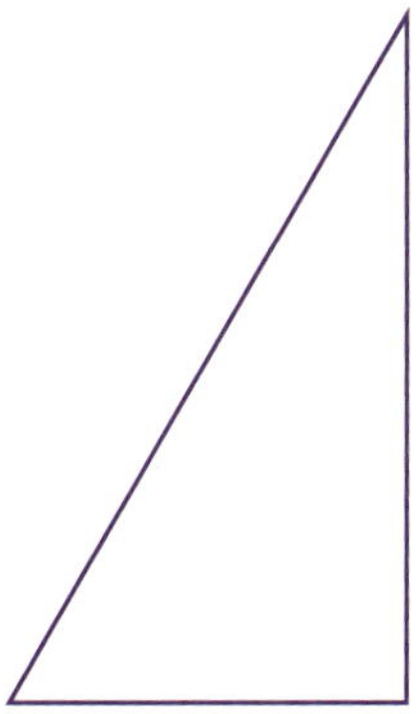

图3.156　旋转截面绘制图

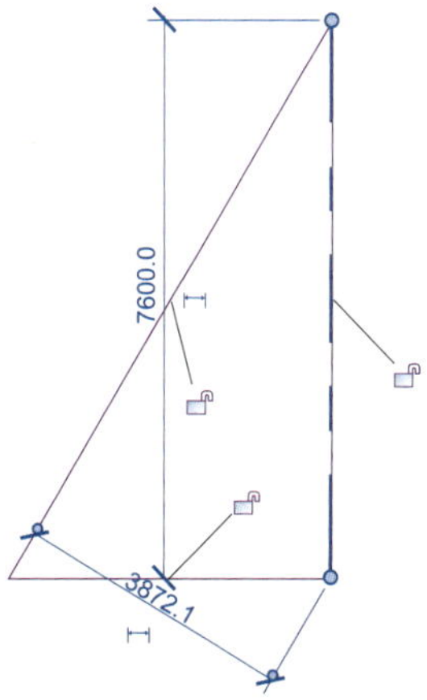

图3.157　轴线选择图

3.2.9.6　实心放样

实心放样命令通过沿路径放样二维形状，创建三维实体，如图3.158所示。

图3.158　实心放样命令面板图

接下来，以台阶创建为例说明实心放样的用法。点击“实心放样”命令，生成“修改/放样”，在“放样”栏选择“绘制路径”（“拾取路径”命令可自行尝试），如图3.159所示，选择“线”绘制一条直线。

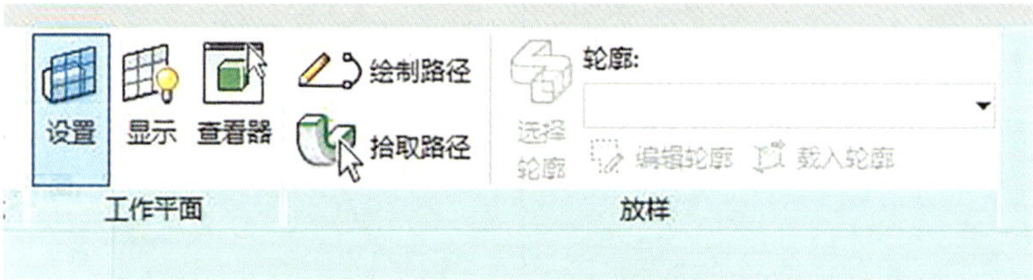

图3.159　绘制路径面板图

点击“完成编辑模式”完成路径，点击“编辑轮廓”命令（有时需要点击“选择轮廓”

后才能对轮廓进行编辑），在“绘制”栏选择“直线”，绘制台阶截面轮廓，如图 3.160 所示，尺寸自定。

点击“完成编辑模式”即可生成台阶，如图 3.161 所示。

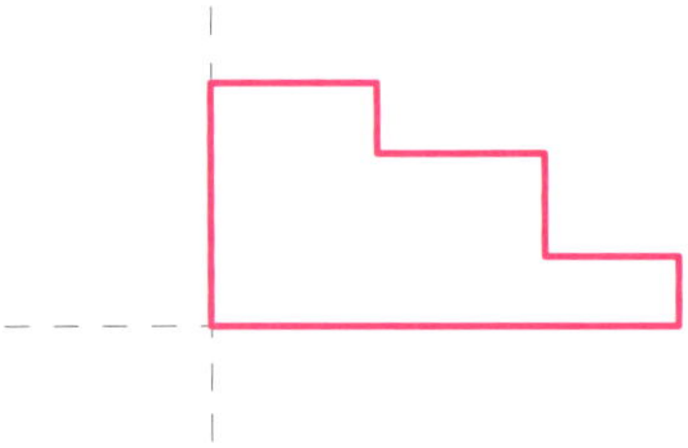

图 3.160　截面轮廓绘制图

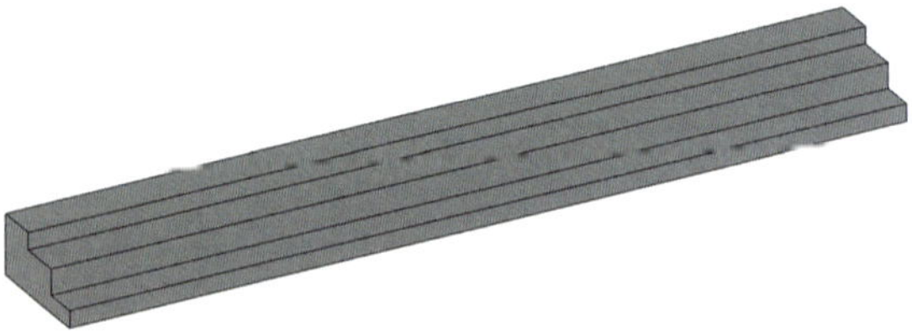

图 3.161　实心放样台阶完成图

3.2.9.7　实心放样融合

实心放样融合命令用于创建一个融合形状，沿定义的路径进行放样，如图 3.162 所示。

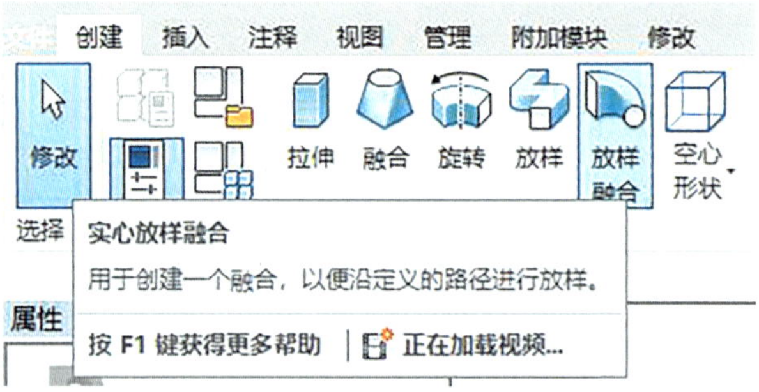

图 3.162　实心放样融合面板图

点击“实心放样融合”命令，生成“修改 / 放样融合”，选择“绘制路径”，在“绘制”栏选择“线”，绘制一条直线，完成后点击“完成编辑模式”。

在“放样融合”栏点击“选择轮廓 1”，再选择“编辑轮廓”，在“绘制”栏选择“圆形”，绘制一个半径为 600 mm 的圆形，如图 3.163 所示。

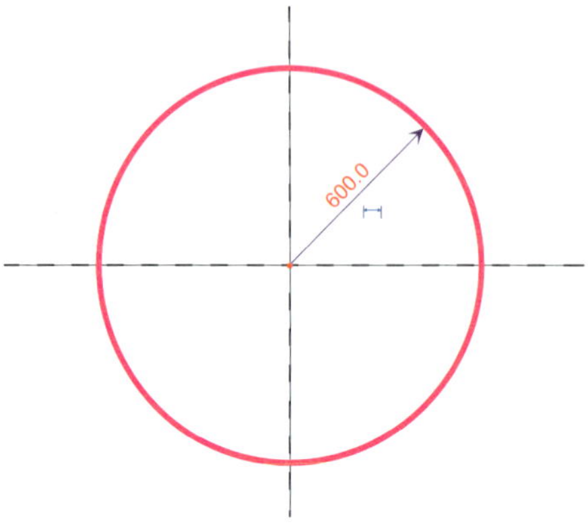

图 3.163　轮廓 1 绘制图

同样地，点击“选择轮廓 2”，选择“编辑轮廓”，在“绘制”栏选择“正方形”，绘制边长为 300 mm 的正方形，如图 3.164 所示。点击“完成编辑模式”即可生成放样融合形状，如图 3.165 所示。

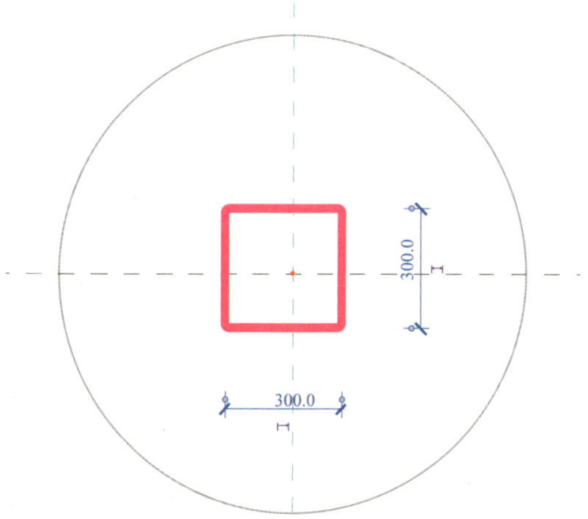

图 3.164　轮廓 2 绘制图

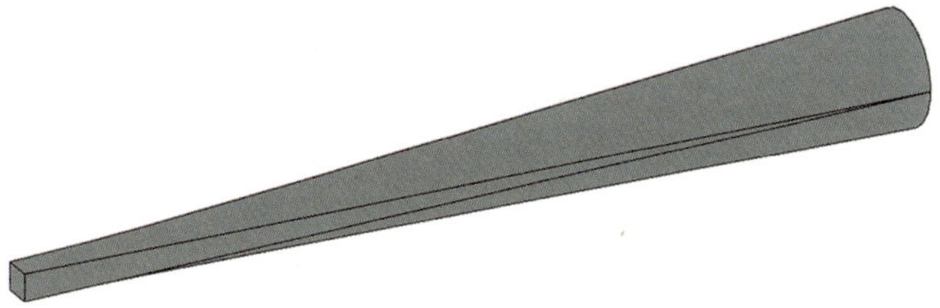

图 3.165　实心放样融合完成图

3.2.9.8　空心形状

空心形状（包括空心拉伸、空心融合、空心旋转、空心放样、空心放样融合）原理与之前介绍的相同，空心形状可用于删除实心形状的一部分。以下为以正方体中掏空长方体为例说明其原理，如图 3.166 所示，图 3.167 为空心形状完成图。

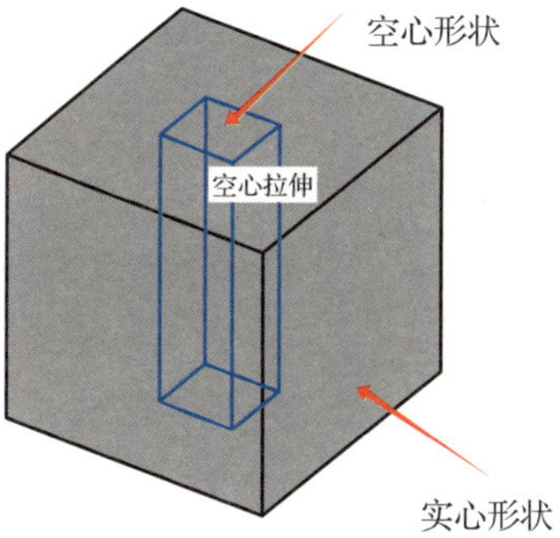

图 3.166　空心形状原理图

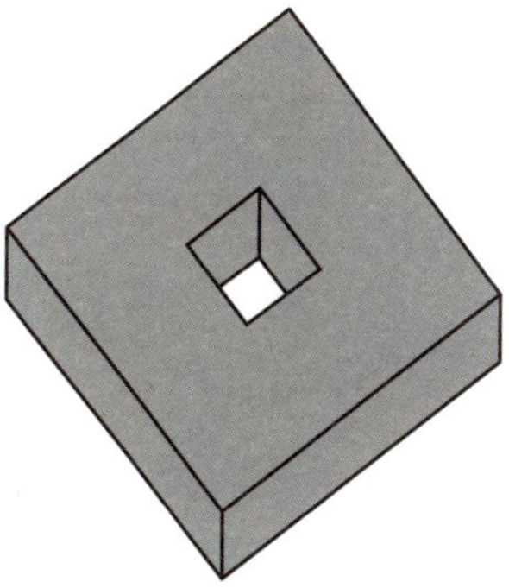

图 3.167　空心形状完成图

3.2.10 场地及其他

3.2.10.1 地形表面绘制

地形表面是建筑场地地形或地块地形的图形表示。默认情况下，楼层平面视图不显示地形表面，可以在三维视图或专用的“场地”视图中创建。

项目浏览器→楼层平面→场地，进入场地平面视图。

为了便于捕捉，在场地平面视图中，根据需要绘制六条参照平面。

单击“建筑”→“工作平面”→“参照平面”，移动光标至图中①号轴线左侧，单击垂直方向上下两点，绘制一条垂直参照平面。

选择刚绘制的参照平面，出现蓝色临时尺寸，单击蓝色尺寸文字，输入“10000”，按Enter键确认，使参照平面到①号轴线之间距离为10 m。如果临时尺寸右侧尺寸界线不在①号轴线上，可以拖曳尺寸界线上的蓝色控制柄到轴线上松开鼠标，调整尺寸参考位置。

同样地，在⑧和Ⓐ号轴线外侧10 m、Ⓗ轴上方240 mm、Ⓓ轴下方1100 mm位置绘制其余5条参照平面，如图3.168所示。

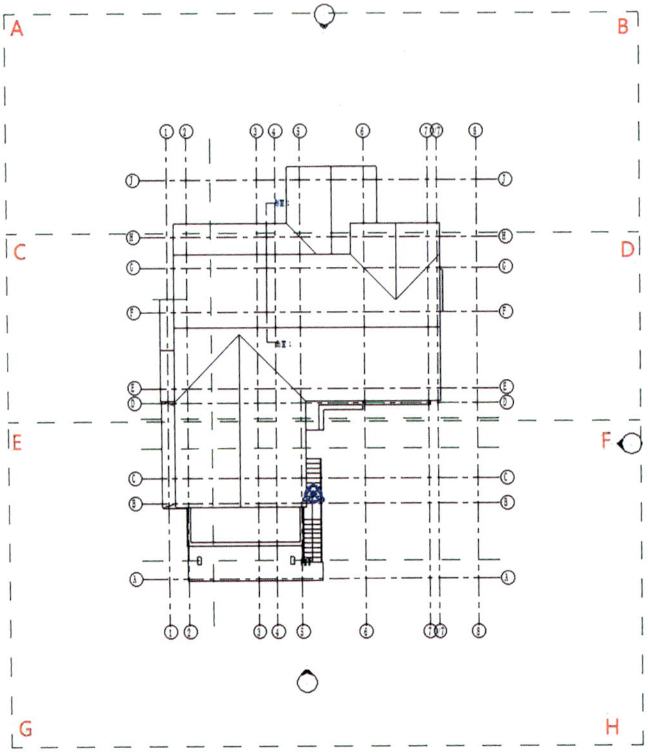

图3.168 场地边界示意图

捕捉6条参照平面的8个交点A～H，通过创建地形高程点来设计地形表面。单击“体量和场地”→“场地建模”→“地形表面”，光标回到绘图区域，Revit软件将进入草图模式。

单击“放置点”→选项栏显示高程选项，将光标移至高程数值“0.0”上双击，设置新值，输入“−450”→按Enter键完成高程值的设置。

移动光标至绘图区域，依次单击图3.168中A、B、C、D四点，放置4个高程为−450mm的点，形成以该四点为端点的高程为−450 mm的一个地形平面。

再次将光标移至选项栏，双击“高程”值“−450”，设置新值为“−3500”，按Enter键。光标回到绘图区域，依次单击E、F、G、H四点，放置四个高程为“−3500”的点。

单击图元→属性→材质→按类别后的矩形浏览图标，如图3.169所示。此时打开图3.170所示的“材质”对话框，选择“草”材质，确定并关闭所有对话框。此时给地形表面添加了草地材质。

图3.169　材质调整面板图

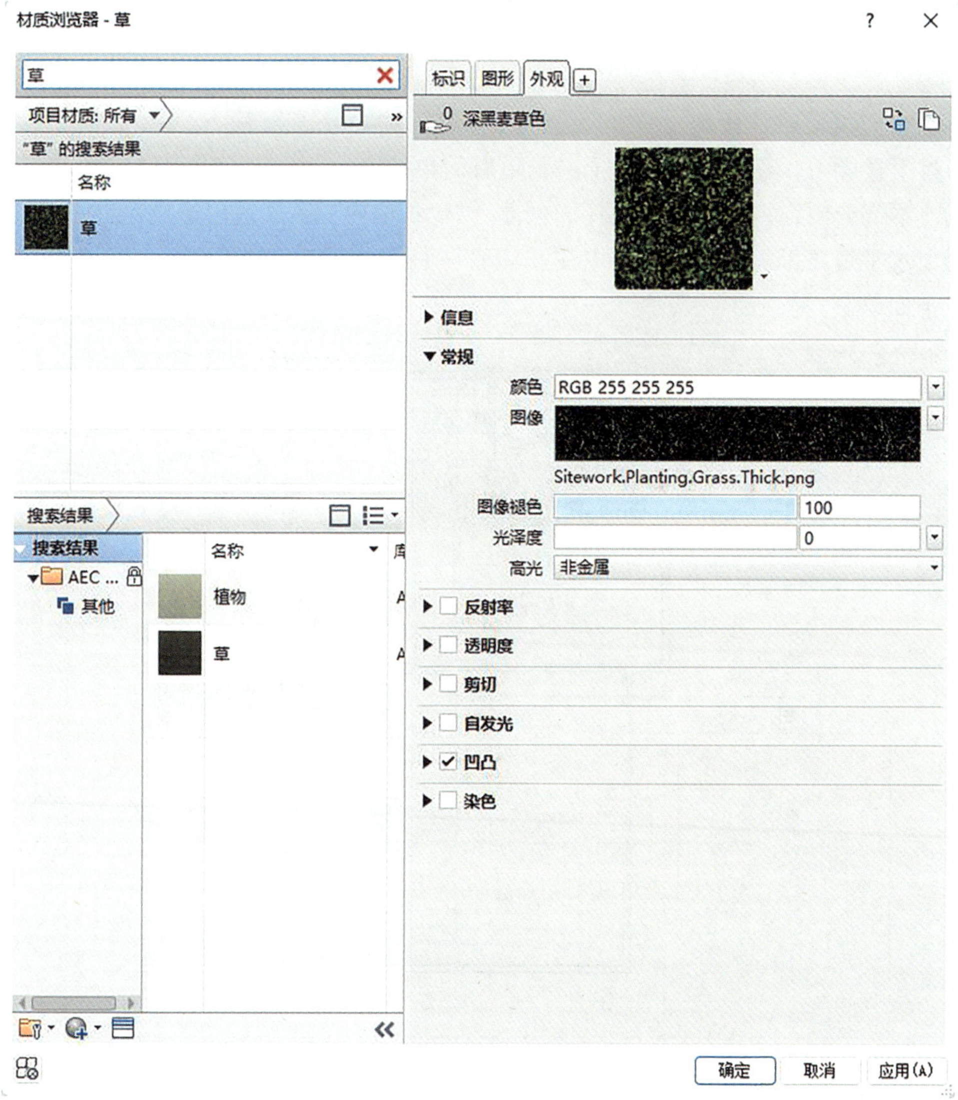

图3.170　材质选择图

单击“完成表面”命令，创建地形表面，保存文件，如图 3.171 所示。

图 3.171　地形表面创建完成图

3.2.10.2　建筑地坪绘制

通过上述学习，我们已经创建了一个带有简单坡度的地形表面，而建筑的首层地面是水平的。本部分内容将介绍建筑地坪的创建。“建筑地坪”工具适用于快速创建水平地面、停车场、水平道路等。建筑地坪可以在“场地”平面中绘制，参照地下一层外墙，也可以在−1F 平面绘制。

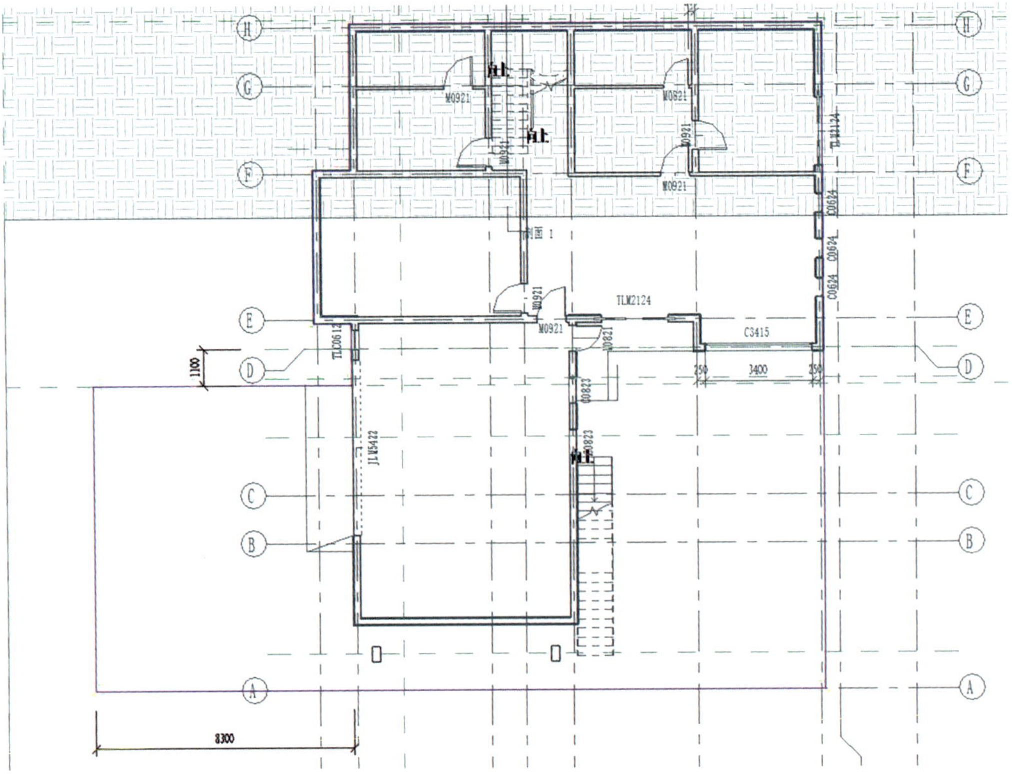

图 3.172　建筑地坪轮廓图

在上述模型的基础上继续操作，在项目浏览器中展开“楼层平面”→“−1F”→“场地建模”→“建筑地坪”命令，进入建筑地坪的草图绘制模式。

单击“绘制”→“直线”命令，移动光标到绘图区域，开始顺时针绘制建筑地坪轮廓，如图 3.172 所示，确保轮廓线闭合。

单击“图元”→属性→标高→选择标高为“−1F-1”，如图 3.173 所示。

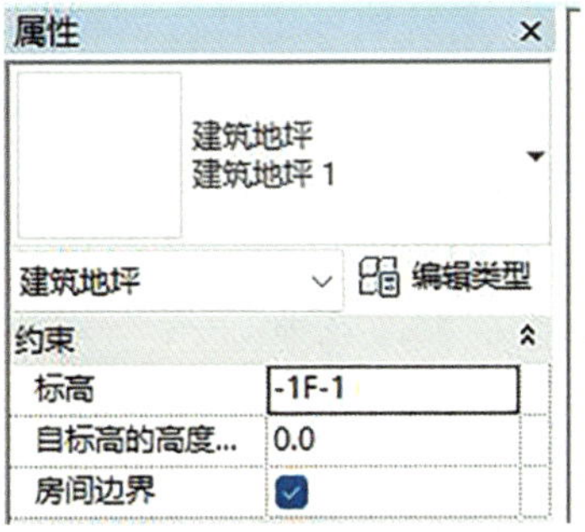

图 3.173　标高设置图

单击“属性”→“编辑类型”→“类型属性”→“结构”→“编辑”，打开“结构”对话框，如图 3.174 所示。

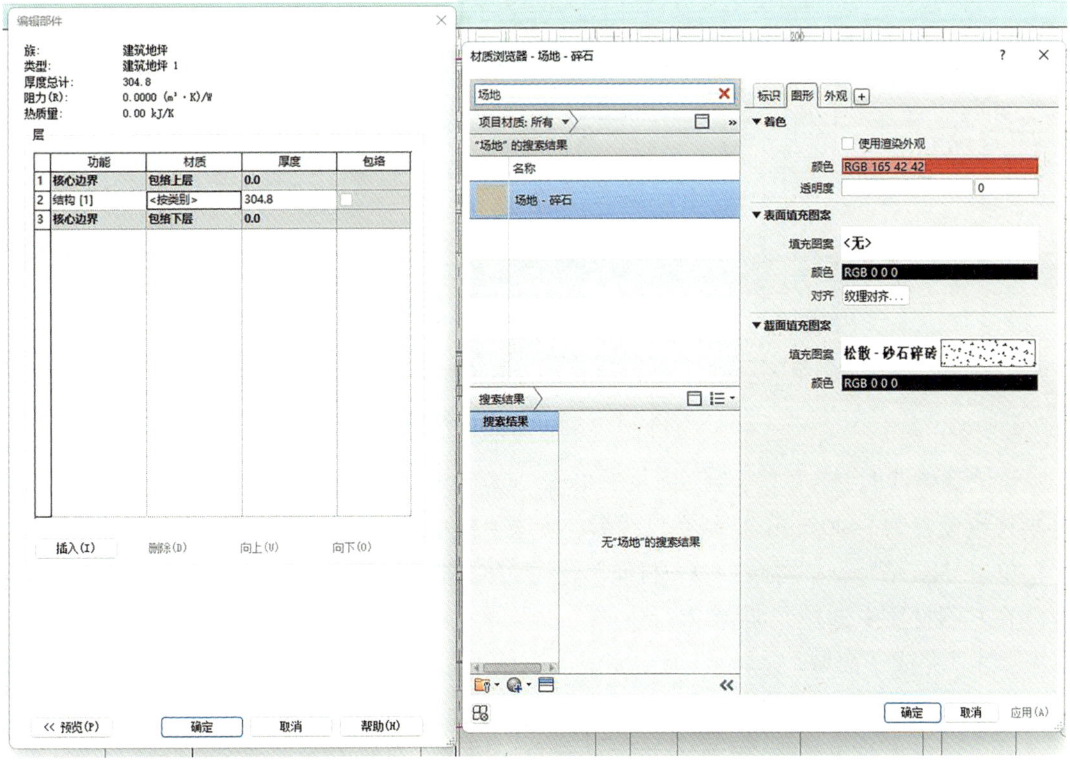

图 3.174　材质修改图

单击“按类别”→单击后面的矩形浏览图标→单击“材质”对话框→选择材质“场地-碎石”→选择“确定”并依次关闭所有对话框。

单击“完成建筑地坪”命令，创建建筑地坪，保存文件。

3.2.10.3 地形子面域（道路）

本部分内容将介绍如何使用“子面域”工具在地形表面上绘制道路。

“子面域”工具可用于在现有地形表面中绘制区域，例如，可以使用子面域在地形表面绘制道路或停车场。

子面域工具与建筑地坪不同，建筑地坪工具会创建出单独的水平表面，并剪切地形；创建子面域不会生成单独的地平面，而是在地形表面上圈定可以定义不同属性集（如材质）的区域。

在上述模型的基础上继续操作，在项目浏览器中选择“楼层平面”→“场地”，进入场地平面视图→“体量和场地”→“修改场地”→“子面域”命令，进入草图绘制模式。

单击“绘制”→“直线”工具，顺时针绘制如图3.175所示的子面域轮廓。

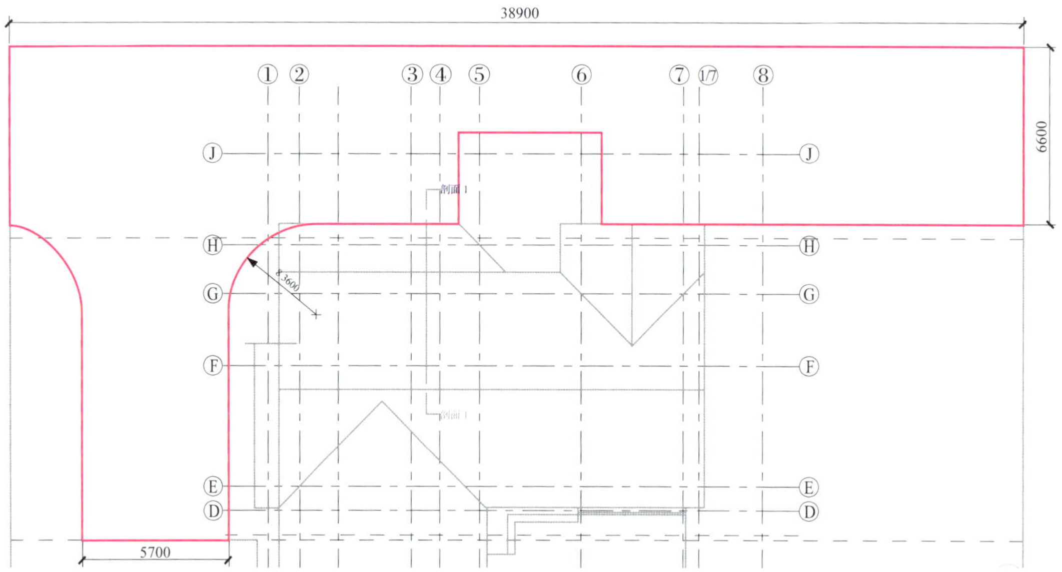

图3.175 道路子面域轮廓图

绘制到弧线时，选择“绘制”面板→单击“起点-终点-半径弧”→勾选选项栏“半径”→将半径值设置为3400 mm。绘制完弧线后，在选项栏单击直线工具，切换回直线继续绘制。

单击“图元”→“属性”→“材质”→“按类别”后的矩形图标，打开“材质”对话框→在左侧材质中选择“沥青-人行道”。

单击“完成子面域”命令，至此，完成子面域道路的绘制，如图3.176所示，保存文件。

3.2.10.4 场地构件

有了地形表面和道路后，配上生动的花草、树木、车辆等场地构件，使整个场景更加丰富。场地构件的绘制也在默认的“场地”视图中完成。

在上述模型的基础上继续操作，在项目浏览器中展开“楼层平面”项→“场地”，进入场地平面视图。

图 3.176　道路子面域完成图

单击“体量和场地”→“场地建模”→“场地构件”命令，在类型选择器中选择需要的构件。或者，如图 3.177 所示选择“族”和“类型”→单击“载入”按钮，转到“打开”对话框，如图 3.178 所示。

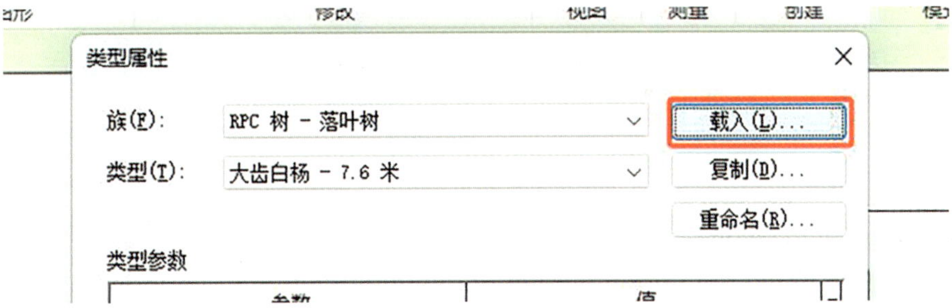

图 3.177　植物构件载入命令图

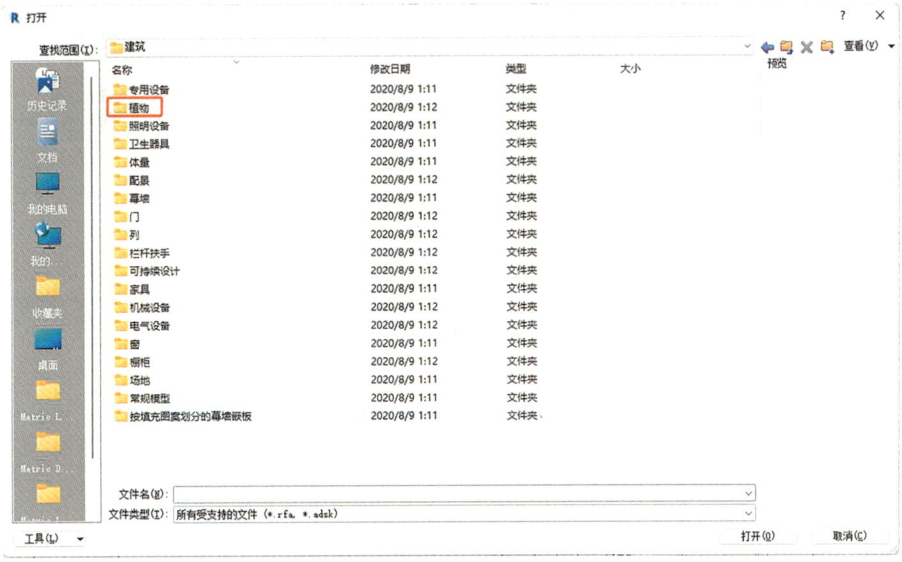

图 3.178　植物构件选择图

定位到“植物”文件夹→双击“乔木”文件夹→选择“白杨 3D.rfa”→“确定”载入到项目中。

在“场地”平面图中，根据需要在道路及别墅周围添加其他配景构件。

同样地，从“载入族”到打开“建筑”→“场地”→“后勤设施”→“交通工具：文件夹”，载入“轿车 .rfa”并放置于场地中，如图 3.179 和图 3.180 所示。

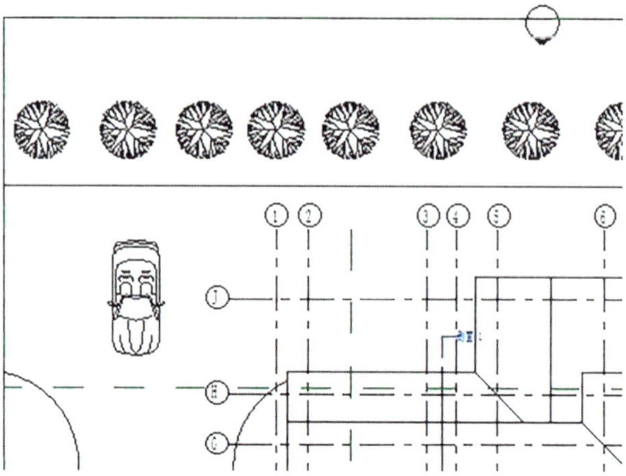

图 3.179　场地构件平面布置图

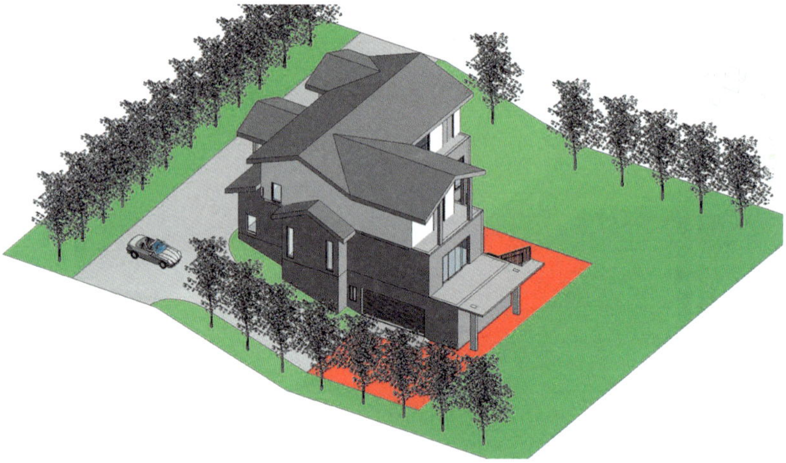

图 3.180　场地布置完成轴测图

3.2.11　图纸创建与输出

在模型建立完成后，还要学会生成并输出正确的图纸。点击“视图”→“图纸组合”→“新建图纸”，如图 3.181 所示，选择相应大小的图纸，本节练习以 A2 图纸输出为例，选择“A2 公制：A2”，点击“确定”。

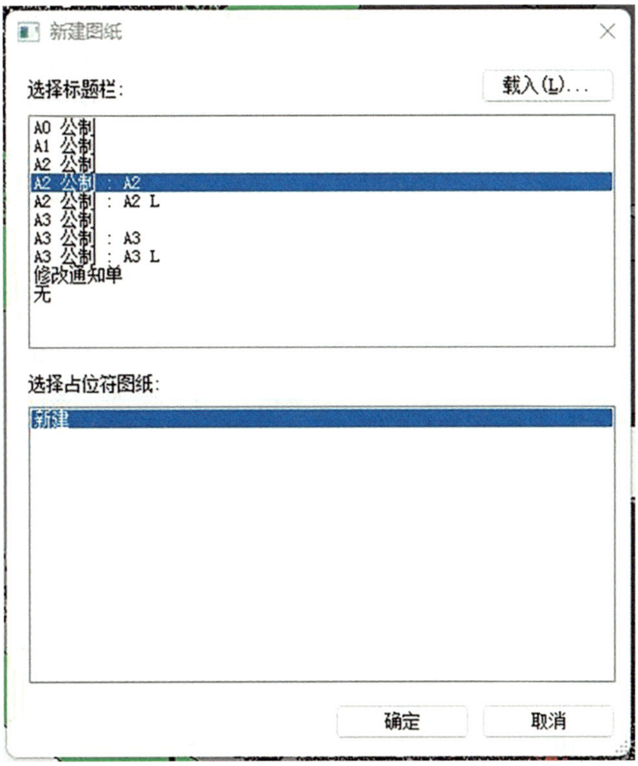

图 3.181　图纸选择图

软件自动跳转到A2图纸，先布置一层平面图，移动项目浏览器中楼层平面中的“1F”至图纸中适合的位置，如图 3.182 所示。可见视口中有一些图元无须在一层平面图中显示，双击进入视口，点击“视图”→“图形”→“可见性/图形”，勾选“植物”、“环境”等不需要在一层平面图中显示的内容，如图 3.183 所示，双击空白处回到图纸界面，可见不需要显示的内容已经隐藏，可以再次调整视口位置，进行图纸布置。

点击窗口后，可以进行标题的编辑，软件会提示是否同步修改项目浏览器中视图的名称，可以根据需要选择“是”或“否”。其他视图的出图方式与上述步骤一致，若需调整图纸比例，可以选中视口后在左侧的属性面板，对相关参数进行调整，布图完成的图纸如图 3.184 所示。图纸的位置在“项目浏览器”→“图纸”中可以找到，同时可以根据制图需要对图纸进行重新命名。

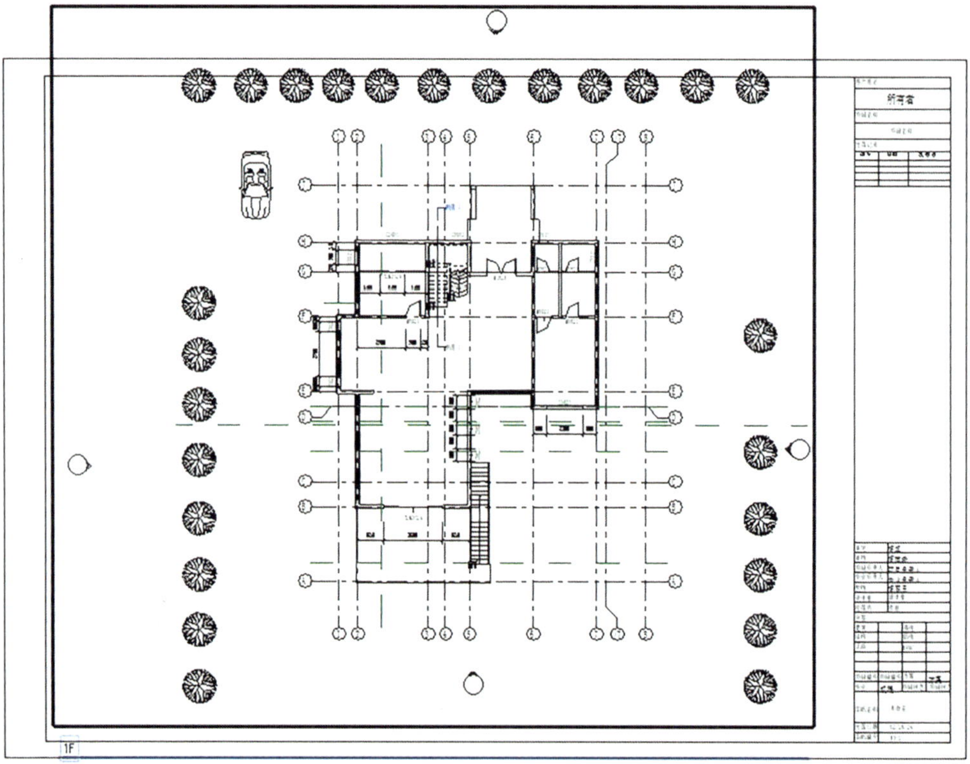

图 3.182　视口放置图

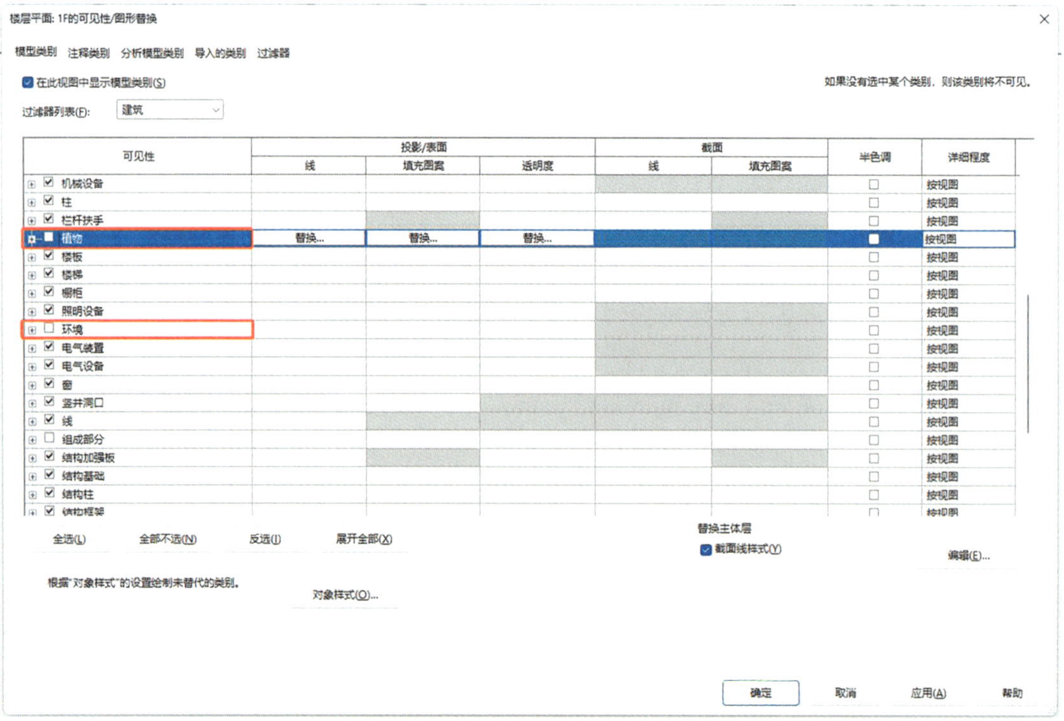

图 3.183　参数调整图

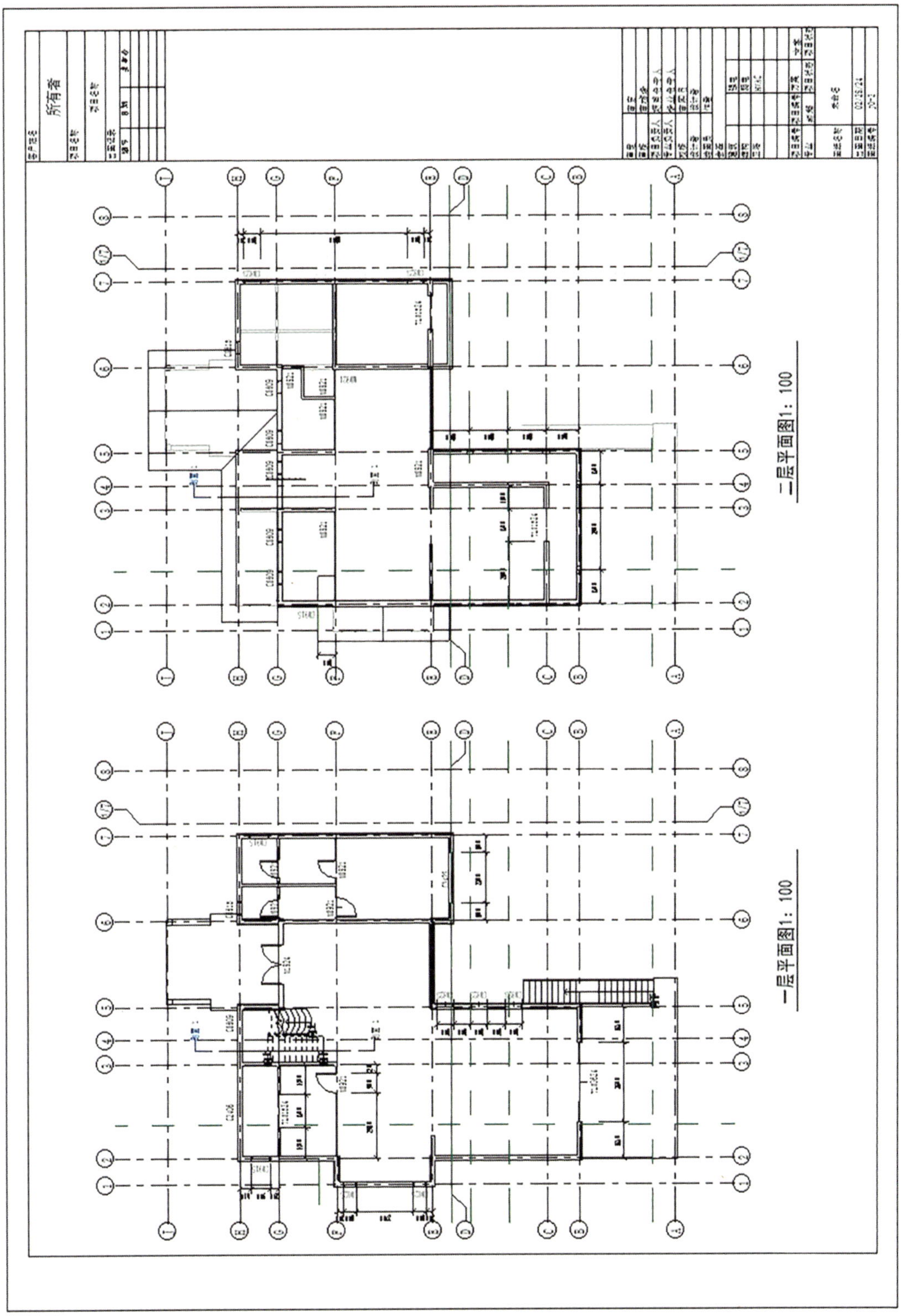

图 3.184 布置完成图

思 考 题

（1）复习建筑标高和轴网的创建方法，尝试用阵列的命令，练习超高层建筑的标高快速绘制方法。

（2）请练习绘制如表3.1所示的墙体。

表 3.1　北方某建筑外墙结构组成表

	外墙	面层	保温层	结构层	面层
	材料	咖啡色涂料	聚苯乙烯泡沫保温板	混凝土砌块	米色涂料
厚度 / mm	240	10	20	200	10

（3）练习绘制如表3.2所示的结构柱。

表 3.2　结构柱参数表

柱子名称	参数
Z1	400 mm×400 mm 混凝土柱
Z2	300 mm×300 mm 混凝土柱

第 4 章　BIM 在绿色建筑技术中的应用

4.1　绿色建筑概论

4.1.1　绿色建筑

绿色建筑，作为当代建筑领域的核心发展方向，旨在实现节能减排的目标。它代表了一种创新的建筑哲学，即在整个建筑生命周期内，通过精心的科学规划与设计，力求实现资源的最优化利用、环境的精心保护、污染的显著降低，同时为人们打造一个健康、舒适、高效的居住与工作环境，最终实现人与自然和谐共存的理想状态。为积极响应绿色发展理念，推动绿色建筑行业的持续进步，中华人民共和国住房城乡建设部于 2006 年发布了《绿色建筑评价标准》（GB / T 50378—2006），并经过数轮修订与完善，最新的《绿色建筑评价标准》（GB / T 50378—2019）（2024 年局部修订版）将于 2024 年 10 月 1 日正式施行。

4.1.2　BIM 技术在绿色建筑中的应用

绿色建筑因其信息量大、来源广泛、存储分散、类型复杂及能耗控制要求高等特性，面临着诸多挑战。而 BIM（建筑信息模型）作为一个高效的信息传递和数据管理平台，为绿色建筑的发展提供了全新的视角和机遇。BIM 通过实现建筑物各阶段相关属性信息的数字化，确保了从建筑规划设计、施工到运营阶段信息的内在统一和可计算性。

在绿色建筑中运用 BIM 技术，能够显著消除各阶段间的“信息孤岛”现象，实现绿色管理与绿色技术之间的和谐平衡。这主要体现在空间维度和时间维度的无缝对接上。从时间维度来看，BIM 的参数化模型为绿色建筑设计信息的收集、整理、总结及分析提供了强大的支持。通过单一的数据平台，不同专业和阶段的设计和管理信息得以融合，为项目的后期评估和运营评价提供了移动化、自动化和智能化的数据支持。

在空间维度上，BIM 模型通过多种软件实现数据共享，为绿色建筑的性能模拟和评价提供了坚实的数据基础和保障。例如，Revit 软件能够导出专为环境性能分析软件 Ecotect 所使用的 gbXML 格式，从而支持绿色建筑的环境性能分析。这一功能使得 BIM 技术在绿色建筑评价流程中实现了无缝连接，极大地提升了绿色建筑的设计、施工和运营效率。

绿色建筑是在全生命周期内节约资源、保护环境、减少污染，为人们提供健康、舒适、高效的使用空间，最大限度地实现人与自然和谐共生的高质量建筑。其相较传统建筑的最大区别是最大限度实现节能减排和保护环境。在可持续发展理念及“碳达峰”和“碳中和”背景下，大力发展绿色建筑是未来建筑业发展的大势所趋。BIM 作为一种信息化技术，其应用于绿色建筑的全生命期中可以更有效地实现绿色建筑的节能减排和保护环境的目标，更加有力地推动绿色建筑发展。

绿色建筑与 BIM 结合是我国建筑业发展和转型的大势所趋，开展 BIM 应用价值系统构建、评价及提升路径研究，能够为执业人员在项目决策、可行性研究阶段和方案比选时提供参考依据。通过完善绿色建筑中 BIM 应用价值评价体系，对绿色建筑中 BIM 全流程应用价值进行客观评价，执业人员能够清晰认识到 BIM 对于绿色建筑表现的正向促进作用，有助于BIM 的进一步应用推广。同时，识别 BIM 应用于绿色建筑中的风险与挑战，通过采取针对性应用价值提升路径，能够为我国建筑业的信息化、绿色化转型提供理论和实际支持。

BIM 技术在绿色建筑中的应用贯穿了项目实施的各个阶段，对建筑可视化、建筑环境分析、建筑性能分析和绿色建筑评估等方面都有着显著的提升作用。

4.1.2.1 在项目实施各阶段的应用

（1）设计阶段

BIM 技术为绿色建筑提供了全面的数据支持。设计师可以运用 BIM 模型对建筑的整体布局、结构、材料等进行详细规划，确保设计方案符合绿色建筑的标准。同时，BIM 技术还可以帮助设计师进行日照、通风、噪声等仿真分析，优化建筑的设计方案。

（2）施工阶段

BIM 技术可以模拟施工过程，提前发现并解决可能出现的问题，从而避免返工和浪费。此外，BIM 技术还可以精确计算材料用量，优化资源配置，降低施工成本。

（3）运营维护阶段

BIM 技术可以为建筑设施的运营维护提供数据支持。BIM 模型可以实时监测设备的运行状态，及时发现并处理潜在问题，提高建筑的运营效率。

4.1.2.2 建筑可视化应用

建筑项目的 BIM 模型可以用于展示建筑的三维形体，在三维虚拟环境中浏览和漫游设计方案的建筑空间、布局、结构等，通过这样的可视化方式辅助设计师、业主和施工人员通过室内外空间可视化分析进行方案优化设计，能够更清楚地了解建筑的形态和结构。这有助于减少沟通误解，提高工作效率。同时，BIM 模型还可以模拟建筑在不同光影、材质下的效果，为设计决策提供参考。BIM 模型可以作为绿色建筑日光与遮阳的可视化和分析模型，帮助确定建筑物的朝向或太阳能光热运用组件的设置位置。

4.1.2.3 建筑环境分析应用

为了使设计方案在室内外环境质量（如日照条件、通风性能、光环境、噪声影响等）上满足规定的绿色建筑评价标准，运用设计方案的 BIM 模型进行日照分析、风环境分析、室内光环境分析等建筑环境分析，计算采光系数是否满足采光要求的面积比例，分析主要功能房间是否有眩光影响，计算日照时长是否达标。运用 BIM 技术，上述分析结果有助于设计师优化建筑布局和窗体设计，提高建筑的舒适性和节能。此外，BIM 技术还可以模拟建筑的排水和消防系统，确保建筑在极端天气或紧急情况下能够正常运行。

4.1.2.4 建筑性能分析应用

为了使设计方案在建筑性能上满足绿色建筑评价标准，可以运用BIM模型及其数据分析建筑围护结构的热工性能，预测建筑供暖空调负荷，并结合当地气候和自然资源条件评价太阳能、雨水等可再生能源及自然资源的利用潜力。

4.1.2.5 绿色建筑评估应用

在绿色建筑评估中，BIM技术可以提供全面的数据支持。通过BIM模型，可以方便地提取建筑的各种指标数据，如能耗、材料用量、环境影响等。这些数据可以为绿色建筑评估提供客观、准确的依据，有助于推动绿色建筑的认证和推广。BIM技术还可以帮助设计者在设计的前期阶段选择正确的材料类型，并做出对绿色建筑全寿命周期产生重大影响的决策。

综上所述，BIM技术在绿色建筑中的应用具有广泛而深远的意义。它不仅可以提高建筑设计的效率和质量，还可以优化施工过程，降低运营成本，实现绿色建筑的可持续发展。

4.1.3 传统绿色建筑设计与BIM平台的绿色建筑设计区别

建筑设计从特定的场地开始进行概念设计，到最后施工图设计和各项深化设计的完成，是一个从无到有、逐步深化确定的过程。如图4.1所示，常规工程项目的设计流程分为概念设计、方案设计、初步设计、施工图设计，每个环节都有设计关注的要点和需要确定的设计因素。绿色建筑设计作为评价建筑设计成果的一个方面，从项目启动就贯穿在设计之中，随着设计的推进逐步成型。但绿色建筑设计成果的评估，在传统的设计流程中介入比较滞后。除去以绿色建筑设计为出发点的项目，在初步设计之前普遍都不会进行绿色建筑相关的分析计算。绿色建筑设计流程是将绿色建筑性能模拟与优化整合到BIM全生命周期解决方案中，提高设计效率与精确度的基础。针对建筑设计中的不同阶段和设计目标，可以应用不同的策略使得设计更有针对性。

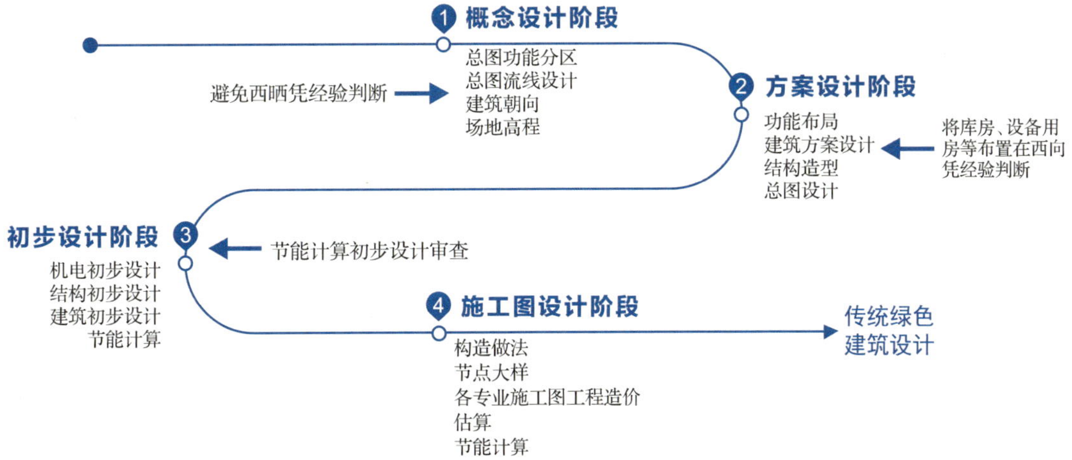

图4.1 传统绿色建筑设计流程

如图 4.2 所示，在项目的启动之初，即概念设计阶段，会出现许多不确定因素。在此阶段，建筑师通过与建设方沟通，了解基地的基本条件，包括场地位置、大小、高程，地块周边环境，建设方对项目的功能需求、投资额和建设计划。建筑师根据场地条件和建设方需求，根据自身专业知识和经验，提出多个概念方案与甲方沟通交流。概念设计阶段的设计内容包括总图布局、建筑体量和功能分区、主要功能和空间组织关系等。在这个阶段，建筑师和甲方的决策依据一般是场地条件、交通流线、功能分区、景观视线等因素。

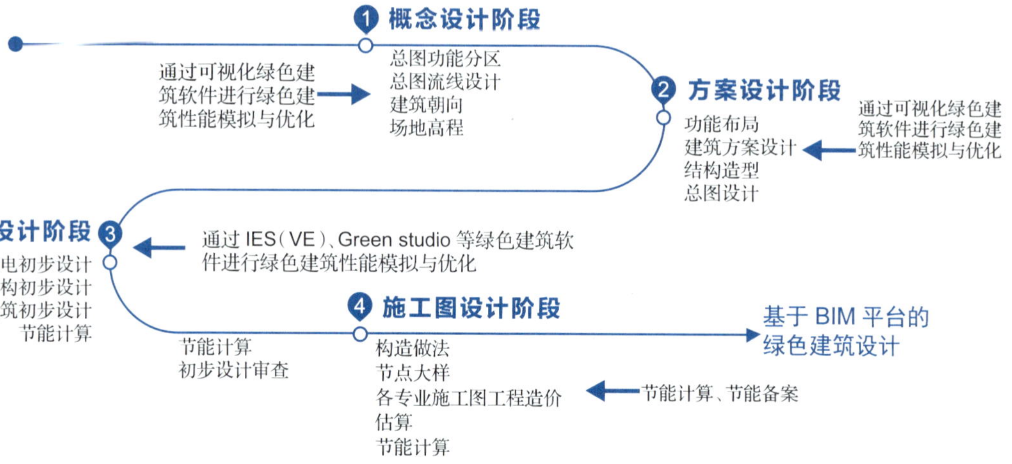

图 4.2　基于 BIM 平台的绿色建筑设计流程

绿色建筑在这一阶段还是根据建筑的朝向、布局等凭经验判断，无论是定性的分析还是定量的分析，都无法拿出可视化的评估条件。中国地域辽阔，跨越多个气候区，不同气候区的气候条件差异很大。例如，严寒地区的年平均气温低，建筑设计策略侧重于保温，南方夏热冬暖地区的通风隔热很重要；不同气候区的气候主导因素亦不相同，例如，四川盆地少风，新疆地区日照时间长。所以在方案设计阶段，应先考虑到项目所在区域和所在区域的气候条件及主导气候的主要因素。

BIM 技术可以帮助设计师获得场地所在地的气候条件，例如，通过 Ecotect 软件的日照分析有助于选择场地的最佳朝向和明确最不利朝向，使用插件 Weather Tool 调出基地的焓湿图数据，通过焓湿图可以较直观地显示建筑室内外气候的冷热干湿情况以及舒适程度。

进入方案设计阶段，此时建筑的概念设计和方案发展方向已经基本确立。概念阶段的草图在方案设计阶段会被细化成建筑的总平面图和建筑单体的平立剖面图，功能布局、平面布置、标高关系、立面设计、剖面设计、结构选型等已基本确定。方案设计在工程设计中是非常重要的一环，这个阶段确定了建筑的布局、形态和功能，建筑师的设计理念和建设方的需求都要融入方案设计成果中。方案设计的成果决定了与绿色建筑密切相关的建筑朝向、体型系数、窗地比、立面主要材料、与建筑造型相融合的遮阳措施等，确立了绿色建筑设计的基础。

绿色建筑设计在建筑的全生命周期中越早考虑，对建筑环境的舒适度和能耗的影响越大。因此，在方案阶段就使用 BIM 技术进行设计，可以对建筑的日照条件、照明设计、通风情况、遮阳设计进行模拟，选择最优的设计方案。在绿色建筑分析软件中，无需重复建模进行模拟分析，因此，在设计过程中可以及时评估设计对绿色节能性能的影响。相较于传统的设计流程，绿色建筑性能分析具有明显优势。

在初步设计阶段，建筑、结构、机电专业基于前一阶段建筑专业的设计成果，开始对建筑进行结构布置、机电设备选型及布置、冷热源选择、消防设计等工作。与建筑使用相关的各类结构构件尺寸、设备用房布置和设备选型等技术条件在此阶段确定。建筑专业在初步设计阶段要将各专业的设计条件整合到设计中，如设备房间的大小和位置、预留管井的位置和尺寸、结构梁柱的尺寸等，确保这些设计符合建筑使用功能的要求，并与结构、设备专业的设计人员讨论，从建筑使用功能和空间感受的角度进行合理优化。

使用BIM技术的模拟分析与传统设计模式的对比如表4.1所示。

表4.1　使用BIM技术的模拟分析与传统设计模式的对比

<table>
<tr><th colspan="2">建筑设计要素</th><th>传统设计方式在绿色建筑设计中的待优化项</th><th>使用BIM技术后的优化结果</th></tr>
<tr><td colspan="2">建筑朝向</td><td rowspan="2">1.对建筑朝向的确定依赖于经验判断；
2.根据当地的风玫瑰图，从主观意识出发组织大致的总平面布局；
3.在此阶段，如需进行朝向与能耗的相关分析，需在节能软件中单独建模分析，因此，通常没有从绿色建筑节能角度进行方案比选</td><td rowspan="2">1.通过对日照、通风的模拟，辅助确定建筑的最佳朝向；
2.通过直观的模拟建筑阴影与风环境分析，辅助确定合理的建筑布局</td></tr>
<tr><td colspan="2">总平面布局</td></tr>
<tr><td colspan="2">建筑形体</td><td>根据经验判断</td><td>1. 通过分析确定不同形体对能耗的影响；
2.容易进行多方案的比较，辅助选择最优的建筑形体</td></tr>
<tr><td rowspan="3">建筑平立剖面设计</td><td>自然通风</td><td rowspan="2">1.不能确定不同开口设计对采光通风的效果；
2.不能确定不同开口方案对能耗的影响</td><td rowspan="2">1.通过分析设计方案不同开口形式的通风效果，支撑决策；
2.对拟订方案的通风采光性能可以进行定量的模拟分析；
3.通过直观的模拟分析结果，对通风采光不理想的空间进行调整，或者布置对采光通风需求较低的功能房间</td></tr>
<tr><td>自然采光</td></tr>
<tr><td>遮阳措施</td><td>1.凭经验设置；
2.无依据选择遮阳形式和尺寸</td><td>可对不同遮阳形式的遮阳效果进行模拟，辅助决策</td></tr>
<tr><td colspan="2">围护结构材料</td><td>1. 使用节能设计软件计算并判断是否合规；
2.无法判断不同围护材料对建筑使用能耗的影响</td><td>在方案确定的前提下，对拟定围护结构材料的性能进行模拟分析，得出建筑使用期间的能耗，并结合材料经济性和其他因素进行判断</td></tr>
</table>

在初步设计阶段，对建筑进行各类性能模拟的数据准确度较之前的阶段会有很大提高。初步设计阶段需要进行建筑节能计算，以确保窗地比、材料保温性能可以符合当地的节能要求。然后进入到施工图设计阶段，施工图设计是对初步设计成果的进一步深化，达到可以指导施工的设计深度。建筑的细部做法、建筑材料选用、建筑各部位构造、围护结构热工性能均已完全确立。

传统的绿色建筑设计流程，在对绿色建筑设计起决定性作用的设计前期多依靠设计者的经验判断，每一阶段关于绿色建筑设计方面的情况均没有通过相关软件的分析计算。如需进行绿色建筑分析计算会导致延误设计进度、分析的过程和分析结果的反馈不及时。使用BIM平台进行设计后，可以方便地进行绿色建筑性能模拟分析，将传统绿色建筑设计过程中逐步推进的设计流程，变成在每个阶段都进行分析与优化的循环推进过程。进行到最后施工图阶段的节能计算，已经具有了很好的绿色建筑设计基础。

BIM是工程信息的集合，BIM模型是工程项目的信息库，参与项目的各个阶段，从中提取和加入信息。接着介绍了目前主流的BIM软件、BIM应用的不同方式及其作用，以及BIM在项目全生命周期中的应用。绿色建筑设计是项目设计过程中的一个环节，在项目的不同阶段，都可以便捷地从BIM模型中提取所需的信息进行分析和判断。各阶段产生的绿色建筑设计成果也可以及时反馈到BIM模型中，作为下一阶段设计的基础。与传统设计过程中松散的工作流程不同，BIM中的“I”（Information，信息）如同一条小溪，经过各个阶段逐渐汇聚成大河，将其经过的各环节信息汇聚成信息流，流向下一个环节。绿色建筑设计则像其中的一条分支，也将汇入这条大河。

4.2 基于BIM技术的建筑节能模拟

4.2.1 创建模型

实际工作中，图纸来源复杂，绘图不规范图纸居多；软件识别转换的成功率会有所降低，需要对图纸进行建模处理。

4.2.1.1 图形转换

屏幕菜单命令：【条件图】→【转条件图】（ZTJT）→【柱子转换】（ZZZH）/【墙窗转换】（QCZH）/【门窗转换】（MCZH）。

对于天正建筑和CAD绘制的建筑图，可以根据原图的规范和繁简程度，通过本组命令进行识别转换为斯维尔节能设计软件（BECS）的建筑模型。

（1）转条件图

按墙线、门窗、轴线和柱子所在的不同图层进行过滤识别，如图4.3所示。由于本功能是整图转换，因此对原图的质量要求较高。对于绘制较为规范且柱子分布不复杂的情况，此功能成功率较高。

图 4.3　转条件图对话框

操作步骤如下：

①按命令行提示，分别用光标在图中选取墙线、门窗（包括门窗号）、轴线和柱子，选取结束后，它们所在的图层名会被自动提取到对话框中，也可以手动输入图层名。需要指出，每种构件可以有多个图层，但不能彼此共用图层。

②设置转换后的竖向尺寸和容许误差。这些尺寸可以按占比例最多的数值设置，因为后期批量修改十分方便。

③对于被炸成散线的门窗，为了让系统能够识别需要设置门窗标识，即在门窗编号的位置输入一个或多个符号。系统将根据这些符号代表的标识，判定将这些散线转成门或窗。以下的情况不予转换：同时包含门和窗两个标识、无门窗编号、包含MC两个字母的门窗等。

④框选准备转换的图形。一套工程图有许多标准层图形，一次转换多少图形取决于其复杂度和绘制是否规范。最少一次需要转换一层标准图，最多支持全图一次转换。

（2）柱子转换

柱子转换用于单独转换柱子，如图 4.4 所示。对于一张二维建筑图，如果想将柱子和墙窗分开转换，最好先转换柱子，再进行墙窗的转换，这会大幅降低图纸复杂度，增加转换成功率。

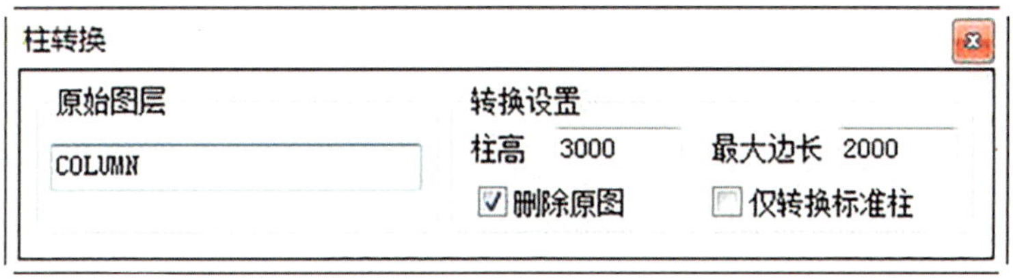

图 4.4　柱子转换的对话框

（3）墙窗转换

墙窗转换用于单独转换墙窗，如图 4.5 所示，原理和操作与【转条件图】相同。

（4）门窗转换

门窗转换用于单独转换门窗，如图 4.6 所示。对话框右侧选项表示：勾选项的数据取自本对话框的设置，不勾选项的数据取自图中测量距离。分别设置好门窗的转换尺寸后，框选准备转换的门窗块，系统批量生成BECS的门窗。采用描图方式处理条件图时，当描出墙体后，用本命令转换门窗最为恰当。天正建筑的门窗是特定的图块，如果被炸成散线，本命令将无法生效，可考虑用“墙窗转换”的门窗标识方法，或者使用原图中的门窗线，用“两点插窗”功能快速插入。

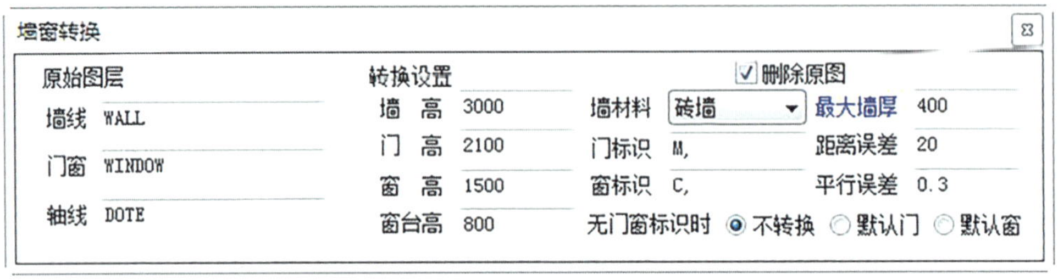

图 4.5　墙窗转换的对话框

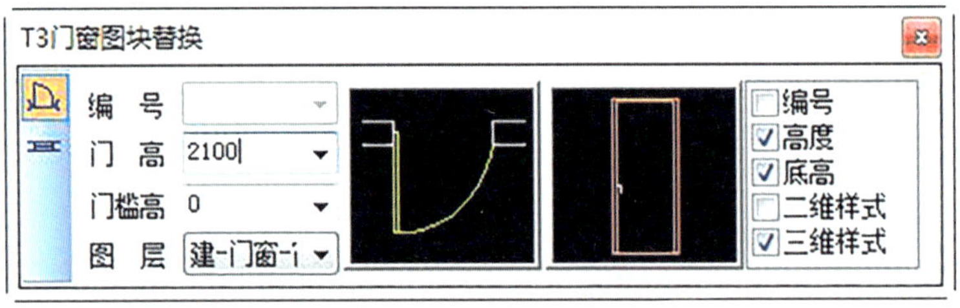

图 4.6　门窗替换的对话框

对于绘制不规范的图纸，在转换前应该适当处理，如“消除重线”和整理图层等，这将大幅提高转换成功率。

4.2.1.2　图纸描绘

（1）描图工具

屏幕菜单命令：【条件图】→【背景褪色】（BJTS）/【辅助轴线】（FZZX）/【墙柱】→【创建墙体】（CJQT）/【条件图】→【门窗转换】（MCZH）/【门窗】→【两点门窗】（LDMC）。

①背景褪色

“背景褪色”的主要作用是方便描图，褪色后的图纸作为底图能够更直观地看出围护结构的形态。对于节能设计来说，建筑设计的工程图纸最关注的是墙体和门窗，将不关注的其他图形做褪色处理，既不影响对图纸的阅读，又突出了设计重点。

分支命令选项如下：

a. 背景褪色：将整个图形按50%褪色度进行处理。

b. 删除褪色：删除经褪色处理的图元。

c. 背景恢复：将经褪色处理的图纸恢复到原来的色彩。

②辅助轴线

“辅助轴线”命令主要作为描图的辅助手段，对于缺少轴网的图档，在两根墙线之间居中生成临时轴线和表示墙宽的数字，以便沿辅助轴线绘制墙体。

③创建墙体

“创建墙体” 可用于墙体的创建。

④门窗转换

描绘墙体后，可以批量转换天正建筑 3.0 的门窗，然后用对象编辑修改相同编号的门窗尺寸，也可以用特性表修改。

⑤两点插窗

采用 “两点门窗” 功能，运用图中的门窗线做捕捉点，可以快速连续插入门窗，如图 4.7 所示。

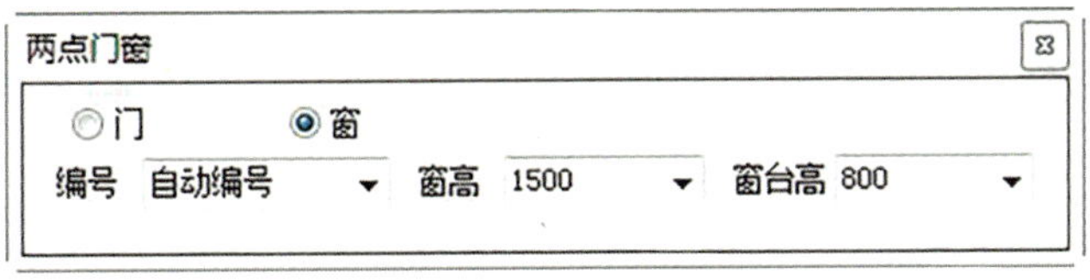

图 4.7 “两点门窗”对话框

（2）墙体整理

屏幕菜单命令：【条件图】→【倒墙角】（DQJ）/【修墙角】（XQJ）。

①倒墙角

“倒墙角” 功能与 CAD 的倒角（Fillet）命令相似，专门用于处理两段不平行墙体的端头交角问题。

倒墙角的设置包含两种情况：

a. 当倒角半径不为 0 时，两段墙体的类型、总宽和左右宽必须相同，否则无法进行。

b. 当倒角半径为 0 时，用于不平行且未相交的两段墙体的连接，此时两墙段的厚度和材料可以不同。

②修墙角

“修墙角” 命令用于清理两段墙体相交处。当用户使用 CAD 的某些编辑命令对墙体进行操作后，墙体相交处有时会出现未按要求打断的情况，使用此命令框选墙角可以轻松处理。

4.2.1.3 创建轴网

轴网在节能设计中没有实质用处，仅反映建筑物的布局和围护结构。轴网由轴线、轴号和尺寸标注三个相对独立的系统构成。绘制轴网通常分为三个步骤：创建轴网，即绘制构成轴网的轴线；对轴网进行标注，即生成轴号和尺寸标注；编辑修改轴号。

屏幕菜单命令：【轴网】→【直线轴网】（ZXZW）/【弧线轴网】（HXZW）/【墙生轴网】（QSZW）。

（1）直线轴网

创建直线正交轴网或非正交轴网的单向轴线，可以同时完成开间和进深尺寸数据设置，如图 4.8 所示。

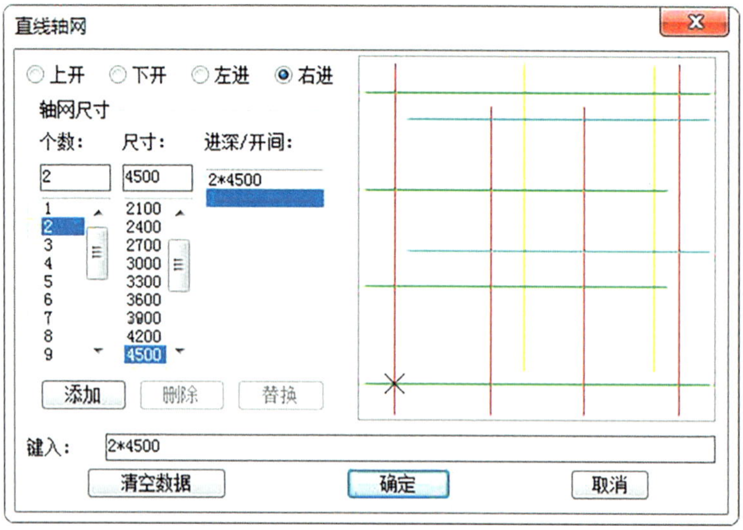

图 4.8 “直线轴网”对话框

输入轴网数据有以下两种方法：

①直接在“键入”栏内输入，每个数据之间用空格或逗号隔开，输入完毕回车生效；

②在“个数”和“尺寸”中输入，或鼠标点击从下方数据栏获得待选数据，双击或点击“添加”按钮后生效。

（2）弧形轴网

“弧形轴网”命令用于创建一组同心圆弧线和过圆心的辐射线组成弧形轴网。当开间的角度总和为360°时，生成弧线轴网的特例，即圆轴网，如图 4.9 所示。

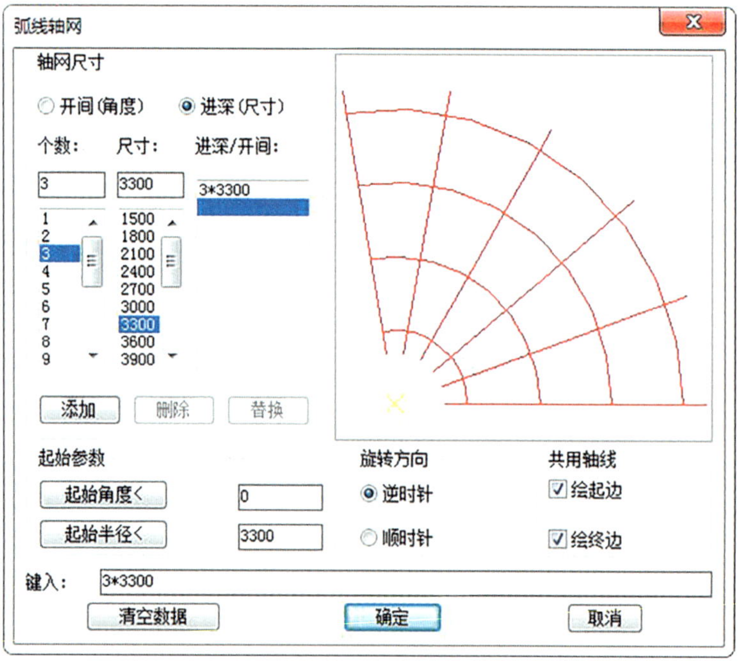

图 4.9 弧线轴网实例

（3）墙生轴网

“墙生轴网”用于在已有墙体上批量快速生成轴网，类似先布置轴网后画墙体的逆向过程。在墙体的基线位置上自动生成轴网。

（4）轴网标注

右键命令：【选中轴线】→【墙生轴网】（QSZW）。

轴网的标注有轴号标注和尺寸标注两项，软件会自动一次性智能完成。但两者是不同的自定义对象，在图中分开独立存在。

（5）轴号编辑

①修改编号。选中轴号对象，然后单击圆圈，即进入在位编辑状态。如果要关联修改后续的多个编号，按回车键；否则只修改当前编号。

②添补轴号。本命令对已有轴号对象添加一个新轴号。右键命令：【选中轴线】→【添补轴号】（TBZH）。

③删除轴号。本命令删除轴号系统中某个轴号，后面相关联的所有轴自动更新。右键命令：【选中轴线】→【删除轴号】（SCZH）。

4.2.1.4 建筑层高

每层建筑都有一个层高，即本层墙、柱的高度，可使用两种方法确定层高。

屏幕菜单命令：【墙柱】→【当前层高】（DQCG）→【改高度】（GGD）。

（1）当前层高

在创建楼层时设置当前默认的层高，可以避免每次创建墙体时都要修改高度（墙高的默认值即为当前层高）。

（2）改高度

创建时接受默认层高，完成一层标准图后，一次性修改所有墙体和柱子的高度。

4.2.1.5 柱子

柱子在建筑物中起承载作用。从热工学上讲，位于外墙中的钢筋混凝土柱子由于热工性能差，会引起围护结构的热桥效应，影响建筑物的保温效果，甚至在墙体内表面结露。因此，节能设计中必须重视热桥效应带来的不利影响。BECS 支持标准柱、角柱和异形柱，并且可以自动计算热桥影响下的外墙平均传热系数 K 和热惰性系数 D，前提是模型中准确地布置了柱子。

在节能方面，只需要关注插入外墙的柱子，独立的柱子则无需考虑。墙体与柱相交时，墙被柱自动打断；如果柱与墙体材料相同，墙体被打断的同时会连成一体。柱子的常规截面形式有矩形、圆形、多边形等。

（1）标准柱

屏幕菜单命令：【墙柱】→【标准柱】（BZZ）。

标准柱的截面形式为矩形、圆形或正多边形，如图 4.10 所示。通常柱子的创建以轴网为参照，创建标准柱的步骤如下：

①设置柱的参数，包括截面类型、截面尺寸和材料等；

②选择柱子的定位方式；

③根据不同的定位方式回应相应的命令行输入。

图 4.10 “标准柱”对话框

（2）墙角柱

屏幕菜单命令：【墙柱】→【角柱】（JZ）。

“墙角柱”命令在墙角（最多四道墙汇交）处创建角柱，如图 4.11 所示。点取墙角后，弹出对话框，依照对话框进行编辑修改。

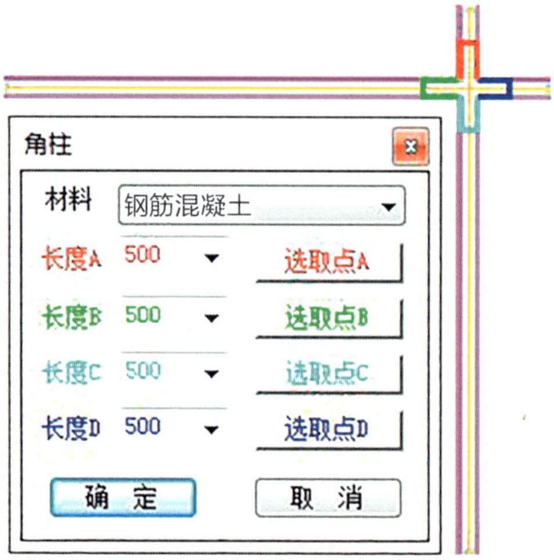

图 4.11 “角柱”对话框

（3）异形柱

屏幕菜单命令：【墙柱】→【异形柱】（YXZ）。

“异形柱”命令可将闭合的 PLINE 转为柱对象。柱子的底标高为当前标高，柱子的默认高度取自当前层高。

（4）转热桥柱

屏幕菜单命令：【墙柱】→【转热桥柱】（ZRQZ）。

“转热桥柱”命令将来自 Arch 和天正建筑图纸中的构造柱转换成参与热桥计算的热桥柱。操作时可以框选整个图形，系统自动过滤选择出构造柱并将其转换成同材料和同尺寸的热桥柱，置于“转热桥柱”图层上，支持“对象查询”查看。

（5）柱分墙段

屏幕菜单命令：【墙柱】→【柱分墙段】（ZFQD）。

“柱分墙段”命令将构造柱转成混凝土墙体以简化模型。通常在建筑图中，设计师习惯于将剪力墙用复杂的构造柱表达，由于柱子与墙体之间的关系过于复杂，给模型的计算带来困难。为解决此类问题，本命令将复杂构造柱转成混凝土墙体（剪力墙）。

4.2.1.6 墙体

墙体作为建筑物的主要围护结构，在节能中起到至关重要的作用。同时，它还是围成建筑物和房间的对象，也是门窗的载体。在进行模型处理过程中，与墙体打交道最多，节能计算无法正常进行通常与墙体处理不当有关。如果不能用墙体围成建筑物和有效的房间，节能设计将无法进行。

BECS 墙体的表面特性。如图 4.12 所示，选中墙体时可以看到墙体两侧有两个黄色箭头，它们表示墙体两侧表面的朝向特性。箭头指向墙外表示该表面朝向室外与大气接触，箭头指向墙内表示该表面朝向室内。显然，外墙的两侧箭头一个指向墙内，一个指向墙外；而内墙箭头则都指向墙内。

图 4.12 墙体表面特性示意图

(a)外墙;(b)内墙

（1）墙体基线

墙体基线是墙体的代表“线”，也是墙体的定位线，通常和轴线对齐。墙体的相关判断都是依据基线，如墙体的连接、相交、延伸和剪裁等。因此，相互连接的墙体应当使它们的基线准确交接。BECS 规定墙基线不能重合（即墙体不能重合），如果在绘制过程中产生重合墙体，系统将弹出“警告”，并阻止这种情况的发生。如果用 CAD 命令编辑墙体时产生了重合墙体，系统将给出警告，并要求用户排除重合墙体。

建筑设计中通常不需要显示基线，但在节能设计中，把墙基线打开有利于检查墙体的交接情况。在图形窗口右下角可启动或关闭基线显示。

（2）墙的类型

在建筑节能设计中，根据墙体两侧空间的性质不同，可将墙体分为以下四种类型：

①外墙：与室外接触，并作为建筑物的外轮廓；

②内墙：建筑物内部空间的分隔墙；

③户墙：住宅建筑户与户之间的分隔墙，或户与公共区域的分隔墙；

④虚墙：用于室内空间的逻辑分割（如居室中的餐厅和客厅分界）。

（3）墙体材料

在墙体创建对话框中有“材料”项，是指墙的主材类型，它与墙的建筑二维表达有关，不同的主材有不同的二维表现形式，这是建筑设计的需要。这种“材料”与节能设计的“构造”无关。在节能设计中，用“工程构造”来描述墙体的热工性能，通过工程构造的形式按墙体的不同类型赋给墙体。在创建和整理节能模型时，墙体材料可以用来区分不同工程构造的墙体，无须将名称一一对应。例如，钢筋混凝土的墙体不一定要用“钢砼墙”（砼：混凝土）材料，也可用砖墙，只需在“工程构造”中设置钢筋混凝土的构造并赋予墙体，就能进行正确的节能分析。总之，建筑节能分析中采用的墙体，其材料取决于工程构造所赋予的信息，而与墙体的材料无关。

（4）创建墙体

屏幕菜单命令：【墙柱】→【创建墙体】（CJQT），【墙柱】→【单线变墙】（DXBQ）。

在“墙体设置”对话框中，如图4.13所示，左侧的图标为墙体创建方式，可以创建单段墙体、矩形墙体和等分加墙，“总宽”“左宽”“右宽”用于指定墙的宽度和基线位置，三者互动，应当先输入总宽，然后输入左宽或右宽。“高度”参数的默认值取当前层高，若想改变该项，设置“当前层高”即可。

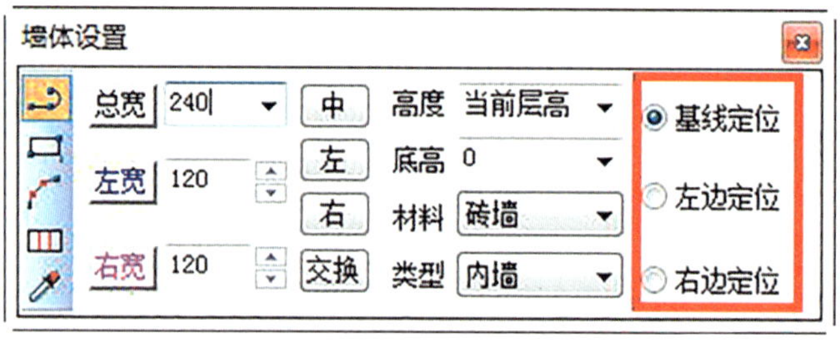

图4.13　直接创建墙体

对话框右侧是创建墙体时的三种定位方式：基线定位、左边定位、右边定位，具体含义如图4.13所示。左边定位和右边定位尤其适用于描墙、画墙的情况。

（5）单线变墙

如图4.14所示，本命令有两个功能：一是将LINE、ARC绘制的单线转为墙体对象，并删除选中单线，生成的墙体基线与对应的单线重合。二是在设计好的轴网上批量生成墙体，然后再编辑。

图4.14　“单线变墙”对话框

轴线生墙与单线变墙操作过程相似，区别在于轴线生墙不删除原来的轴线，且被单独甩出的轴线不生成墙体。这项功能在圆弧轴网中尤为实用，因为直接绘制弧墙较为麻烦。批量生成弧墙后，再删除不需要的墙体会更方便。

（6）墙体分段

屏幕菜单命令：【墙柱】→【墙体分段】（QTFD）。

当面对剪力墙结构建筑的建模时，通常会遇到一段墙体由不同的墙体构造组成。此时，可使用“墙体分段”命令将该段墙体分割为多段，并根据实际需求赋予不同的墙体构造。

4.2.1.7 门窗

门窗是建筑节能的薄弱环节，也是节能审查的重点。建筑节能标准中对门和窗有不同的定义，强调透光的外门需当作窗考虑。在BECS中，门窗属于两种不同类型的围护结构，二者与墙体之间有联动关系。门窗插入后在墙体上自动开洞，删除门窗则墙洞自动消除。因此，门窗的建模和修改效率非常高。

建筑专业以功能划分门窗，而节能设计则以是否透光来判定是门还是窗。节能标准中规定窗包含门的透光部分，因此模型处理过程中务必需将门窗准确分清，尤其需要注意一些建筑条件图为满足图面表达而混淆了门窗的情况。

BECS支持下列类型的门窗：普通门、普通窗、弧窗、凸窗、转角窗、带形窗。

（1）插入门窗

屏幕菜单命令：【门窗】→【插入门窗】（CRMC）。

右键菜单命令：【选中墙体】→【插入门窗】（CRMC）。

如图4.15所示，在“门窗参数”对话框中，可以完成以下操作：

①调整参数，可以为门窗设置编号、尺寸、类型等。

②选择图库，在图库中选择门、窗在平面中的显示方式。

③选择插入方式。

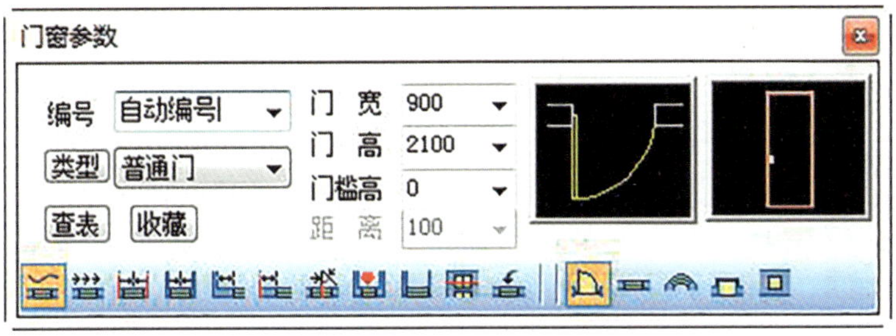

图4.15 “门窗参数”对话框

BECS为用户设定了多种插入门窗的方式，包括自由插入、顺序插入、轴线等分插入、在选定墙段上等分插入、在墙垛宽度定距插入、在轴线定距插入、角度插入、智能插入、满墙插入、上层插入和替换插入。智能插入的规则为：系统将一段墙体分为三段，两端段为定距插入，中间段为居中插入；当鼠标处于两端段时，系统自动判定门开向有横墙一侧，内外开启方向用鼠标在墙上内外移动变换；两端的定距插入分为两种，即墙定距和轴（基）

线定距，可用Q键切换，且二者用不同颜色短分割线提示。

上层插入指的是在已有的门窗上方再加一个宽度相同、高度不同的窗，这种情况通常出现在厂房或大堂的墙体设计中。

④选择窗户类型，依次为门、窗、弧窗、凸窗、矩形洞口。

a. 普通门

普通门的参数中，门槛高指门的下缘到所在墙底标高的距离，通常就是离本层地面的距离，插入时可以选择按尺寸进行自动编号。

b. 普通窗

普通窗的参数与普通门类似，支持自动编号。

c. 弧窗

弧窗安装在弧墙上，并且和弧墙具有相同的曲率半径。弧窗的参数如图 4.16 所示。

弧墙也可以插入普通门窗，但门窗的宽度不能过大，尤其是在弧墙的曲率半径很小的情况下，门窗的中点可能超出墙体的范围而导致无法插入。

图 4.16　弧窗参数对话框

d. 凸窗

凸窗中包括四种类型，即梯形凸窗、三角形凸窗、圆弧形凸窗、矩形凸窗，其中矩形凸窗具有侧挡板特性，如图 4.17 所示。

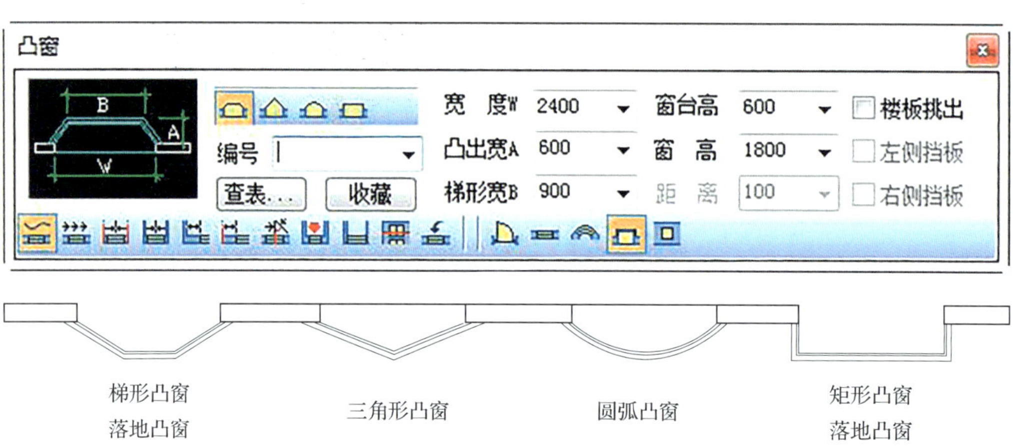

图 4.17　凸窗参数对话框

e. 转角窗

如图 4.18 所示，转角窗安装在墙体转角处，即跨越两段墙的窗户，可以外飘或骑在墙上。因两扇窗体的朝向不同，节能分析中按两个窗处理。

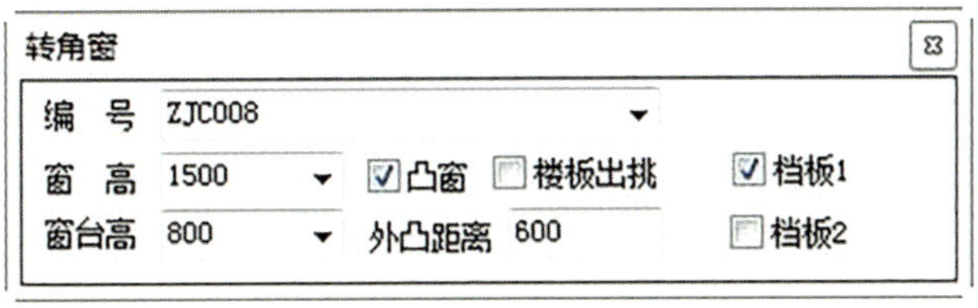

图 4.18 转角窗参数对话框

f. 带形窗

带形窗不能外飘，可以跨越多段墙。节能分析中按多个窗处理。

（2）门窗编号

屏幕菜单命令：【门窗】→【门窗编号】（MCBH）。

“门窗编号”命令用于给图中的门窗编号，可以单选编号也可以多选批量编号。分支命令“自动编号”与门窗插入对话框中的“自动编号”一样，按门窗的洞口尺寸自动编号，原则是由四位数组成，前两位数字代表宽度，后两位数字代表高度，按四舍五入提取。例如，900 mm×2150 mm 的门编号为“M09×22”。采用这种规则的编号可以使设计人员直观地看到门窗规格，目前已被广泛采用。

使用 BECS 进行节能分析，门窗编号是一个重要的属性，用来标识同类制作工艺的门窗，即同编号的门窗。即使位置不同，它们的材料、洞口尺寸和三维外观都应当保持一致。如果没有编号而形成了空号门窗，这会给后期的节能检测和分析造成麻烦，因为无标识的门窗无法在“门窗类型”中确定其节能相关参数。补救方法是按照本命令为门窗进行统一编号。

（3）插转角窗

屏幕菜单命令：【门窗】→【转角窗】（ZJC）。

右键菜单命令：【选中墙体】→【转角窗】（ZJC）。

在墙角的两侧插入等高角窗有三种形式：随墙的非凸角窗（也可用带形窗完成）、落地的凸角窗和未落地的凸角窗，如图 4.19 所示。转角窗的起始点和终止点位于一个墙角的两个相邻墙段上，转角窗只能经过一个转角点。

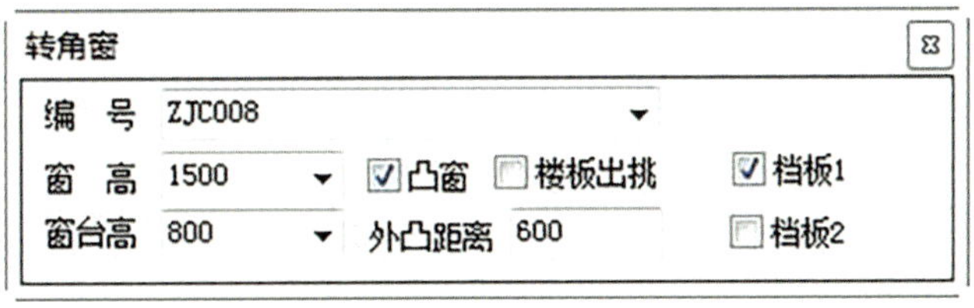

图 4.19 “转角窗”对话框

（4）定义天窗

屏幕菜单命令：【门窗】→【定义天窗】（DYTC）。

定义天窗将封闭线条定义为天窗。封闭线条可以是多义线或圆形。将封闭线条布置在天窗下的房间所在楼层上，不必设置其标高。系统提取模型时，会自动将其投影到屋顶上。

（5）插入天窗

屏幕菜单命令：【门窗】→【插入天窗】（CRTC）。

在三维的屋顶上插入天窗对象。

（6）门转窗

图 4.20 “门转窗”对话框

屏幕菜单命令：【门窗】→【门转窗】（MZC）。

建筑节能标准中规定，透光的外门需考虑为窗。对于玻璃门，应将其整体转为窗；对于部分透光的门（如阳台门），则将透光的部分当作窗，即门的上半部分要转为窗。“门转窗”命令可以将门部分或全部转为窗，如图 4.20 所示。如果进行部分转换，则上半部分转换为上层窗。

（7）窗转门

屏幕菜单命令：【门窗】→【窗转门】（CZM）。

此命令用于将窗对象转换为门。一般适用于以下两种情况：

①在“转条件图”中无门窗标识时默认转换成窗的门对象；

②还原“门转窗”中误转为窗的门对象。

（8）门窗打断

屏幕菜单命令：【门窗】→【门窗打断】（MCDD）。

将被内墙隔断而属于不同房间的跨房间门窗，分割为两个或多个独立的门窗。

（9）门窗编辑

屏幕菜单命令：【门窗】→【插入门窗】（CRMC）。

右键菜单命令：【选中门窗】→【对象编辑】（DXBJ）。

屏幕菜单命令：【门窗】→【门窗整理】（MCZL）。

①门窗替换

运用“对象编辑”可以批量修改同编号的门窗。对一个门窗进行修改，当命令行提示是否修改相同编号门窗时，回答“Y”则一起修改，回答“N”则只修改此门窗。也可以打开对象特性表（Ctrl+1），用过滤选择选中多个门窗，在特性表中修改门窗的尺寸等属性，实现批量修改。

②门窗整理

“门窗整理”命令汇集了门窗编辑和检查功能，将如图 4.21 所示的门窗按类提取到表格中。点取列表中的某个门窗，视口自动对准并选中该门窗，此时可以在表格中或图中编辑门窗。表格与图形之间通过“应用”和“提取”/“选取”按钮交换数据。当表中的数据被修改后，会以红色显示，提示该数据修改且与图中不同步，直到点击“应用”同步后才会显示正常。在某个编号进行修改时，该编号下的全部门窗被同步修改。冲突检查将规格尺寸不同但采用相同编号的同类门窗找出，以便修改编号或尺寸。

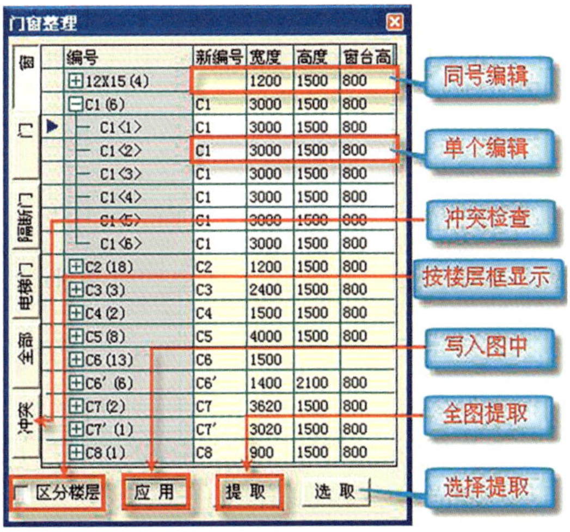

图 4.21　门窗整理列表

4.2.1.8　阳台

在建筑节能设计中，无论是开敞阳台还是封闭阳台，都需要模型支持。在《严寒和寒冷地区居住建筑节能设计标准》(JGJ 26—2018)(已代替旧的采暖区居住建筑节能设计标准)中，封闭阳台作为一个特殊空间，其组成的每个构件均有专项条款规定。因此，在BECS的建筑模型处理中，必须明确如何创建封闭阳台。

(1) 封闭阳台

完整的封闭阳台组成包括阳台栏板、阳台窗、顶层阳台的顶板、底层阳台的地板，以及阳台与房间之间的隔墙、隔墙上的门和窗。在BECS中，封闭阳台以“外墙+带形窗+房间”的方式构成。

①封闭阳台与房间之间没有隔墙。在这种情况下，封闭阳台与房间为一体，封闭阳台的栏板、阳台窗视为外墙、外窗。

②封闭阳台与房间之间有隔墙且有采暖设备。在这种情况下，封闭阳台为一个普通房间，其房间功能可默认设置。

③封闭阳台与房间之间有隔墙但没有采暖设备。在这种情况下，需将其房间功能设置为“封闭阳台”。

提示：BECS房间功能设置中的“封闭阳台”指不采暖的封闭阳台。

(2) 开敞阳台

在BECS中，开敞阳台无需建模，但由于阳台底板起到遮阳板作用，对隔墙上的窗而言，需要设置一个与阳台底板同位置、同尺寸的平板遮阳。计算能耗时，外窗通过这一项，区分为“有阳台”和“无阳台”。

4.2.1.9 屋顶

屋顶是建筑物的重要围护结构，对于节能计算而言，屋顶的数据和形态具有复杂多变的特点。在 BECS 中，屋顶的数据和工程量均自动提取，无需人工计算。BECS 不仅提供常规屋顶，如平屋顶、多坡屋顶、人字屋顶和老虎窗等，还提供用二维线生成屋顶的工具，便于构建复杂的屋顶。BECS 中规定，屋顶对象应放置在屋顶所覆盖房间的上层楼层框内，数据提取中的屋顶数据也在上层进行统计。

（1）生成屋顶线

屏幕菜单命令：【屋顶】→【搜屋顶线】（SWDX）。

“生成屋顶线”命令是一个创建屋顶的辅助工具，通过搜索整栋建筑物的所有墙体，按外墙的外皮边界生成屋顶平面轮廓线。该轮廓线为一条闭合的多段线（PLINE），用于构建屋顶的边界线。节能标准中规定，屋顶挑出墙体之外的部分对温差传热没有贡献，因此屋顶轮廓线应与墙外皮平齐，即外挑距离为零。

①在命令行提示“请选择互相联系墙体（或门窗）和柱子”时，选取组成建筑物的所有外围护结构。如果有多个封闭区域，需要多次操作本命令，形成多个轮廓线。

②偏移建筑轮廓的距离请输入“0”。

（2）人字坡顶

屏幕菜单命令：【屋顶】→【人字坡顶】（RZPD）。

以闭合的多段线（PLINE）为屋顶边界，按给定的坡度和指定的屋脊线位置生成标准人字坡屋顶。如图 4.22 所示，屋脊的标高值默认为 0。如果已知屋顶的标高，可以直接输入，也可以生成后编辑标高。人字屋顶的檐口标高不一定平齐，因此使用屋脊的标高作为屋顶竖向定位标志。

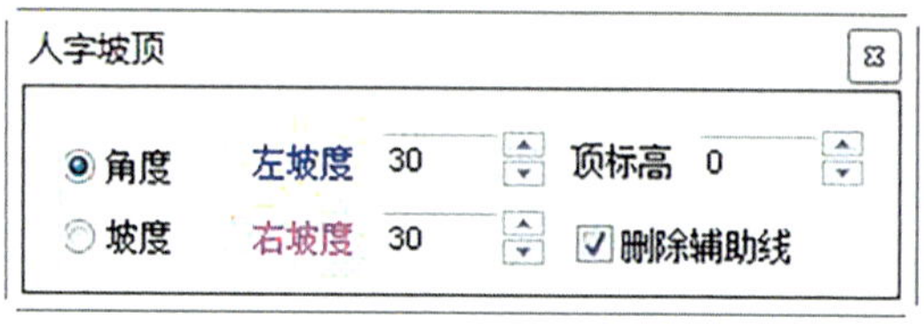

图 4.22 “人字坡顶”对话框

①准备一条封闭的 PLINE，或运用“搜屋顶线”生成的屋顶线作为人字屋顶的边界；

②执行命令，在对话框中输入屋顶参数，并在图中选取 PLINE；

③分别选取屋脊线的起点和终点，生成的人字坡顶也可以将屋脊线定在轮廓边线上，生成单坡屋顶。

（3）多坡屋顶

屏幕菜单命令：【屋顶】→【多坡屋顶】（DPWD）。

多坡屋顶是由封闭的任意形状 PLINE 线生成指定坡度的坡形屋顶。可使用“对象编辑”，单独修改每个边坡的坡度，并用限制高度切割顶部为平顶形式。

①准备一条封闭的 PLINE，或运用“搜屋顶线”生成的屋顶线作为屋顶的边线；

②执行命令，在图中选取 PLINE；

③输入屋顶每个坡面的坡度或接受默认坡度，回车生成；

④选中“多坡屋顶”，通过右键对象编辑命令进入多坡屋顶编辑对话框，如图 4.23 所示。进一步编辑坡屋顶的每个坡面，并通过屋顶的夹点修改边界。

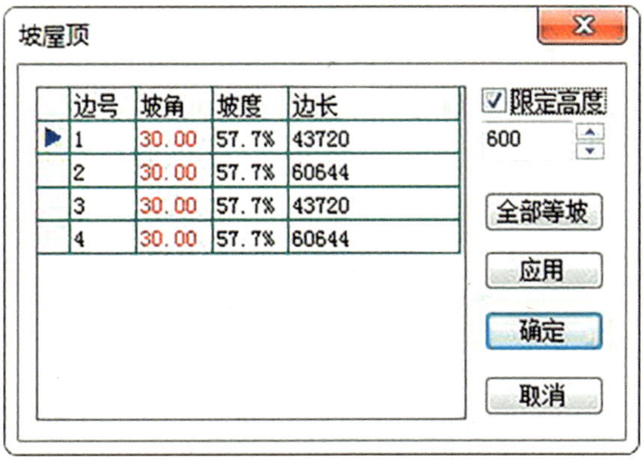

图 4.23　多坡屋顶编辑对话框

（4）平屋顶

屏幕菜单命令：【屋顶】→【平屋顶】（PWD）。

“平屋顶”命令通过闭合曲线生成平屋顶。在 BECS 中，通常情况下平屋顶无需建模，系统会自动处理，只有在特殊情况下才需要建平屋顶。

①多种构造的屋顶

创建多个平屋顶，默认屋顶仍无需建模。在工程构造的“屋顶”项中设置相应的构造，系统会默认将第一位的构造分配给默认屋顶，其他构造的屋顶使用“局部设置”分别分配。

②公共建筑与居住建筑混建

当上部为居住建筑而下部为公共建筑，且公共建筑的平屋顶比居住建筑的首层地面大时，与居住建筑地面重合的部分公共建筑屋顶需要建平屋顶，并在特性表中将该屋顶的边界条件设置为“绝热”。

③地下室与室外大气相接触的顶板

当地下室的某部分顶板暴露在大气中，且该部分顶板的构造不同于与地上首层连接的顶板时，需要建平屋顶来解决。

（5）线转屋顶

屏幕菜单命令：【屋顶】→【线转屋顶】（XZWD）。

此命令将由一系列直线段构成的二维屋顶转成三维屋顶模型（PFACE）。

（6）老虎窗

屏幕菜单命令：【屋顶】→【加老虎窗】（JLHC）。

“老虎窗”命令在三维屋顶坡面上生成参数化的老虎窗对象，控制参数较为详细。老虎窗与屋顶属于父子逻辑关系，必须先创建屋顶才能在其上正确加入老虎窗。

根据光标拖曳老虎窗的位置，系统自动确定老虎窗与屋顶的相关关系，包括方向和标高。在屋顶坡面选取放置位置后，系统插入老虎窗并自动求出与坡顶的相关线，切割掉相关线以下的部分实体。

（7）墙齐屋顶

屏幕菜单命令：【屋顶】→【墙齐屋顶】（QQWD）。

“墙齐屋顶”命令以坡屋顶作为参考，自动修剪屋顶下方的外墙，使这部分外墙与屋顶对齐。人字屋顶、多坡屋顶和线转屋顶均支持该功能，人字屋顶的山墙由此命令生成。

该命令必须在完成“搜索房间”和“建楼层框”后进行。选择坡屋顶单独一层，将坡屋顶移至其所在的标高或选择“参考墙”，根据参考墙确定屋顶的实际标高。选择准备修剪的标准层图形，屋顶下方的内外墙被修剪，其形状与屋顶吻合。

（8）墙体恢复

屏幕菜单命令：【屋顶】→【墙体恢复】（QTHF）。

对于被“墙齐屋顶”修剪后的墙体，可通过“墙体恢复”命令恢复到原来的矩形。

（9）屋顶加洞

右键菜单命令：【选中屋顶】→【屋顶加洞】（WDJD）。

右键菜单命令：【选中屋顶】→【屋顶消洞】（WDXD）。

“屋顶加洞”功能用于在人字屋顶和多坡屋顶上加洞或消洞，以提供更加精确的建筑模型。

①加洞：事先用闭合PLINE绘制一个洞口水平投影轮廓线，系统根据此边界加洞。

②消洞：点击洞内删除洞口，恢复屋顶原状。

4.2.1.10 空间划分

建筑节能设计的目标是确保房间供冷和供热的能耗保持在经济的范围内。将常规意义上的房间概念扩展为空间，包含室内空间、室外空间和大地等，围护结构将室内各个空间与室外分隔开，每个围护结构通过其两个表面连接不同的空间，这就是BECS的建筑模型。

围合成建筑轮廓的墙就是外墙，它与室外接触的表面就是外表面。室内用来分隔各个房间的墙，即内墙。居住建筑中某些房间共同属于某个住户，这里称为户型或套房，围合成户型但又不与室外大气接触的墙，即户墙。

在处理节能建筑模型时，应根据具体采用的节能标准规定的节能判定方法灵活建模，对于不需要建模或可以简化的内围护结构可以省略，从而大幅减少建模时间。

（1）模型简化

①采暖区居住建筑

计算耗热量和耗煤量指标时，创建全部外围护结构。内部房间只需画出靠外墙的不采暖房间即可，如不采暖楼梯间和户门，其余房间无需分割。

②夏热冬暖地区居住建筑

计算耗电指数时，可以不创建内墙，房间功能不影响结果。

（2）搜索房间

屏幕菜单命令：【空间划分】→【搜索房间】（SSFJ）。

“搜索房间”是建筑模型处理中一个重要命令和步骤，能够快速地划分室内空间和室外空间，即创建或更新一系列房间和建筑轮廓，同时自动将墙体区分为内墙和外墙。需要注意的是，建筑总图上如果有多个区域要分别搜索，即一个闭合区域搜索一次，建立多个建筑轮廓。如果某房间区域有且只有一个房间，该命令不会将它删除，只更新其边界和编号。

需要注意的是，房间搜索后，系统记录了围成房间的所有墙体信息，在节能计算中应用，故不要随意更改墙体。如果必须更改，需要重新搜索房间。有一种情况需要说明，“搜索房间”后，即使生成了房间对象，也不意味此房间能为节能所用。一些看似合格的房间在进行“数据提取”等后续操作时，系统会提示“房间找不到地板”。一旦出现提示，请用图形检查工具或手动纠正，再进行“搜索房间”。选中房间后，节能有效的房间周围的墙基线上有一圈蓝色边界，节能无效的房间则没有。

（3）设置天井

屏幕菜单命令：【空间划分】→【设置天井】（SZTJ）。

此命令用于划分和设置天井空间，要确保在“搜索房间”后再进行此设置，否则天井的边界墙体内外属性将会错误。执行本命令后，选取“搜索房间”时在天井内生成的房间，将其转化为天井。

（4）楼层设置

屏幕菜单命令：【空间划分】→【建楼层框】（JLCK）。

此命令适用于全部标准层在一个 DWG 文件中，确定标准层图形的范围，以及标准层与自然层之间的对应关系，其本质是一个楼层表。

楼层框从外观上看是一个矩形框，内有一个对齐点，左下角有层高和层号信息，“数据提取”中的层高取自该设置。被楼层框圈在其中的建筑模型，系统认为是一个标准层。在建立过程中提示输入“层号”时，是指此楼层框所代表的自然层，输入格式与楼层表中的输入相同。

楼层框的层高和层号可以在位编辑，方法是首先选择楼层框对象，再用鼠标直接点击层高或层号数字，数字呈蓝色为被选状态，直接输入新值替代原值，或者将光标插入数字中间，像编辑文本一样进行修改。楼层框具有五个夹点，鼠标拖曳四角上的夹点，可修改楼层框的包容范围；拖曳对齐点，可调整对齐位置。

（5）楼层表

屏幕菜单命令：【空间划分】→【楼层表】（LCB）。

建筑模型由不同的标准层构成，在 BECS 中，用楼层表来指定标准层和自然层之间的对应关系。这样系统才可以获取整个建筑的相关数据来进行节能评估。如图 4.24 所示，每个标准层可以单独放在不同的 DWG 文件中，也可以放在同一个 DWG 文件中，用楼层框加以区分。通常情况下选取后者作为操作方式。

对于多图设置，确保“全部标准层都在当前图”复选框没有被选中，然后在“楼层”

列相应的行内输入一个标准层所代表的自然楼层。可以写多项，各项之间用逗号隔开，每一项可以写成“XX”或“XX～XX”的格式，如“2，4～6”表示该图代表第2层和第4到第6层。接着在“文件名”列内输入该标准层图形文件的完整路径。也可以通过“选文件”按钮选择图形文件。对于单图设置，只需将“全部标准层都在当前图”复选框选中，系统会自动识别图形文件中的楼层框。

图 4.24　楼层设定

需要注意的是，无论是单图设置还是多图设置，一定要确认楼层没有重复。此外，单图和多图两种模式只能取其一，不支持混合方式。例如，一项工程由多张图构成，其中的一些图上还包含多个楼层。

4.2.1.11　图形检查

图形在识别、转换和描图等操作过程中，难免会出现一些问题，如墙角连接不正确、围护结构重叠、门窗忘记编号等，这些问题可能阻碍节能分析的正常进行。为高效排除图形和模型中的错误，BECS提供了一系列检查工具。

（1）闭合检查

屏幕菜单命令：【检查】→【闭合检查】（BHJC）。

此命令用于检查围合空间的墙体是否闭合。光标在屏幕上动态搜索空间的边界轮廓，放置到建筑内部则检查房间是否闭合，放置到室外则检查整个建筑的外轮廓闭合情况。检查的结果是闭合时，沿墙线动态显示一条闭合红线。点击鼠标左键或按Esc键结束操作。

（2）重叠检查

屏幕菜单命令：【检查】→【重叠检查】（CDJC）。

此命令用于检查图中重叠的墙体、柱子、门窗和房间，并可删除或放置标记。

（3）柱墙检查

屏幕菜单命令：【检查】→【柱墙检查】（ZQJC）。

此命令用于检查和处理图中柱内的墙体连接。

（4）墙基检查

屏幕菜单命令：【检查】→【墙基检查】（QJJC）。

此命令用来检查并辅助修改墙体基线的闭合情况。系统能判定自动闭合，若有多种可能，则给出示意线辅助修改。

（5）模型检查

屏幕菜单命令：【检查】→【模型检查】（MXJC）。

在进行节能分析之前，利用本功能检查建筑模型是否符合要求。这些错误或不恰当之处将导致分析和计算无法正常进行。

4.2.2 热工设置

4.2.2.1 工程设置

工程设置的屏幕菜单命令：【设置】→【工程设置】（GCSZ）。

如图 4.25 所示，工程设置用于设定当前建筑项目的地理位置（气象数据）、建筑类型、节能标准和能耗种类等计算条件。某些条件是节能分析的必要条件，关系到分析结果的准确性，需要准确填写。

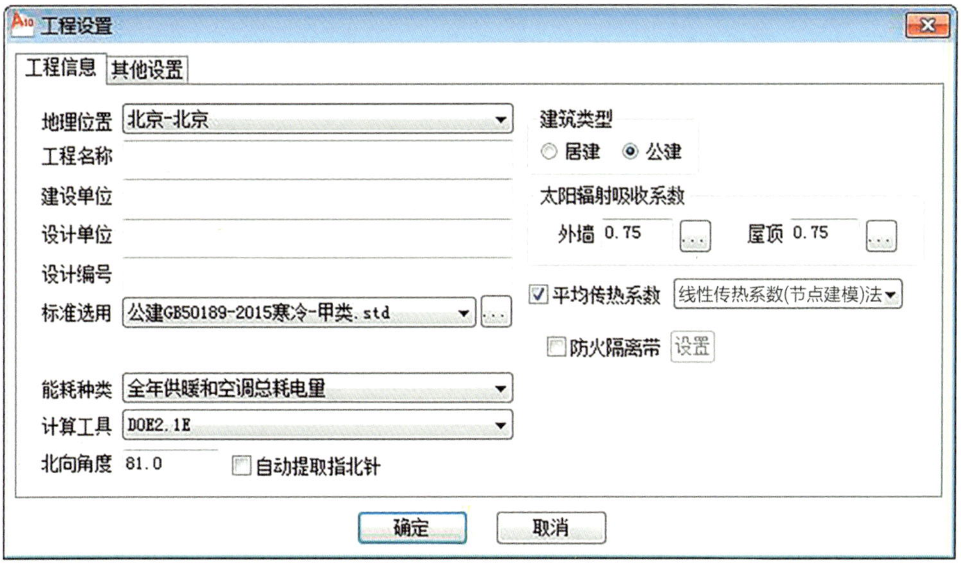

图 4.25 “工程设置”对话框

“工程设置”对话框由两个界面组成，“工程信息”界面用于设置基本信息，“其他设置”界面用于设置计算的特殊参数。“工程信息”设置项介绍如下：

（1）地理位置：用于设置工程所在地点，决定本工程的气象参数。点击“地理位置”

后的下拉菜单，再点击“更多地点”进入省和地区列表找到工程所在的城市。如果名单中没有该地点所在位置，可以选择气象条件相似的邻近城市作为参考。

（2）建筑类型：用于确定建筑物类型，可选择“居建”或“公建”。

（3）标准选用：根据工程所在城市和建筑类型，选择本工程所采用的节能标准或细则，点击右侧按钮可查看备选标准的详细描述。

（4）能耗种类：用于设置能耗计算的种类，决定“能耗计算”命令所采用的计算方法。可供选择的种类由所选节能标准确定。

（5）平均传热系数：根据选用节能标准的不同，目前系统支持四种外墙热桥计算方法，即简化修正系数法、面积加权平均法、线性传热系数（节点建模）法、线性传热系数（节点查表）法。软件将按标准指定的方法自动匹配计算方法，也可以从下拉列表中选择其他的计算方法。当采用“线性传热系数（节点查表）法”时，“线性热桥设置”按钮被激活，可以点击进入设置对话框，按热桥部位选取不同的热桥形式。不勾选“平均传热系数”设置时，外墙只计算主体热工，不考虑热桥影响。

（6）防火隔离带：勾选该项后，点击“设置”按钮进入对话框，可设置屋顶、外墙的防火隔离带宽度及防火隔离带采用的构造。

（7）太阳辐射吸收系数：该项设置对南方地区影响较大，参数与屋顶、外墙的外表面颜色和粗糙度有关，可以点击右侧的按钮选取合适的数值。

（8）北向角度：北向角即北向与 WCS-X 轴（CAD 中的世界坐标系 X 轴）的夹角。通常，北向角度是 WCS-X 轴逆时针转 90°，即“上北下南左西右东”。若项目不是正南正北，轴网可以仍然按 X、Y 方向绘制，再从 WCS-X 轴逆时针转北向指向，此夹角即北向角度。如果图纸中有指北针，也可以勾选“自动提取指北针”，读取北向角度。

（9）上下边界：当一幢建筑物的下部是公共建筑，上部是居住建筑时，因适用不同的节能标准，需分别进行节能分析。由于二者结合部不与大气接触，计算中可视公共建筑屋顶和居住建筑地面为绝缘构造。进行公共建筑节能分析时，设置“上边界绝缘”；进行居住建筑节能分析时，设置“下边界绝缘”。其他类似建筑可参照此原理进行设置。

（10）室内外高差：设定首层室内外高差。严寒和寒冷地区居住建筑标准会显示此设置项，用于确定地下墙、地面当量传热系数的取值。

（11）楼梯间采暖：当建筑类型为居住建筑时，设置楼梯间是否采暖，此项为全局设置。

（12）首层封闭阳台挑空：当建筑类型为居住建筑时，设置首层封闭阳台挑空，即不落地，此项也是全局设置。

（13）启用环境遮阳：设置工程是否考虑环境遮阳。当启用环境遮阳后，“环境遮阳”计算的遮阳系数可用于外窗热工检查。

（14）大柱子作为剪力墙：当模型中剪力墙是大柱子建模时，设置大柱子作为剪力墙，大柱子与填充墙同时作为外墙主体。

（15）大柱子最小长度：仅当设置大柱子作为剪力墙时，此项设置有效。柱子长度可设置为大于 0 的任意数。软件默认柱子长度大于或等于 1.0 m 为大柱子。

4.2.2.2 热工设置

建筑模型建立后，还需完成以下工作，将其转化为热工模型，以便进行节能分析。热工设置主要包括设定房间的功能、外窗遮阳、门窗类型及其他必要设置，然后设置围护结构的构造等。

建筑模型建立后，应当考虑建筑构件的热工属性设置。热工属性可以通过以下三种方法来设置：设置缺省热工属性；按类型设置热工属性；按个体（局部）设置热工属性。

（1）工程构造

屏幕菜单命令：【设置】→【工程构造】（GCGZ）。

构造是指建筑围护结构的构成方法，一个构造由单层或若干层一定厚度的材料，按一定顺序叠加而成，组成构造的基本元素是建筑材料。

为了设计方便和思路清晰，BECS 提供了基本“材料库”，并根据各地的节能细则建立了一个丰富的“构造库”。我们可以将这个库看作系统构造库，其特点是按地区分类并且种类繁多。当进行节能工程设计时，如图 4.26 所示，软件采用“工程构造”的方式为每个围护结构分配构造。“工程构造”中的构造可以从“构造库”中选取导入，也可以即时手工创建。“工程构造”用一个表格形式的对话框管理该工程用到的全部构造。每个类别下至少有一种构造，如果一个类别下有多种构造，则默认选取第一位构造赋予模型中对应的围护结构，其他构造需采用“局部设置”分配围护结构。

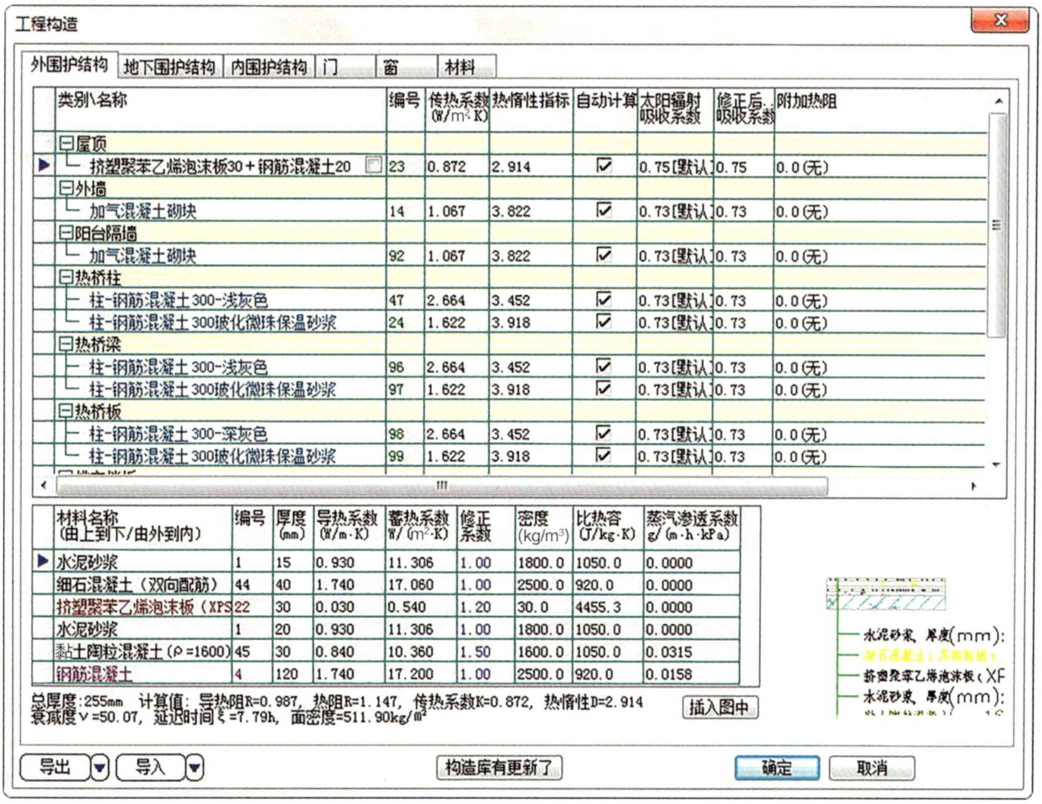

图 4.26 “工程构造”对话框

工程构造分为“外围护结构”“地下围护结构”“内围护结构”“门”“窗”“材料”六个页面。前五项构造提供了当前建筑物相应的围护结构，“材料”项列出这些构造所需的材料及每种材料的热工参数。构造的编号由系统自动统一编制。

“工程构造”对话框下方的表格中显示当前选中构造的材料组成，材料的排列顺序是从上到下或从外到内。对话框右边的图示是根据左边的表格绘制的，点击它后可以用鼠标滚轮进行缩放和平移。

①新建构造与复制构造

在已有构造行上单击鼠标右键，在弹出的右键菜单中选择“新建构造”创建空行，然后在新增加的空行内点击“类别/名称”栏，其末尾会出现一个按钮，点击该按钮，可以进入系统构造库选择构造。“复制构造”则复制上一行内容，然后进行编辑。

②编辑构造

a. 更改名称：直接在“类别/名称”栏中修改。

b. 添加、复制、更换、删除材料：单击要编辑的构造，如图 4.27 所示，在对话框下方的材料表格中，右键单击准备编辑的材料，在“添加/复制/更换/删除”的右键菜单中，选择一个编辑项。“添加”和“更换”将切换到材料页中，选定新材料后，点击下方的“选择”按钮完成编辑。

材料名称（由上到下/由外到内）	编号	厚度(mm)	导热系数(W/m·K)	蓄热系数(W/m²·K)	修正系数	密度(kg/m³)	比热容(J/kg·K)	蒸汽渗透系数 g/(m·h·kPa)
碎石、卵石混凝土（ρ=230	10	40	1.510	15.360	1.00	2300.0	920.0	0.0173
挤塑聚苯板（ρ	2	20	0.030	0.320	1.20	28.5	1647.0	0.0162
水泥砂浆		20	0.930	11.370	1.00	1800.0	1050.0	0.0210
加气混凝土、	26	80	0.220	3.590	1.00	700.0	1050.0	0.0998
钢筋混凝土		120	1.740	17.200	1.00	2500.0	920.0	0.0158

图 4.27　编辑构造对话框

c. 改变厚度：直接修改表格中的厚度值，允许材料厚度为 0。在实际工程中，可能会遇到工程构造材料不参与计算的情况。这种情况下，需要软件在工程构造设置时，允许材料厚度等参数为 0。输出报告时，构造依然输出，相应的厚度、导热系数等参数项留空。保温材料进行高亮显示，以便修改。

d. 修正系数：资料中给出的保温材料导热系数一般是实验值，不能直接应用，需要根据材料应用部位乘以修正折减系数。如图 4.28 所示，在构造组成表中点击“修正系数”一栏，末尾会出现“修正系数参考”按钮，点击该按钮可调出常用保温材料的修正系数表格，当地节能标准中规定了修正系数则调用当地标准，如当地没有标准，可调用《建筑节能与可再生能源利用通用规范》（GB 55015—2021）。

e. 材料顺序：选中一行材料，鼠标移到行首时会出现上下箭头，此时按住鼠标上下拖曳即可改变材料的位置顺序。

f. 参数检查：用于检查工程材料的蓄热系数与理论计算值不一致的情况，勾选“参数检查”，当蓄热系数与理论计算值不一致时，数值显示红色高亮。

g. 构造库更新：在线更新构造库、材料库。

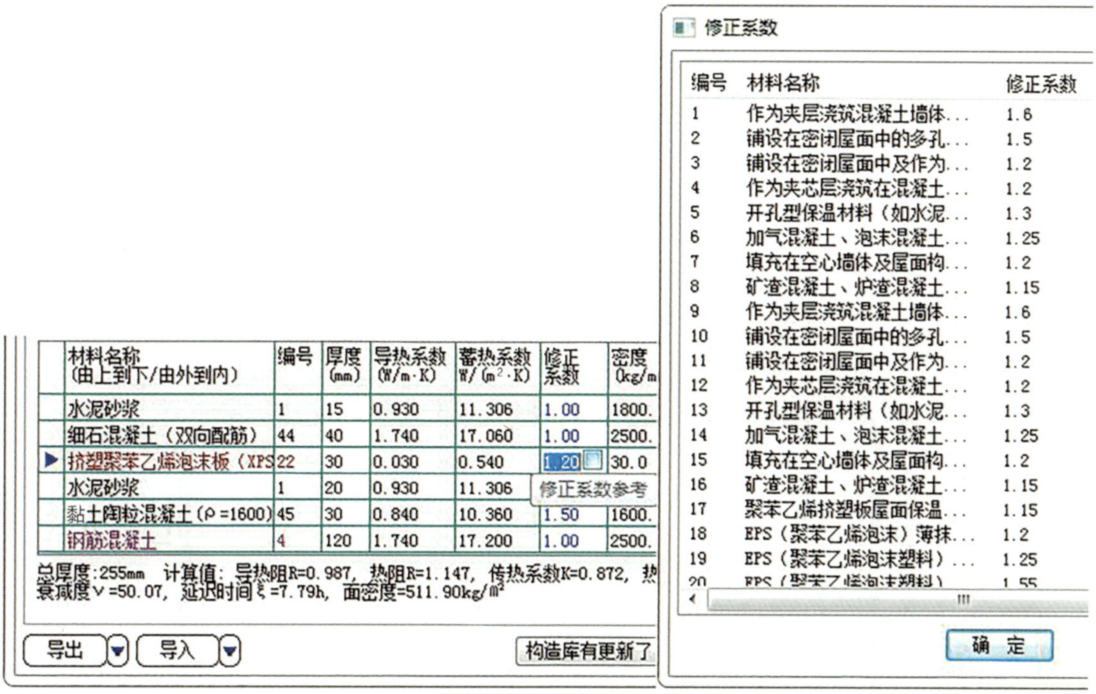

图 4.28 修正系数参考

③选择构造

用户也可以直接在构造库中编辑，然后再选择编辑好的构造。方法是点击所要编辑构造的“类别/名称”列，在列的末尾出现一个灰色小按钮，点击该按钮进入外部系统构造库，用户可以选择合适的围护结构构造，按“确定”按钮或双击该行完成选择。

④删除构造

只有当本类围护结构下的构造有两个以上时，才允许删除构造，即每类围护结构下至少要有一个构造不能为空。鼠标点击选中构造行，再单击右键，在弹出的右键菜单中选择“删除构造”，或者按DELETE键。

⑤导出/导入

表格下方提供了将当前工程构造库“导出”功能，可以存为软件的初始默认工程构造库，或者导出一个构造文件*.wsx，遇到其他构造相似的工程时可“导入”采用。导入时可以全部导入也可以部分导入。

（2）门窗类型

屏幕菜单命令：【设置】→【门窗类型】（MCLX）。

“门窗类型”命令按类型设置、检查和批量修改门窗的热工参数，以门窗编号作为类型的关键字，设置开启比例、玻璃距外墙皮距离、气密性等级和门窗构造。外窗的遮阳由“遮阳类型”设置和管理，因为相同编号的外窗会有不同的遮阳形式。

透光的玻璃幕墙在节能中按窗对待。如图4.29所示，在BECS中，幕墙和窗默认按对象类型区分，窗和幕墙的区别在于气密性和开启面积的要求不同。假如用插入大窗的方法来建玻璃幕墙，请选取相应编号的一行按右键，再点击“窗改幕墙”。如果直接创建玻璃幕墙，则不需其他的设置，门窗类型自动设置外窗和幕墙。门窗类型中提供了两种门窗开启面积的设置模式，即按开启比例输入和按开启尺寸输入。“按开启比例输入”为软件默认的方式。在该模式下，直接在对话框中输入门窗开启比例，软件自动根据对应的外窗面积计算可开启面积。

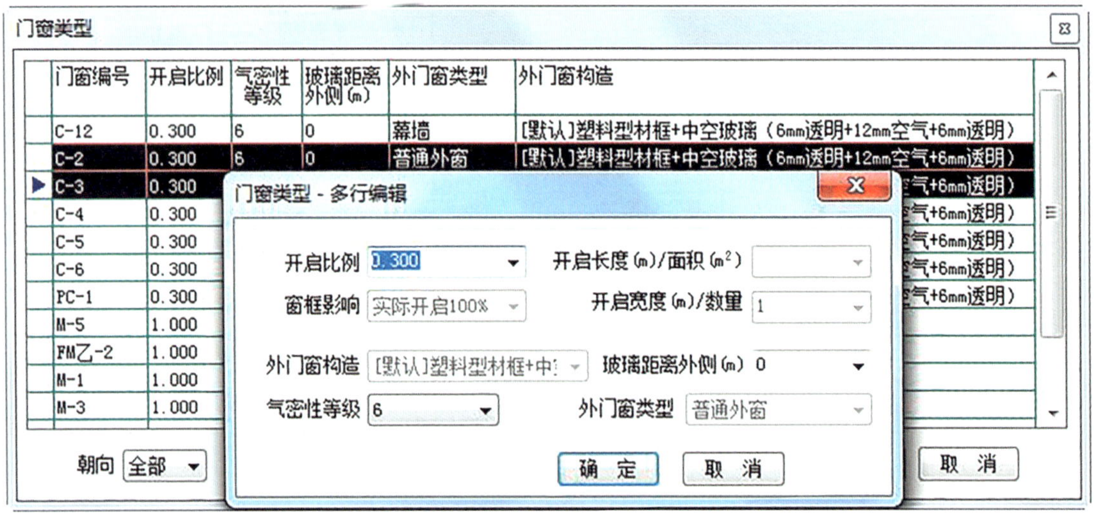

图 4.29 “门窗类型”对话框

按住 Ctrl 键或 Shift 键，可以选择多个门窗进行批量修改。在该模式下，提供了两种输入方式：输入门窗的开启长度 / 开启宽度、开启面积 / 个数，从而得到门窗的开启面积。门窗开启长度、开启宽度、开启面积等参数可以从门窗大样图中选取。“开启比例”栏为不可编辑状态。

（3）遮阳类型

屏幕菜单命令：【设置】→【遮阳类型】（ZYLX）。

研究表明，减少夏季能耗的关键是采取遮阳措施。如图 4.30 所示，BECS 提供了若干种固定遮阳形式的设置，有平板遮阳、百叶遮阳、活动遮阳等常见外遮阳类型。

外遮阳类型与计算参数是一一对应的，如图 4.31 所示，参数必须在“外遮阳类型”对话框中设置或修改。当选中外窗时，在 CAD 的特性表中可以对外窗的遮阳类型进行修改，当外遮阳编号为空时，表示外窗无外遮阳措施。

（4）房间类型

房间类型屏幕菜单命令：【设置】→【房间类型】（FJLX）。

房间类型用于管理房间的类型，系统预置了如何设置房间的功能。当系统提供的房间类型不能满足需求时，可使用此功能进行扩充。通过设置夏冬室温、新风量等参数来定义新的房间。设置完成后，可通过“房间设置”方法将新定义的房间类型应用于具体的房间中，即在房间对象的特性表中进行指定。

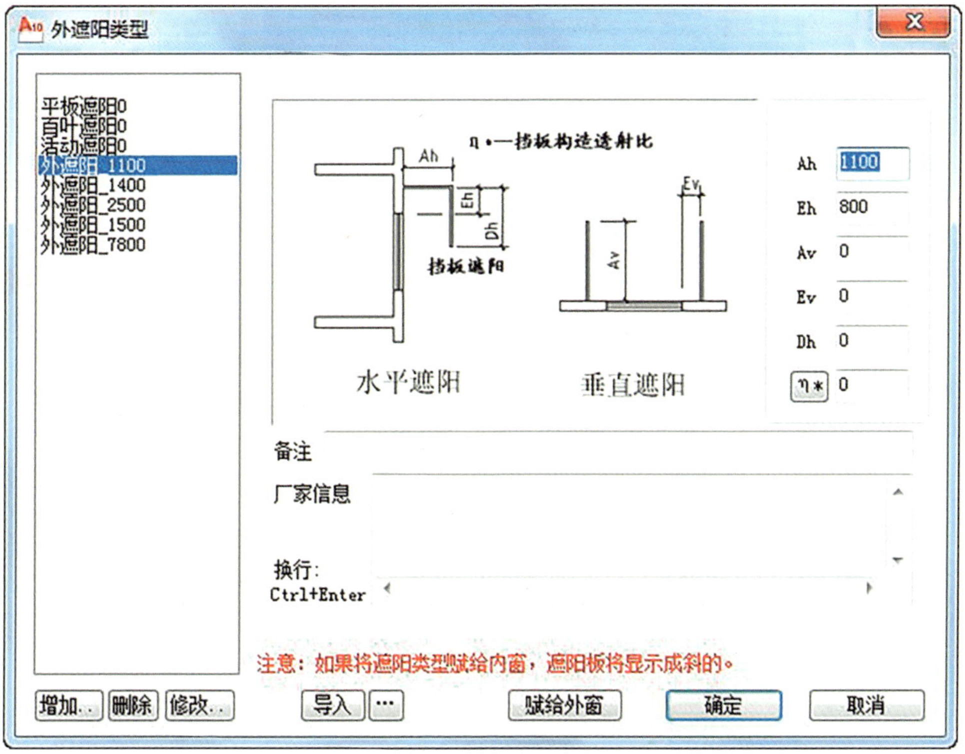

图 4.30　外遮阳设置对话框——平板遮阳

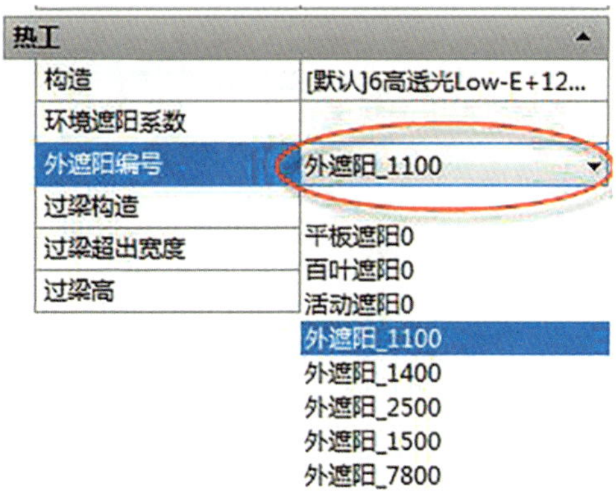

图 4.31　特性表中修改外遮阳类型

（5）系统分区

屏幕菜单命令：【设置】→【系统类型】（XTLX）。

大型公共建筑有时会设计多套相互独立的空调系统为不同的空间区域工作，“系统类型”功能用于命名和设置一系列空调系统。如图 4.32 所示，命名后的系统可以在房间对象的特性表中设置具体的房间，具有相同空调系统的房间处于同一空调系统内。

如果建筑物仅有一个系统，则无需设置，第一项空白即为默认系统。右侧显示的是整栋建筑的所有房间，勾选表示该房间隶属于左侧选中的系统。

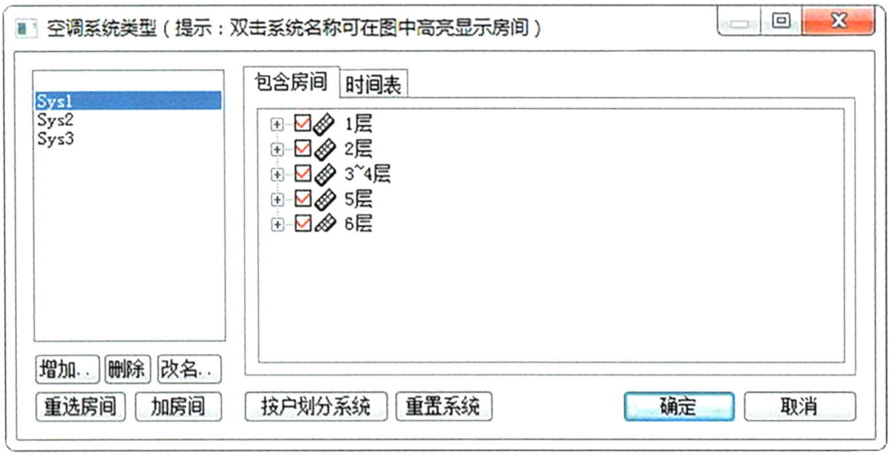

图 4.32 “空调系统类型”对话框

（6）局部设置

局部设置的屏幕菜单命令:【设置】→【局部设置】(JBSZ)。

不同的对象所拥有的热工属性也不同，表 4.2 列出了 BECS 所有的热工属性。

表 4.2 BECS 热工属性

属性名称	解释	拥有该属性的构件类型
构造	构件所采用的工程构造中的构造	墙、门窗、屋顶、柱子
楼板构造	构造房间楼板采用的工程构造中的楼板构造	房间
老虎窗的屋顶构造	老虎窗屋顶所采用的构造	老虎窗
老虎窗的外墙构造	老虎窗外墙所采用的构造	老虎窗
空调系统	房间所属空调系统,通过“系统类型”管理当前工程的空调系统	房间
房间功能	房间所采用的房间功能	房间
有无楼板	当本层房间与下层房间相通时设置为“无”	房间
房间高度	房间的高度,用于计算房间体积。除了坡屋顶下面的房间取平均高度外,其他应当取楼层高度	房间
边界条件	墙体的边界条件,可供选择的条件如下:自动确定、普通墙、沉降缝、伸缩缝、抗震缝、地下墙、不采暖阳台、绝热	墙
梁构造	指定墙的梁构造,没有梁则为空	墙
梁高	墙的梁高,单位:mm	墙

续表 4.2

属性名称	解释	拥有该属性的构件类型
朝向	墙的朝向，可供选择的类型：自动确定、东、南、西、北	墙
地下比例	地下部分所占比例	墙（边界条件为地下墙时）
过梁构造	指定门窗过梁的构造，没有过梁则为空	门窗
过梁超出宽度	门窗的过梁超出宽度，单位：mm	门窗
过梁高	门窗的过梁高度，单位：mm	门窗
门类型	门的类型，可供选择的有：自动、外门、阳台门、户门、内门	门
外遮阳编号	号窗或玻璃幕墙所引用的外遮阳编号	窗、玻璃幕墙
外遮阳类型	外遮阳类型，平板遮阳或百叶遮阳或无	窗、玻璃幕墙
平板遮阳 Ah	水平外挑 A，单位：mm	窗、玻璃幕墙
平板遮阳 Eh	距离窗上沿，垂直超出窗上沿，单位：mm	窗、玻璃幕墙
平板遮阳 Av	垂直外挑，单位：mm	窗、玻璃幕墙
平板遮阳 Ev	垂直距离窗边缘，水平超出窗两侧，单位：mm	窗、玻璃幕墙
平板遮阳 Dh	挡板高，单位：mm	窗、玻璃幕墙
平板遮阳η*	透光比 0～1	窗、玻璃幕墙
百叶遮阳类型	百叶遮阳类型，水平或垂直	窗、玻璃幕墙
百叶遮阳外挑 A	遮阳叶片外挑距离 A，单位：mm	窗、玻璃幕墙
百叶遮阳间隔 D	遮阳叶片之间的间隔 D=B+C，单位：mm	窗、玻璃幕墙
百叶遮阳下垂 C	遮阳叶片下垂距离 C，单位：mm	窗、玻璃幕墙
百叶遮阳净间隔 B	净间隔 B=D−C，单位：mm	窗、玻璃幕墙

以下介绍其他的重要属性。

①围护结构的构造

墙、门窗、屋顶、柱子、房间楼板和老虎窗等围护结构都有构造属性，所引用的构造位于“工程构造”中，而工程构造中的构造是分类别的，例如，屋顶只能引用屋顶类别的构造。如果不设置该属性，则引用对应类别的第一个构造。梁构造和过梁构造较为特殊，默认为空即代表没有梁和过梁。

②外墙的边界条件

外墙的边界条件即为外墙的边界类型，通常由系统“自动确定”。当外墙遭遇特殊情况时，需要手动设置其属性。外墙的边界条件包括以下 6 种类型：

a. 自动确定：系统依据楼层表（框）判定，层号为正数就是普通墙，层号为负数则为地下墙。

b. 普通墙：外侧与大气相接触的外墙。

c. 变形缝和抗震缝：外墙为变形缝或抗震缝处的墙体。

d. 地下墙：外墙的外侧与土壤相接触。

e. 不采暖阳台：处于封闭的不采暖阳台内的外墙位置。

f. 绝热：外墙不与大气相接触且处于不传热状态。新建筑与旧建筑相邻并共用一扇墙，此墙可设置为绝热。

③墙体的朝向

默认情况下外墙的朝向由系统自动判定和处理，该设置可以强行改变外墙的朝向。

例如，在某些地方节能标准中规定，天井内的外墙或狭窄内凹的外墙应视为北向墙，此处朝向设为北。

④门的类型

系统默认会自动识别和判定门的类型。例如，与楼梯间相邻的外墙上的门为外门，与楼梯间相邻的内墙上的门为户门，与阳台相邻的内墙上的门为阳台门。该设置避开自动指定功能强制更改指定门的类型。

⑤房间功能

房间功能就是房间的用途。房间功能决定房间的控温特性、室内热源和作息制度等。公共建筑和居住建筑可选的房间功能是不同的。居住建筑的房间功能有起居室、主卧室、次卧室、厨房、卫生间、空房间、楼梯间和封闭阳台，默认为起居室。公共建筑房间功能很多，系统预置了一些常用的，也可以通过“房间类型”来扩充。

（7）T墙热桥

屏幕菜单命令：【设置】→【T墙热桥】（TQRQ）。

在外墙采用内保温的情况下，外墙与内墙的T形交点处保温层会被内墙打断而不连续，这将引起该处的热桥效应。“T墙热桥”命令在交点处生成一个虚拟的柱子，并通过工程构造为该柱赋予不含保温层的外墙构造，通过这种方式考虑T形墙角的热桥影响。该设置有效的前提是在“工程设置”中选择自动考虑热桥为“是”。

4.2.2.3　构造设置

构造库和材料库的关系一一对应，BECS采用开放模式来组织构造库。一个构造库就是BECS安装位置Structib下的一个文件夹，其中的structure.dbf是构造表，material.dbf是材料表，这样就可以为不同的数据来源建立相应的构造库。

（1）构造管理

屏幕菜单命令：【设置】→【构造库】（GZK）。

构造管理用于管理和维护系统构造库。如图4.33所示，构造库采用树式结构，对话框左侧列举了常用构造库和用户库，以及各省区市和地方构造库，右侧则详细地列出了各个库中包含的构造做法。

在“常用”和“地方库”中，只可以查看、调用其中的构造做法，而没有编辑功能。只有在“用户”库下，才可以通过右侧窗口顶端的一排工具条按钮来建新的构造库或导入、导出构造等操作。

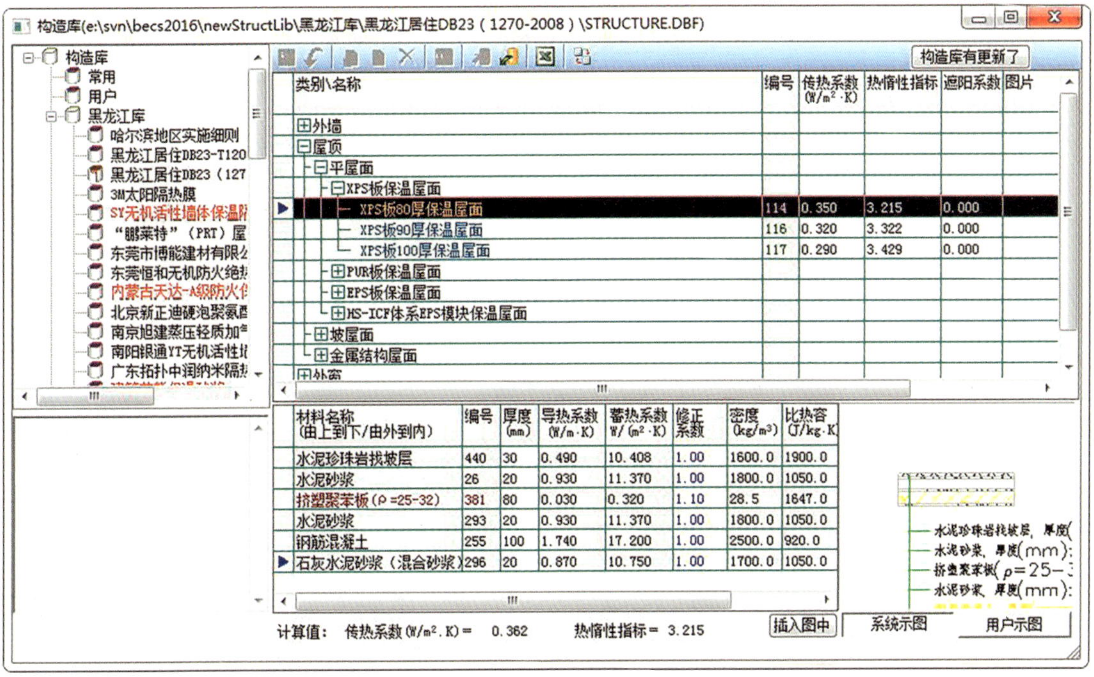

图 4.33 “构造库”对话框

与工程构造类似，选中某种构造后，对话框下方表格内列出该种构造所用的全部材料，用户可以对组成构造的材料进行新建、交换、复制和删除操作。屋顶、楼板和地面材料的顺序由上到下，墙体的材料顺序则由外到内。

编辑某种构造时，对话框的底部会显示根据材料层算出的传热系数和热惰性指标，这是默认数据。用户也可以在上半区的表格中手动输入构造的平均传热系数和热惰性指标，验证时将以用户输入的数据为准。

（2）材料管理

屏幕菜单命令：【设置】→【材料库】（CLK）。

构造由建筑材料构成，BECS 的材料库汇集了大量各地常用的建筑材料，其管理模式与构造库相似。

（3）新材料入库

BECS 提供了开放式的构造库、材料库管理方式。用户可以通过点击“构造库”“材料库”进入用户库下添加新材料或构造做法。

进入材料库用户库界面下，通过右侧顶端的图标新建类别或新建行，也可以选中一行，右键单击新建类别并命名，例如，保温材料、砂浆、混凝土等。在每一个类别下右键选择“新建行”，依次录入新材料的热工参数。其中“密度”“导热系数”“比热容”“蓄热系数”

参数是必填项，“材料编号”由软件自动确定，“填充图案”“颜色”“备注”可为空。

构造做法入库的操作与新材料入库的方法相似，在构造库、用户库中新增构造类别、构造做法，然后在对话框下边的材料表格空白区域右键单击，选择“添加”，从材料库中选择构成做法的各项材料。

注意事项如下：

①只有在材料库、构造库、用户库中才有编辑权限。

②新建构造时，所需添加的材料若不在已有材料库中，需要先在材料库、用户库中添加新材料，方能在构造库中使用。

4.2.3 节能判定

由于各地规范不同，节能判定依据也不相同，节能分析的典型流程如图 4.34 所示。

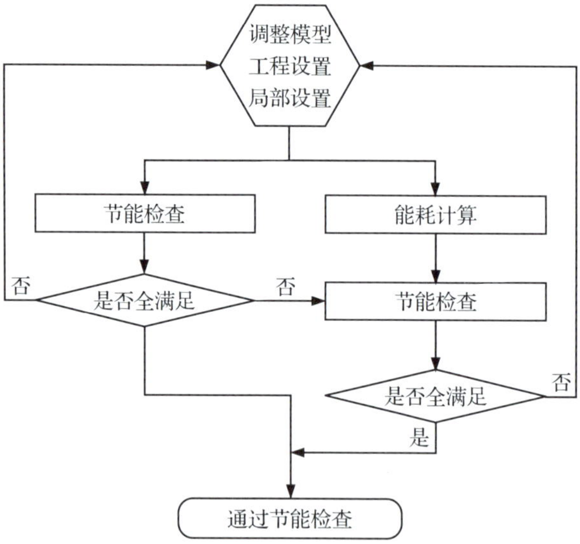

图 4.34　节能分析流程图

4.2.3.1　数据提取

屏幕菜单命令：【计算】→【数据提取】(SJTQ)。

“数据提取”命令在建筑模型中按楼层提取详细的建筑数据，如图 4.35 所示，包括建筑面积、外侧面积、挑空楼板面积、屋顶面积等，以及整幢建筑的地上体积、地上高度、外表面积和体形系数等。

建筑数据的准确度依赖于建筑模型的真实性。建筑层高等于楼层框高，外表面积等于外墙面积之和。BECS 支持复杂的建筑形式，如老虎窗、人字屋顶、多坡屋顶、凸窗、塔式、门式、天井、半地下室等都能自动提取数据和进行能耗计算。建筑数据表格可以插入图中，也可以输出到 Excel 中，以便后续编辑和打印。

体形系数是建筑外表面积和建筑体积之比，是反映建筑形态是否节能的一个重要指标。体形系数越小，意味着同一使用空间下，接触室外大气的面积越小，则越节能。

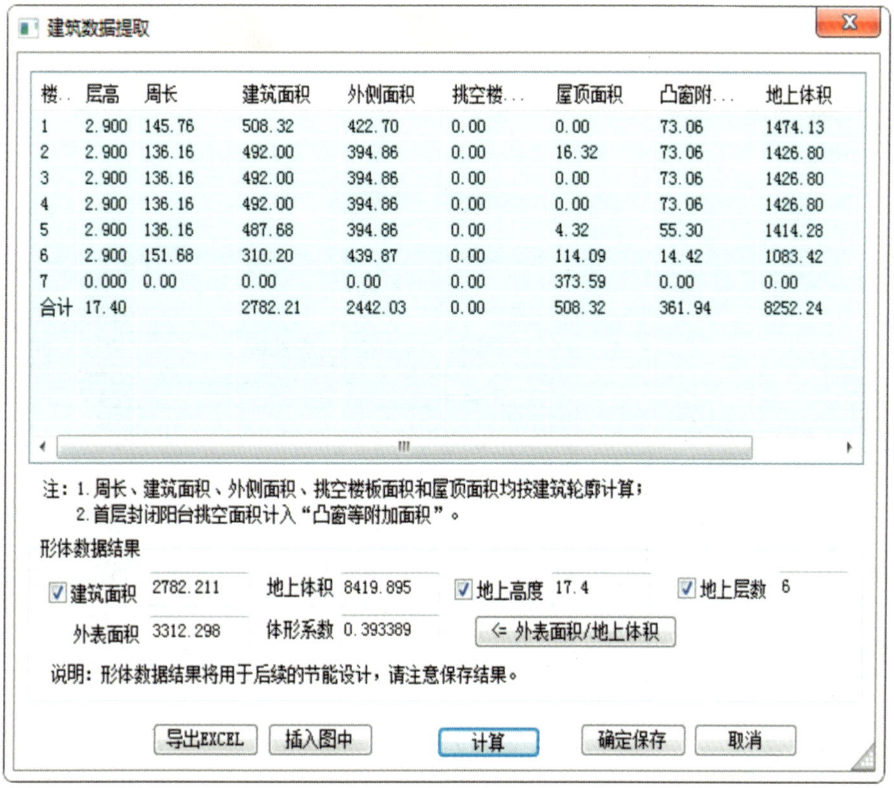

图 4.35 “建筑数据提取”对话框

在需要手动修正建筑数据的特殊情况下，“形体数据结果”下的数据可以手动输入变更。如果修改的是外表面积或地上体积，将影响体形系数的大小，请点击“外表面积/地上体积”按钮，更新体形系数。此外，节能分析以点击“确定保存”后的数据为准，因此每次重新提取或更改数据，都需要点击“确定保存”。第一次数据提取自动计算，之后每一次提取模型数据都需要点击“计算”按钮，才能从模型中提出数据，否则列出的仍是上次的数据。

4.2.3.2 能耗计算

屏幕菜单命令：【计算】→【能耗计算】(NHJS)。

“能耗计算”命令根据所选标准中规定的评估方法和所选能耗种类，计算建筑物不同形式的能耗。能耗计算用于在规定性指标检查不满足时，采用综合权衡判定的情况。标准和能耗种类可以用“工程设置”命令选择。

4.2.3.3 节能检查

屏幕菜单命令：【计算】→【节能检查】(JNJC)。

当完成建筑物的工程构造设定和能耗计算后，如图 4.36 所示，执行该命令进行节能检查，输出两组检查数据和结论，分别对应规定性指标检查和性能权衡评估。在对话框下端选取“规定指标”，是根据工程设置中选用的节能设计标准，对建筑物逐条进行规定性指标的检查并给出结论。如果选取“性能指标”，则是根据标准中规定的性能权衡判定方式进行检查并给出结论。当“规定指标”的结论满足时，可以判定为节能建筑；当“规定指标”的结论不满足而“性能指标”的结论满足时，也可判定为节能建筑。

节能检查输出的表格中列出了检查项、计算值、标准要求、结论及可否性能权衡，其中“可否性能权衡”表示该项指标超出规定性值，性能权衡判定时该检查项是否可以超标，“可”表示可以超标，“不可”表示无论如何均不能超标。

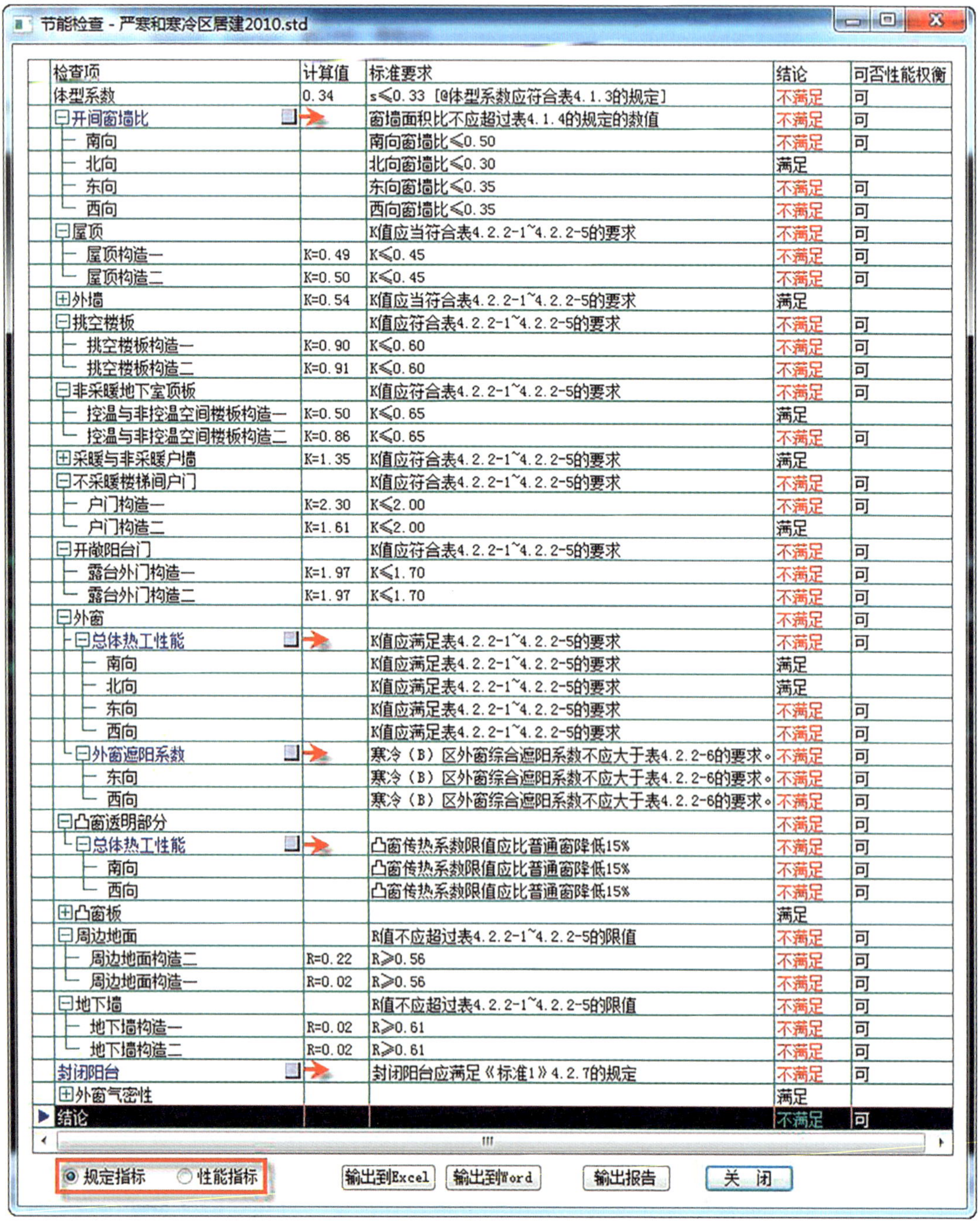

检查项	计算值	标准要求	结论	可否性能权衡
体型系数	0.34	s≤0.33 [@体型系数应符合表4.1.3的规定]	不满足	可
开间窗墙比		窗墙面积比不应超过表4.1.4的规定的数值	不满足	可
南向		南向窗墙比≤0.50	不满足	可
北向		北向窗墙比≤0.30	满足	
东向		东向窗墙比≤0.35	不满足	可
西向		西向窗墙比≤0.35	不满足	可
屋顶		K值应当符合表4.2.2-1~4.2.2-5的要求	不满足	可
屋顶构造一	K=0.49	K≤0.45	不满足	可
屋顶构造二	K=0.50	K≤0.45	不满足	可
外墙	K=0.54	K值应当符合表4.2.2-1~4.2.2-5的要求	满足	
挑空楼板		K值应符合表4.2.2-1~4.2.2-5的要求	不满足	可
挑空楼板构造一	K=0.90	K≤0.60	不满足	可
挑空楼板构造二	K=0.91	K≤0.60	不满足	可
非采暖地下室顶板		K值应符合表4.2.2-1~4.2.2-5的要求	不满足	可
控温与非控温空间楼板构造一	K=0.50	K≤0.65	满足	
控温与非控温空间楼板构造二	K=0.86	K≤0.65	不满足	可
采暖与非采暖户墙	K=1.35	K值应符合表4.2.2-1~4.2.2-5的要求	满足	
不采暖楼梯间户门		K值应符合表4.2.2-1~4.2.2-5的要求	不满足	可
户门构造一	K=2.30	K≤2.00	不满足	可
户门构造二	K=1.61	K≤2.00	满足	
开敞阳台门		K值应符合表4.2.2-1~4.2.2-5的要求	不满足	可
露台外门构造一	K=1.97	K≤1.70	不满足	可
露台外门构造二	K=1.97	K≤1.70	不满足	可
外窗			不满足	可
总体热工性能		K值应满足表4.2.2-1~4.2.2-5的要求	不满足	可
南向		K值应满足表4.2.2-1~4.2.2-5的要求	满足	
北向		K值应满足表4.2.2-1~4.2.2-5的要求	满足	
东向		K值应满足表4.2.2-1~4.2.2-5的要求	不满足	可
西向		K值应满足表4.2.2-1~4.2.2-5的要求	不满足	可
外窗遮阳系数		寒冷（B）区外窗综合遮阳系数不应大于表4.2.2-6的要求。	不满足	可
东向		寒冷（B）区外窗综合遮阳系数不应大于表4.2.2-6的要求。	不满足	可
西向		寒冷（B）区外窗综合遮阳系数不应大于表4.2.2-6的要求。	不满足	可
凸窗透明部分			不满足	可
总体热工性能		凸窗传热系数限值应比普通窗降低15%	不满足	可
南向		凸窗传热系数限值应比普通窗降低15%	不满足	可
西向		凸窗传热系数限值应比普通窗降低15%	不满足	可
凸窗板			满足	
周边地面		R值不应超过表4.2.2-1~4.2.2-5的限值	不满足	可
周边地面构造二	R=0.22	R≥0.56	不满足	可
周边地面构造一	R=0.02	R≥0.56	不满足	可
地下墙		R值不应超过表4.2.2-1~4.2.2-5的限值	不满足	可
地下墙构造一	R=0.02	R≥0.61	不满足	可
地下墙构造二	R=0.02	R≥0.61	不满足	可
封闭阳台		封闭阳台应满足《标准1》4.2.7的规定	不满足	可
外窗气密性			满足	
结论			不满足	可

图 4.36 “节能检查”对话框

节能检查中，一些检查项的数据量大或复杂，因此采用了展开检查的方式，即“节能检查”表中给出该项的总体判定，全部的细节数据则在详表中检查，如开间窗墙比、外窗热工、封闭阳台等项，并支持输出详表到 Word 或 Excel 中。很多检查项支持在表格中点击该项自动对准到图中，以便将数据与模型一一对应，为调整设计提供方便。

当“规定指标”或“性能指标”二者有一项的结论为“满足”时，说明本建筑已经通过节能设计，可以输出报告和报表。

4.2.3.4 节能报告

屏幕菜单命令：【计算】→【节能报告】（JNBG）。

完成节能分析后，采用该功能输出 Word 格式的建筑节能计算报告书。除个别需要设计者叙述的部分外，报告书内容从模型和计算结果中自动提取数据填入，如建筑概况、工程构造、指标检查、能耗计算以及结论等。同时，还自动生成围护结构的材料组成，方便设计师、审图人员进行核查。

4.2.3.5 报审表

屏幕菜单命令：【计算】→【报审表】（BSB）。

如图 4.37 所示，各地节能审查部门通常要求在报审节能设计时填报各种表格，如报审表、备案表和审查表等，“报审表”命令支持自动输出 Word 格式的表格。

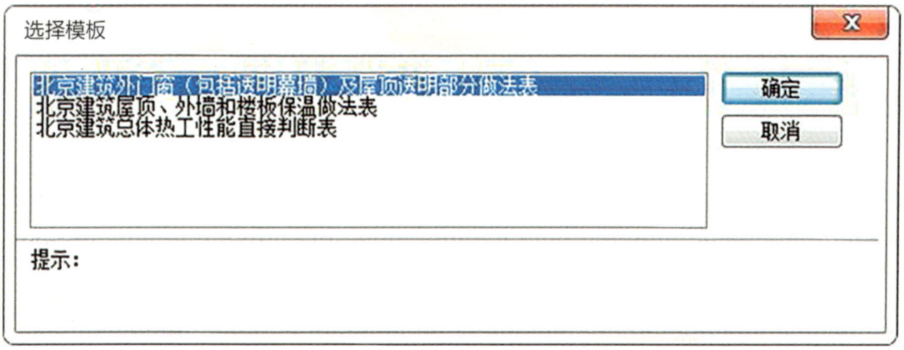

图 4.37　输出报审表

4.2.3.6 导出审图

屏幕菜单命令：【文件帮助】→【导出审图】（DCST）。

该命令对送审的电子节能文档进行打包压缩，生成审图文件包*.bdf，审图机构可以用 BECS 的审图版解压打开进行审核。

4.2.3.7 其他工具

（1）窗墙面积比

屏幕菜单命令：【计算】→【窗墙比】（CQB）。

窗墙比是影响建筑能耗的重要指标，本命令用于提取计算建筑模型的窗墙比。根据目前正在实施的一系列节能标准，窗墙比分为 2 种，如图 4.38 所示。

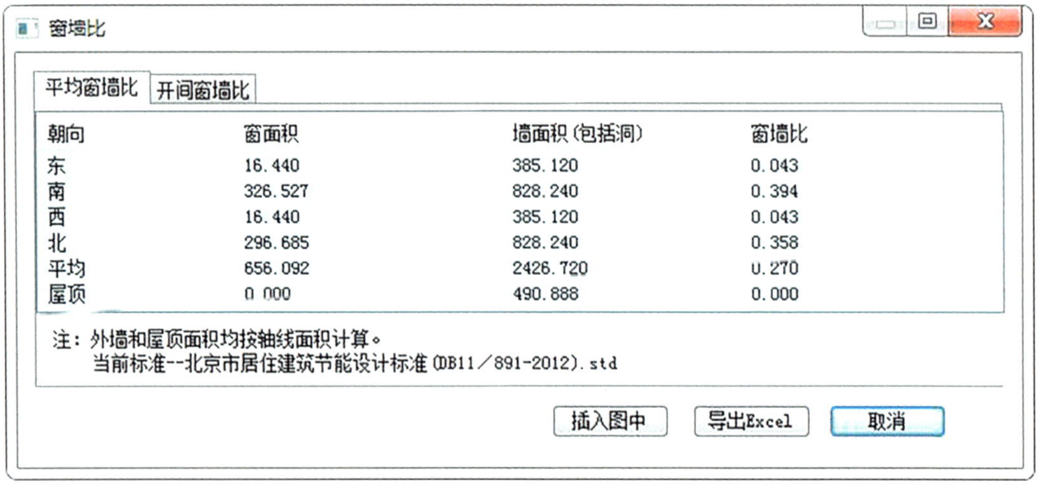

图 4.38　平均窗墙面积比

①平均窗墙比：东西南北四个朝向的平均窗墙比。

②开间窗墙比：窗户洞口面积与房间立面单元面积之比。

在节能设计中，“窗”是指透光围护结构，包括玻璃窗、玻璃门、阳台门的透光部分和玻璃幕墙。透光部分是保温的薄弱环节，也是夏季太阳传热的主要途径，因此从节能角度出发，较小的透光比例对建筑节能更加有利。同时，建筑设计还要兼顾室内采光的需要，因此也不能过小。对于夏热冬暖地区，温差传热不是建筑耗能的主要方式，控制窗墙比实际上是控制太阳辐射的热。采取适当的遮阳，可以允许较大的透光面积。

关于凸窗面积的计算方法，各地节能标准也不尽相同，一种是按玻璃的展开面积计算，另一种是按墙上窗洞计算，系统按项目地点的标准给定。

（2）门窗表

屏幕菜单命令：【计算】→【门窗表】（MCB）。

该功能按东西南北四个朝向统计门窗面积，如图 4.39 所示。

（3）开启面积

屏幕菜单命令：【计算】→【开启面积】（KQMD）。

本功能根据“门窗类型”中设置的开启比例，如图 4.40 所示，分层统计该层中每个房间门窗的开启面积，并对照工程所在地的规范的要求给出判定。

（4）平均 *K* 值

屏幕菜单命令：【计算】→【平均 *K* 值】（PJKZ）。

该命令为外墙平均传热系数 K 值和平均热惰性指标 D 值的计算工具，可以计算单段外墙的平均传热系数 K 以及整栋外墙的平均传热系数 K 和平均热惰性指标 D。只有完成建筑节能模型的全部工作，包括插入柱子与设置墙中的梁、创建各个标准层与楼层表，以及正确设置工程构造等，计算的平均结果才具有意义。

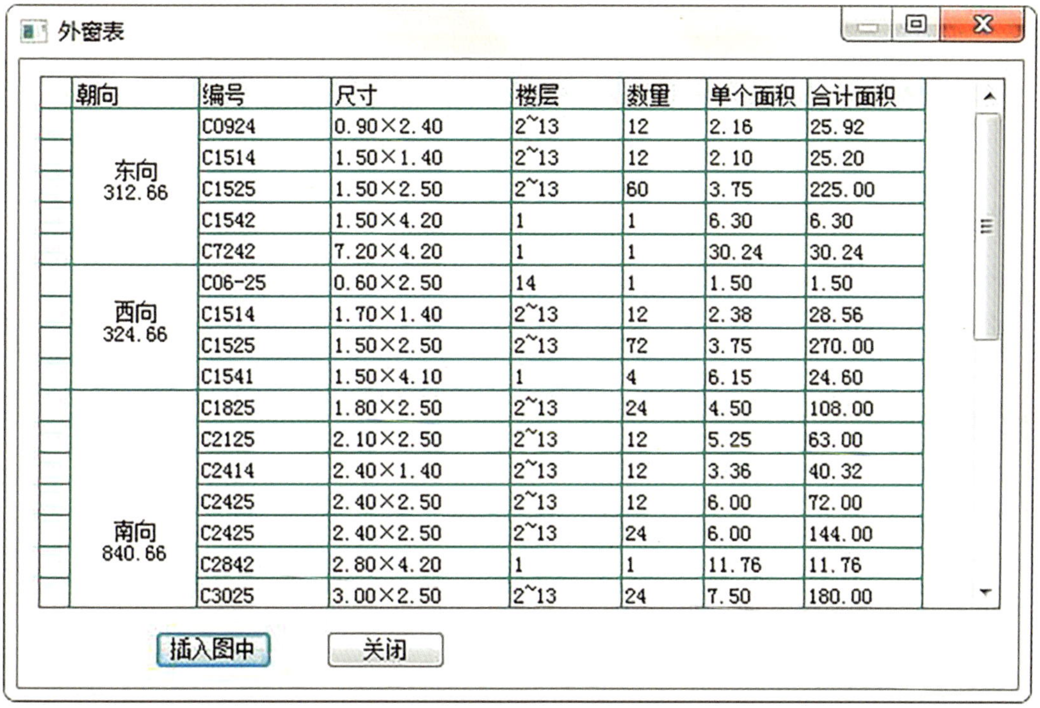

朝向	编号	尺寸	楼层	数量	单个面积	合计面积
东向 312.66	C0924	0.90×2.40	2~13	12	2.16	25.92
	C1514	1.50×1.40	2~13	12	2.10	25.20
	C1525	1.50×2.50	2~13	60	3.75	225.00
	C1542	1.50×4.20	1	1	6.30	6.30
	C7242	7.20×4.20	1	1	30.24	30.24
西向 324.66	C06-25	0.60×2.50	14	1	1.50	1.50
	C1514	1.70×1.40	2~13	12	2.38	28.56
	C1525	1.50×2.50	2~13	72	3.75	270.00
	C1541	1.50×4.10	1	4	6.15	24.60
南向 840.66	C1825	1.80×2.50	2~13	24	4.50	108.00
	C2125	2.10×2.50	2~13	12	5.25	63.00
	C2414	2.40×1.40	2~13	12	3.36	40.32
	C2425	2.40×2.50	2~13	12	6.00	72.00
	C2425	2.40×2.50	2~13	24	6.00	144.00
	C2842	2.80×4.20	1	1	11.76	11.76
	C3025	3.00×2.50	2~13	24	7.50	180.00

图 4.39 “门窗表”对话框

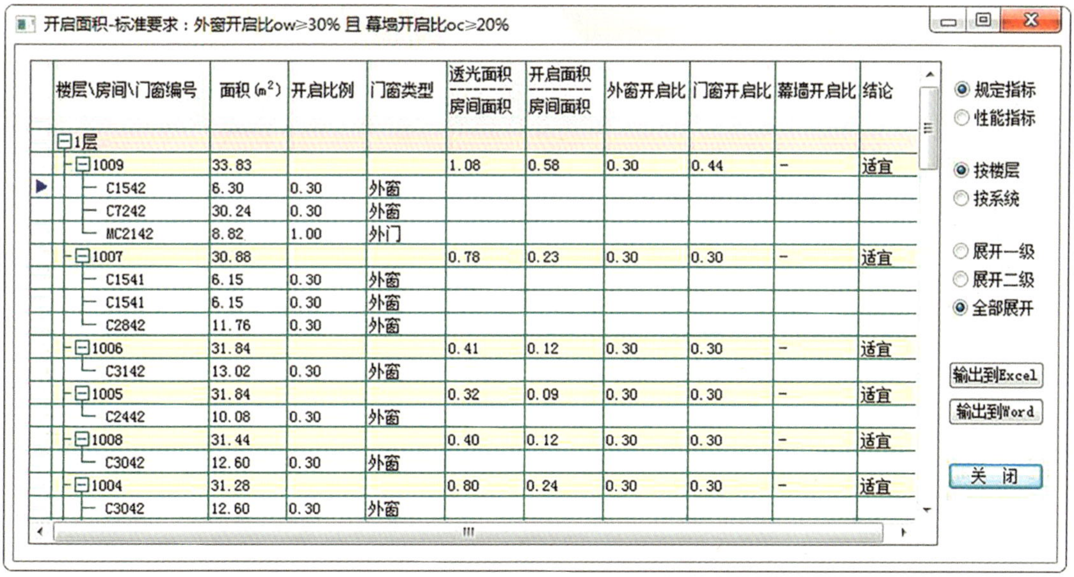

楼层\房间\门窗编号	面积 (m²)	开启比例	门窗类型	透光面积/房间面积	开启面积/房间面积	外窗开启比	门窗开启比	幕墙开启比	结论
1层									
1009	33.83			1.08	0.58	0.30	0.44	-	适宜
C1542	6.30	0.30	外窗						
C7242	30.24	0.30	外窗						
MC2142	8.82	1.00	外门						
1007	30.88			0.78	0.23	0.30	0.30	-	适宜
C1541	6.15	0.30	外窗						
C1541	6.15	0.30	外窗						
C2842	11.76	0.30	外窗						
1006	31.84			0.41	0.12	0.30	0.30	-	适宜
C3142	13.02	0.30	外窗						
1005	31.84			0.32	0.09	0.30	0.30	-	适宜
C2442	10.08	0.30	外窗						
1008	31.44			0.40	0.12	0.30	0.30	-	适宜
C3042	12.60	0.30	外窗						
1004	31.28			0.80	0.24	0.30	0.30	-	适宜
C3042	12.60	0.30	外窗						

图 4.40 “开启面积”对话框

①单段外墙平均传热系数K值。单段外墙上，按墙体和热桥梁柱各个所占面积，采用面积加权平均的方法，计算这段单墙的平均传热系数K值。

②整栋外墙的平均传热系数K值和平均热惰性指标D值。对模型中多种不同构造的外墙和热桥梁柱进行面积加权平均，计算整栋建筑物的单一朝向或全部外墙的平均传热系数

K值和平均热惰性指标D值。

（5）遮阳系数

屏幕菜单命令：【计算】→【常规遮阳】（CGZY）。

该功能类似于平均传热系数K值命令，用于计算单个外窗的外遮阳系数，以及整栋建筑外窗的外遮阳和综合遮阳平均遮阳系数。

屏幕菜单命令：【计算】→【环境遮阳】（HJZY）。

采用模拟法计算遮阳系数，考虑建筑自身、周边建筑对外窗的遮阳效果，通过外窗属性表查看外窗环境遮阳系数。当“工程设置”中设置了启用环境遮阳，计算值可用于外窗遮阳系数的检查。

（6）隔热计算

屏幕菜单命令：【计算】→【隔热计算】（GRJS）。

“隔热计算”命令根据《民用建筑热工设计规范》（GB 50176—2016）中的条文6.1、6.2及附录C3，对外墙、屋顶进行隔热检查。

如图4.41所示，该命令可用于计算建筑物的屋顶和外墙的内表面最高温度，并判断其是否超过温度限值。计算的最高温度值不高于温度限值为隔热检查合格。

屋顶和外墙结构参数自动提取，根据设置参数和默认的时间步长，自动划分网格。勾选所需计算的外围护结构，计算得到内表面最高温度，并与限值比较得出检查结论。

点击“节点图”按钮，生成围护结构的节点划分图，点击“输出报告”按钮，生成详细计算过程的Word格式隔热检查计算书。

注意事项如下：

①最大迭代天数参数设置。BECS隔热计算将墙体视为一维非稳态导热，收敛天数由具体工程参数决定。建议最大迭代天数保持默认设定值 15 天。若计算过程中，围护结构在15天内迭代计算不收敛，可将最大迭代天数调大。

②其他计算参数。根据工程参数、材料参数和默认时间步长，软件计算得到差分步长和网格数，自动划分网格。建议时间步长保持默认值5分钟不变，差分步长和网格数用户不可更改。

③需要计算的围护结构的选择。根据《民用建筑热工设计规范》（GB 50176—2016）中的条文 6.1、6.2，勾选屋顶、外墙，计算内表面最高温度，并与限值比较得出检查结论。当地方标准要求对热桥梁、热桥柱结构进行隔热计算时，勾选需要计算的热桥梁、热桥柱结构，计算内表面最高温度，并与限值比较得出检查结论。

（7）结露检查

屏幕菜单命令：【计算】→【结露检查】（JLJC）。

该命令根据《民用建筑热工设计规范》（GB 50176—2016）相关条款，通过解温度场，得出热桥节点的内表面最低温度，判定是否结露，并将结果生成Word格式的结露报告。

（8）防潮验算

屏幕菜单命令：【计算】→【防潮验算】（FCYS）。

该命令按《民用建筑热工设计规范》(GB 50176—2016)的内容，对外墙和屋顶构造进行防潮验算，并生成冷凝受潮验算计算书。

计算结果可以以“数据表格”“图形曲线”两种方式表达。以“数据表格”表达时，可以将结果输出至Excel。以“图形曲线”表达时，可以将结果插入至当前工程中。

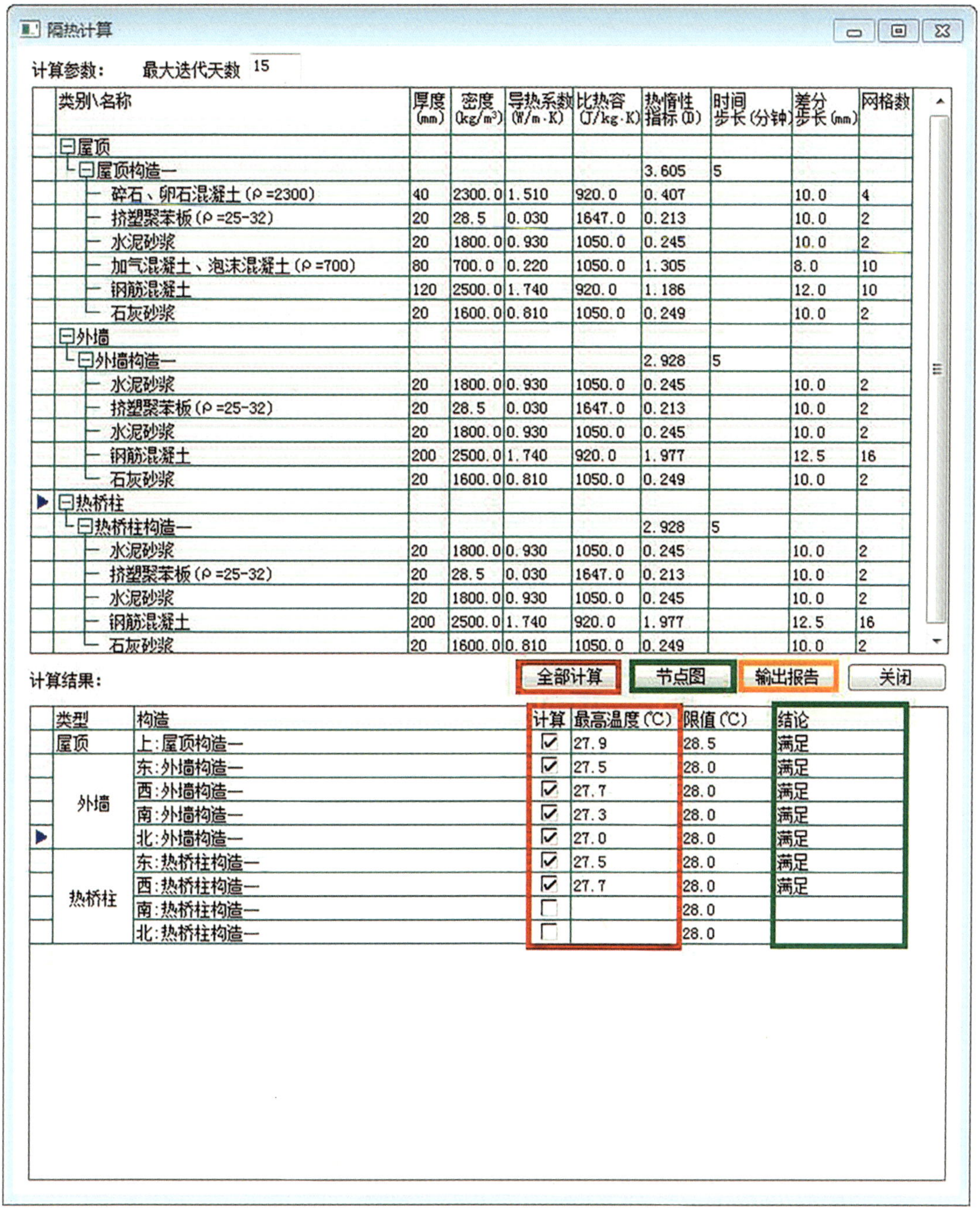

类别\名称	厚度(mm)	密度(kg/m³)	导热系数(W/m·K)	比热容(J/kg·K)	热惰性指标(D)	时间步长(分钟)	差分步长(mm)	网格数
屋顶								
屋顶构造一					3.605	5		
碎石、卵石混凝土(ρ=2300)	40	2300.0	1.510	920.0	0.407		10.0	4
挤塑聚苯板(ρ=25-32)	20	28.5	0.030	1647.0	0.213		10.0	2
水泥砂浆	20	1800.0	0.930	1050.0	0.245		10.0	2
加气混凝土、泡沫混凝土(ρ=700)	80	700.0	0.220	1050.0	1.305		8.0	10
钢筋混凝土	120	2500.0	1.740	920.0	1.186		12.0	10
石灰砂浆	20	1600.0	0.810	1050.0	0.249		10.0	2
外墙								
外墙构造一					2.928	5		
水泥砂浆	20	1800.0	0.930	1050.0	0.245		10.0	2
挤塑聚苯板(ρ=25-32)	20	28.5	0.030	1647.0	0.213		10.0	2
水泥砂浆	20	1800.0	0.930	1050.0	0.245		10.0	2
钢筋混凝土	200	2500.0	1.740	920.0	1.977		12.5	16
石灰砂浆	20	1600.0	0.810	1050.0	0.249		10.0	2
热桥柱								
热桥柱构造一					2.928	5		
水泥砂浆	20	1800.0	0.930	1050.0	0.245		10.0	2
挤塑聚苯板(ρ=25-32)	20	28.5	0.030	1647.0	0.213		10.0	2
水泥砂浆	20	1800.0	0.930	1050.0	0.245		10.0	2
钢筋混凝土	200	2500.0	1.740	920.0	1.977		12.5	16
石灰砂浆	20	1600.0	0.810	1050.0	0.249		10.0	2

类型	构造	计算	最高温度(℃)	限值(℃)	结论
屋顶	上:屋顶构造一	☑	27.9	28.5	满足
外墙	东:外墙构造一	☑	27.5	28.0	满足
	西:外墙构造一	☑	27.7	28.0	满足
	南:外墙构造一	☑	27.3	28.0	满足
	北:外墙构造一	☑	27.0	28.0	满足
热桥柱	东:热桥柱构造一	☑	27.5	28.0	满足
	西:热桥柱构造一	☑	27.7	28.0	满足
	南:热桥柱构造一	☐		28.0	
	北:热桥柱构造一	☐		28.0	

图4.41 “隔热计算”对话框

4.3 基于BIM技术的日照分析模拟

4.3.1 参数设置

建筑日照分析的量化指标是计算建筑窗户的日照时间，这需要在建筑布局确定之后进行。建设项目的规划是动态可变的，合理地修改拟建建筑的布局，可以改善已有建筑和拟建建筑的日照状况。因此，需要一系列的辅助工具来帮助设计师进行建筑的布局规划。

4.3.1.1 日照标准

屏幕菜单命令：【定制设置】→【日照标准】(RZBZ)。

建筑日照标准是根据建筑物（或场地）所处的气候区、城市规模和使用性质确定的。它规定了在日照标准日的有效日照时间内，阳光应直接照射到建筑物（或场地）上的最低日照时数。

日照分析软件Sun用“日照标准”来描述日照计算规则，全面考虑各种常用日照分析设置参数，以满足各地日照分析标准各异的情况。如图4.42所示，用户根据项目所在地的

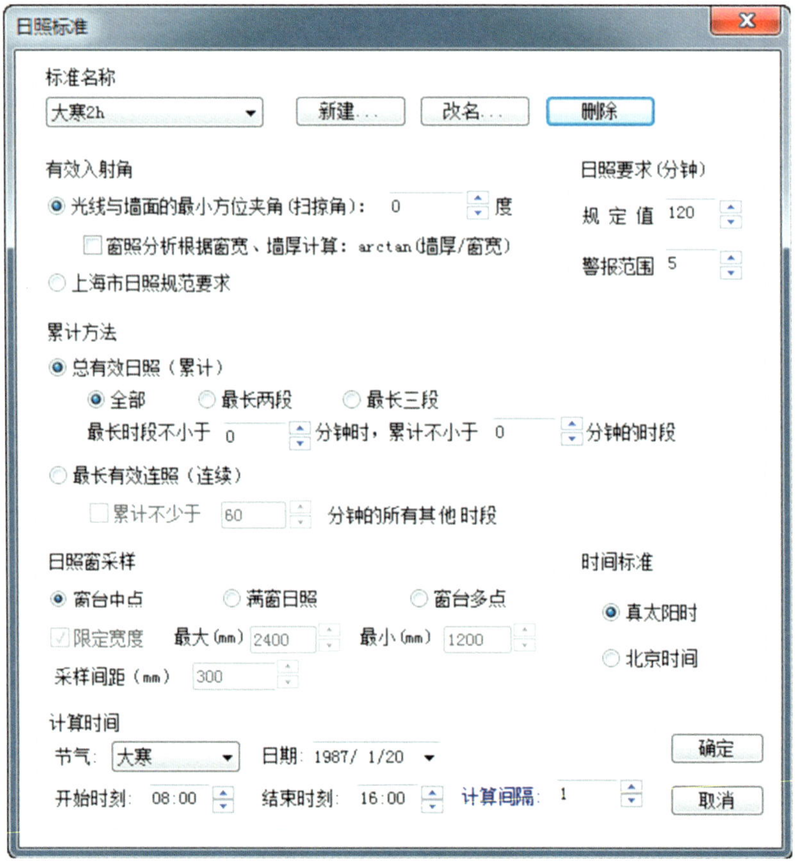

图4.42 “日照标准”对话框

日照规范建立日照标准，并将其设为当前标准，用于规划项目的日照分析。

（1）标准名称：本系统中默认包含了几个常用日照标准，用户可以根据工程所在地的地方日照规定设定下列参数自建标准，然后命名存盘。

（2）有效入射角

①设定日光光线与含窗体墙面之间的最小水平投影方向夹角。

②根据窗宽和窗体所在墙的墙厚计算日光光线照入室内的最小夹角。

③根据上海市政府规定的表格内容执行。

（3）累计方法

①总有效日照（累计）：以“最长时段不小于 xx 分钟时，累计不小于 yy 分钟的时段”为条件，提供以下三种方式：

a．全部：累计满足条件的所有有效日照时间段。

b．最长两段：累计满足条件的最长两段有效日照时段。

c．最长三段：累计满足条件的最长三段有效日照时段。

需要注意的是，当不满足条件时，不累计时段。

②最长有效连照（连续）：不勾选“累计不少于 xx 分钟的所有其他时段”时，只计算最长一段时段。而勾选“累计不少于 xx 分钟的所有其他时段”时，则在计算最长一段时段的基础上，将满足条件的所有其他时段累计起来。

（4）日照窗采样：有以下三种采样方法。

①窗台中点：当日光光线照射到窗台外侧中点处时，本窗的日照即算作有效照射。

②满窗日照：当日光光线同时照射到窗台外侧两个下角点时，算作本窗的有效照射。

③窗台多点：当日光光线同时照射到窗台多个点时，算作本窗的有效照射。

（5）计算时间：进行日照分析的日期、时间段及计算间隔设置。

①日期：计算采用的节气日期。

②时间段：开始时刻和结束时刻。大寒日 8：00～16：00，冬至日 9：00～15：00。

③计算间隔：间隔多长时间计算一次。计算间隔越小结果越精准，计算耗时也更多。

（6）时间标准：分为真太阳时和北京时间。通常应使用真太阳时作为时间标准。

（7）日照要求：最终判断日照窗是否满足日照要求的规定日照时间，低于此值则为不合格，在日照分析表格中用红色标识。警报时间范围可以设置临界区域，即危险区域；接近不合格，在日照分析表格中用黄色标识。

4.3.1.2 地理位置

地理位置用于确定分析地点的经纬度。

单击主界面中的“城市”按钮，弹出主要城市的经度和纬度对话框，如图 4.43 所示。可选框中提供了全国大部分城市的经度和纬度。选择相应的城市，点击“确定”按钮，其经纬度值自动加入主界面对应的经度和纬度小框中。经纬度单位为度、分、秒，显示时各单位之间用“:”隔开。在每个分析项中都有选择建筑物所在地理位置的选项。

日照分析 Sun 软件使用经纬度描述位置，如图 4.43 所示，用户可以点击“编辑数据”

按钮增加新的城市。

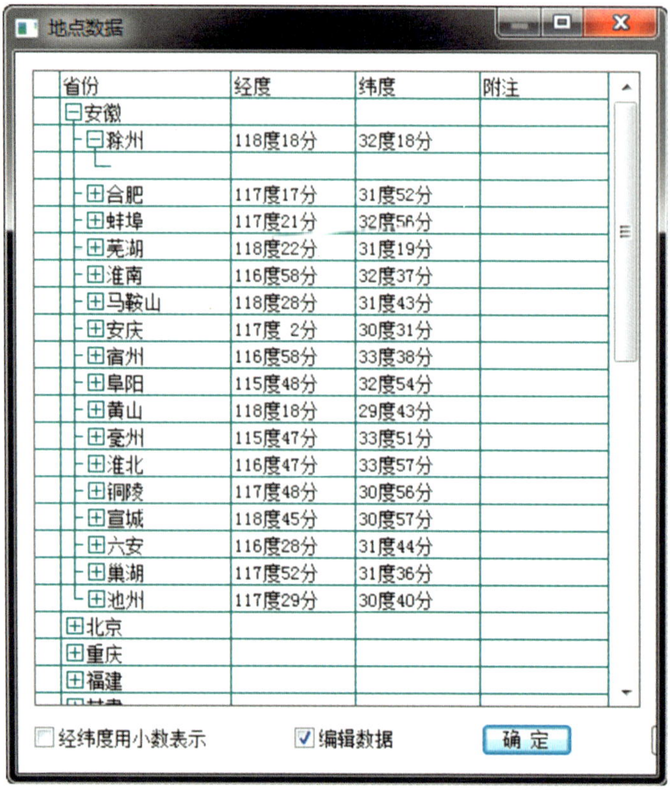

图 4.43　编辑和增加新地理位置的“地点数据”对话框

如果城市经纬度列表中没有录入需要计算的城市，可以在相应位置增加城市，也可以直接在主界面小框中输入对应的经度和纬度。增加城市的方法为：在城市所在的省名称上单击右键，弹出“添加 / 编辑 / 删除”列表条，按提示操作即可。输入经度和纬度时，点击至相应经纬度的度、分、秒数值上，输入新值或按键盘上的上下箭头键进行调整。

4.3.1.3　单位设置

屏幕菜单命令：【定制设置】→【单位设置】（DWSZ）。

软件 Sun 用于日照分析的建筑模型支持米制和毫米制两种单位制，“单位设置”命令可用来切换设置当前图形的单位制。

“单位设置”命令只修改当前图形用于日照分析计算的系统变量，对图中已有的模型不进行缩放。若需改变已有模型的大小，可使用 AutoCAD 的“Scale”命令进行缩放，并且确保环境单位与模型尺寸单位一致，方能获得正确的日照分析结果。

4.3.1.4　比例设置

屏幕菜单命令：【定制设置】→【当前比例】（DQBL）→【改变比例】（GBBL）。

无论是在屏幕上显示观察还是输出打印，比例的设置都不容忽视。日照分析通常与规划图相关，因此一般设置绘图比例为 1 : 500 ～ 1 : 1000 较为合适，图面上的标注符号显示在正常范围内。线上日照和区域分析以数字符号中心的夹点为准，而等照时线以数字符号左下角的夹点为准。

“当前比例”设置当前的比例，对设置后输入的注释类字符有效。

“改变比例”则是改变模型空间中某一范围内图形的出图比例，使其图形内的注释类对象（如文字符号等）与输出比例相适应，同时系统自动将其置为最新的当前比例。

4.3.2 总图模型

4.3.2.1 基本建模

日照模型最基本部分由建筑轮廓、日照窗、阳台构成。

屏幕菜单命令：【基本建模】→【建筑高度】(JZGD)。

“建筑高度”命令用于创建代表建筑体量部分的建筑轮廓，主要有两个功能：一是将代表建筑物轮廓的闭合多段线（PLINE）设定高度和底标高，生成三维的建筑轮廓模型；二是对已有的建筑轮廓重新编辑高度和标高。“建筑高度”建模功能无法为模型命名和编组，但在编辑已有建筑轮廓时，原有的命名和编组信息将被保留。

建筑高度表示的是竖向恒定的拉伸值。当一个建筑物的高度分成几部分、参差不齐时，可分别设定高度。圆柱状甚至悬空的遮挡物，都可以用“建筑高度”命令建立。生成的三维建筑轮廓模型属于TH平板对象，用户也可以用建筑设计Arch中的“平板”建模功能，只需将其放在指定的图层即可。用户还可以通过PM特性表设置多段线(PLINE)的标高(ELEVATION)和高度（THICKNESS），并将其放置到规定的图层上作为建筑轮廓。

如图4.44所示，建筑轮廓的平面形态可以用闭合线段描述，可通过夹点拖动或与闭合的PLINE进行布尔运算来编辑；在竖向上，则用底标高、顶标高和高度描述，“模型检查”→“标高开/关”（或“高度开/关”）用于控制是否显示这三个参数。当开关打开时，从俯视图上可看到底标高、高度和顶标高的数值，直接点击即可修改标高和高度参数，模型会同步自动更新，也可以双击对象进行编辑以改变高度和标高。

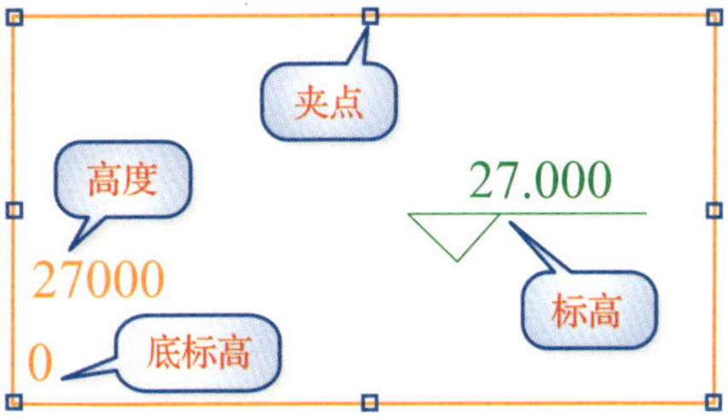

图4.44 建筑轮廓编辑

（1）创建模型

屏幕菜单命令：【基本建模】→【创建模型】(CJMX)。

“创建模型”命令与“建筑高度”命令相似，也是创建建筑轮廓的工具。不同的是，“创建模型”命令交互在对话框上实现，且支持建筑命名和编组，如图4.45所示。模型按对话框中的建筑高度和底部标高生成，建筑名称和编组名称不是必填项目，如果填写可以附带完成命名和编组。

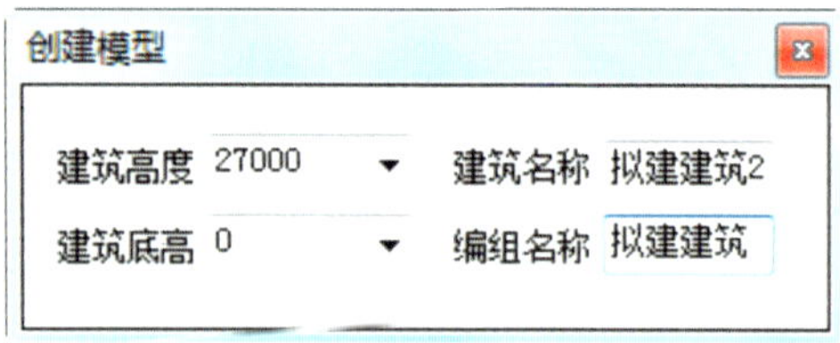

图 4.45 “创建模型”对话框

（2）绘制女儿墙

屏幕菜单命令：【基本建模】→【绘女儿墙】（HNEQ）。

“绘女儿墙”命令在建筑轮廓顶部的边线上自动绘制女儿墙，生成的女儿墙闭合且边界与建筑轮廓平齐。

（3）导入建筑

屏幕菜单命令：【基本建模】→【导入建筑】（DRJZ）。

“导入建筑”命令支持导入建筑设计 Arch 绘制的完整建筑模型，支持内部楼层表和外部楼层表（楼层框）两种情况。导入建筑的必要条件如下：

①建筑图中每层都有建筑轮廓对象。

②有正确的楼层表（内部楼层表或楼层框），层号无重叠或间断。

（4）多层阳台

屏幕菜单命令：【基本建模】→【多层阳台】（DCYT）。

使用“多层阳台”命令创建阳台模型，如图 4.46 所示，当需要阳台参与日照分析时采用该命令创建阳台。软件提供四种绘制方式，可根据重复层数，一次性创建同列的多层阳台。

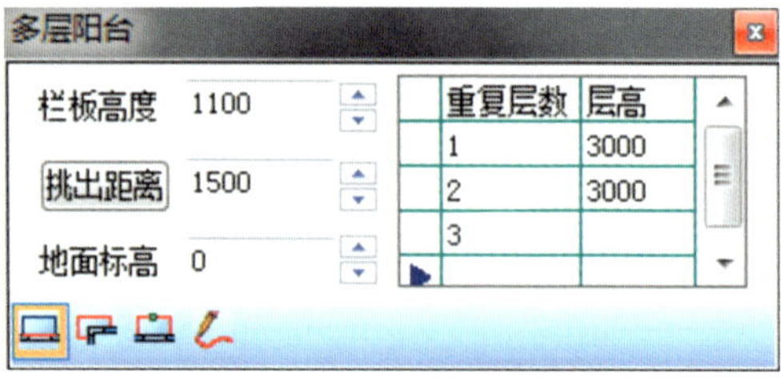

图 4.46 “多层阳台”对话框

软件提供的四种绘制方式简介如下：

①直线阳台：绘制平行于直外墙的直线型阳台，适用于直墙。阳台的长度是从起点到终点的距离，对话框上的“挑出距离”为阳台偏移出墙的距离。

②偏移生成：绘制从外墙向外等距偏移的阳台，适合沿任意形状的墙体，如图 4.47 所示。

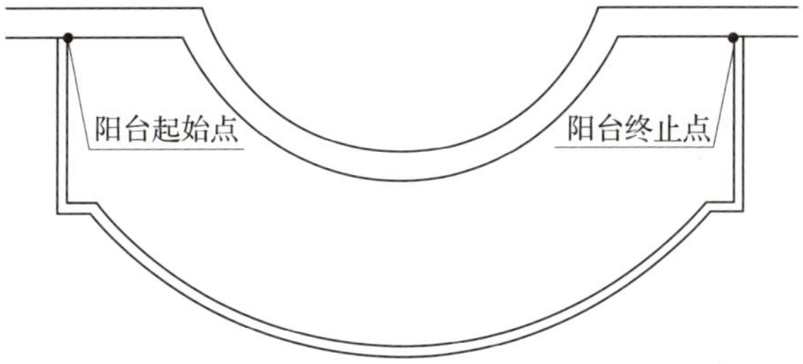

图 4.47 外墙偏移生成的阳台平面图

③基线生成：绘制任意形状的阳台，适于各种形状的墙体。依据事先绘制的 PLINE 作为阳台轮廓线与墙体外边线围成的区域生成阳台，起始点和终止点需落在外墙的外皮上。这种方式适用范围比较广，可创建直线阳台、转角阳台、阴角阳台、凹阳台、弧线阳台等复杂形状的阳台。

④自绘阳台：这种方式与“基线生成”方式的本质是一样的，区别在于这种方式的 PLINE 阳台轮廓线是“现用现绘”，而不是事先绘制好的，如图 4.48 所示。

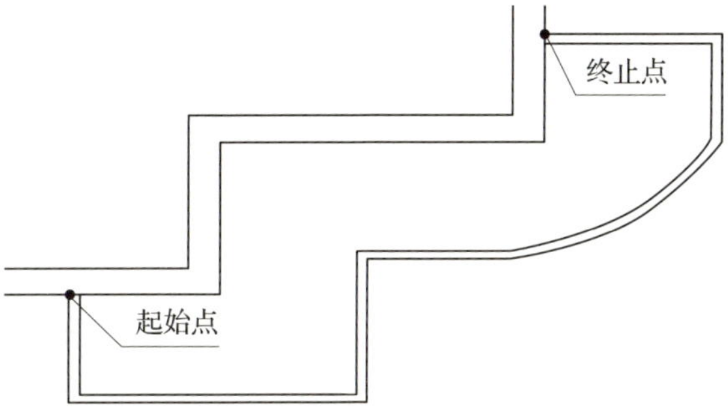

图 4.48 直接绘制阳台的平面

设置“阳台”对话框的操作要点如下：

a. 设置阳台参数。

b. 确定重复层数和层高。

c. 根据需要，在四种绘制方式中选择一种方式。

（5）顺序插窗

屏幕菜单命令：【基本建模】→【顺序插窗】（SXCC）。

如图 4.49 所示，在建筑物轮廓上选取某条边，在这条边所代表的面上，按顺序插入一系列日照窗，并附有编号。对于立面凸凹不平的建筑物，每面墙上需要单独插入，不可连续。点取轮廓边线后，弹出“顺序插窗”对话框。

①对话框选项和操作解释

a. 层号和窗位：框内数值为本次插入的日照窗的起始编号，其他所有的日照窗以此为起始号顺序排列，编号格式为“层号-窗位”，如“8-2”表示 8 层 2 号位的窗户。可以在三维或立面视图中查看编号情况，平面图中仅显示窗位号。插入日照窗时，窗位号框内的序号随插入而递增更新，下次插入时可不必设置接着进行。

b. 重复层数：插入的日照窗按给定层高生成的层数，表中自上而下对应阿拉伯数字。

c. 窗台标高：首层日照窗台距建筑轮廓底部的高度。

d. 层高：楼层高度，相邻两层日照窗的间距，支持不等层高。

e. 窗高：插入的日照窗高度。

f. 窗宽：插入的日照窗宽度。

图 4.49 “顺序插窗”对话框

②操作步骤

a. 选取体量模型的外墙线，系统搜索出插入起点。

b. 在对话框上填入正确的数据。

c. 命令行提示：输入“窗间距”或点取“窗宽（W）/取前一间距（D）”（按需要输入数值字母或在图中点取）。

d. 可以一次插入单层、等高多层和不等高多层，如图 4.50 所示，为建筑轮廓和日照窗模示意图。

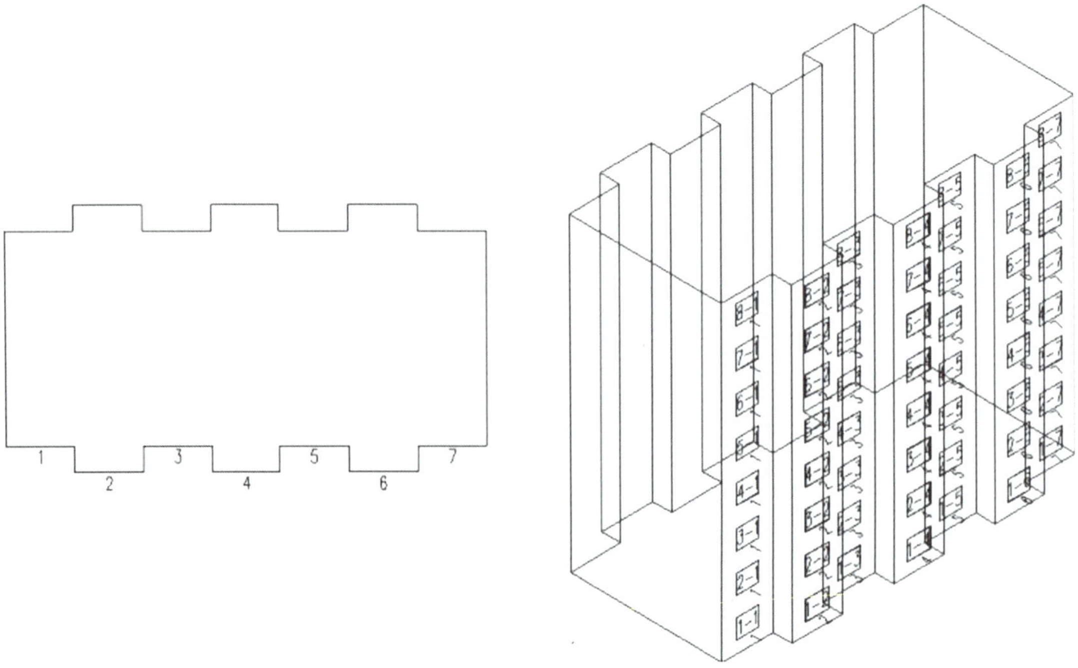

图 4.50 建筑轮廓和日照窗

（6）两点插窗

屏幕菜单命令：【基本建模】→【两点插窗】（LDCC）。

如图 4.51 所示，在建筑物轮廓上，将窗台的左起始点到右结束点作为窗宽（面向室内），以对话框给定的层号和窗位作为起始编号，插入一系列日照窗。这种方式特别适合满墙插窗。

图 4.51 “两点插窗”对话框

（7）等分插窗

屏幕菜单命令：【基本建模】→【等分插窗】（DFCC）。

该命令在一面墙上按给定的数量均等插入一组日照窗。起始和终止的间距等于中间间距的一半，如图 4.52 所示。

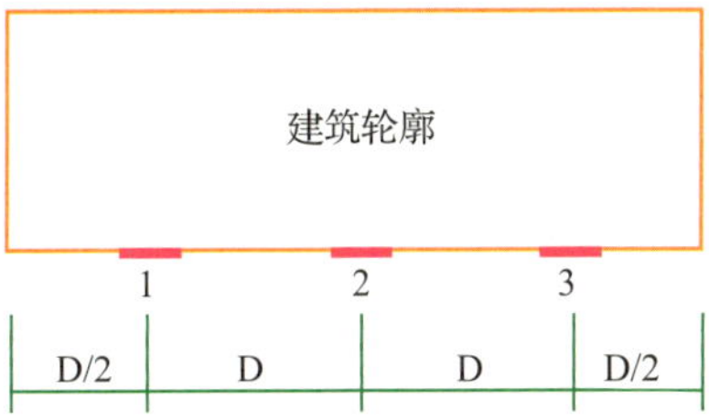

图 4.52 等分插窗示意图

（8）映射插窗

屏幕菜单命令：【基本建模】→【墙面展开】（QMZK），【基本建模】→【映射插窗】（YSCC）。

本组命令分为两步插日照窗，“墙面展开”把建筑轮廓的某个墙面按立面展开，在展开的矩形轮廓内绘制日照窗，“映射插窗”命令把这些窗逐层地映射到墙面上，如图 4.53 所示。

选取准备插窗的墙面后生成一个矩形，其高度等于建筑模型的高度，宽度等于点取的这个边的展开长度。在展开的立面上用 PLINE 闭合矩形布置立面窗，再用“映射插窗”命令将日照窗映射到三维模型上，窗编号按自下而上、自左而右的顺序自动编排，如图 4.54 所示。“映射插窗”功能通常用于行列不规则的日照窗建模，或将实测日照窗映射到建筑模型上。

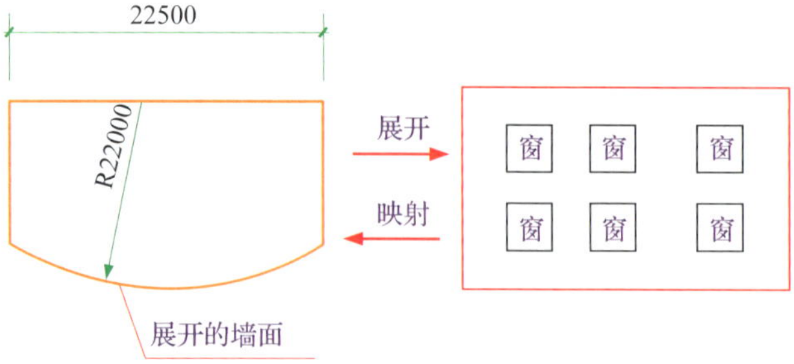

图 4.53　映射插窗示意图

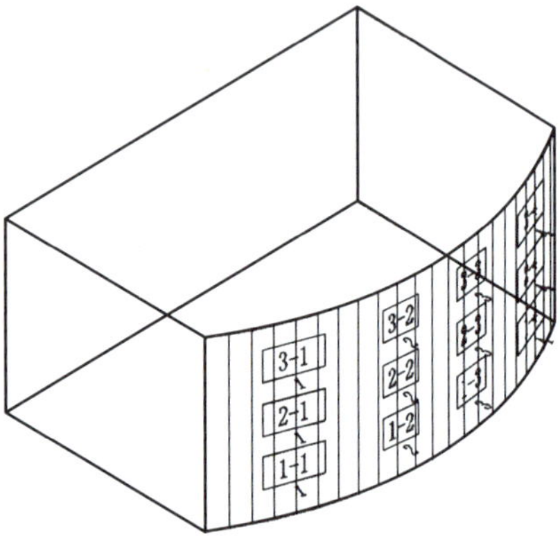

图 4.54　映射插入日照窗

（9）投影插窗

屏幕菜单命令:【基本建模】→【提取立面】(TQLM),【基本建模】→【投影插窗】(TYCC)。

本组命令利用已有建筑立面图为日照模型插窗，相当于生成建筑立面图的反过程，“投影插窗”和“映射插窗”的区别在于，投影不展开墙面而是按某个视向将建筑立面图中的窗投射到墙面上。

操作要点如下：

①利用“提取立面”命令生成建筑轮廓某个视向的立面轮廓线。

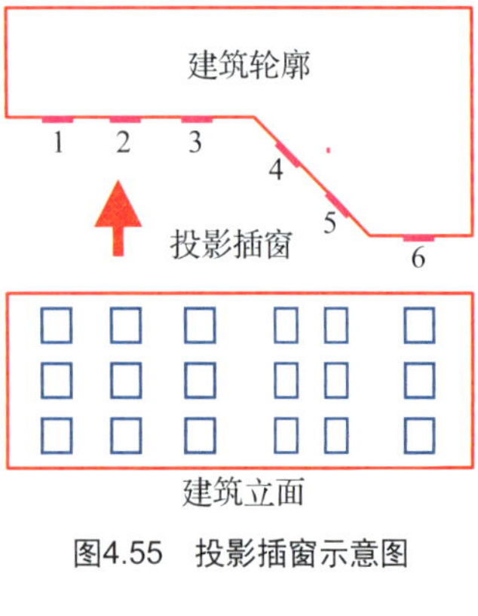

图4.55　投影插窗示意图

②将生成的立面轮廓线重叠置于建筑立面图上。

③执行“投影插窗”命令，并按提示交互操作。

a. 请选取建筑轮廓线“退出”（选取准备插窗的建筑轮廓）;

b. 请输入立面方向“正立面”（确定立面图投影到建筑轮廓上的方向）;

c. 立面展开图的左下角点“退出”（选取立面轮廓线的左下角）;

d. 输入起始窗号“1”（插入的日照窗起始编号）;

e. 输入“起始层号”或“自动确定层号（A）：1”（输

入起始层号，也可自动排好）。

④选择待映射的窗轮廓：选取建筑立面图上的立面窗，投影插窗的结果如图 4.55 所示。

（10）窗属轮廓

屏幕菜单命令：【基本建模】→【窗属轮廓】（CSLK）。

该命令用于定义某部分建筑轮廓附属于某日照窗，定义后该建筑轮廓对该日照窗的遮挡忽略不计。通常用于转角窗户简化后的日照窗与转角处建筑轮廓的定义，采用这种计算方法的城市包括上海、杭州、宁波、无锡、东莞、合肥等。

如图 4.56 所示，5 号转角窗原本是 L 型，按一般的日照标准可简化成如图形式，先将建筑命名为 A 和 B 两部分，然后用本功能定义 5 号窗附属于建筑轮廓 B，则建筑轮廓 B 对 5 号窗的遮挡忽略不计，但仍保留对其他建筑轮廓的遮挡。

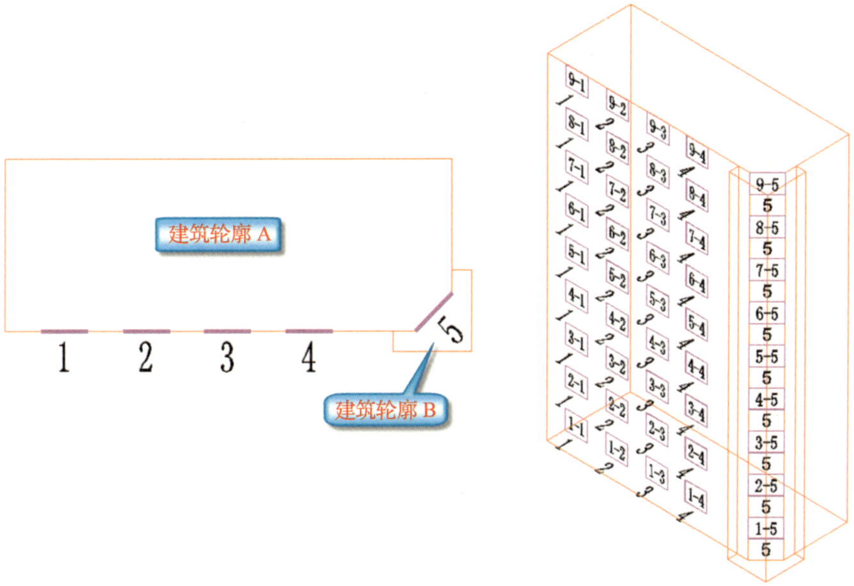

图 4.56 窗属轮廓实例

4.3.2.2 屋顶坡地

（1）人字坡顶

屏幕菜单命令：【屋顶坡地】→【人字坡顶】（RZPD）。

以闭合的 PLINE 为边界，按给定的屋脊位置，生成标准人字坡屋顶。屋顶坡面的坡度可输入角度或坡度，可以指定屋脊的标高值。由于允许两坡具有不同的底标高，因此使用屋脊标高来确定屋顶的标高，如图 4.57 所示。

图 4.57 “人字坡顶”对话框

操作步骤如下：

①准备一条封闭的 PLINE 作为人字屋顶的边界；

②执行命令，在对话框中输入屋顶参数，图中点取 PLINE；

③分别点取屋脊线起点和终点，如取边线则为单坡屋顶。

理论上只要是闭合的 PLINE 就可以生成人字坡屋顶，用户依据屋顶的设计需求确定边界的形式，也可以生成屋顶后，使用右键中的“布尔编辑”对人字屋顶与闭合的 PLINE 进行布尔运算，生成复杂的屋顶。

（2）多坡屋顶

屏幕菜单命令：【屋顶坡地】→【多坡屋顶】（DPWD）。

由封闭的任意形状 PLINE 线生成指定坡度的坡形屋顶，如图 4.58 所示。可采用对象编辑单独修改每个边坡的坡度，以及用限制高度切割顶部为平顶形式。

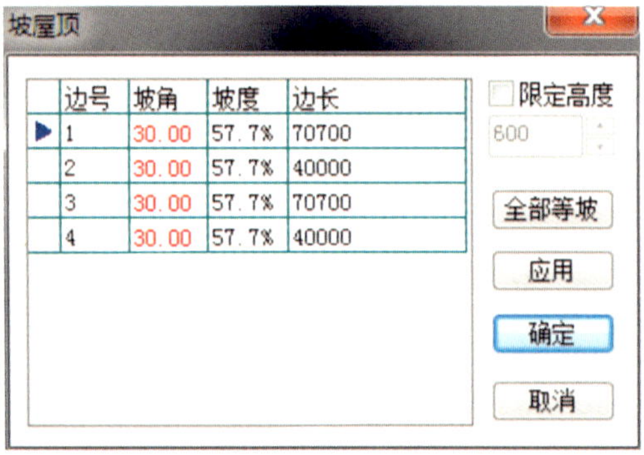

图 4.58 “坡屋顶”对话框

操作步骤如下：

①准备一条封闭的 PLINE 作为屋顶的边线。

②执行命令，图中点取 PLINE。

③给出屋顶每个坡面的等坡坡度或接受默认坡度，回车生成。

④选中“多坡屋顶”，通过右键“对象编辑”命令进入坡屋顶编辑对话框，进一步编辑坡屋顶的每个坡面。还可以通过屋顶的夹点修改边界。

在坡屋顶编辑对话框中，列出了屋顶边界编号和对应坡面的几何参数。单击电子表格中某边号一行时，图中对应的边界用一个红圈实时响应，表示当前处理对象是这个坡面。用户可以逐个修改坡面的坡角或坡度，修改完后请点取“应用”使其生效。“全部等坡”能够将所有坡面的坡度统一为当前的坡面。坡屋顶的某些边可以指定坡角为 90°，对于矩形屋顶，表示双坡屋面的情况。

（3）歇山屋顶

屏幕菜单命令：【屋顶坡地】→【歇山屋顶】（XSWD）。

该命令依据对话框给定的参数，通过拖动鼠标在图中直接建立歇山屋顶，对话框如图 4.59 所示。

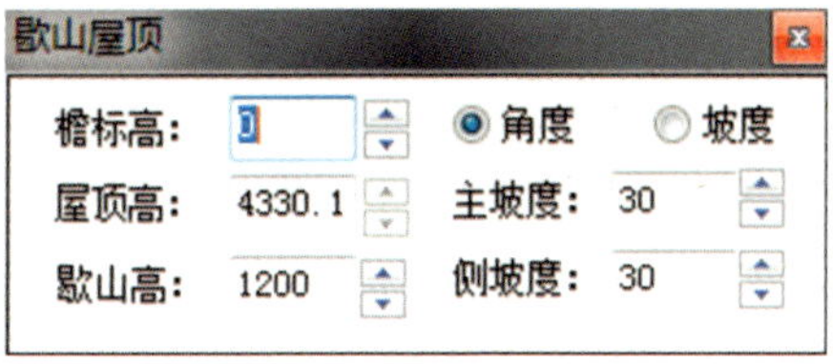

图 4.59 “歇山屋顶”对话框

（4）线转屋顶

屏幕菜单命令：【屋顶坡地】→【线转屋顶】（XZWD）。

该命令将由多个直线段构成的二维屋顶转换为三维屋顶模型（PFACE）。

（5）攒尖屋顶

屏幕菜单命令：【屋顶坡地】→【攒尖屋顶】（CJWD）。

如图 4.60 所示，该命令依据给定参数生成对称的正多边锥形攒尖屋顶。

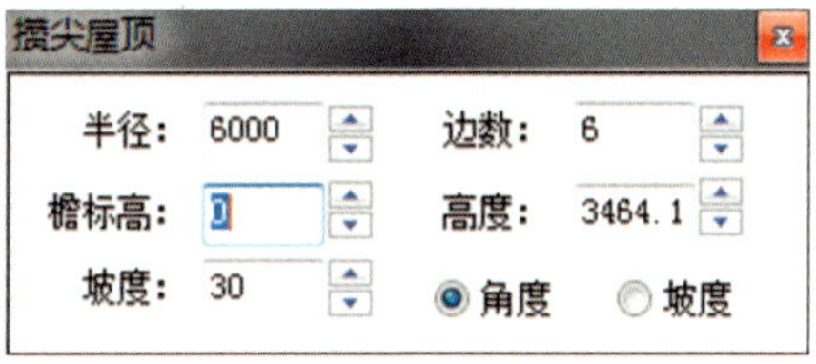

图 4.60 “攒尖屋顶”对话框

（6）屋顶齐墙

屏幕菜单命令：【屋顶坡地】→【屋顶齐墙】（WDQQ）。

通常新创建的屋顶标高（底面或屋脊）等于 0，采用该命令将屋顶的屋面板底部与建筑轮廓的某个边上下对齐，即把屋顶放到建筑轮廓上，如图 4.61 所示。

操作要点如下：

①选取要对齐的屋顶；

②再选取屋顶要对齐的建筑轮廓某个边。

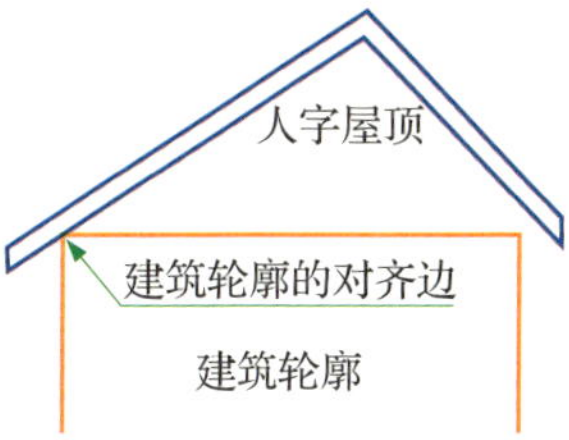

图 4.61 屋顶齐墙示意图

（7）设红线层

屏幕菜单命令：【屋顶坡地】→【设红线层】（SHXC）。

该命令为【绿地日照】命令的使用做准备。

操作要点如下：

①画好要赋予的闭合 PLINE 线；

②运行命令；

③按命令行提示选择已有的闭合 PLINE 线后确认即可。

（8）绿地模型

屏幕菜单命令：【屋顶坡地】→【绿地模型】（LDMX）。

如图 4.62 所示，该命令用赋予的方式来生成绿地模型。

图 4.62　绿地模型区域设置对话框

操作要点如下：

①画好要赋予的闭合 PLINE 线；

②运行命令；

③设定是草地还是乔灌草绿地、是否公共绿地，并编号；

④根据命令行提示，选择闭合 PL 线后右键确认。

（9）坡地模型

屏幕菜单命令：【屋顶坡地】→【坡地模型】（PDMX）。

该命令以一系列等高线（PLINE 或 SPLINE）及其标高值为依据生成坡地模型，如图 4.63 所示。坡地对象的图层没有要求，等高线不能为闭合线。

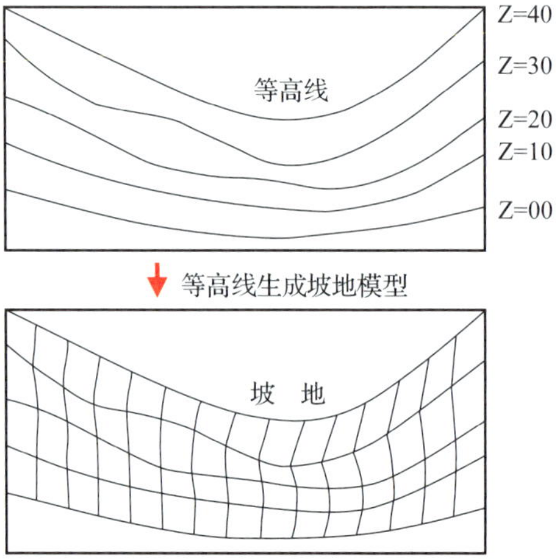

图 4.63　坡地模型

操作要点如下：

①按命令行提示，由低至高顺序选取等高线（不能为闭合线）。

②输入或默认等高线标高，系统按前次高差计算当前默认标高。

③使用“改线密度”修改网格横向的密度，其值表示：一根等高线被等分的份数，通常默认为15。

④坡地建好后，修改参与分析的建筑轮廓底部标高，使其置于坡地之上。

4.3.2.3 体量模型

创建实体的方法有四种：根据基本实体形（长方体、圆锥体、圆柱体、球体、圆环体及楔体）创建实体，通过对截面拉伸的方式创建实体，截面沿路径放样形成实体，以及通过使截面绕固定轴旋转形成实体。

（1）基本形体

屏幕菜单命令：【体量建模】→【基本形体】（JBXT）。

通过屏幕选定和手工输入等方式给出形体参数，建立基本的实体模型。形体参数由对话框统一定义。

（2）截面拉伸

屏幕菜单命令：【体量建模】→【截面拉伸】（JMLS）。

该命令通过对截面拉伸的方式创建实体。

（3）截面旋转

屏幕菜单命令：【体量建模】→【截面旋转】（JMXZ）。

该命令通过使闭合截面曲线绕某个固定轴旋转形成回旋实体。

（4）截面放样

屏幕菜单命令：【体量建模】→【截面放样】（JMFY）。

使闭合截面曲线沿放样路径曲线放样扫描形成实体。

（5）模型修改

①布尔运算

布尔运算与布尔编辑操作的方法类似，但适用的范围不同，前者是针对三维实体模型，后者是用于建筑轮廓对象。

②对象编辑

可以通过通用的对象编辑命令进行实体编辑，修改实体参数，控制实体外形。基本形体的编辑对话框中各控件和参数意义与创建该类形体时的对话框相同，用户可以对其中的各个参数进行修改，具体操作不再详述。编辑复合实体时，用户可以依次选择组成复合实体的单个实体，对其进行参数编辑。

③实体切割

屏幕菜单命令：【体量建模】→【实体切割】（STQG）。

沿某个切割面把实体切割为两部分，从而创建用户需要的复合实体，切割面可以通过两点或三点来确定。

④分离最近

屏幕菜单命令:【体量建模】→【分离最近】(FLZJ)。

本命令取消复合实体最近一次的布尔运算,并把最近参与运算的各个实体分离。如果在执行分割实体后执行本命令,会恢复被分割的实体,同时把原来舍弃的部分分离。

4.3.2.4 命名与编组

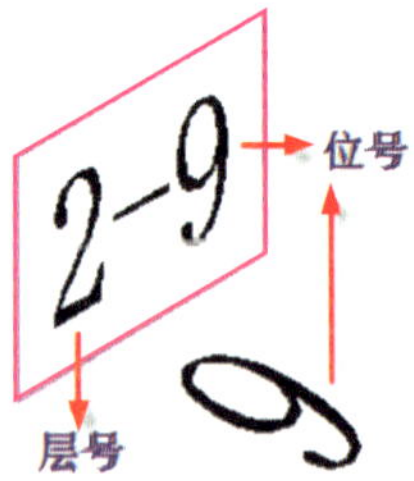

图 4.64 日照窗的编号

(1)日照窗编号

日照窗的编号在创建时会自动生成,但可能会有重号或排序不连贯。在正式进行日照窗分析前,需要确保这些编号的正确性,如有混乱需要重新编辑。

完整的窗编号由位号和层号表示,位号代表平面上的位置,层号代表竖向的位置。在一个日照窗上有三个数字,立面上的格式为"X-Y",X 为层号,Y 为位号,平面上只有位号 Y,如图 4.64 所示的窗编号。成组的日照窗默认编号排序是从左到右、从下到上。

①修改窗号

屏幕菜单命令:【命名编组】→【改窗层号】(GCCH)。【命名编组】→【改窗位号】(GCWH)。

以上两个命令用于编辑已有日照窗的层号或位号,可以单个或成组编辑。当需要修改单个窗号时,为了选取的方便,可在三维视图中操作。

②重排窗号

屏幕菜单命令:【命名编组】→【重排层号】(CPCH)/【重排位号】(CPWH)。

以上两个命令分别用于从层号和窗号两个方向重新排列一个或多个建筑物轮廓上给定的日照窗编号。

"重排层号"默认从下到上重新排列日照窗的层号。选择一组日照窗后回车,输入起始层号,该命令即将所有窗户按从下到上的顺序重新排列层号。

"重排位号"用于排列同层日照窗的窗号。操作方法同上,输入起始窗位号后,该命令即沿着建筑物逆时针的方向为同一层日照窗位号重新排列。

如果要对同一建筑不同朝向的窗进行分析,必须确保每个窗编号是唯一的。插入窗后进行上述命令的操作,使日照窗计算后生成的表格中,不会因为窗编号相同产生混淆。

③窗分户号

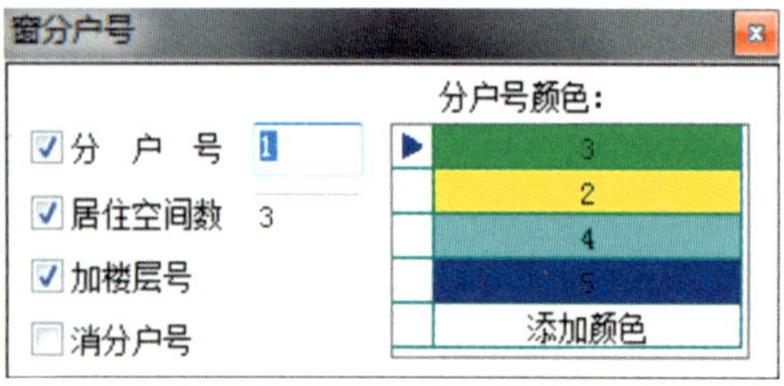

图 4.65 "窗分户号"对话框

屏幕菜单命令:【命名编组】→【窗分户号】(CFHH)。

该功能把同一套住宅的多个日照窗附加上同一户号,以便分析时按同一套居住空间考虑。如图 4.65 所示,在应用"分户统计"和"用地指标"之前需要进行此项设置,"窗照分析"也支持户号。输出的分析结果中将包含户号，可以直观地按相关规范判定每套住宅至少应有几个窗户满足日照要求。

（2）建筑命名

对于情况复杂的建筑群需要进行编组和命名，以便理清日照遮挡关系和责任。建筑命名包括建筑名称和建筑编组。建筑名称能够区分不同客体建筑的日照状况，建筑编组能够区分不同建设项目对客体建筑的日照影响。建筑命名和编组信息分别记载于组成日照模型的图元上，但系统无法保证编组和命名的合理性。用户应适当维持命名逻辑的合理性，即拥有同一个建筑命名的图元应当仅属于一个编组，而不应出现同一建筑物的图元分别属于不同编组的混乱局面。“命名查询”和“编组查询”有助于避免这种逻辑错误。

①建筑名称

屏幕菜单命令：【命名编组】→【建筑命名】(JZMM)。

一个日照模型可能由多个建筑轮廓（包括日照窗和附属构件）构成，建筑命名将这些“零散”的部分归到同一名称下。“遮挡关系”等一系列分析都需要为每个建筑物赋予唯一的ID。“创建模型”也可以给建筑命名。

②建筑编组

屏幕菜单命令：【命名编组】→【建筑编组】(JZBZ)。

该功能用于建筑群编组，便于分析不同建筑组对客体建筑的日照影响。该命令执行后屏幕上没有可见的信息反馈，只能用“编组查询”查看结果。

通常按下列原则编组：拟建建筑分为一组，已建建筑分为一组；或者根据项目的建设档期或业主隶属关系进行编组。建议编组名称的顺序与建设时期的顺序保持一致，这样在日照窗报表中不同建筑组对客体建筑的日照影响才能正确叠加。“创建模型”也可以给建筑编组。

③命名查询

屏幕菜单命令：【模型检查】→【命名查询】(MMCX)。

对已经命名的日照模型图元进行同名查询，查询结果显示同名图元全部亮显，并报告图元数目和其中的日照窗数目。

④编组查询

屏幕菜单命令：【模型检查】→【编组查询】(BZCX)。

对已经命名的日照模型图元进行同组查询，查询结果显示同组图元全部亮显，并报告图元数目和其中的日照窗数目。

4.3.3 单体建模

单体建模方法步骤参照 4.2.3 中建筑节能创建模型部分，此处不再赘述。

4.3.4 单体日照分析

4.3.4.1 建总图框

屏幕菜单命令:【单总分析】→【建总图框】(JZTK)。

如图 4.66 所示，本命令用于创建总图框对象，确定总图的范围以及对齐点。运行命令后，手动选取两个对角点及对齐点，设置内外高差后，总图框就生成了。

图 4.66 中，红色方框里“×”号的交点即为对齐点，450 为内外高差，单位毫米（mm），0 为楼层号或图号。

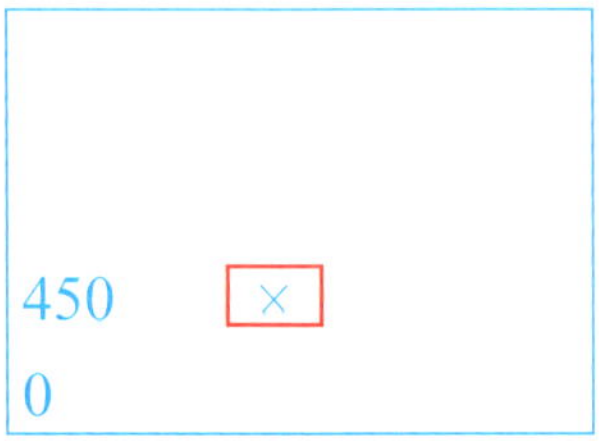

图 4.66 建总图框

4.3.4.2 本体入总

屏幕菜单命令:【单总分析】→【本体入总】(BTRZ)。

在当前图中包含单体模型和总图时，如图 4.67 所示，该命令可将单体模型插入总图或将修改过的单体模型更新到总图，以建筑轮廓的形式展现在总图中，方便使用者更好地观察单体在总图中的位置、朝向及形态，迅速发现单体模型不足之处，以便及时修改。

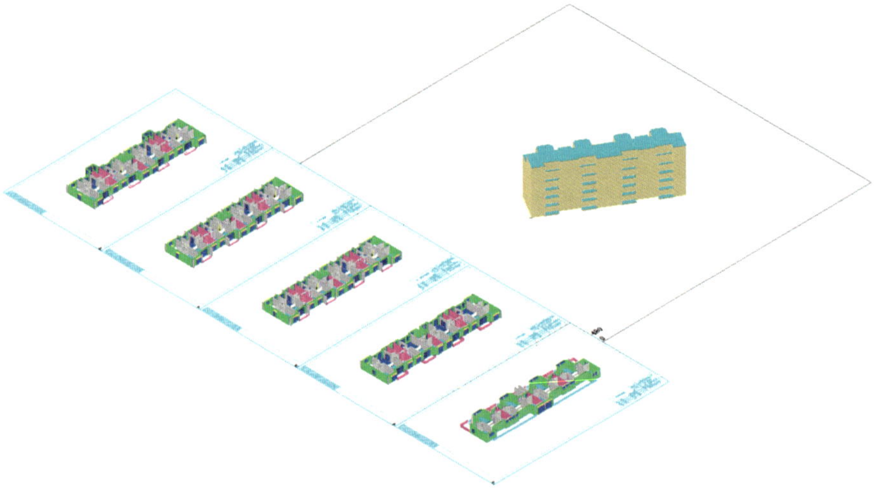

图 4.67 本体入总

运行命令后，单体图会自动将其楼层平面图的对齐点与总图框的对齐点重合，并且按照楼层图中的指北针方向在总图中设定，生成一个建筑模型。如果更改了楼层图的轮廓、高度或方向，运行该命令后，总图中的建筑轮廓、标高及朝向也会随之更新。

4.3.4.3 单体链接

屏幕菜单命令:【单总分析】→【单体链接】(DTLJ)。

在规划设计中，经常会出现单体建筑的设计与总图规划同时进行的情况。该命令将已经在其他 DWG 文件上设计好的单体建筑插入日照总图 DWG 文件中建模。

该命令不仅可以将多个外部单体链接到同一个总图中，还可以将同一个外部单体多次以任意角度链接到同一个总图中，让设计师最大限度地利用已有单体模型。

"单体链接"的成果可直接应用于"单体窗照"命令对单体的日照窗进行分析。两个命令配合使用可大幅提高工作效率。

该命令可以将某一张含有各个楼层平面图及高度信息的单体建筑 DWG 文件，以链接的方式插入到总图中，如图 4.68 所示。

图 4.68 "单体链接"对话框

4.3.4.4 修改链接

屏幕菜单命令：【单总分析】→【修改链接】(XGLJ)。

该命令用于修改链接进来的单体位置、朝向、名称。运行命令后，选择总图中已插入的单体链接，即可修改。

4.3.4.5 窗照时间

屏幕菜单命令：【单总分析】→【窗照时间】(CZSJ)。

该命令是一个开关按钮，控制计算出来的各个窗户的日照时间是否在单体楼层图中显示。

4.3.4.6 单体窗照

屏幕菜单命令：【单总分析】→【单体窗照】(DTCZ)。

如上文所述，仅对单体建筑进行分析是缺乏意义的。为了分析单体窗照，需要同时考虑单体建筑和周边的遮挡建筑。因此，在使用该命令前，需要先确定周边的遮挡建筑，如图 4.69 所示。

该功能适用于规划、设计等各个阶段，作用于对单体建筑中居住性空间的日照窗进行日照分析。

在应用该功能前，需要完成以下准备工作：

(1) 通过单体模型和总图框，将待分析建筑与总图建立在同一 DWG 文件下，或使用"单体链接"功能更快捷地将单体链接到总图。

(2) 对准备分析的单体建筑进行"搜索房间""搜索户型""门窗编号"操作。

运行命令后，对话框如图 4.70 所示。

与窗照分析类似，需要设定日照标准、工程地点、节气、开始和结束时刻等参数。另外，本命令对话框还有以下几个功能：

①通过勾选，设定是否切除某一高度下的窗户，高度需自行输入。

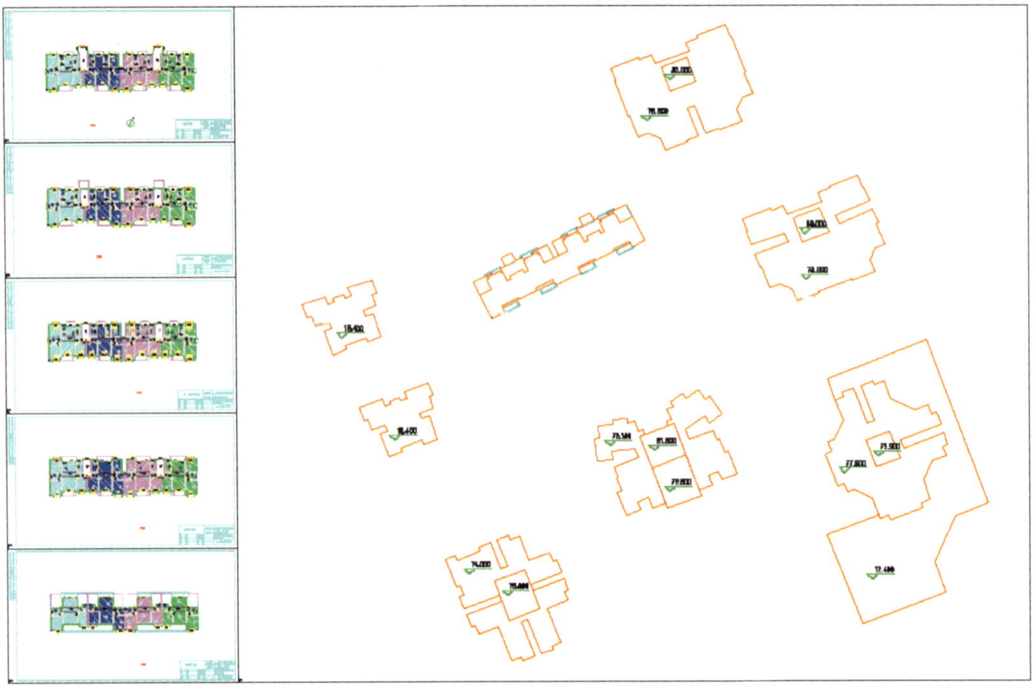

图 4.69　单体窗照分析例图

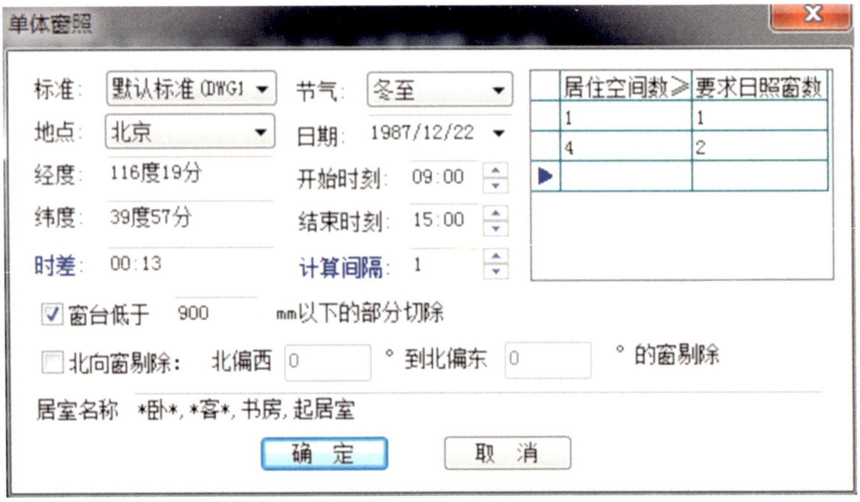

图 4.70　“单体窗照”对话框

②通过勾选，确定是否剔除北向窗户，并且设定北向的范围。

③设定某一户型的居住空间数超过某一值时，要求满足日照的窗户数达到某一值。

④居室名称：用于过滤需要进行日照分析的房间类型。

设定好所有参数后，点击“确定”按钮，程序进行计算，然后鼠标左键将计算出的数据以表格形式输出到DWG图中。输出效果如图 4.71 所示。

分析标准:默认标准;地区:北京;时间:1987 年 12 月 22 日(冬至)09:00 ~ 15:00;计算间隔:1 分钟

窗照分析								
层号	户号	房间编号	窗编号	窗台高	日照时间	总有效日照	居住空间数	朝向
1	1-A	1001 卧室	T1819	1.35	10:25 ~ 11:27 13:06 ~ 14:07	02:03	4	南偏东 27 度
		1005 主卧	T2119	1.35	09:50 ~ 11:06 12:50 ~ 13:46	02:12		南偏东 27 度
		1009 客厅	CM-4	1.35	10:05 ~ 11:16 12:57 ~ 13:54	02:08		南偏东 27 度
		1031 卧室	T2119	1.35	0	00:00		北偏西 27 度
	1-B	1002 卧室	T1819	1.35	10:42 ~ 11:36 13:14 ~ 14:17	01:57	4	南偏东 27 度
		1006 主卧	T2119	1.35	11:20 ~ 11:57 13:32 ~ 14:42	01:47		南偏东 27 度
		1010 客厅	CM-4	1.35	11:00 ~ 11:46 13:22 ~ 14:28	01:52		南偏东 27 度
		1032 卧室	T1719	1.35	0	00:00		北偏西 27 度
		1004 卧室	T1819	1.35	09:00 ~ 09:38 12:21 ~ 12:28 13:54 ~ 15:00	01:51		南偏东 27 度

图 4.71 单体窗照输出表

4.3.5 总图日照分析

日照分析软件 Sun 提供了对建筑日照的各种分析手段，包括日照窗分析、等时日照线、阴影分析、点面分析、坡地分析、动态分析、光线分析及可视化的日照仿真。这些手段从不同角度分析建筑物的日照状况，辅助设计师完成建筑规划布局。在总图日照分析中，总图框可用于控制分析范围：

当建筑物有编组时，“窗照分析”“窗报批表”“分户窗照”“窗点分析”四个功能仅分析总图框内的模型，总图框外的模型不参与计算。

（1）有总图框时，“日照仿真”仅观察框内的模型。

（2）无总图框时，保持原规则。

4.3.5.1 阴影分析

（1）阴影轮廓

“阴影轮廓”的屏幕菜单命令：【常规分析】→【阴影轮廓】(YYLK)。

“阴影轮廓”命令计算并生成遮挡建筑物在给定平面上所产生的阴影轮廓线，支持多个时刻和某一时刻，不同时刻的轮廓线用不同颜色的曲线表示，如图 4.72 所示。

如图 4.73 所示，“阴影分析”对话框中的多数选项和操作与“窗照分析”的相同，详见“窗照分析”，在此仅简要介绍。

①“分析面高”：勾选此项并设置阴影投射的平面高度，生成平面阴影；否则生成投射到某墙面上的立面阴影。

②“单个时刻”：勾选此项并给定时间，计算这个时刻的阴影线。不选此项，则计算开始到结束的时间区段内，按给定的时间间隔计算的各个时刻阴影线。

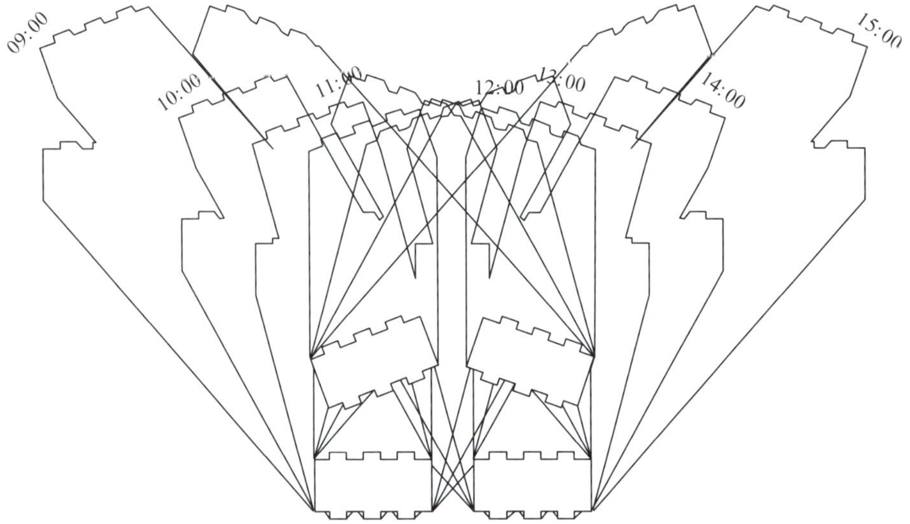

图 4.72　日照阴影轮廓线

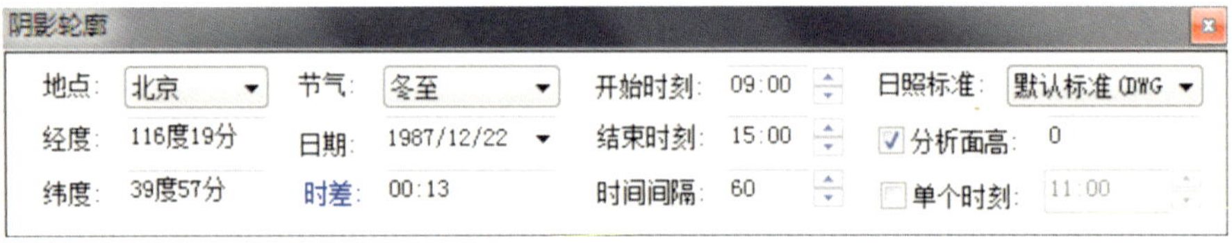

图 4.73　“阴影轮廓”对话框

（2）客体范围

屏幕菜单命令：【高级分析】→【客体范围】（KTFW）。

“客体范围”命令根据产生阴影的主体建筑位置和计算方法，在指定分析平面上计算生成指定时段的遮挡阴影范围，如图 4.74 所示。

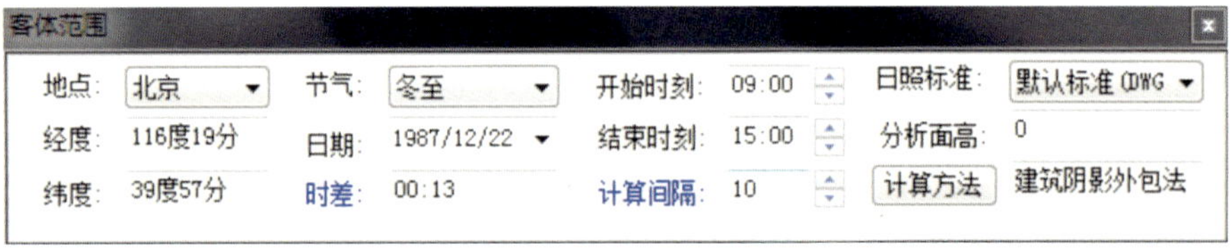

图 4.74　“客体范围”对话框

点击“计算方法”按钮，根据不同的日照规定提供七种不同的算法，如图 4.75 所示为客体范围的实例。

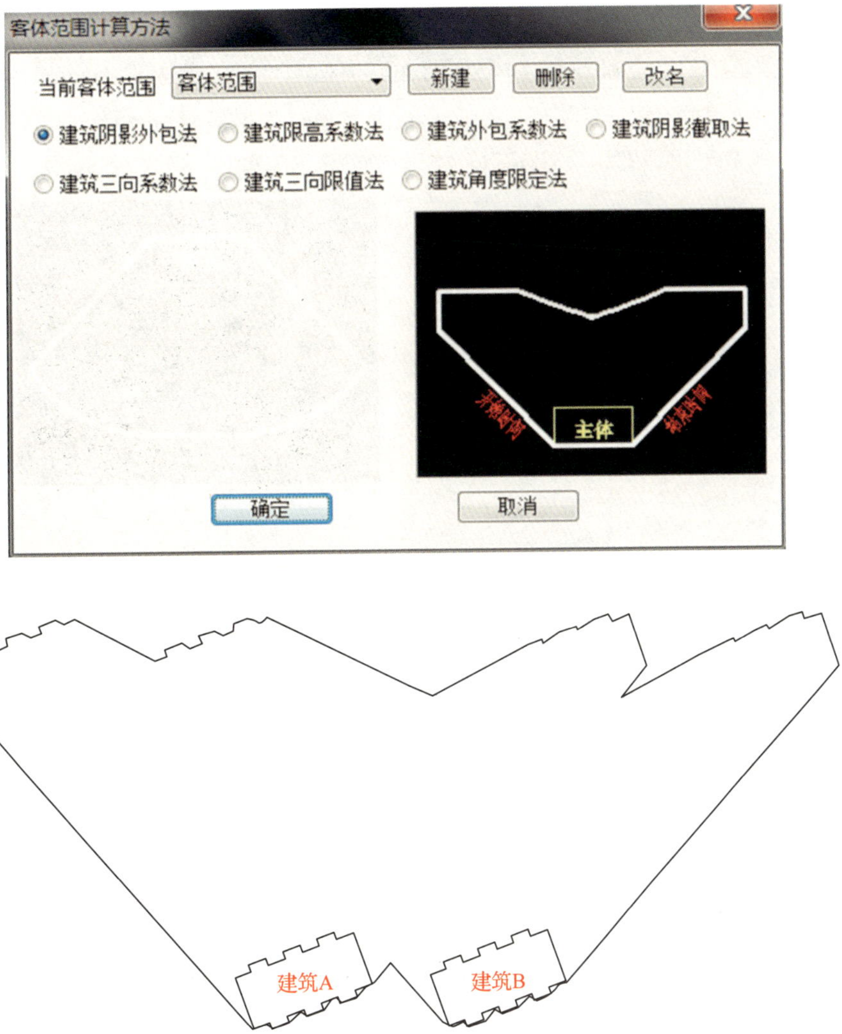

图 4.75　客体范围实例

（3）主体范围

屏幕菜单命令：【高级分析】→【主体范围】（ZTFW）。

“主体范围”命令根据被遮挡客体建筑物的位置，计算生成指定日照时间下可能对其产生遮挡的主体建筑范围。“主体范围”对话框如图 4.76 所示。

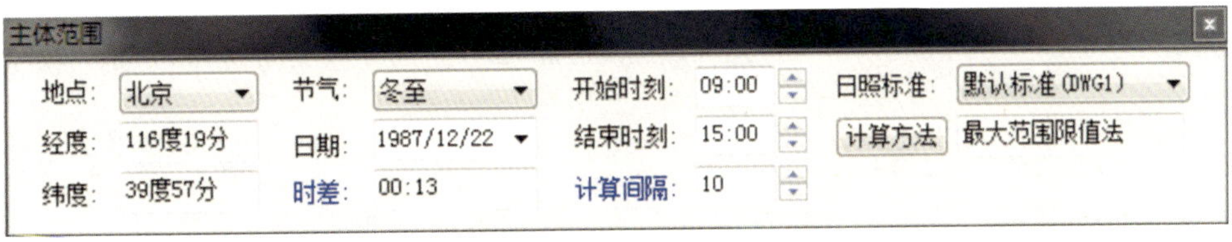

图 4.76　“主体范围”对话框

点击“计算方法”按钮，根据不同的日照规定提供四种不同的算法，如图 4.77 所示，可根据需要选择。

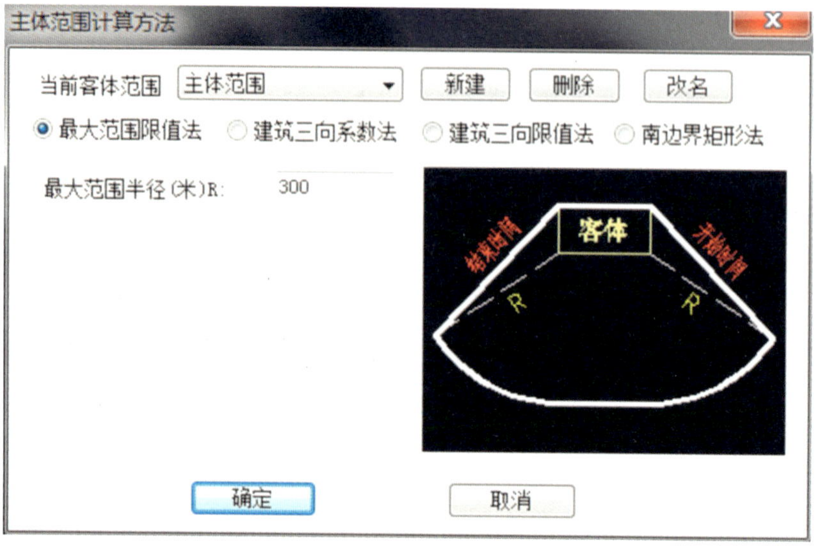

图 4.77　主体范围的四种计算方法

（4）遮挡关系

屏幕菜单命令：【常规分析】→【遮挡关系】(ZDGX)。

用“遮挡关系”功能分析求解建筑物作为被遮挡物时，哪些建筑对其产生遮挡。分析结果给出遮挡关系表格，为该建筑群的进一步日照分析划定关联范围，指导规划布局的调整和加快分析速度。执行“遮挡关系”命令前，必须对参与分析的建筑物进行命名，否则建筑物遮挡关系分析无法进行。“遮挡关系”对话框如图 4.78 所示。

图 4.78　“遮挡关系”对话框

操作步骤如下：

①首先对参与遮挡分析的每个建筑物命名。

②在对话框中进行日照参数的设置。

③在图中选取待分析的客体建筑，再选取主体建筑。为了不遗漏遮挡关系，主客体建筑可以全选。

④获得遮挡关系的表格。

图 4.79 展示了一个实例。这六栋建筑的遮挡关系在生成的遮挡关系表中一目了然，如图 4.80 所示。据此可分析出建筑 a 和建筑 b 是受遮挡的重点，可对建筑 a、建筑 b 和遮挡它

们的建筑进行规划布置的调整，以便改善日照状况。

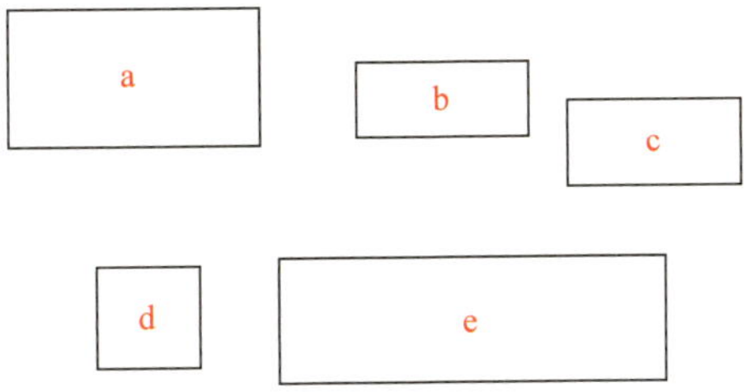

图 4.79　建筑平面布局图

遮挡关系表	
被遮挡建筑物	遮挡建筑物
a	b,d,e
b	c,d,e
c	e
d	e
e	d

图 4.80　遮挡关系的实例

4.3.5.2　窗户分析

（1）窗照分析

屏幕菜单命令:【常规分析】→【窗照分析】(CZFX)。

"窗照分析" 命令分析计算选定的日照窗的日照有效时间，是日照分析的重要工具。"窗照分析" 对话框如图 4.81 所示。

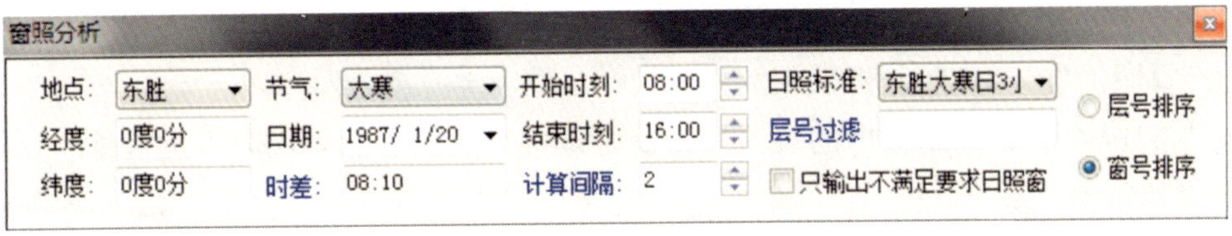

图 4.81　"窗照分析"对话框

①操作要点

a. 若建筑未编组，仅分析计算每个日照窗的总有效日照时间。

b. 若建筑群进行了编组，则对话框右侧会显示编组清单，计算输出的是各组的叠加遮挡分析表。

c. 若对日照窗进行了窗户分号，则分析结果按户列出。

d. 对话框中编组的排列顺序即为叠加顺序，如图 4.82 所示，日照分析表中对日照窗的影响分为“原有建筑”和“原有建筑+新建建筑”两组。可用鼠标拖曳改变清单顺序，从而改变遮挡的叠加关系。

分析标准:国标标准;地区:北京;时间:2007年12月22日(冬至)09:00～15:00;计算精度:2分钟

楼窗日照分析表						
层号	窗位	窗台高(米)	原有建筑		原有建筑+新建建筑	
			日照时间	总有效日照	日照时间	总有效日照
1	1	0.90	09:42～15:00	05:18	09:42～10:06 14:22～14:30	00:32
	2	0.90	09:26～15:00	05:34	09:26～10:26	01:00
	3	0.90	09:50～15:00	05:10	09:50～11:10	01:20
	4	0.90	09:58～15:00	05:02	09:58～11:42	01:44
	5	0.90	10:26～15:00	04:34	10:26～12:22	01:56
	6	0.90	10:42～15:00	04:18	10:42～12:50	02:08
	7	0.90	11:42～15:00	03:18	11:42～13:22	01:40

图 4.82　窗日照分析表实例

②对话框选项和操作解释

a. “地点”：日照分析的项目所在地。

b. “经度”和“纬度”：日照分析的项目所在地的经度和纬度。

c. “节气”和“日期”：选择做日照分析的特定时间，通常选择冬至或大寒。

d. “时差”：时差＝北京时间－真太阳时，软件默认采用真太阳时作为时间标准。

e. “开始时刻”和“结束时刻”：规范规定的有效日照起止时间段。

f. “计算间隔”：计算时的采样时间段，单位为分钟（min）。

g. “日照标准”：日照分析采用的规则。

h. “排序输出”：确定输出的日照分析表格是按日照窗的层号或窗号进行排序。

③操作步骤

a. 执行本命令之前，建筑物可以编组，也可不编组。

b. 按命令行的提示，选取待分析的日照窗。

c. 如果建筑物已编组且在对话框上勾选了“分组输出结果”，系统将自动搜索编组内的遮挡建筑物，并生成窗日照分析表。此时，未编组的建筑不参与遮挡计算。

d. 如果建筑物未编组或未勾选“分组输出结果”，则需要手动选取遮挡建筑物，包括日照窗所在的建筑物，因为建筑自身也可能产生遮挡。

e. 将输出的窗日照分析表放置在图中合适的位置。在窗日照分析表中，红色数据代表日照时间低于标准，黄色数据代表日照时间临近标准，处于警报状态。

（2）窗报批表

屏幕菜单命令：【常规分析】→【窗照对比】（CZDB）。

“窗报批表”命令根据日照规定，对居室空间的窗户进行建设前后的日照分析，生成供规划主管部门审批的报表。如果事先对建筑群进行编组，可直接输出表格。无论有多少个编组，性质上只分为建设前和建设后。如果未编组，则通过选取来确定已建建筑和拟建建筑。“窗报批表”对话框如图 4.83 所示。

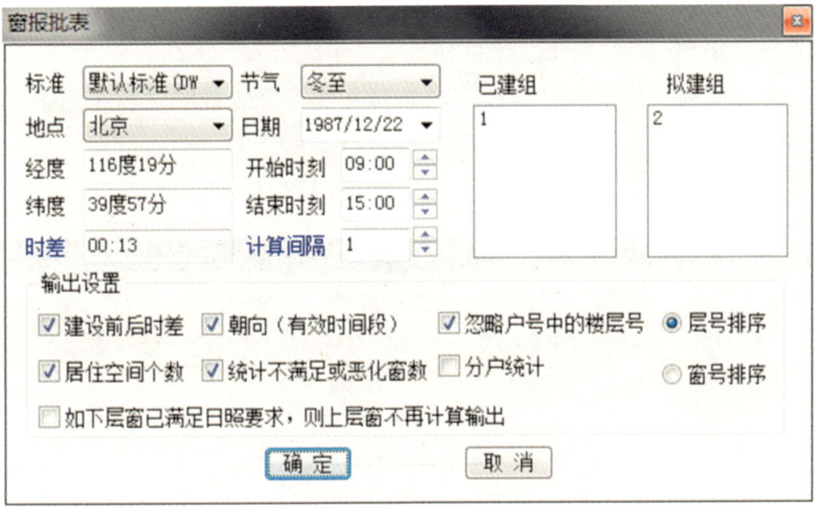

图 4.83 “窗报批表”对话框

“输出设置”中包含一系列可选项，根据需要进行勾选。勾选的选项越多，输出的内容越丰富。

（3）分户统计

屏幕菜单命令：【常规分析】→【分户统计】（FHTJ）。

如图 4.84 所示，“分户统计”命令用于统计整个项目中日照窗受光的总体状况。输出的统计表中，按照窗受到的日照时段“不足 1h”“1～2h”“2～3h”“≥3h”分别给出户数和所占比例。输出的表格有两种形式，即按日照时数排序和按栋号排序。两种表格的内容一样，但格式不同。在使用“分户统计”功能之前，需对准备分析的项目进行“建筑命名”和“窗分户号”的操作。

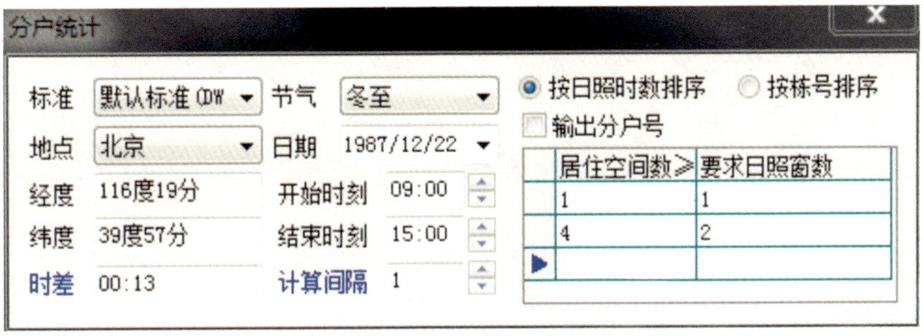

图 4.84 “分户统计”对话框

（4）窗日照线

屏幕菜单命令：【辅助分析】→【窗日照线】（CRZX）。

“窗日照线”命令用于计算某个指定日照窗在最大有效日照时段内的光线通道，如图4.85所示，光线通道由这个时间段内的第一缕光线和最后一缕光线组成，如图4.86所示。

操作步骤如下：

①首先选取遮挡建筑物，包括待分析的建筑物本身。

②在弹出的“日照设置”对话框中选取或配置日照标准，并设置其他相关选项。对话框的选项意义与“窗照分析”中的介绍相同。

③选取一个日照窗，程序将自动计算出该窗在最大有效日照时段内的第一缕光线和最后一缕光线。

④光线用三维射线表达，并标注出光线的照射时刻。

图4.85　“窗日照线”对话框

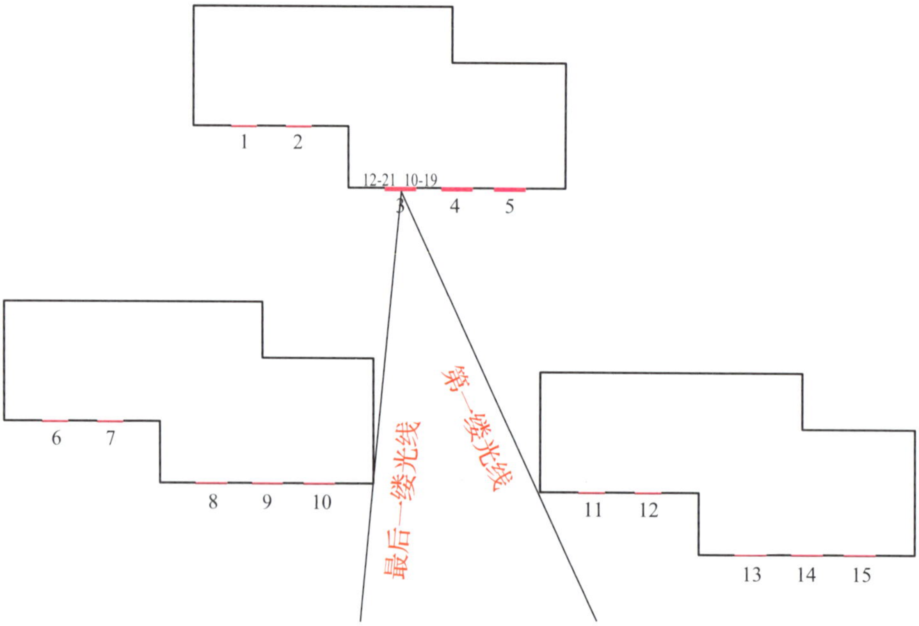

图4.86　窗日照线实例

（5）窗点分析

屏幕菜单命令：【高级分析】→【窗点分析】（CDFX）。

“窗点分析”命令按当前日照标准，对日照窗窗台上的分析点进行日照时间计算，并输出立面的窗点分析图，如图 4.87 所示。

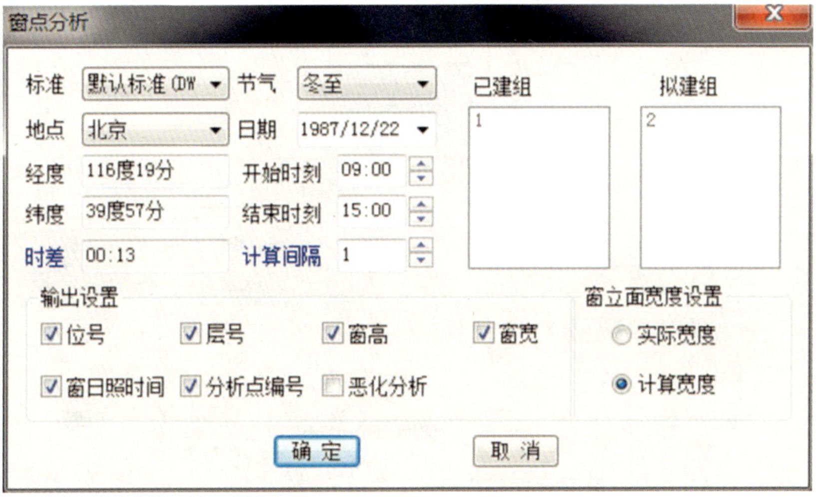

图 4.87 “窗点分析”对话框

“输出设置”项根据需要进行勾选。其中的“恶化分析”项是针对已有建筑和拟建建筑的叠加遮挡分析，有以下两种实现方式：

①若建筑已经编组，并且有“已建组”和“拟建组”，则勾选“恶化分析”。

②若建筑没有编组，则勾选“恶化分析”，分别选取“已建建筑”和“拟建建筑”。

图 4.88 为窗点立面分析图的实例。

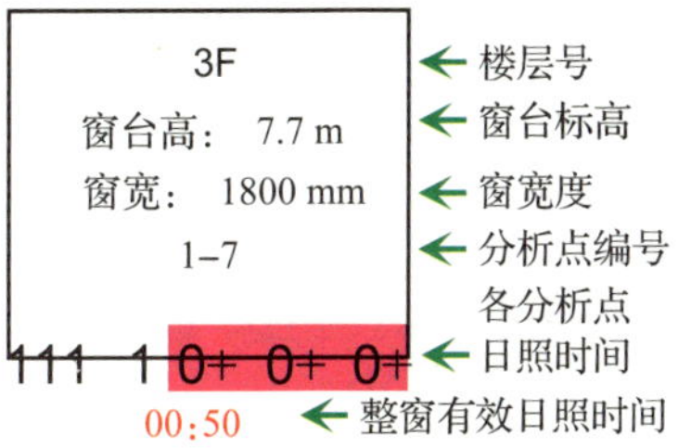

图 4.88 窗点分析的立面分析图

（6）窗点平面

屏幕菜单命令：【高级分析】→【窗点平面】（CDPM）。

“窗点平面”命令与“窗点分析”配套使用，用于生成标准层平面窗分析点示意图。如图 4.89 所示为生成的窗点平面图与建筑平面图合并后的示意图。

（7）单窗分析

屏幕菜单命令：【高级分析】→【单窗分析】（DCFX）。

“单窗分析”命令按当前日照标准，对选定的单个日照窗进行日照时间计算，并输出遮挡建筑的单独分析和叠加分析表格，如图 4.90 所示。

①单独分析：列出每个遮挡建筑的单独遮挡时段，支持调整遮挡建筑的顺序和合并遮挡。

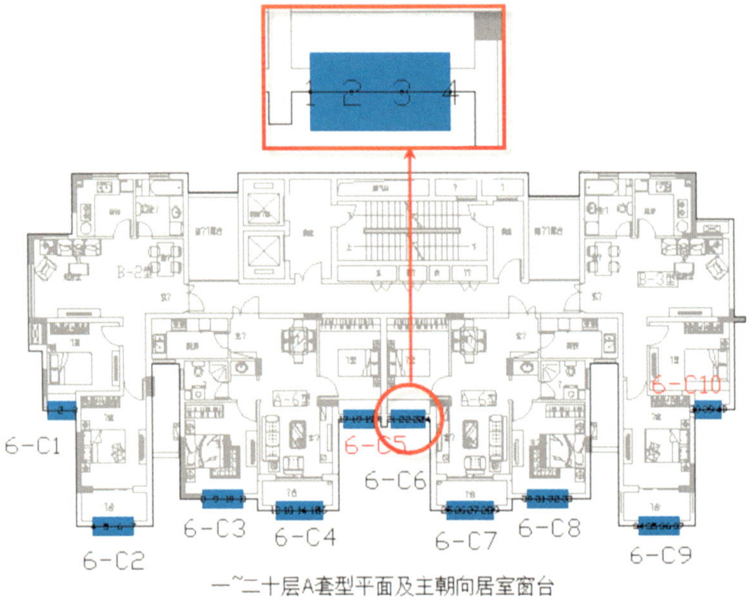

图 4.89　窗点平面图与建筑平面图合并后的示意图

图 4.90　“单窗分析”对话框

②叠加分析：列出遮挡建筑逐个叠加后的主体遮挡时段和有效日照时段及总有效日照时长，如图 4.91 所示。

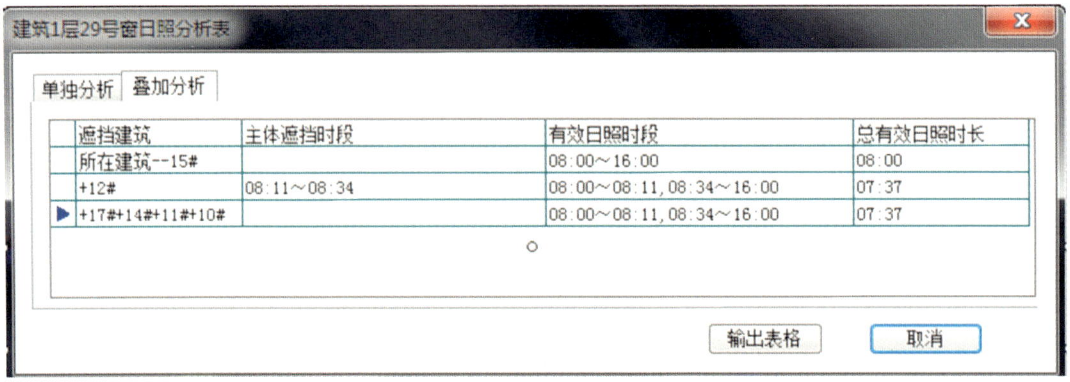

遮挡建筑	主体遮挡时段	有效日照时段	总有效日照时长
所在建筑--15#		08:00~16:00	08:00
+12#	08:11~08:34	08:00~08:11, 08:34~16:00	07:37
+17#+14#+11#+10#		08:00~08:11, 08:34~16:00	07:37

图 4.91　单窗分析中的叠加分析

4.3.5.3 点面分析

(1) 定分析面

屏幕菜单命令:【常规分析】→【定分析面】(DFXM)。

"定分析面"命令用于批量进行不等高分析面的线上日照分析，为每个建筑设定各自的分析面标高。设定后在建筑轮廓上会有相应显示,便于检查和编辑。屏幕菜单【模型检查】→【分析面开/关】可控制其显示属性。"定分析面"对话框如图4.92所示。

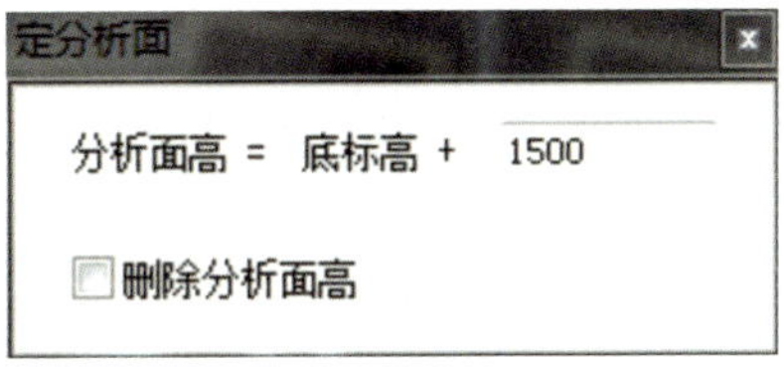

图4.92 "定分析面"对话框

设定的分析面高即分析面的绝对标高，对话框上只需输入"距底部的高度"即可。标注中的"距底部的高度"支持在位编辑，如图4.93所示。

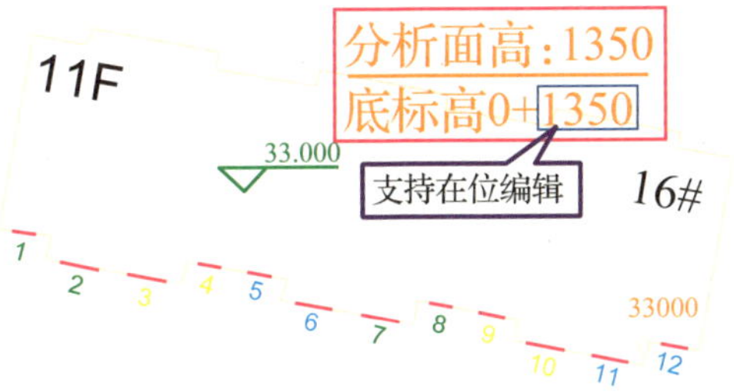

图4.93 设定的分析面标高实例图

(2) 线上日照

屏幕菜单命令:【常规分析】→【线上日照】(XSRZ)。

"线上日照"命令用于建筑轮廓沿线的日照分析，通常用于没有日照窗的情况下。它可以在给定的高度上按给定的间距计算并标注出有效日照时间。在初期方案阶段，建筑物的具体窗位尚未确定，因此只能计算建筑物轮廓上某个特定高度（通常取首层窗台高）的日照时间。"线上日照"对话框如图4.94所示。

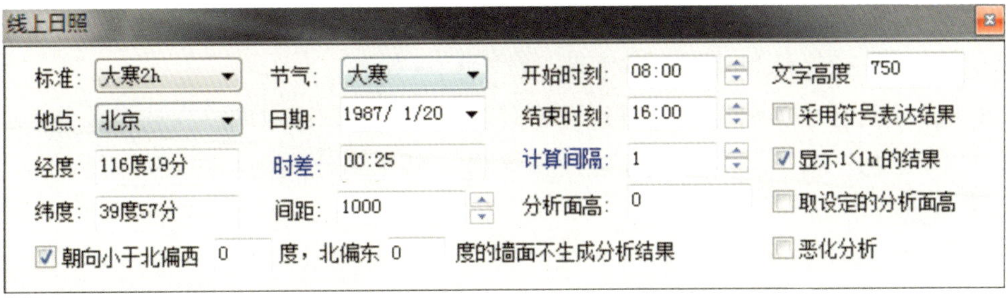

图4.94 "线上日照"对话框

对话框上的选项功能如下：

① "采用符号表达结果"：使用规定的符号表示日照时间，而不是数字。

② "显示1<1h的结果"：输出有效日照时间小于1h的分析结果。

③ “取设定的分析面高”：勾选该项时，分析面高取【定分析面】设定的标高。

④ “恶化分析”：勾选该项时，选择建筑物时分为已建建筑和拟建建筑，分析结果包含现总有效日照时间和原总有效日照时间。

线上日照分析的结果如图 4.95 所示。

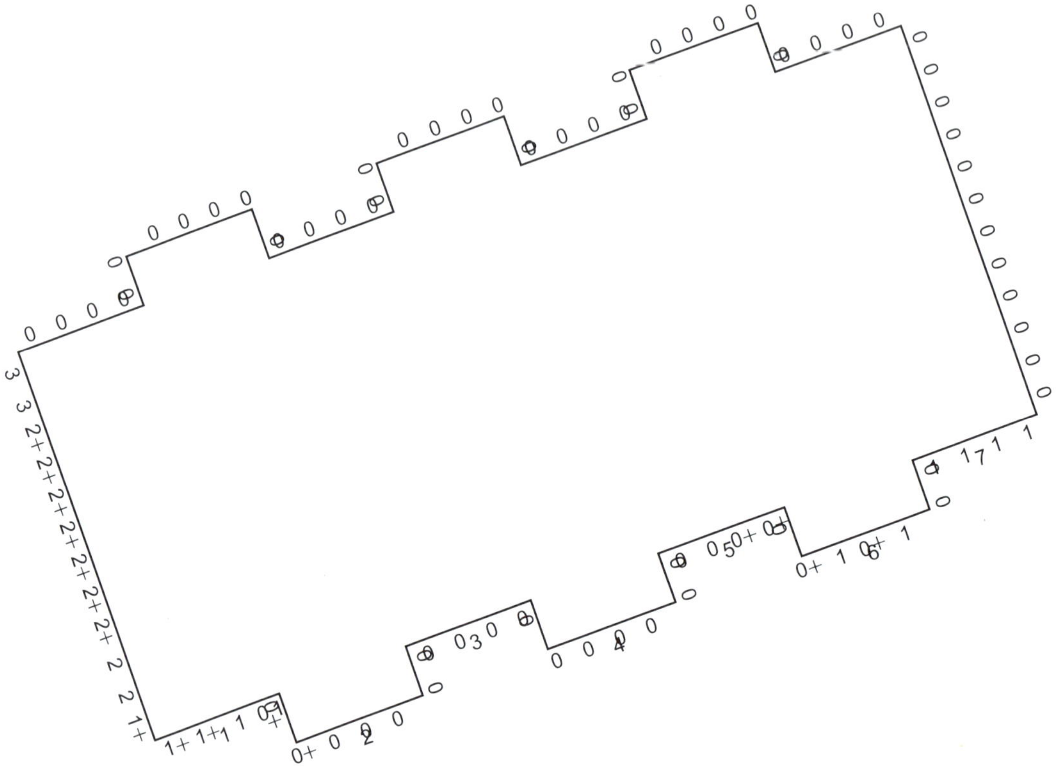

图 4.95 线上日照分析的结果图

（3）线上对比

屏幕菜单命令：【常规分析】→【线上对比】（XSDB）。

“线上对比” 命令输出拟建建筑建设前后的两组线上日照时间。在选择建筑物时分为已建建筑和拟建建筑，可以对两组数据进行对比。线上对比实例如图 4.96 所示。

（4）单点分析

屏幕菜单命令：【常规分析】→【单点分析】（DDFX）。

给定项目地点、分析日期和起始结束时刻后，确定遮挡建筑物，求算 “固定标高” 数值的平面上某个测试点的详细日照情况。本命令既可以动态计算也可以静态计算，可在命令行上切换状态。动态计算时，该点的日照情况随鼠标的移动而实时变化并有预览显示，对话框中的右框里显示实时的日照数据，点取后日照数据标注到图纸上；静态计算时，则没有预览，点取标注后才能看到日照数据。“单点分析” 对话框如图 4.97 所示。

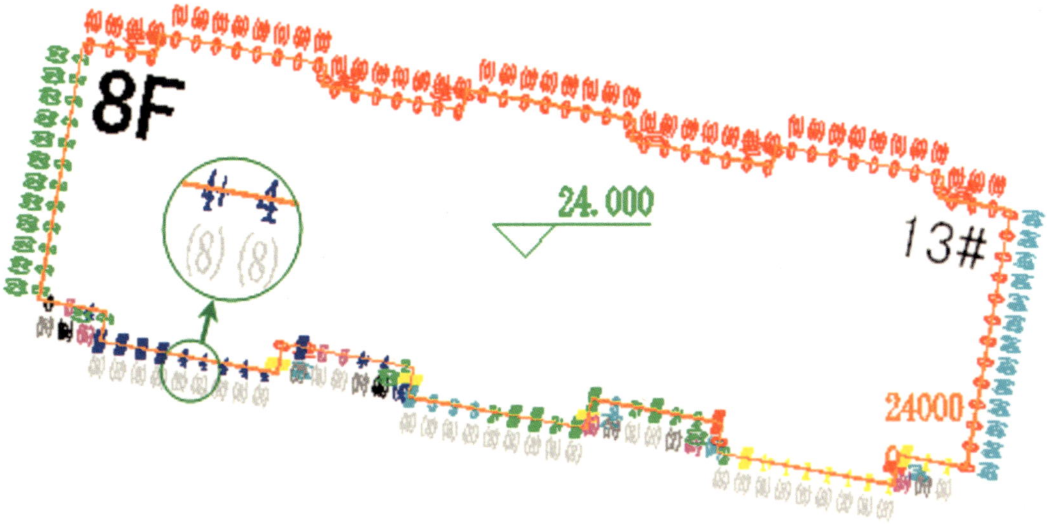

图 4.96　线上对比实例图

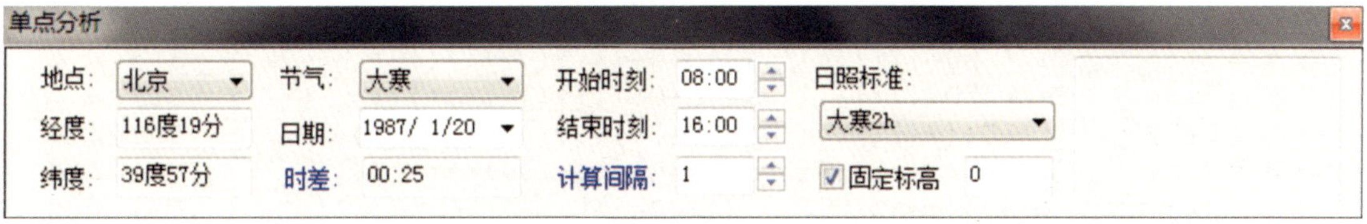

图 4.97　“单点分析”对话框

单点分析命令程序为：“命令交互”→“选择遮挡物”（框选可能对分析点产生遮挡的多个建筑物，按回车键结束选择）→“点取测试点”或“动态计算开关（D）”→鼠标点取准备分析的某点。

键入（D）可开关动态显示，打开动态，拖动鼠标动态显示当前点的日照数据，关闭则不动态显示。单点分析通常用于检查和校核日照分析的结果是否正确，或者用于查验客体建筑物轮廓线上的某些点的日照数据。

（5）区域分析

屏幕菜单命令：【常规分析】→【区域分析】(QYFX)。

“区域分析”命令用于分析并获得某一给定平面区域内的日照信息，按给定的网格间距进行标注。“区域日照分析”对话框如图 4.98 所示。

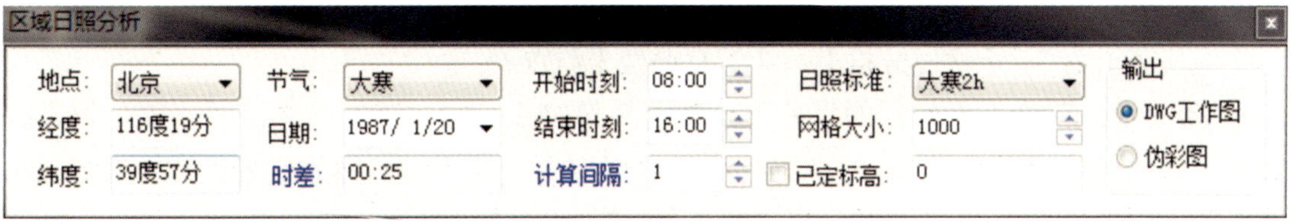

图 4.98　“区域日照分析”对话框

①命令交互

选择遮挡物：选取产生遮挡的多个建筑物，可多次选取。

请点取分析计算的范围窗口的第一点，随后点取分析计算的范围窗口的第二点。

②对话框选项和操作解释

"区域分析"命令的多数选项和操作与"窗照分析"的相同，参见窗照分析。

"网格大小"指计算单元和结果输出的划分间距。

程序计算结束后，在选定的区域内用彩色数字显示出各点的日照时数，如图 4.99 所示。

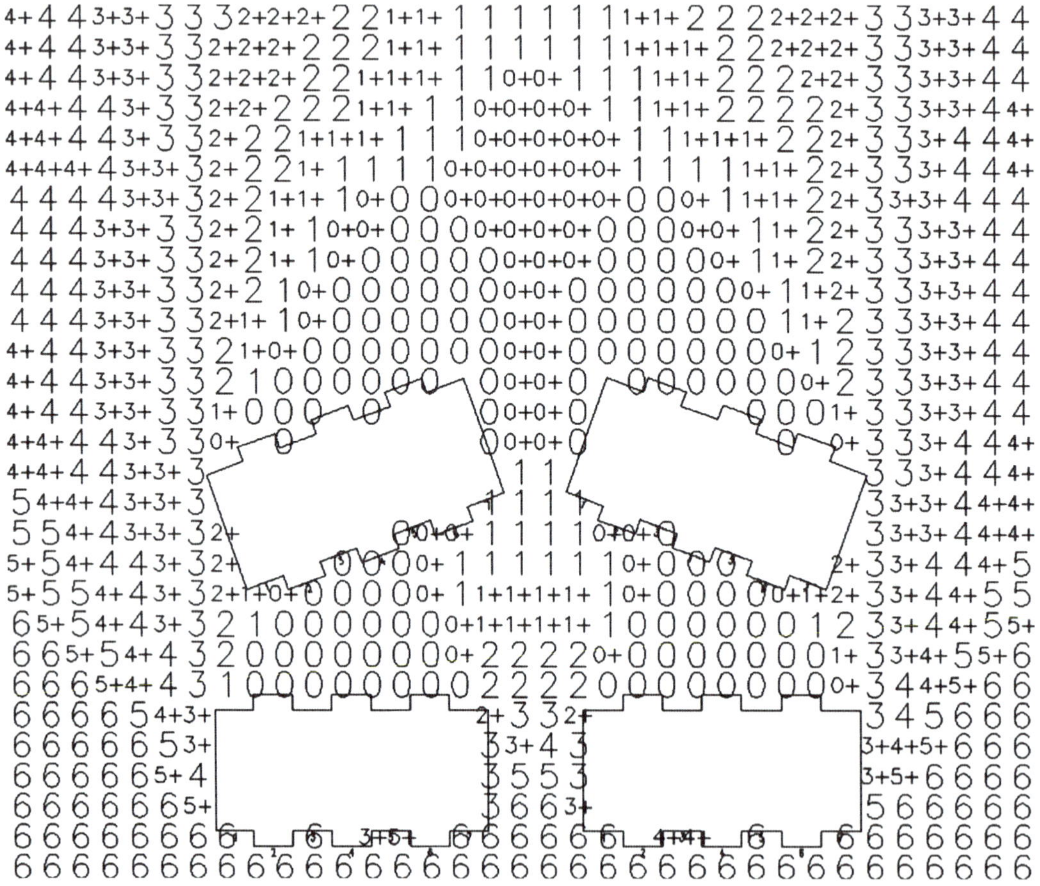

图 4.99 多点分析结果

（6）等日照线

屏幕菜单命令：【常规分析】→【等日照线】（DRZX）。

"等日照线"命令在给定的平面上绘制出等日照线，即日照时间满足与不满足规定时数的区域之间的分界线。N 小时的等日照线内部为少于 N 小时日照的区域，其外部为大于或等于 N 小时日照的区域。需要指出的是，"等日照线"是"区域分析"结果的另一种表达形式，二者的本质是一致的，因此可以将两个结果重叠显示，相互校核。"等日照线"对话框如图 4.100 所示。

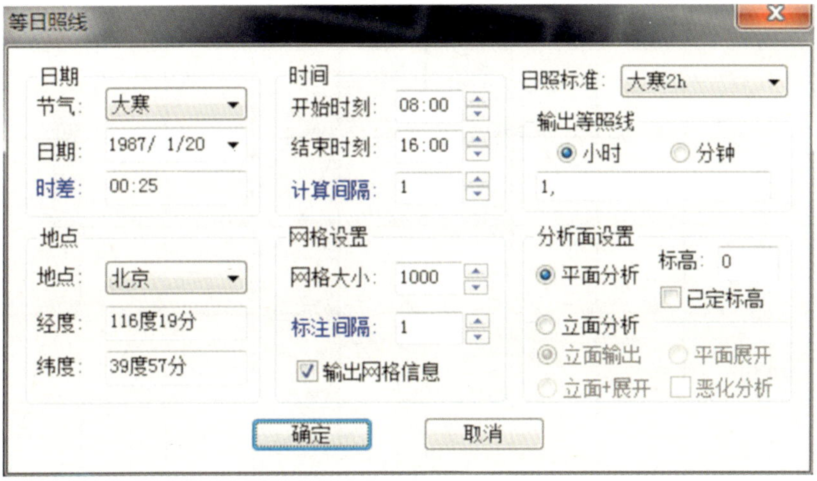

图 4.100 “等日照线”对话框

①命令交互

设置好选项参数后，按“确定”按钮，对话框关闭，以下为命令提示。

a. 平面分析

平面分析命令程序为“选择遮挡物”（选取产生遮挡的多个建筑物，可多次选取）→“窗口的第一点”（点取分析计算的范围窗口的第一点）→“窗口的第二点”（点取分析计算的范围窗口的第二点）。

b. 立面分析

立面分析命令程序为“选择遮挡物”（选取产生遮挡的多个建筑物，可多次选取）→“直外墙线”（点取准备计算等照线的建筑物直线外墙边线，可多选）。

②对话框选项和操作解释

a.“网格设置”：其中包括“网格大小”和“标注间隔”。“网格大小”表示计算单元和结果输出的网格间距，“标注间隔”表示间隔多少个网格单元标注一次。

b.“输出等照线”：用于设定等日照线的输出单位，单位可选择小时或分钟；输入栏中可以设定同时输出多个等日照线，需用逗号间隔开。

c.“分析面设置”：选择“平面分析”时，在给定的标高平面上计算等日照线，实例如图 4.101 所示；选择“立面分析”时，在给定的直墙平面上计算等日照线，可根据需要选择在墙立面上输出或平面展开输出等日照线，也可同时按两种方式输出，实例如图 4.102 所示。

③推荐的日照分析结果验证方法

a. 如果布局很复杂且计算机配置不高，请先进行低精度的粗算。

b. 比较细算和粗算的结果是否相近。

c. 用单点验证关键点。

d. 用区域分析和“等日照线”命令计算结果重叠进行验证。

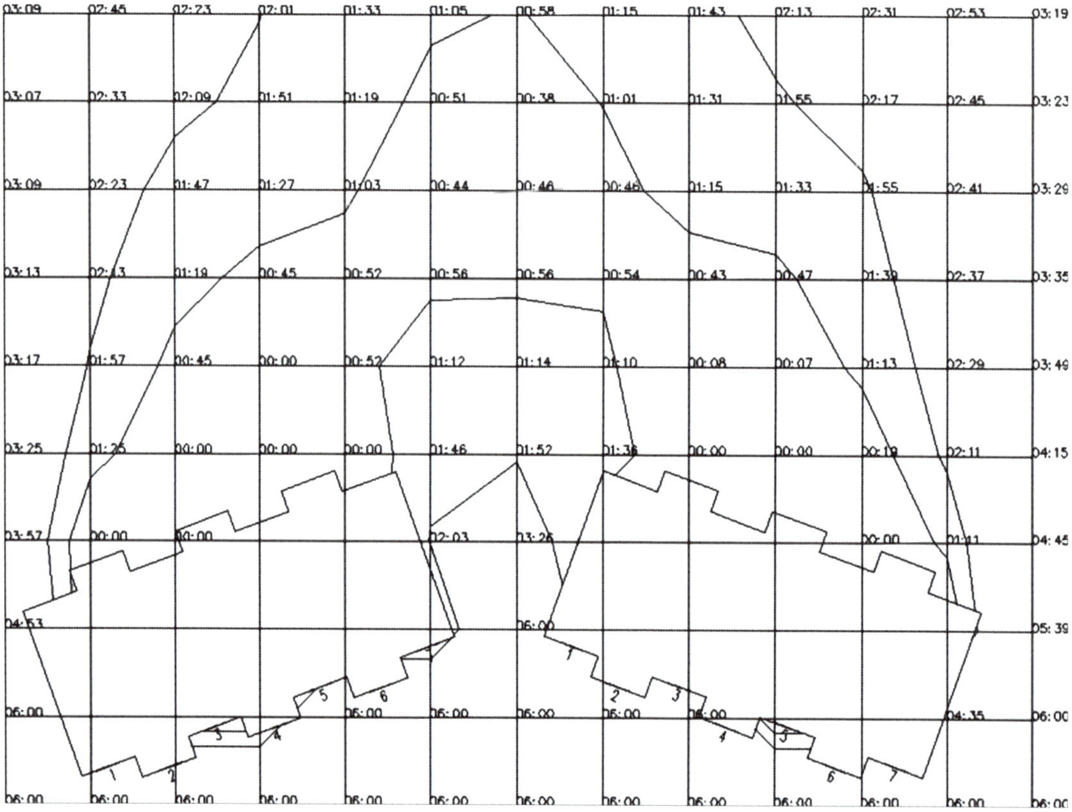

图 4.101　平面等日照线实例

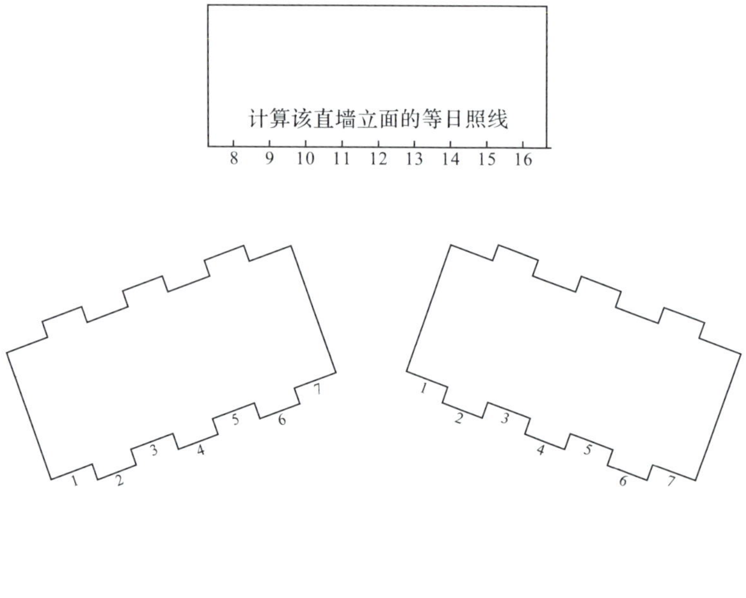

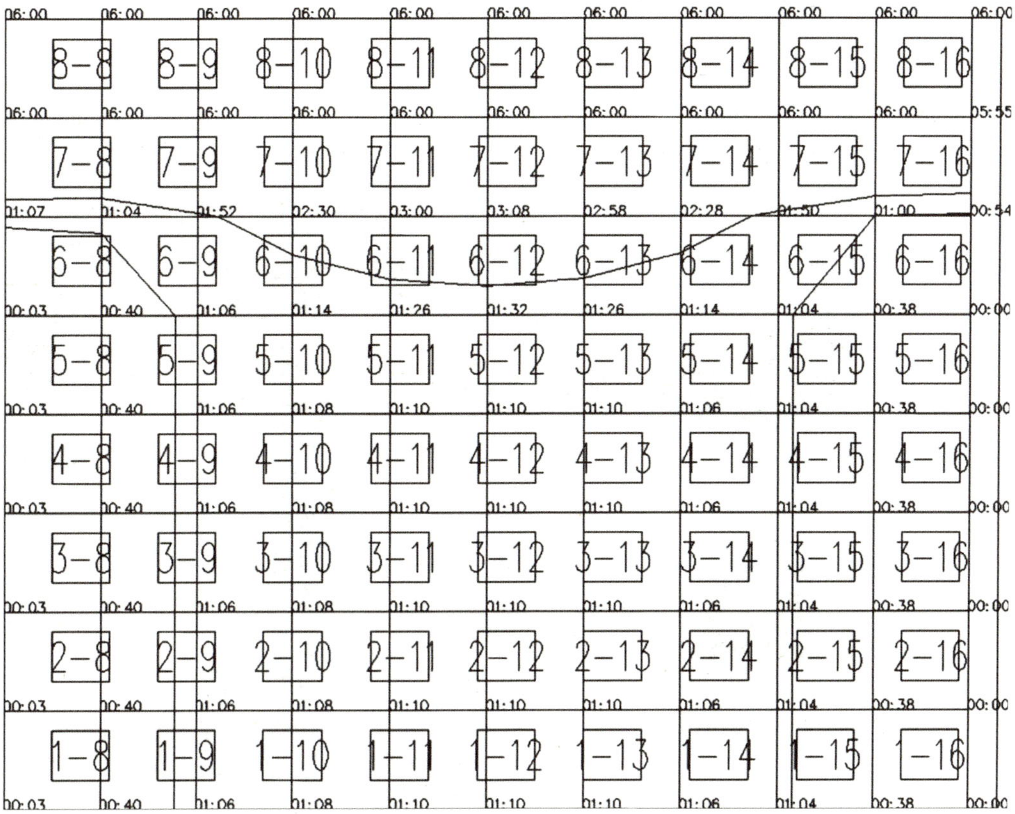

图 4.102　立面等日照线的实例

（7）全景日照

屏幕菜单命令：【高级分析】→【全景日照】（QJRZ）。

“全景日照”命令用于计算建筑轮廓表面和阳台表面的有效日照时间。其对话框如图 4.103 所示，其结果在建筑表面上用表示日照时间的不同颜色表达，从而生成一幅全景日照彩图，如图 4.104 所示。

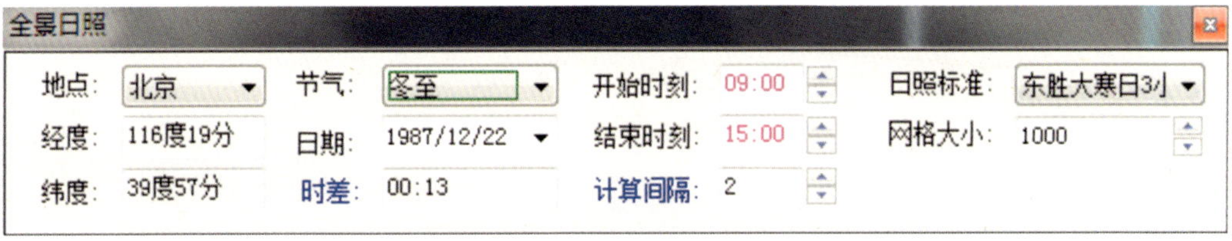

图 4.103　“全景日照”对话框

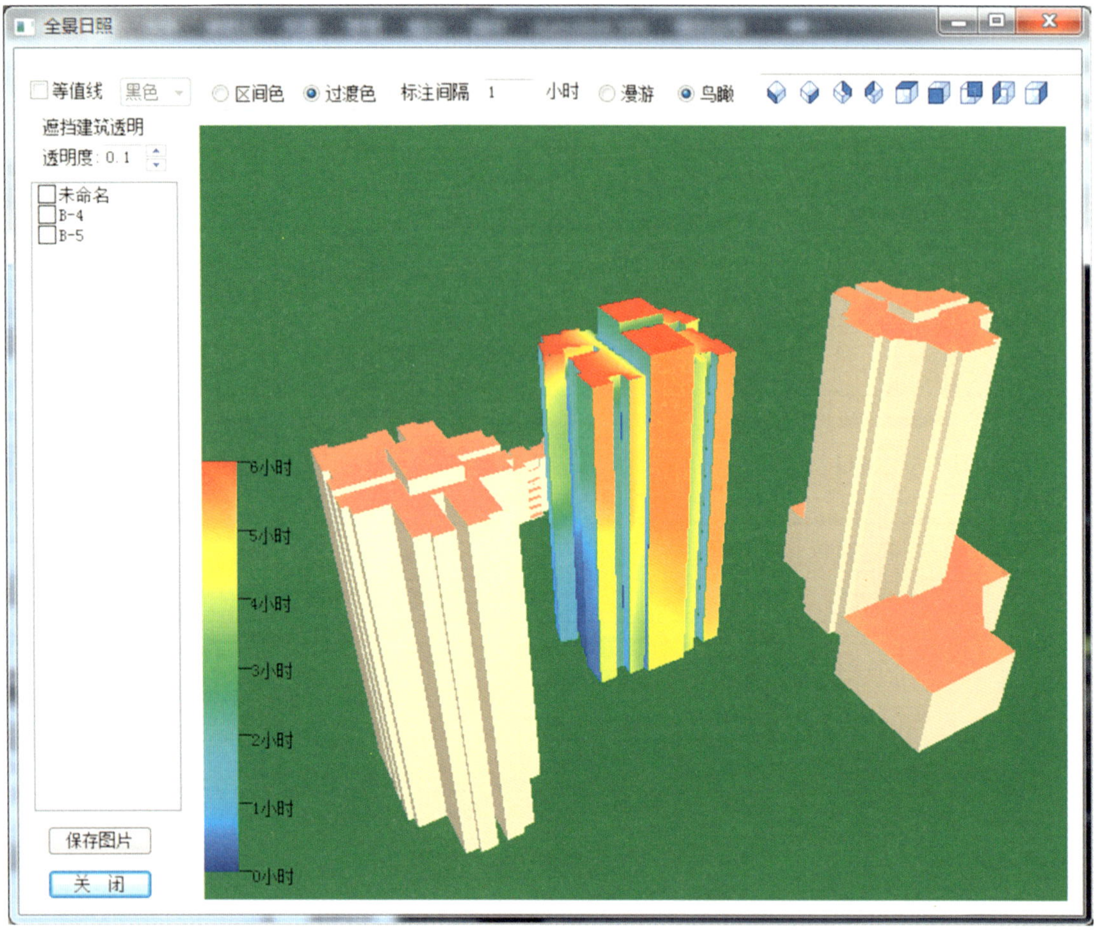

图 4.104 全景日照伪彩图效果

网格大小决定计算耗时和结果的详细程度，网格越小，耗时越多，结果越详细；反之，网格越大，耗时少，结果相对粗糙。

4.4 基于 BIM 技术的建筑采光模拟

4.4.1 创建模型

4.4.1.1 单体建模

单体建模的方法步骤参照 4.3.2 中建筑节能创建模型部分内容，此处不再赘述。

4.4.1.2 总图建模

尽管有通用的方法可以建立总图的三维模型，DALI 仍然提供了常用的柱状单体建筑的建模，以及从配套软件（建筑设计 ARCH / 节能设计 BECS）中快速提取周边建筑模型的方法。

(1) 建总图框

建总图框的方法步骤参照 4.3.4.1 部分内容。

(2) 建筑轮廓

建筑轮廓的相关内容介绍参照 4.3.2.1 部分内容。

(3) 提取单体

屏幕菜单命令:【总图】→【提取单体】(TQDT)。

该命令将配套的建筑设计软件 ARCH 的模型或节能设计 BECS 的模型提取到本图,作为遮挡物。

操作步骤如下:

①选择配套的 DWG 图(建筑设计图或节能模型)或外部楼层表 DBF 文件;

②确认该单体建筑的内外高差,以便正确地落在总图上;

③点取插入位置和转角,默认的基点是单体建筑的对齐点。

(4) 本体入总

屏幕菜单命令:【总图】→【本体入总】(BTRZ)。

这个命令用于将单体模型插入总图或在总图区域内更新,这样您可以在同一张 DWG 工作图内既拥有总图,也拥有其中若干单体建筑的楼层图,这样在对单体建筑进行日照分析时,可以在楼层图中更轻松地查看各个日照窗的日照时长。

(5) 单体链接

屏幕菜单命令:【总图】→【单体链接】(DTLJ)。

在采光计算中,单体建筑的采光情况与周边遮挡建筑的影响密切相关。如图 4.105 所示,应用单体链接功能将工程中每一个单体建筑链接进总图模型中,各单体共用一个总图遮挡模型即可,避免在大规模项目中多次修改总图的麻烦。

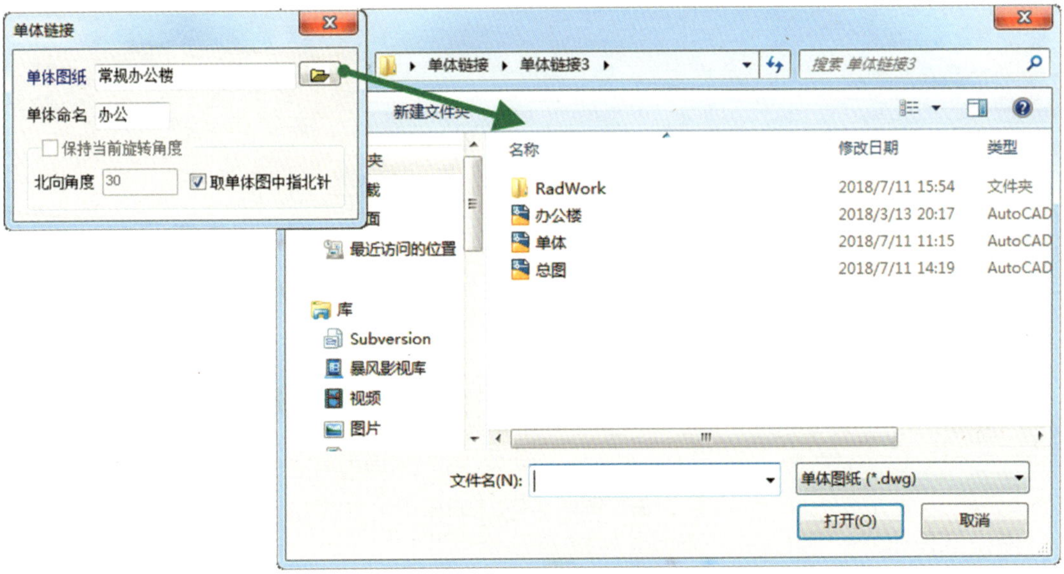

图 4.105 “单体链接”界面

操作过程如下：

①点击“单体链接”，如图 4.105 所示，选择总图中需要链接的单体模型；

②对单体进行命名，并对单体在总图中的角度进行确认；

③在图中点取相应位置确定建筑位置。

需要注意的是，单体和总图模型应放在同一文件夹下。

（6）修改链接

屏幕菜单命令：【总图】→【修改链接】（XGLJ）。

“修改链接”功能为单体链接的辅助功能，为用户修改单体信息提供了方便。点击“修改链接”，选择需要修改的单体建筑轮廓，将弹出“单体链接”设置界面，可在此界面对单体名称、角度等进行修改，还可以修改引用的单体模型。

（7）参照总图

屏幕菜单命令：【总图】→【参照总图】（CZZT）。

在采光计算中，单体建筑的采光情况与周边遮挡建筑的影响密切相关。如图 4.106 所示，单体链接功能实现了单体和总图的链接，运用“参照总图”功能将总图以外部参照的形式插入待分析单体中，以便各单体可以共用总图遮挡模型。

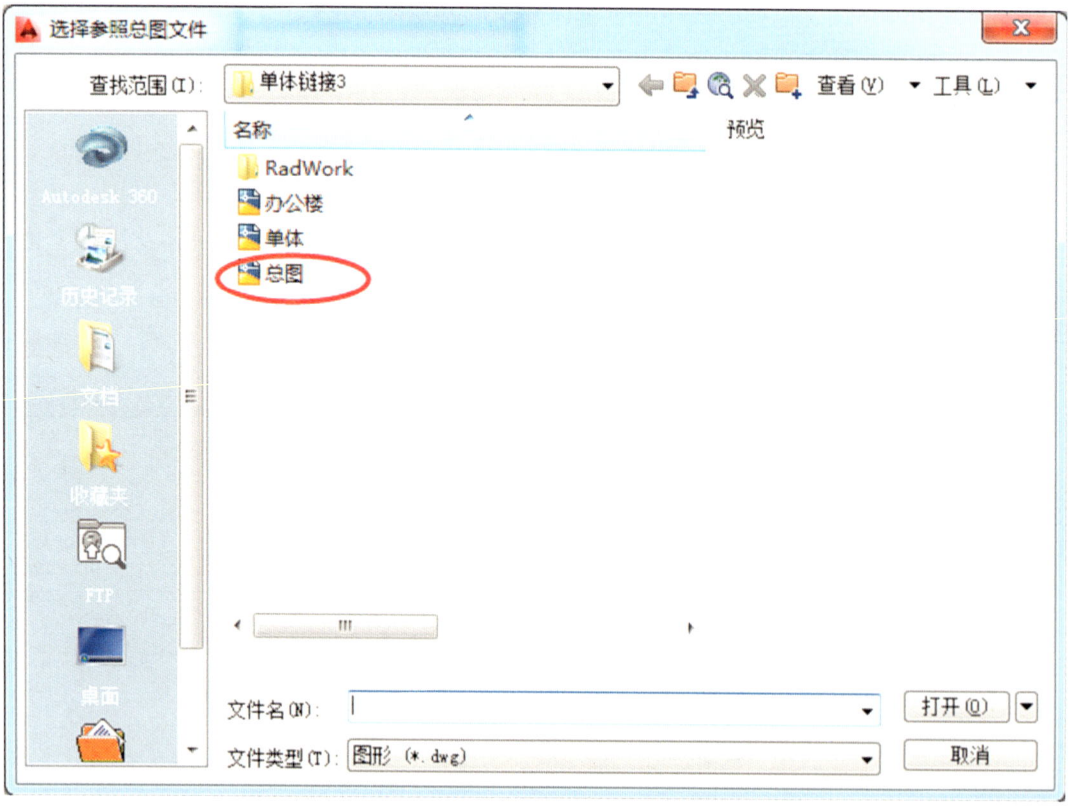

图 4.106　选择总图模型

操作流程如下：

①点击“参照总图”，选择总图模型，然后将总图放置在 DWG 图中；

②使用“建总图框”功能确定总图范围，同时将对齐点放置在当前单体相应位置。对齐点可随意拖动，若对齐点未放置在正确位置上，总图中正确位置处的建筑将作为周边遮挡建筑参与计算。

4.4.2 参数设置

在做采光计算之前，需先进行与计算相关的设置，如图 4.107 所示。

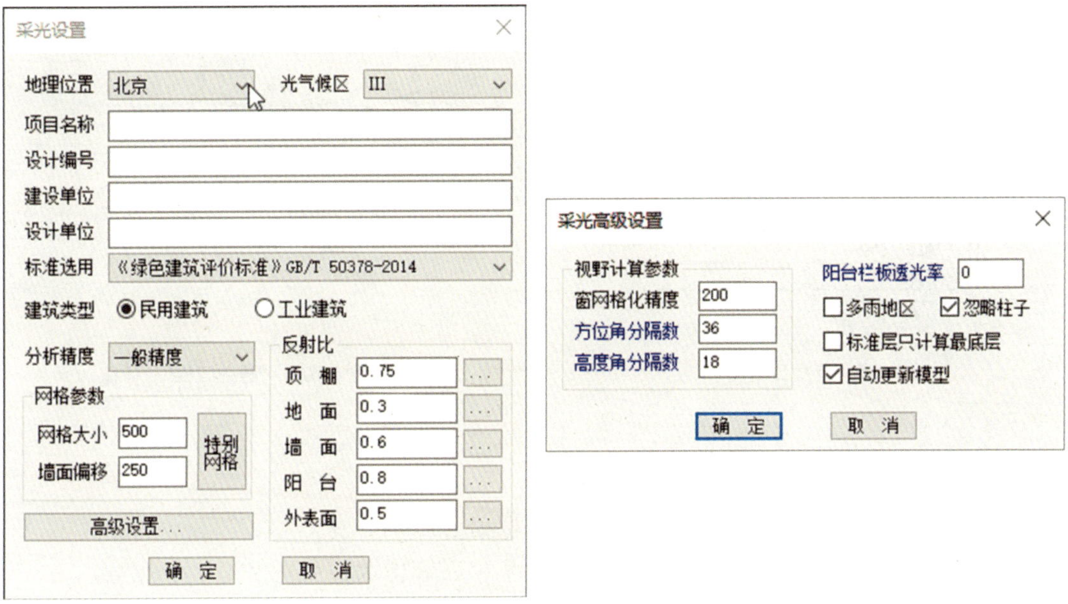

图 4.107　采光计算前的参数设置

4.4.2.1　采光设置

屏幕菜单命令：【设置】→【采光设置】（CGSZ）。

（1）基本信息：项目名称、设计编号、建设单位、设计单位、工程地点。采光报告书将自动获取此处的项目信息。

（2）标准选用：根据项目所在地，软件可以根据地点信息筛选出此地区适用的标准。

用户可在“标准选用”一栏中确认项目评价所采用的标准。选定标准后，采光报告书将自动输出符合本地需求的样式。

（3）基本设置如下：

①光气候区：Ⅰ、Ⅱ、Ⅲ、Ⅳ、Ⅴ共 5 个光气候区可选，系统默认为Ⅲ类光气候区。

②建筑类型：民用建筑、工业建筑。

③反射比：顶棚、地面、墙面、阳台、外表面的反射比，系统默认反射比值为顶棚 0.75、墙面 0.6、地面 0.3、阳台 0.8、外表面 0.5。可根据项目实际情况选取常用饰面材料的反射比，如图 4.108 所示。

④分析精度：粗算、精算（只有“模拟法”可控制分析精度）。

⑤网格参数：设置房间的网格大小及墙面偏移量。

⑥特别网格：设置超大（或过小）房间的网格参数，优化网格数量，平衡精度和计算速率，如图 4.109 所示。

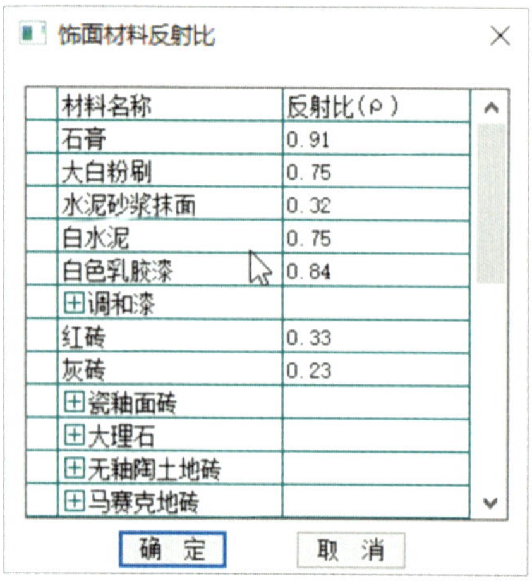

图 4.108　选择反射比

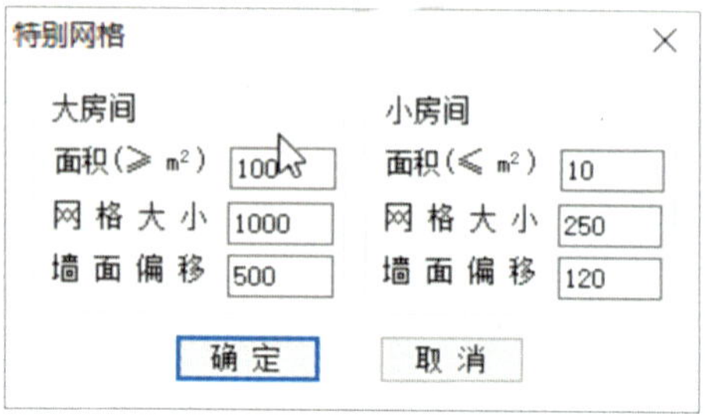

图 4.109　“特别网格”对话框

（4）高级设置

①多雨地区：若勾选，则玻璃的污染系数取值有区别。

②忽略柱子：若勾选，房间边界不考虑柱子，以墙体为边界。

③自动更新模型：勾选时，每次计算均会准备模型；未勾选时，软件会自动将构建的模型数据放置内存，除“三维采光”外，其他部分均不再更新模型。若遇到大工程，模型未变化时，不勾选“自动更新”可节省时间。

④阳台栏板透光率：取值在 0～1 之间，数值越大，透明率越高。

⑤标准层只计算最底层：如果勾选，标准层将不会展开计算，以节省计算时间。

4.4.2.2　门窗类型

屏幕菜单命令：【设置】→【门窗类型】(MCLX)。

该功能用于设置门窗与采光有关的参数。门窗类型决定了窗口的透光性能，天然光经过窗口与经过洞口的区别，即窗框、玻璃降低了透光的性能。透光性能用透光系数 K' 表示。

$$K'_\tau = \tau \cdot \tau_c \cdot \tau_w \qquad (4.1)$$

式中　τ ——采光材料的透射比，由窗类型表确定；

τ_c ——窗结构的挡光折减系数，由窗类型表确定；

τ_w ——窗玻璃的污染折减系数，和房间洁净度、玻璃倾角以及是否属于多雨地区有关。

门窗类型设置对话框如图 4.110 所示。窗框类型可以选择，它影响结构挡光系数。玻璃也可以选择，它影响玻璃透射比。

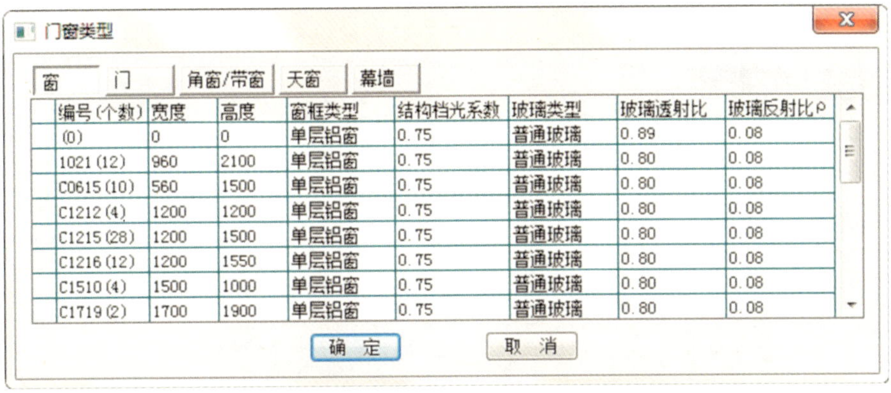
门窗类型

窗 | 门 | 角窗/带窗 | 天窗 | 幕墙

编号(个数)	宽度	高度	窗框类型	结构档光系数	玻璃类型	玻璃透射比	玻璃反射比ρ
(0)	0	0	单层铝窗	0.75	普通玻璃	0.89	0.08
1021 (12)	960	2100	单层铝窗	0.75	普通玻璃	0.80	0.08
C0615 (10)	560	1500	单层铝窗	0.75	普通玻璃	0.80	0.08
C1212 (4)	1200	1200	单层铝窗	0.75	普通玻璃	0.80	0.08
C1215 (28)	1200	1500	单层铝窗	0.75	普通玻璃	0.80	0.08
C1216 (12)	1200	1550	单层铝窗	0.75	普通玻璃	0.80	0.08
C1510 (4)	1500	1000	单层铝窗	0.75	普通玻璃	0.80	0.08
C1719 (2)	1700	1900	单层铝窗	0.75	普通玻璃	0.80	0.08

确 定 | 取 消

图 4.110 “门窗类型”对话框

4.4.2.3 遮阳类型

屏幕菜单命令:【设置】→【遮阳类型】(ZYLX)。

采光模拟计算对外部及自身的遮挡是十分敏感的，因此当外窗有遮阳措施时，需体现在模型中。DALI 提供了若干种固定遮阳形式的设置，包括平板遮阳、百叶遮阳等常见外遮阳类型（图 4.111）。

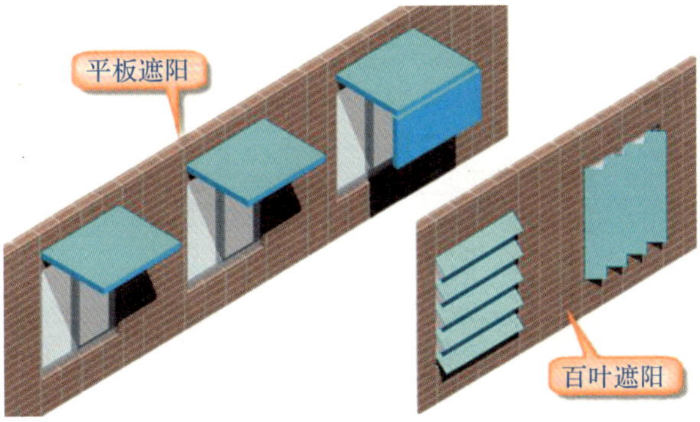

图 4.111 外遮阳形式

“遮阳类型” 命令用于命名和添加多种遮阳设置，然后附给外窗，可反复修改。描述平板遮阳的参数如图 4.112 所示。

描述百叶遮阳的参数如图 4.113 所示。

外遮阳类型与计算参数是一一对应的，参数必须在“遮阳类型”对话框中设置或修改，如图 4.114 所示。当选中外窗时，在 CAD 的特性表中可以对外窗的遮阳类型进行修改。当外遮阳编号为空时，表示外窗无外遮阳措施。

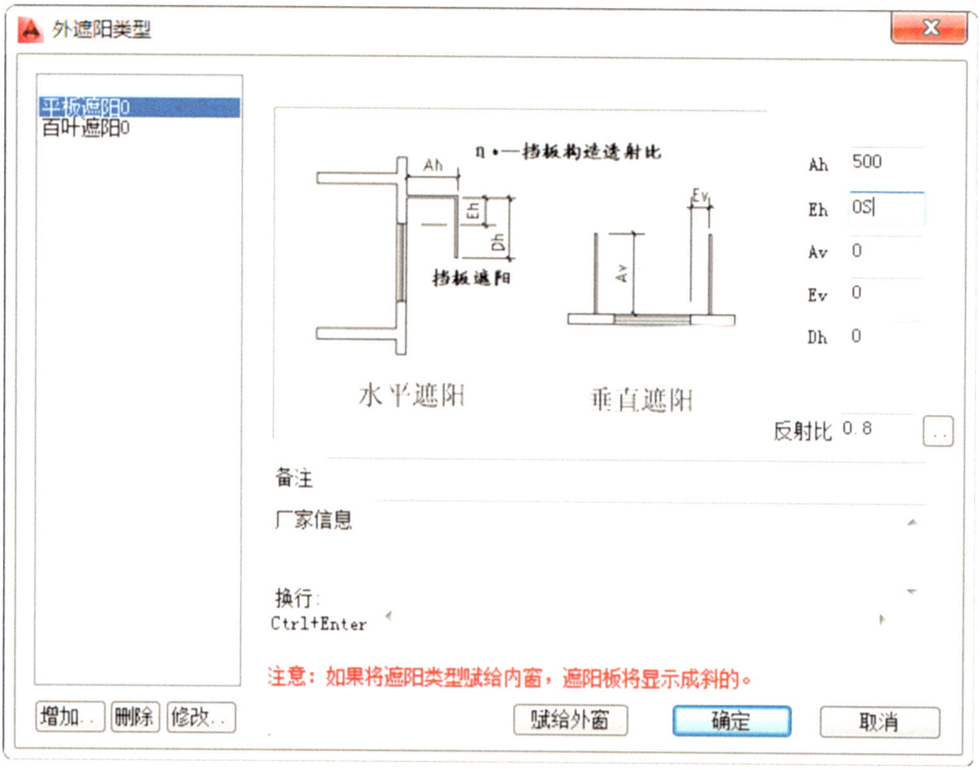

图 4.112　外遮阳设置对话框——平板遮阳

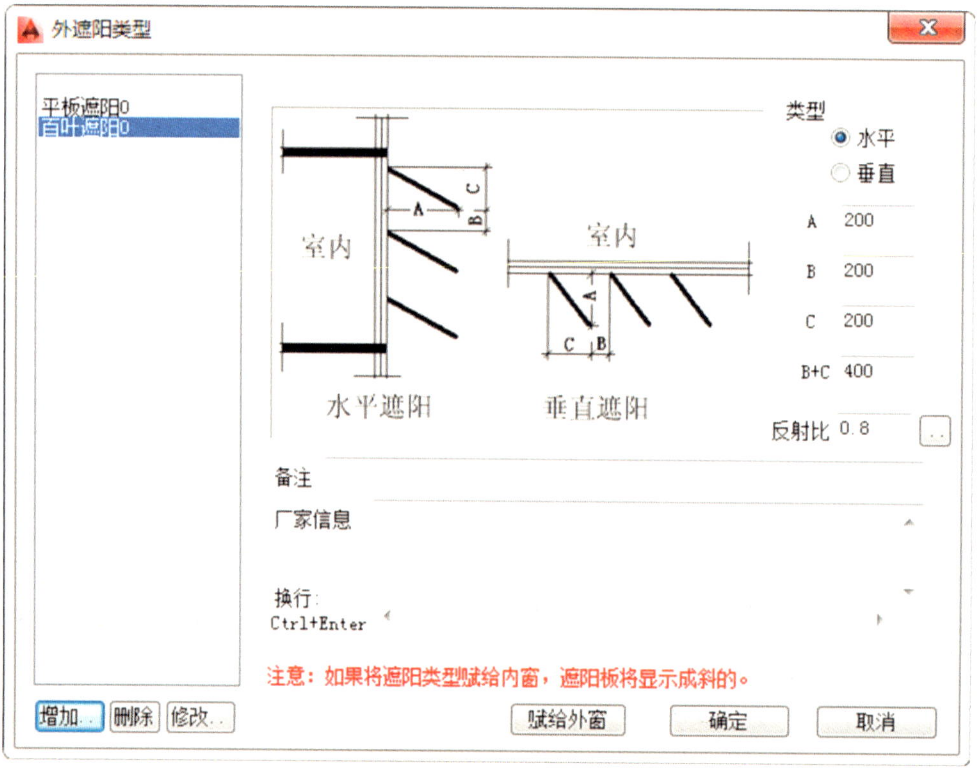

图 4.113　外遮阳设置对话框——百叶遮阳

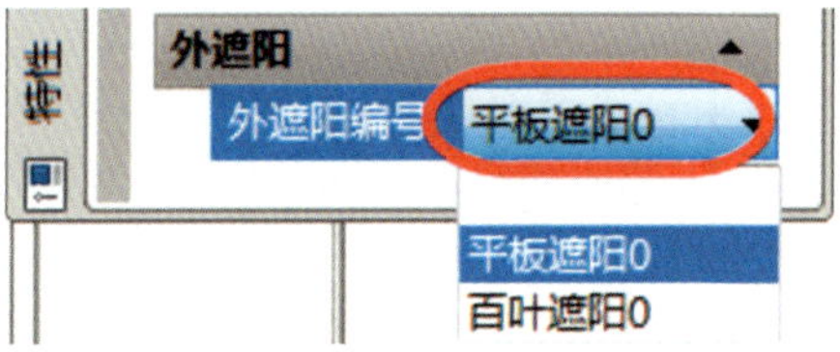

图 4.114　特性表中修改外遮阳类型

4.4.2.4　房间类型

屏幕菜单命令：【设置】→【房间类型】（FJLX）。

房间类型决定采光要求，即采光等级。不同等级对采光系数（或照度）有不同的要求。此外，房间类型还决定了洁净程度：清洁、一般污染、严重污染。对于民用建筑而言，采光良好房间的洁净度为“清洁”。

如图 4.115 所示，可单独设置不同房间类型的反射比，其中默认数值为“采光设置”中反射比的设置数值。可以选中房间类型，然后“赋给房间”，更改图中的房间类型。房间类型修改后，房间名称、颜色均应对应修改。不同颜色对应不同的采光等级。也可以根据图中的房间名称，自动设置房间类型，房间名称和类型的匹配关系用户可以设置。

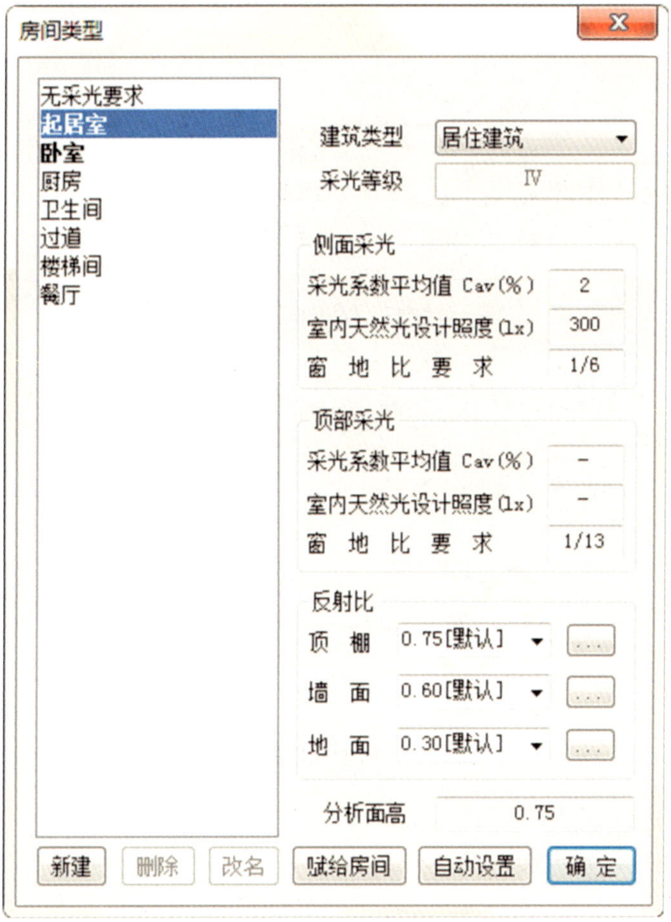

图 4.115　“房间类型”对话框

4.4.2.5 布导光管

屏幕菜单命令:【设置】→【布导光管】(BDGG)。

该功能用于弥补房间内不利区域的采光，如图 4.116 所示。

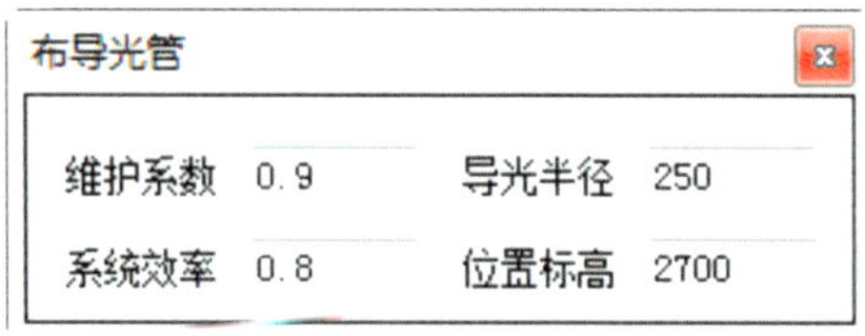

图 4.116 “布导光管”对话框

设置参数内容如下:

(1) 维护系数：相当于污染系数、洁净系数的含义。

(2)系统效率:即《建筑采光设计标准》(GB 50033—2013)表 D.0.4 中的透光折减系数。

4.4.2.6 反光板

屏幕菜单命令:【设置】→【反光板】(FGB)。

该功能用于弥补房间内不利区域的采光，优化室内采光效果。

其设置参数内容如图 4.117 所示。

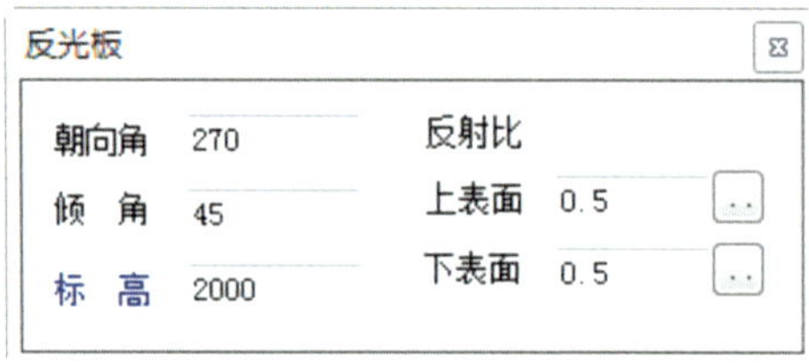

图 4.117 “反光板”对话框

(1) 朝向角

屏幕正右向与反光板法向量水平投影线之间的逆时针夹角。

(2) 倾角

板面与水平面之间的夹角如图 4.118 所示。

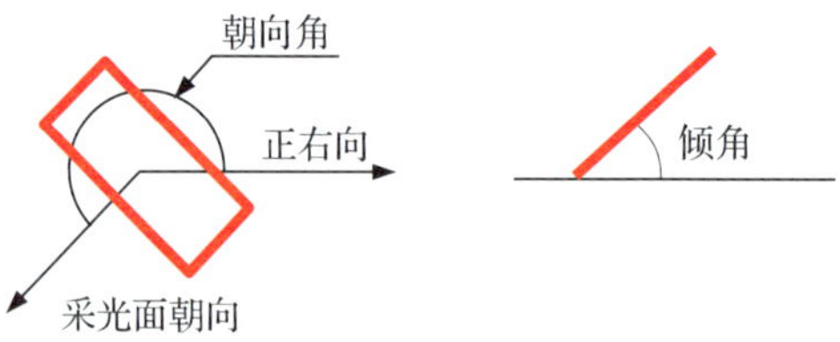

图 4.118 朝向角和倾角的定义

设置反光板的操作步骤如下:

(1) 绘制反光板水平投影闭合的 PLINE。

(2) 执行命令后，弹出对话框，输入反光板的朝向和倾角，以及板上某个特征点的标高。

（3）命令行提示：选择平面上的反光板 PL 边界区域（单选或者多选 PLINE）。

（4）命令行提示：点取特征点（该点 Z 标高等于对话框上输入的标高值）。

4.4.2.7 内区轮廓

屏幕菜单命令：【设置】→【内区轮廓】（NQLK）。

在计算内区采光之前需要确认内区的范围，即内区轮廓。根据《绿色建筑评价标准》（GB/T 50378—2019）（2024 年局部修订版）对内区的定义可知，内区是针对外区而言的，外区一般为距离建筑外围护结构 5m 范围的区域。DALI 可根据建筑外轮廓线自动向内部缩 5m，形成内区轮廓。

4.4.2.8 房间显示

屏幕菜单命令：【设置】→【房间显示】（FJXS）。

通过控制切换“文本图”“网格图”的显示状态，如图 4.119 所示，提供多种图面显示策略，方便查看不同类型的计算结果。

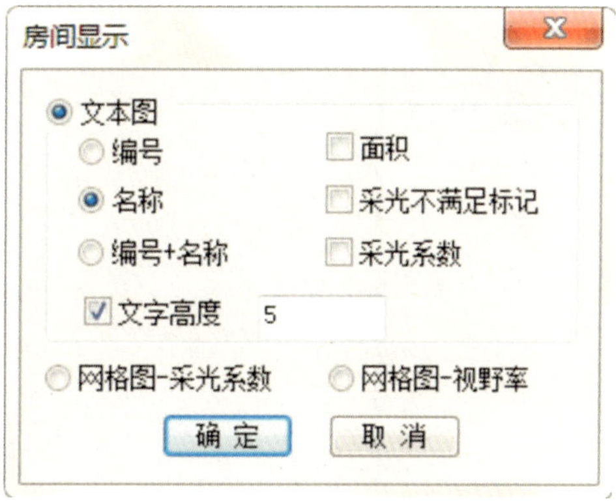

图 4.119 “房间显示”对话框

4.4.2.9 结果擦除

屏幕菜单命令：【采光分析】→【结果擦除】（JGCC）。

该命令可快速擦除采光分析生成的小时数点，这是一个过滤选择对象的删除命令。通常分析后的图线或数字对象数量较大，用户可以选择输入 ALL、框选或点选等方式进行。

4.4.3 基本分析

《建筑采光设计标准》（GB 50033—2013）采用采光系数来表达房间的采光质量。绿色建筑的采光指标主要是针对房间提出的要求。采光系数是指在全阴天条件下，室内天然光照度与室外天然光照度的比值，它反映了建筑的采光质量，并且与天空的光照条件无关。因此，一旦建筑的空间布局和形态确定，采光系数也随之确定。DALI 采用美国伯克利国家实验室的 Radiance 引擎进行采光计算。采光模型确定后，即可转换为引擎所需计算模型，然后利用各种分析工具，获取各个房间的采光质量。

4.4.3.1 采光计算

屏幕菜单命令：【主要分析】→【采光计算】（CGJS）。

该命令用于计算建筑室内空间的采光系数，并以表格或计算书的形式给出计算结果，计算规则遵循《建筑采光设计标准》（GB 50033—2013）。需要确定计算范围，如图 4.120 所示，可以在左侧房间列表中按楼层、户型和房间选择要计算和输出的目标房间，也可以用“图选分析房间”的方式在图中直接选择。计算结果可以以表格的方式浏览，如图 4.121 所示。在浏览计算结果时，左边的树状结构决定了右边表格的内容，可以按楼层、户型浏览计算结果。

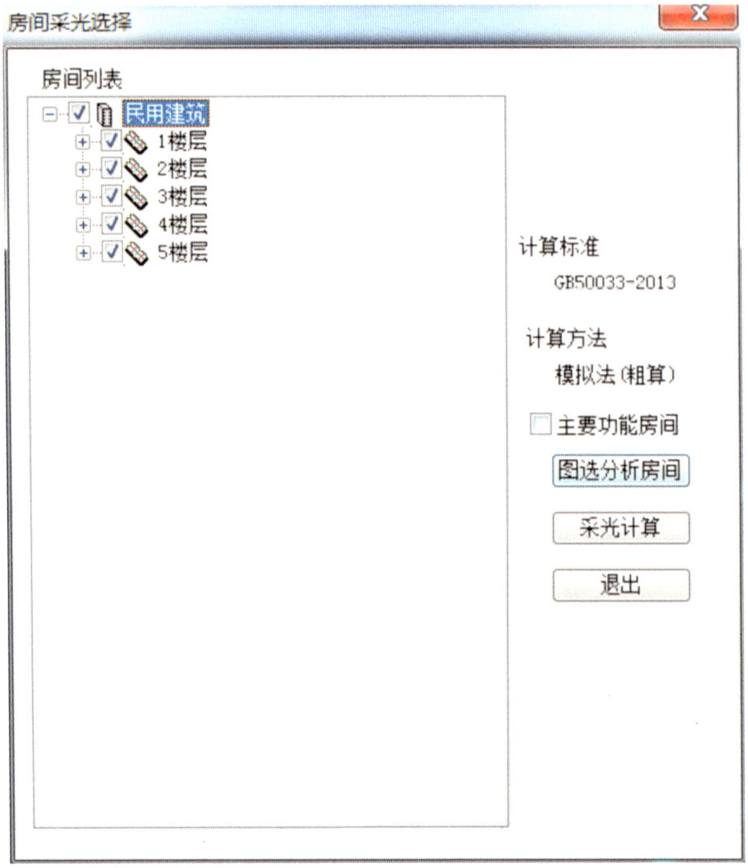

图 4.120　选择计算范围

图 4.121　采光计算结果浏览

4.4.3.2 采光报告

屏幕菜单命令:【主要分析】→【采光报告】(CGBG)。

提取“采光计算”的计算结果，可以输出HTML、Word格式的住宅、医院、学校等版式的采光报告，或将计算结果输出到Excle表格中，如图4.122所示。其中，HTML报告用于快速查看报告版式，Word报告用于输出最终结果。建筑采光分析报告书如图4.123所示。

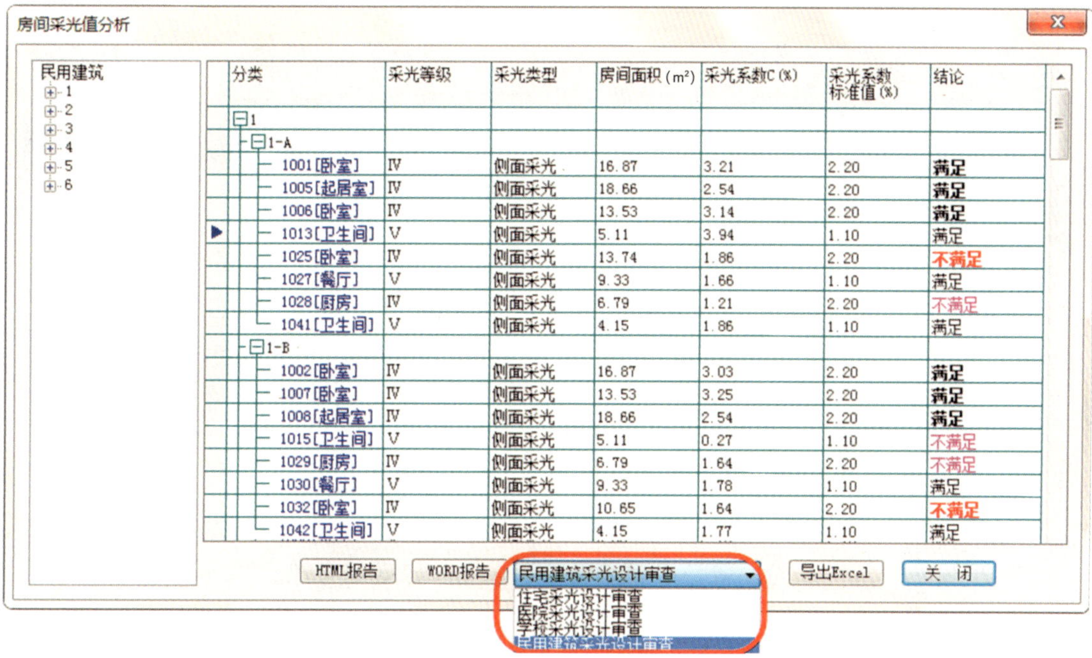

图4.122 报告模板选择

绿建斯维尔 建筑采光分析报告书

建筑采光分析报告书

老年人居住建筑

工程名称	零碳·颐养&工业·新生--基于工业文化背景下低碳绿色康养中心
设计编号	LBKA3118-
建设单位	沈阳城市建设学院
设计单位	建筑与规划学院
审 核 人	
审 定 人	
计算日期	2024年11月30日

采用软件	采光分析 DALI2024
软件版本	20240430(SP1)
研发单位	北京绿建软件股份有限公司
正版授权码	T19818805727

http://www.gbsware.cn/ 1/6 Dali

绿建斯维尔 建筑采光分析报告书

1. 建筑概况

项目所在地	沈阳		
光气候分区	III	光气候系数K	1.00
建筑面积	地上 4478.02 ㎡ 地下 0.00 ㎡		
建筑层数	地上 7 地下 0		
建筑高度	地上 33.60 m 地下 0.00m		
备注			

2. 设计依据

1. 《建筑采光设计标准》 GB50033-2013
2. 《民用建筑设计统一标准》 GB 50352-2019
3. 《建筑环境通用规范》GB 55016-2021
4. 《采光测量方法》GB/T 5699-2017
5. 《民用建筑绿色性能计算标准》JGJT_449-2018

3. 标准要求

本项目为老年人居住建筑，即专为老年人设计、供起居生活使用的居住建筑，主要功能房间为卧室和起居室等。《建筑环境通用规范》GB 55016-2021、《建筑采光设计标准》GB 50033-2013对采光计算方法、采光等级和采光标准值，以及不同光气候分区下的光气候系数K值、室外天然光设计照度值Es值等做了相应规定，对住宅建建筑主要功能房间的采光系数做出规定。

■ **《建筑采光设计标准》GB 50033-2013 相关条文**

3.0.3 各采光等级参考平面上的采光标准值应符合表3.0.3规定。

表3.0.3 采光等级与采光标准值

采光等级	侧面采光		顶部采光	
	采光系数标准值(%)	室内天然光照度标准值(lx)	采光系数标准值(%)	室内天然光照度标准值(lx)
I	5	750	5	750
II	4	600	3	450
III	3	450	2	300
IV	2	300	1	150
V	1	150	0.5	75

3.0.4 光气候分区应按本标准附录A确定。各光气候区的室外天然光设计照度值应按表3.0.4采用。所在地区的采光系数标准值应乘以相应地区的光气候系数K。

http://www.gbsware.cn/ 2/6 Dali

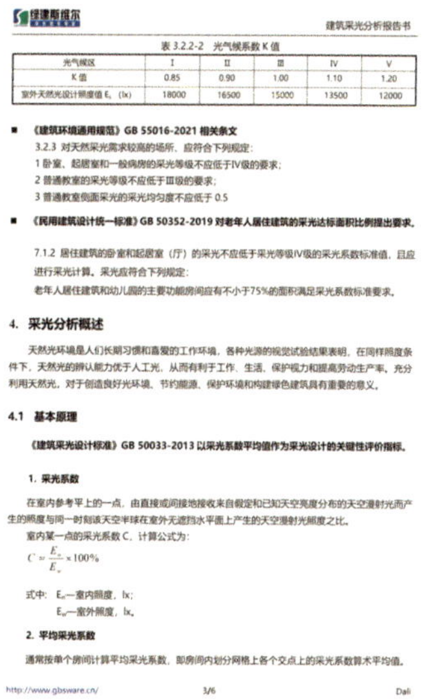

绿建斯维尔 建筑采光分析报告书

表3.2.2-2 光气候系数K值

光气候区	I	II	III	IV	V
K值	0.85	0.90	1.00	1.10	1.20
室外天然光设计照度值 E_s (lx)	18000	16500	15000	13500	12000

■ **《建筑环境通用规范》GB 55016-2021 相关条文**

3.2.3 对天然采光需求较高的场所、应符合下列规定:

1 卧室、起居室和一般病房的采光等级不应低于IV级的要求;

2 普通教室的采光等级不应低于III级的要求;

3 普通教室侧面采光的采光均匀度不应低于0.5

■ **《民用建筑设计统一标准》GB 50352-2019 对老年人居住建筑的采光达标面积比例提出要求。**

7.1.2 居住建筑的卧室和起居室(厅)的采光不应低于采光等级IV级的采光系数标准值，且应进行采光计算。采光应符合下列规定:

老年人居住建筑和幼儿园的主要功能房间应有不小于75%的面积满足采光系数标准要求。

4. 采光分析概述

天然光环境是人们长期习惯和喜爱的工作环境，各种光源的视觉试验结果表明，在同样照度条件下，天然光的辨认能力优于人工光，从而有利于工作、生活、保护视力和提高劳动生产率。充分利用天然光，对于创造良好光环境、节约能源、保护环境和构建绿色建筑具有重要的意义。

4.1 基本原理

《建筑采光设计标准》GB 50033-2013 以采光系数平均值作为采光设计的关键性评价指标。

1. 采光系数

在室内参考平上的一点，由直接或间接地接收来自假定和已知天空亮度分布的天空漫射光而产生的照度与同一时刻该天空半球在室外无遮挡水平面上产生的天空漫射光照度之比。

室内某一点的采光系数C，计算公式为:

$$C = \frac{E_n}{E_w} \times 100\%$$

式中：E_n—室内照度，lx;

E_w—室外照度，lx。

2. 平均采光系数

通常按单个房间计算平均采光系数，即房间内划分网格上各个交点上的采光系数算术平均值。

http://www.gbsware.cn/ 3/6 Dali

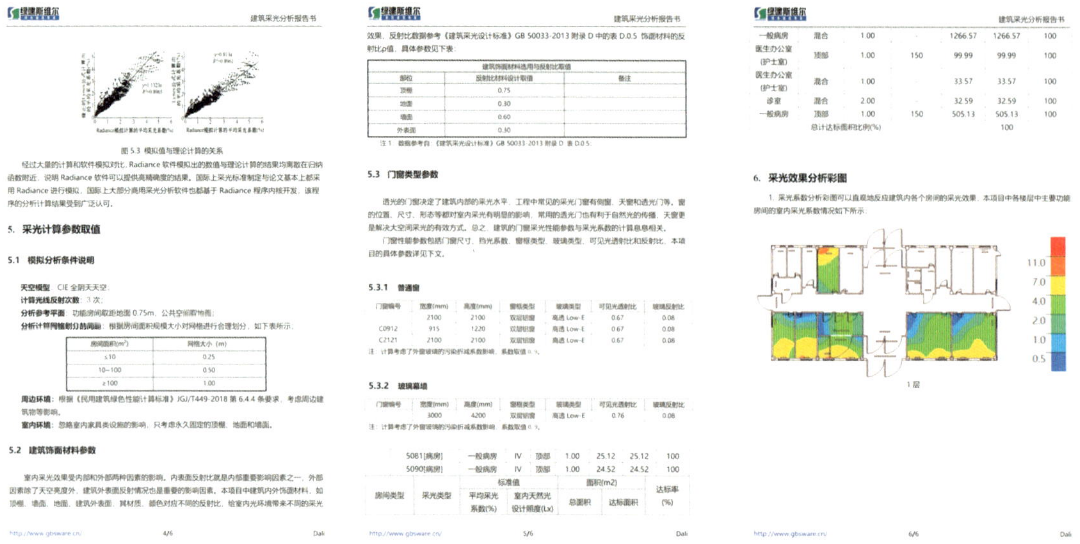

图 4.123　建筑采光分析报告书

4.4.3.3　地下采光

屏幕菜单命令：【主要分析】→【地下采光】(DXCG)。

该命令用于计算地下室的采光达标率，如图 4.124 所示，并输出彩图及计算报告书，如图 4.125 所示。地下采光一般是通过导光管、采光井等措施实现。

其设置参数内容如下：

(1) 采光值要求（%）：默认 0.5，也可手动修改。

(2) 达标图宽度（像素）：勾选后可输出达标图，并且像素宽度可调。

(3) 平均采光系数：根据《绿色建筑评价标准》(GB/T　50378—2019)(2024 年局部修订版)，采用“平均采光系数”作为评价指标。

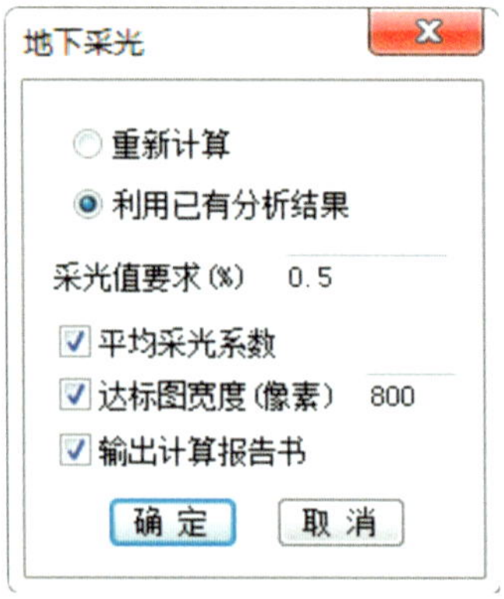

图 4.124　“地下采光”对话框

图 4.125　地下室采光报告书

4.4.3.4　内区采光

屏幕菜单命令：【主要分析】→【内区采光】（NQCG）。

依据《绿色建筑评价标准》（GB/T 50378—2019）（2024 年局部修订版）对内区进行采光达标率统计，并输出内区采光报告，这在绿色建筑设计中主要是对公共建筑的要求。

软件默认内区范围为距外墙 5 m 外区域，如图 4.126 所示。

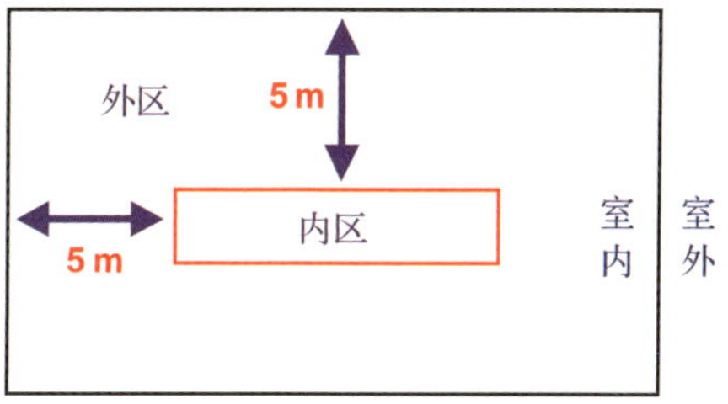

图 4.126　内区与外区范围

内区采光结果浏览和内区采光计算书分别如图 4.127 和图 4.128 所示。

图 4.127 内区采光结果

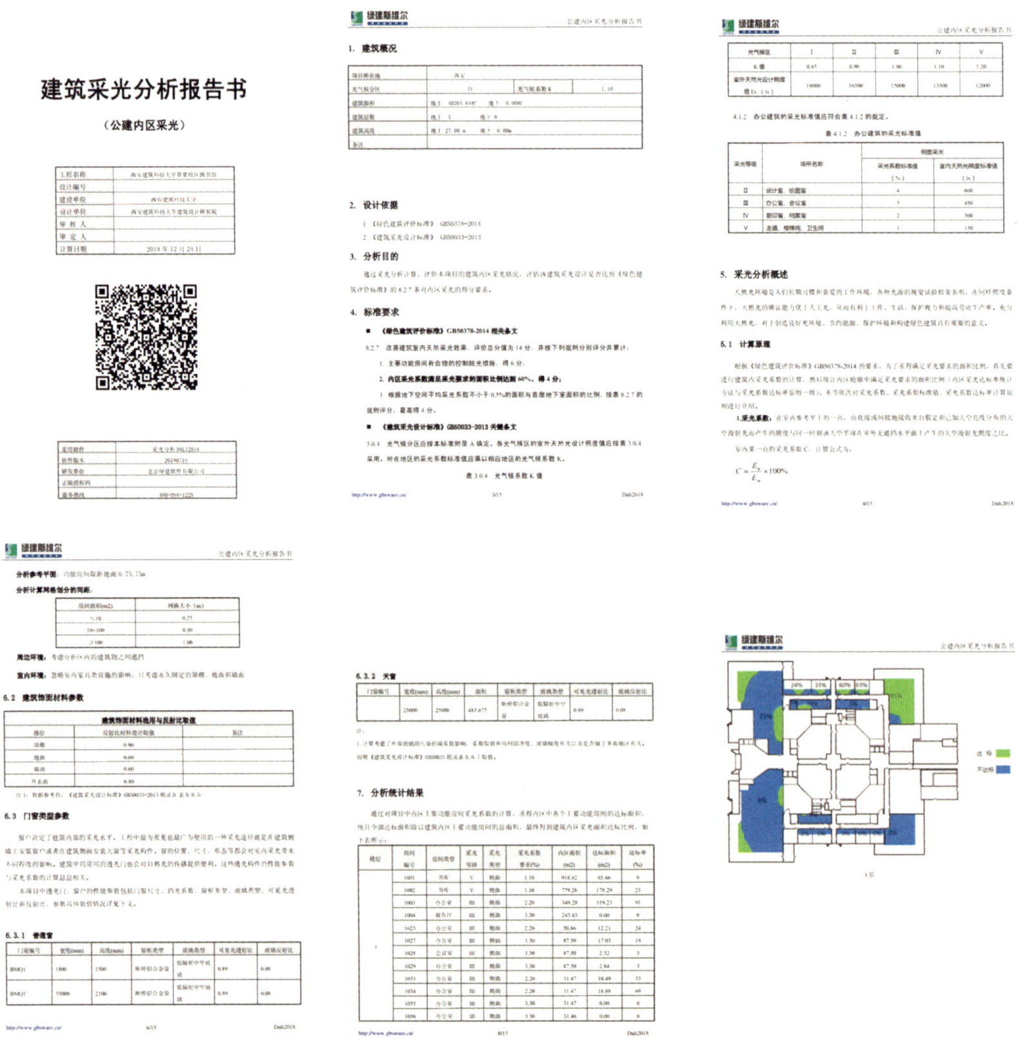

图 4.128 内区采光报告书

4.4.3.5　达标率计算

屏幕菜单命令：【主要分析】→【达标率】（DBL）。

依据《绿色建筑评价标准》（GB/T 50378—2019）（2024年局部修订版）统计公共建筑主要功能房间的采光达标率并输出报告，如图4.129和4.130所示。依据标准规定，达标率采用平均采光系数，主要是对公共建筑的要求，居住建筑通常用窗地比考核，但个别窗地比不满足的房间也可用达标率计算。

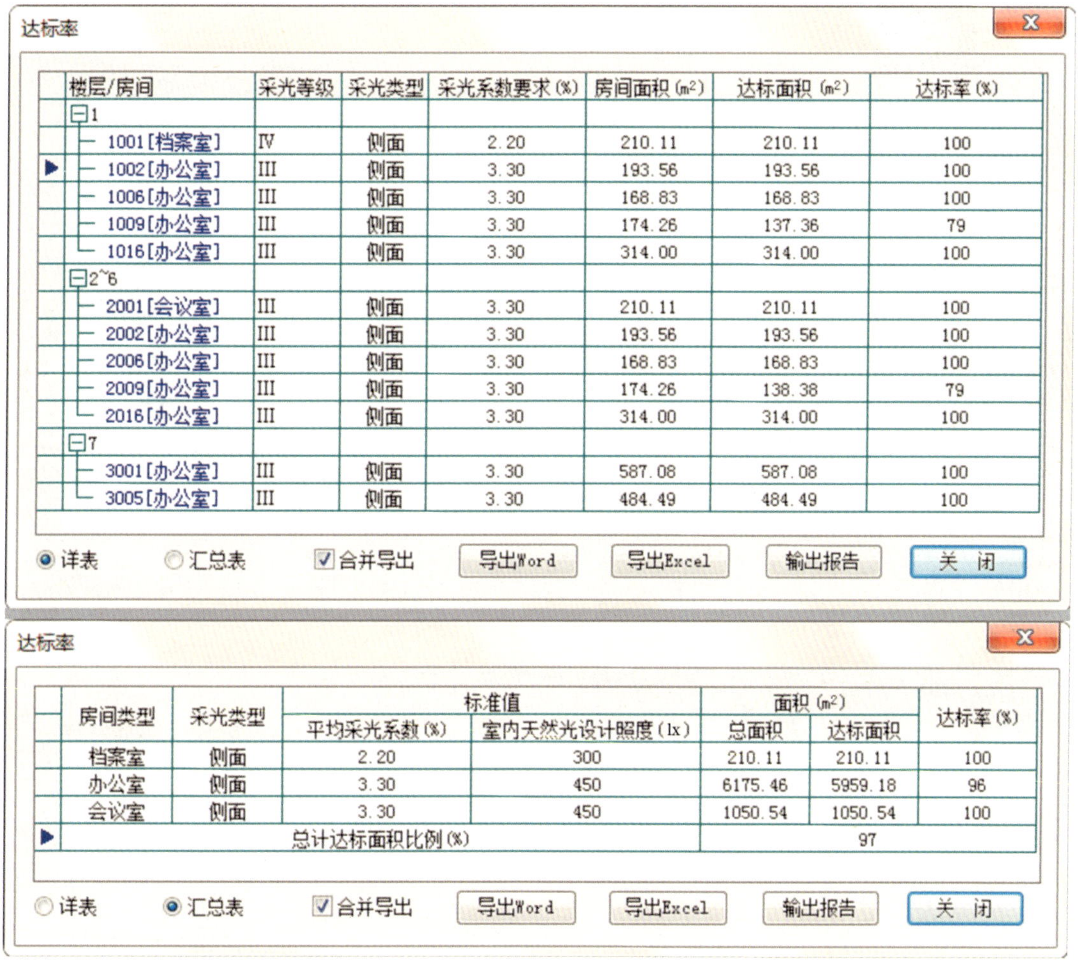

楼层/房间	采光等级	采光类型	采光系数要求(%)	房间面积(m²)	达标面积(m²)	达标率(%)
1						
1001[档案室]	IV	侧面	2.20	210.11	210.11	100
1002[办公室]	III	侧面	3.30	193.56	193.56	100
1006[办公室]	III	侧面	3.30	168.83	168.83	100
1009[办公室]	III	侧面	3.30	174.26	137.36	79
1016[办公室]	III	侧面	3.30	314.00	314.00	100
2~6						
2001[会议室]	III	侧面	3.30	210.11	210.11	100
2002[办公室]	III	侧面	3.30	193.56	193.56	100
2006[办公室]	III	侧面	3.30	168.83	168.83	100
2009[办公室]	III	侧面	3.30	174.26	138.38	79
2016[办公室]	III	侧面	3.30	314.00	314.00	100
7						
3001[办公室]	III	侧面	3.30	587.08	587.08	100
3005[办公室]	III	侧面	3.30	484.49	484.49	100

房间类型	采光类型	标准值		面积(m²)		达标率(%)
		平均采光系数(%)	室内天然光设计照度(lx)	总面积	达标面积	
档案室	侧面	2.20	300	210.11	210.11	100
办公室	侧面	3.30	450	6175.46	5959.18	96
会议室	侧面	3.30	450	1050.54	1050.54	100
总计达标面积比例(%)				97		

图4.129　达标率结果浏览

4.4.3.6　视野计算

屏幕菜单命令：【主要分析】→【视野计算】（SYJS）。

本命令用于全面计算公共建筑的视野达标率，并在命令行输出计算结果“良好视野要求”（可看到景观的面积比例%），默认为70%，即当面积比例小于70%时，数字显示为红色，以方便查看，如图4.131所示。同时，可根据输入的像素宽度生成彩图，以便更直观地展示视野计算结果，如图4.132所示。

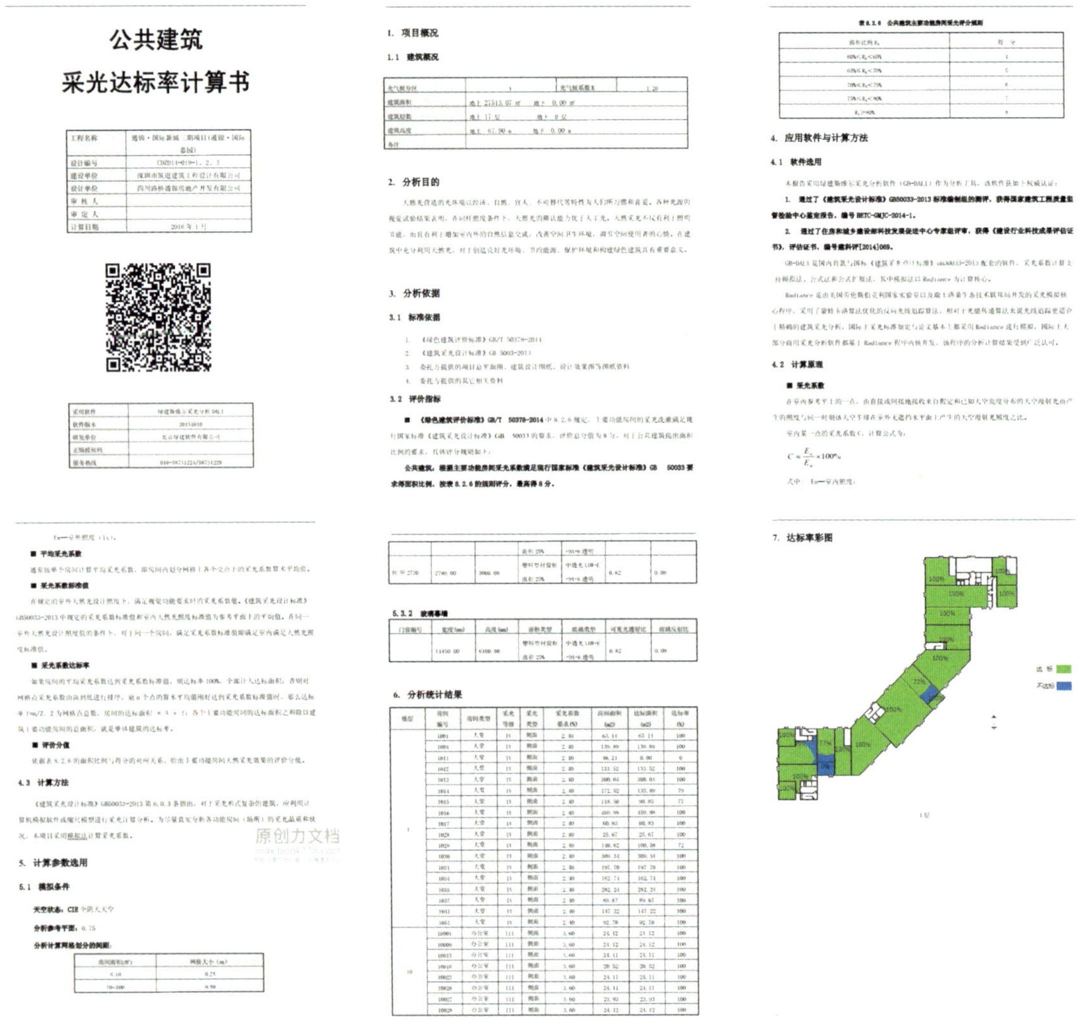

公共建筑

采光达标率计算书

1. 项目概况

1.1 建筑概况

2. 分析目的

3. 分析依据

3.1 标准依据

3.2 评价指标

4. 应用软件与计算方法

4.1 软件选用

4.2 计算原理

4.3 计算方法

5. 计算参数选用

5.1 模拟条件

5.3.2 玻璃幕墙

6. 分析统计结果

7. 达标率彩图

图 4.130　达标率报告书

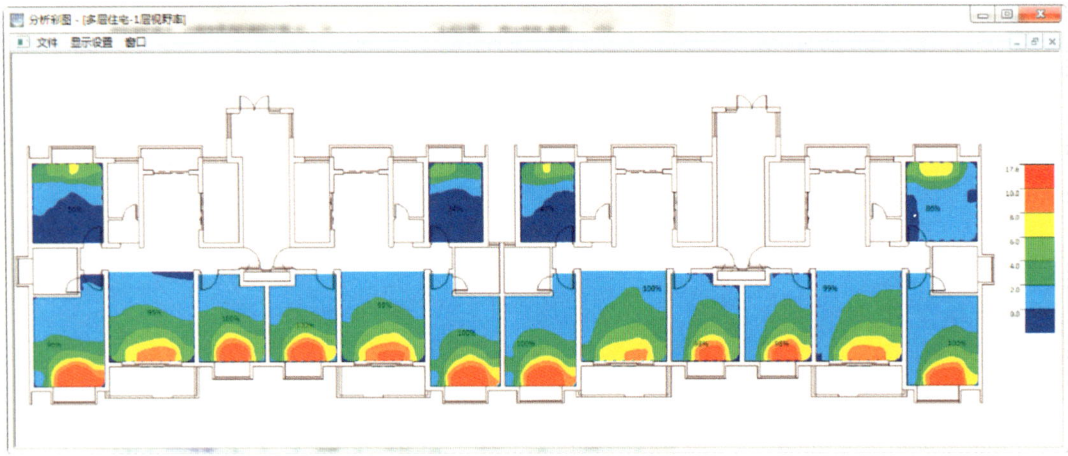

图 4.131　视野率分析彩图

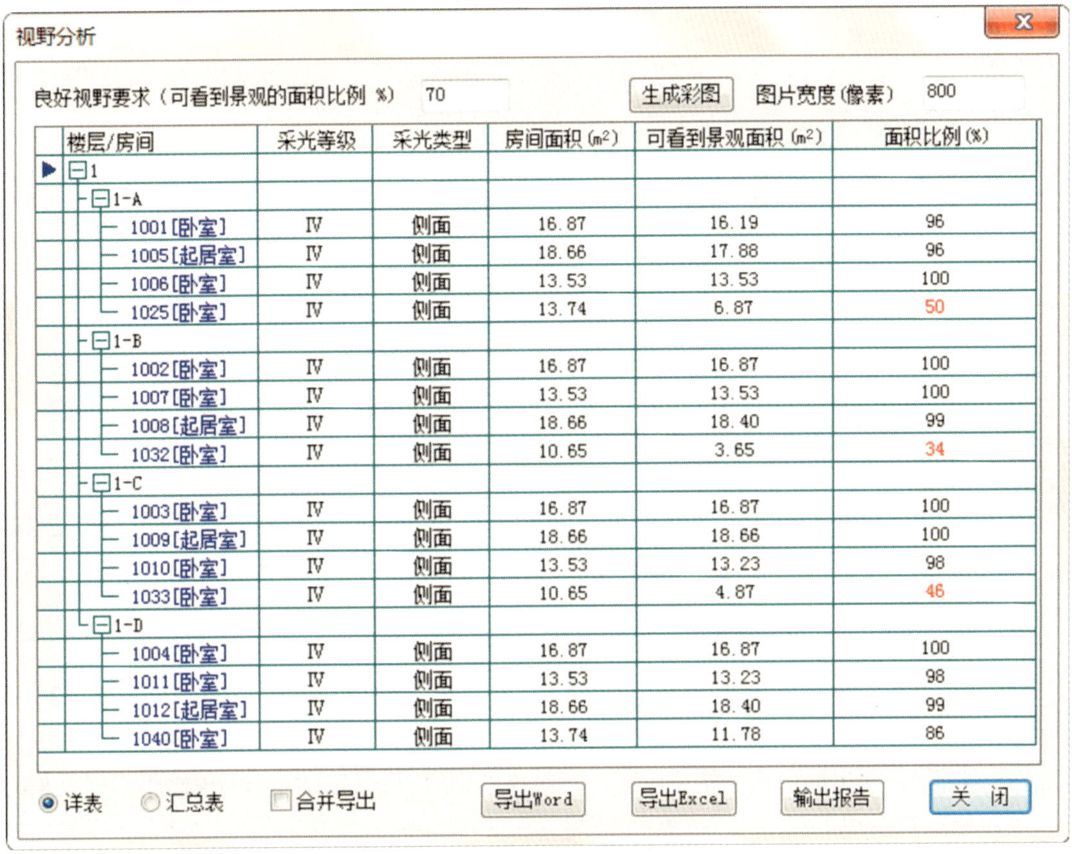

楼层/房间	采光等级	采光类型	房间面积(m²)	可看到景观面积(m²)	面积比例(%)
1					
1-A					
1001[卧室]	Ⅳ	侧面	16.87	16.19	96
1005[起居室]	Ⅳ	侧面	18.66	17.88	96
1006[卧室]	Ⅳ	侧面	13.53	13.53	100
1025[卧室]	Ⅳ	侧面	13.74	6.87	50
1-B					
1002[卧室]	Ⅳ	侧面	16.87	16.87	100
1007[卧室]	Ⅳ	侧面	13.53	13.53	100
1008[起居室]	Ⅳ	侧面	18.66	18.40	99
1032[卧室]	Ⅳ	侧面	10.65	3.65	34
1-C					
1003[卧室]	Ⅳ	侧面	16.87	16.87	100
1009[起居室]	Ⅳ	侧面	18.66	18.66	100
1010[卧室]	Ⅳ	侧面	13.53	13.23	98
1033[卧室]	Ⅳ	侧面	10.65	4.87	46
1-D					
1004[卧室]	Ⅳ	侧面	16.87	16.87	100
1011[卧室]	Ⅳ	侧面	13.53	13.23	98
1012[起居室]	Ⅳ	侧面	18.66	18.40	99
1040[卧室]	Ⅳ	侧面	13.74	11.78	86

图 4.132　视野分析结果浏览

4.4.3.7　视野报告

视野报告的屏幕菜单命令：【主要分析】→【视野报告】（SYBG）。

依据“视野计算”分析结果及《绿色建筑评价标准》（GB/T 50378—2019）（2024 年局部修订版）输出视野分析报告，如图 4.133 所示。

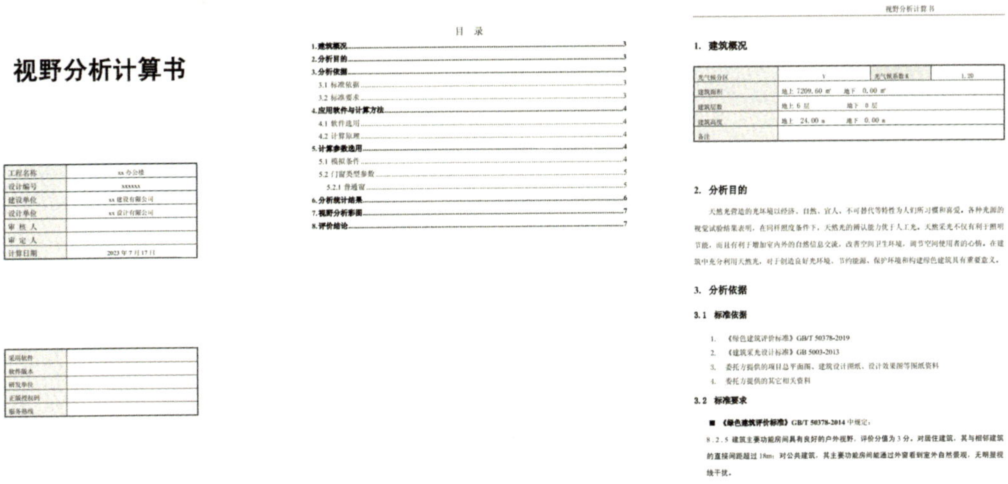

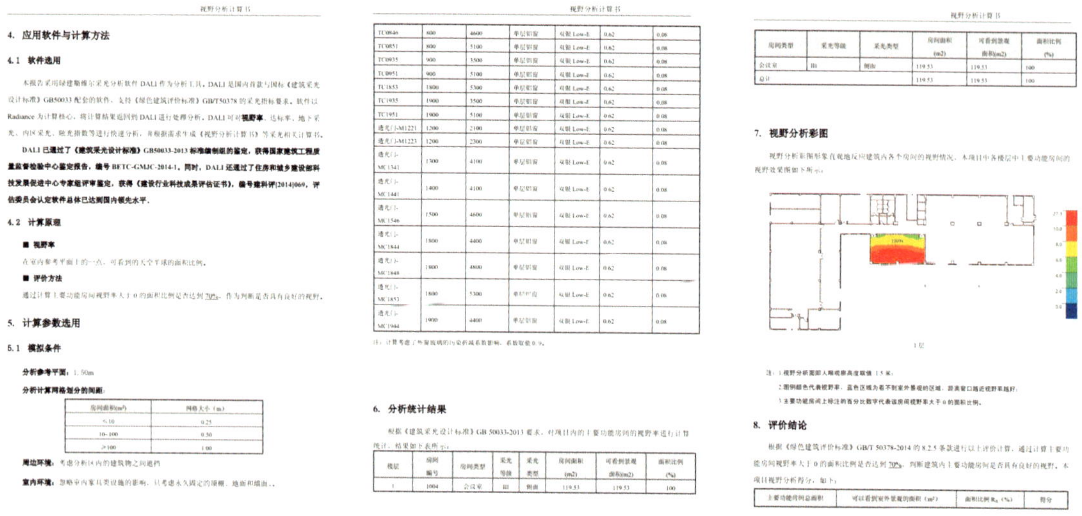

视野分析计算书

4. 应用软件与计算方法

4.1 软件选用

本报告采用绿建斯维尔采光分析软件 DALI 作为分析工具。DALI 是国内首款与国标《建筑采光设计标准》GB50033 配套的软件，支持《绿色建筑评价标准》GB/T50378 的采光指标要求。软件以 Radiance 为计算核心，将计算结果返回到 DALI 进行处理分析。DALI 可对**视野率**、达标率、地下采光、内区采光、眩光指数等进行快速分析，并根据需求生成《视野分析计算书》等采光相关计算书。

DALI 已通过了《建筑采光设计标准》GB50033-2013 标准编制组的鉴定，获得国家建筑工程质量监督检验中心鉴定报告，编号 BETC-GMJC-2014-1。同时，DALI 还通过了住房和城乡建设部科技发展促进中心专家组评审鉴定，获得《建设行业科技成果评估证书》，编号建科评[2014]069，评估委员会认定软件总体已达到国内领先水平。

4.2 计算原理

■ 视野率

在室内参考平面上的一点，可看到的天空半球的面积比例。

■ 评价方法

通过计算主要功能房间视野率大于 0 的面积比例是否达到 70%，作为判断是否具有良好的视野。

5. 计算参数选用

5.1 模拟条件

分析参考平面： 1.50m

分析计算网格划分的间距：

房间面积(m²)	网格大小（m）
≤10	0.25
10~100	0.50
≥100	1.00

周边环境： 考虑分析区内的建筑物之间遮挡

室内环境： 忽略室内家具类设施的影响，只考虑永久固定的顶棚、地面和墙面。

视野分析计算书

6. 分析统计结果

7. 视野分析彩图

8. 评价结论

图 4.133 视野分析报告书

4.4.3.8 窗地比

窗地比的屏幕菜单命令：【主要分析】→【窗地比】(CDB)。

《建筑采光设计标准》(GB 50033—2013) 及《绿色建筑评价标准》(GB/T 50378—2019)(2024 年局部修订版) 都对窗地面积比有要求，因此窗地面积比计算结果提供两种查看方式，如图 4.134 所示。左边的树状结构决定了右边表格的内容，可以按楼层、户型来浏览计算结果。

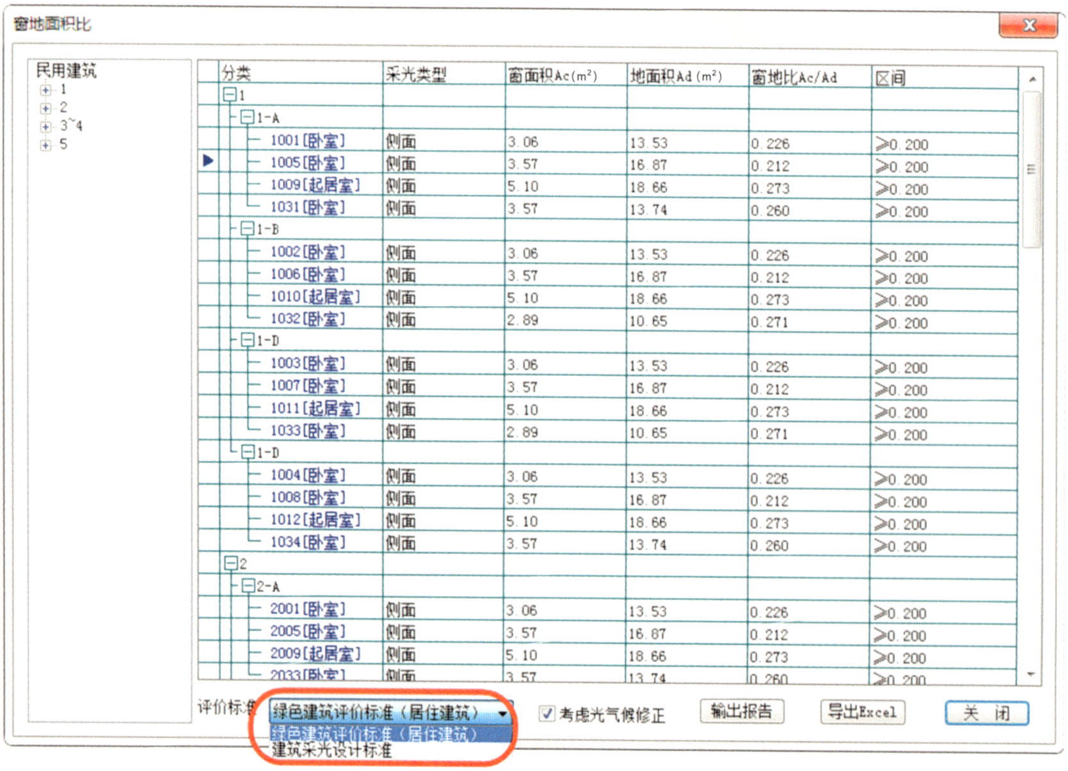

分类	采光类型	窗面积Ac(m²)	地面积Ad(m²)	窗地比Ac/Ad	区间
1					
1-A					
1001[卧室]	侧面	3.06	13.53	0.226	≥0.200
1005[卧室]	侧面	3.57	16.87	0.212	≥0.200
1009[起居室]	侧面	5.10	18.66	0.273	≥0.200
1031[卧室]	侧面	3.57	13.74	0.260	≥0.200
1-B					
1002[卧室]	侧面	3.06	13.53	0.226	≥0.200
1006[卧室]	侧面	3.57	16.87	0.212	≥0.200
1010[起居室]	侧面	5.10	18.66	0.273	≥0.200
1032[卧室]	侧面	2.89	10.65	0.271	≥0.200
1-D					
1003[卧室]	侧面	3.06	13.53	0.226	≥0.200
1007[卧室]	侧面	3.57	16.87	0.212	≥0.200
1011[起居室]	侧面	5.10	18.66	0.273	≥0.200
1033[卧室]	侧面	2.89	10.65	0.271	≥0.200
1-D					
1004[卧室]	侧面	3.06	13.53	0.226	≥0.200
1008[卧室]	侧面	3.57	16.87	0.212	≥0.200
1012[起居室]	侧面	5.10	18.66	0.273	≥0.200
1034[卧室]	侧面	3.57	13.74	0.260	≥0.200
2					
2-A					
2001[卧室]	侧面	3.06	13.53	0.226	≥0.200
2005[卧室]	侧面	3.57	16.87	0.212	≥0.200
2009[起居室]	侧面	5.10	18.66	0.273	≥0.200
2033[卧室]	侧面	3.57	13.74	0.260	≥0.200

图 4.134 表格方式浏览结果

由于窗地比没有考虑到室外环境的遮挡，也没有考虑室内房间形状的多样性，当选择《建筑采光设计标准》(GB 50033—2013)进行分析时，通常只能用于方案阶段的采光估算，粗略判断方案是否满足采光的要求。为了方便在方案阶段进行方案设计的分析，软件在有详细计算功能的情况下，仍提供了窗地比的计算功能。当选择《绿色建筑评价标准》(GB/T 50378—2019)(2024 年局部修订版)评价标准时，可输出“居住建筑窗地面积比计算书”，如图 4.135 所示。

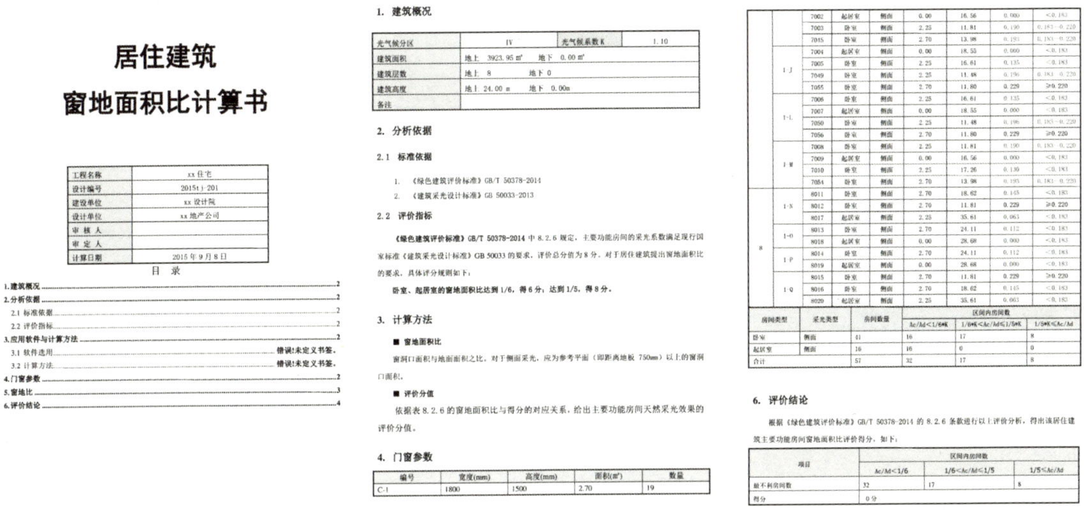

图 4.135 窗地面积比计算书

4.4.3.9 采光均匀度

屏幕菜单命令:【基本分析】→【光均匀度】(GJYD)。

采光均匀度是评价室内采光的一个常见指标。在《建筑采光设计标准》(GB 50033—2013)、《健康建筑评价标准》(T/ASC 02—2021)中，采光均匀度指的是采光系数最小值和平均值之比。在《绿色建筑评价标准技术细则 2019》中，将采光系数最大值和平均值之比作为采光的均匀度。如图 4.136 所示，在“采光均匀度”界面中，可根据标准要求选择相应采光均匀度的算法以及限值要求。

4.4.3.10 设眩光点

设眩光点的屏幕菜单命令:【主要分析】→【设眩光点】(SXGD)。

该功能提供手动设置、自动设置两种设置方法，其中自动设置规则是借鉴《建筑采光设计标准》(GB 50033—2013)中要求的采光点设置原则，即窗中心线上，窗对面墙向房间内偏移 1m 的位置，如图 4.137 所示。

对于单个窗户的单侧采光，系统自动确定，用户选择要设置眩光点的房间即可；对于复杂的采光情况，需要用户自己指定眩光点。

4.4.3.11 眩光计算

屏幕菜单命令:【基本分析】→【眩光指数】(XGZS)。

选择眩光点，以便确定三维视图，然后选择眩光计算参数。

眩光计算参数内容设置如图 4.138 所示。

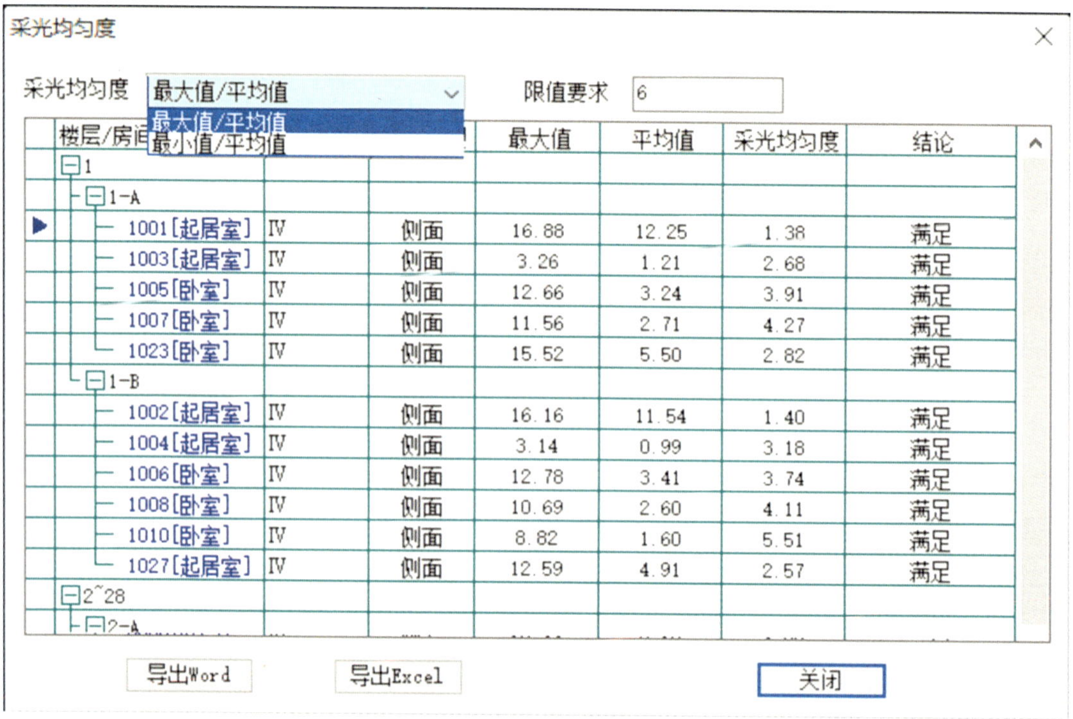

楼层/房间			最大值	平均值	采光均匀度	结论
1						
1-A						
1001[起居室]	IV	侧面	16.88	12.25	1.38	满足
1003[起居室]	IV	侧面	3.26	1.21	2.68	满足
1005[卧室]	IV	侧面	12.66	3.24	3.91	满足
1007[卧室]	IV	侧面	11.56	2.71	4.27	满足
1023[卧室]	IV	侧面	15.52	5.50	2.82	满足
1-B						
1002[起居室]	IV	侧面	16.16	11.54	1.40	满足
1004[起居室]	IV	侧面	3.14	0.99	3.18	满足
1006[卧室]	IV	侧面	12.78	3.41	3.74	满足
1008[卧室]	IV	侧面	10.69	2.60	4.11	满足
1010[卧室]	IV	侧面	8.82	1.60	5.51	满足
1027[起居室]	IV	侧面	12.59	4.91	2.57	满足
2~28						
2-A						

图 4.136　采光均匀度界面

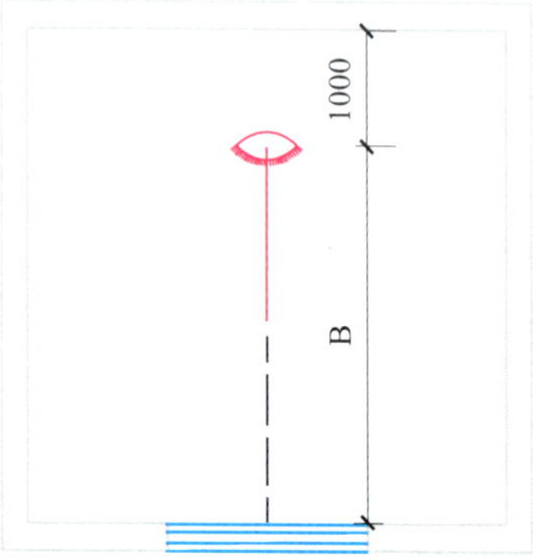

图 4.137　眩光点实例

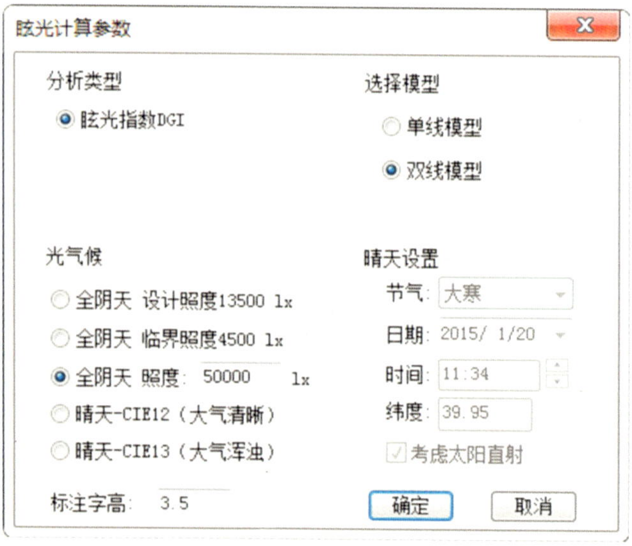

图 4.138　眩光计算参数设置

（1）分析类型：可选眩光指数 DGI。

（2）选择模型：可选单线模型或双线模型。单线模型是简单模型，计算速度较快；双线模型是基于三维工作图，面数多，计算速度较慢。

（3）光气候：可选设计照度、临界照度、指定全阴天照度、晴天（大气清晰/浑浊）的某一时刻。

（4）晴天设置：设置分析地点晴天的具体日期和时间，以及是否考虑太阳直射。

（5）眩光分析结果浏览窗口如图 4.139 所示。

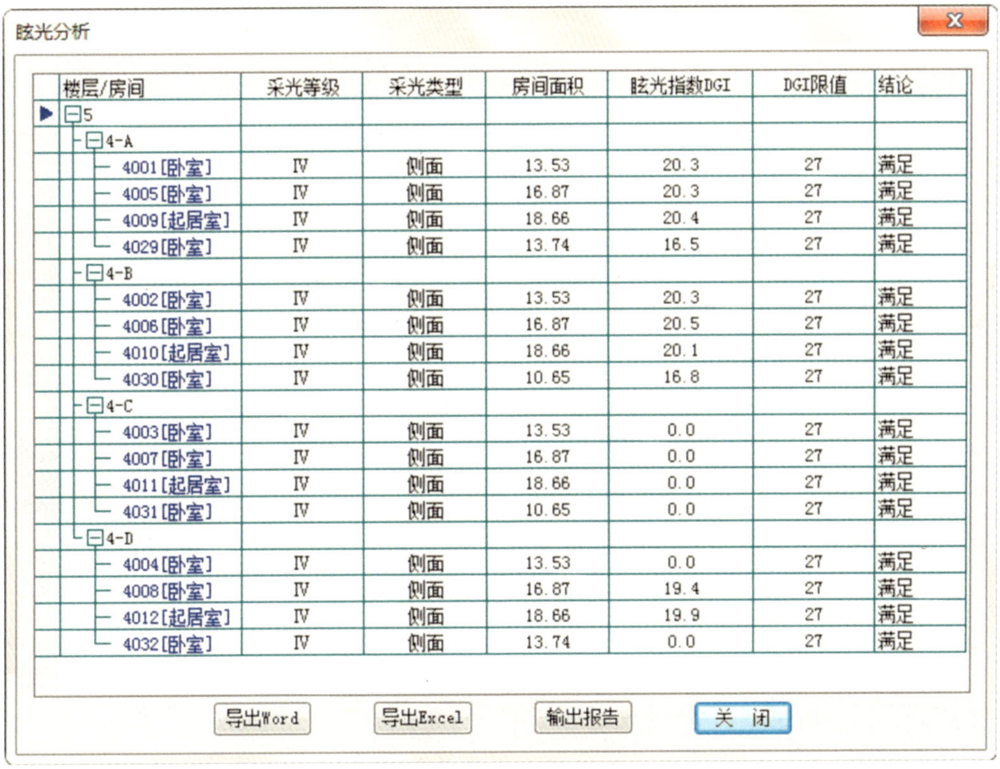

眩光分析

楼层/房间	采光等级	采光类型	房间面积	眩光指数DGI	DGI限值	结论
5						
4-A						
4001[卧室]	Ⅳ	侧面	13.53	20.3	27	满足
4005[卧室]	Ⅳ	侧面	16.87	20.3	27	满足
4009[起居室]	Ⅳ	侧面	18.66	20.4	27	满足
4029[卧室]	Ⅳ	侧面	13.74	16.5	27	满足
4-B						
4002[卧室]	Ⅳ	侧面	13.53	20.3	27	满足
4006[卧室]	Ⅳ	侧面	16.87	20.5	27	满足
4010[起居室]	Ⅳ	侧面	18.66	20.1	27	满足
4030[卧室]	Ⅳ	侧面	10.65	16.8	27	满足
4-C						
4003[卧室]	Ⅳ	侧面	13.53	0.0	27	满足
4007[卧室]	Ⅳ	侧面	16.87	0.0	27	满足
4011[起居室]	Ⅳ	侧面	18.66	0.0	27	满足
4031[卧室]	Ⅳ	侧面	10.65	0.0	27	满足
4-D						
4004[卧室]	Ⅳ	侧面	13.53	0.0	27	满足
4008[卧室]	Ⅳ	侧面	16.87	19.4	27	满足
4012[起居室]	Ⅳ	侧面	18.66	19.9	27	满足
4032[卧室]	Ⅳ	侧面	13.74	0.0	27	满足

图 4.139　眩光分析结果浏览

4.4.3.12　眩光报告

眩光报告的屏幕菜单命令：【主要分析】→【眩光报告】（XGBG）。

根据“眩光指数”分析结果及《绿色建筑评价标准》（GB / T 50378—2019）（2024 年局部修订版）的要求输出眩光分析报告，如图 4.140 所示。

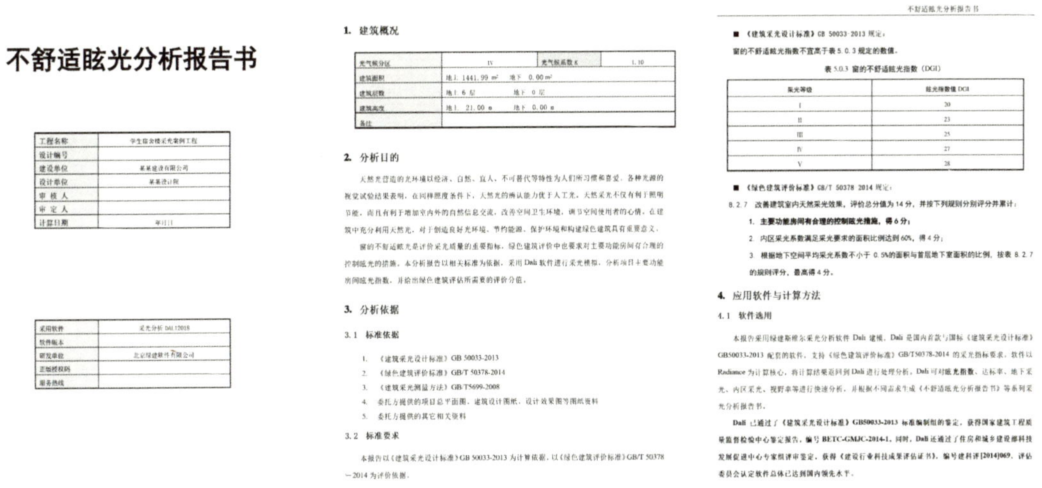

不舒适眩光分析报告书

工程名称	学生宿舍楼采光案例工程
设计编号	
建设单位	某某建设有限公司
设计单位	某某设计院
审 核 人	
审 定 人	
计算日期	年月日

采用软件	采光分析 DALI2018
软件版本	
研发单位	北京绿建软件有限公司
正版授权码	
服务热线	

1. 建筑概况

光气候分区	Ⅳ	光气候系数 K	1.10
建筑面积	地上 1441.99 m² 地下 0.00 m²		
建筑层数	地上 6 层 地下 0 层		
建筑高度	地上 21.00 m 地下 0.00 m		
备注			

2. 分析目的

天然光营造的光环境以经济、自然、宜人、不可替代等特性为人们所习惯和喜爱。各种光源的视觉试验结果表明，在同样照度条件下，天然光的辨认能力优于人工光。天然采光不仅有利于照明节能，而且有利于增加室内外的自然信息交流，改善空间卫生环境，调节空间使用者的心情。在建筑中充分利用天然光，对于创造良好光环境、节约能源、保护环境和构建绿色建筑具有重要意义。

窗的不舒适眩光是评价采光质量的重要指标，绿色建筑评价中也要求对主要功能房间有合理的控制眩光的措施。本分析报告以相关标准为依据，采用 Dali 软件进行采光模拟，分析项目主要功能房间眩光指数，并给出绿色建筑评估所需要的评价分值。

3. 分析依据

3.1 标准依据

1. 《建筑采光设计标准》GB 50033-2013
2. 《绿色建筑评价标准》GB/T 50378-2014
3. 《建筑采光测量方法》GB/T5699-2008
4. 委托方提供的项目总平面图、建筑设计图纸、设计效果图等图纸资料
5. 委托方提供的其它相关资料

3.2 标准要求

本报告以《建筑采光设计标准》GB 50033-2013 为计算依据，以《绿色建筑评价标准》GB/T 50378-2014 为评价依据。

不舒适眩光分析报告书

■ 《建筑采光设计标准》GB 50033-2013 规定：

窗的不舒适眩光指数不宜高于表 5.0.3 规定的数值。

表 5.0.3 窗的不舒适眩光指数（DGI）

采光等级	眩光指数值 DGI
Ⅰ	20
Ⅱ	23
Ⅲ	25
Ⅳ	27
Ⅴ	28

■ 《绿色建筑评价标准》GB/T 50378-2014 规定：

8.2.7 改善建筑室内天然采光效果，评价总分值为 14 分，并按下列规则分别评分并累计：

1. 主要功能房间有合理的控制眩光措施，得 6 分；
2. 内区采光系数满足采光要求的面积比例达到 60%，得 4 分；
3. 根据地下空间平均采光系数不小于 0.5%的面积与首层地下室面积的比例，按表 8.2.7 的规则评分，最高得 4 分。

4. 应用软件与计算方法

4.1 软件选用

本报告采用绿建斯维尔采光分析软件 Dali 建模，Dali 是国内首款与国标《建筑采光设计标准》GB50033-2013 配套的软件，支持《绿色建筑评价标准》GB/T50378-2014 的采光指标要求。软件以 Radiance 为计算核心，将计算结果返回到 Dali 进行处理分析，Dali 可对眩光指数、达标率、地下采光、内区采光、视野率等进行快速分析，并根据不同需求生成《不舒适眩光分析报告书》等系列采光分析报告书。

Dali 已通过了《建筑采光设计标准》GB50033-2013 标准编制组的鉴定，获得国家建筑工程质量监督检验中心鉴定报告，编号 BETC-GMJC-2014-1。同时，Dali 还通过了住房和城乡建设部科技发展促进中心专家组评审鉴定，获得《建设行业科技成果评估证书》，编号建科评[2014]069，评估委员会认定软件总体已达到国内领先水平。

不舒适眩光分析报告书

4.2 计算原理

■ 窗的不舒适眩光指数（DGI）可按下列公式计算：

$$DGI = 10\lg \sum G_n$$

$$G_n = 0.478 \frac{L_s^{1.6}\Omega^{0.8}}{L_b + 0.07\omega^{0.5} L_s}$$

$$\Omega = \int \frac{d\omega}{p^2}$$

$$p = \exp[(35.2 - 0.31889\alpha - 1.22e^{-2\alpha/9})10^{-3}\beta + (21 + 0.26667\alpha - 0.002963\alpha^2)10^{-5}\beta^2]$$

式中：

Gn----眩光常数；

Ls----窗亮度，通过窗所看到的天空、遮挡物和地面的加权平均亮度（cd/m²）；

Lb----背景亮度，观察者视野内各表面的平均亮度（cd/m²）；

ω----窗对计算点形成的立体角（sr）；

Ω----考虑窗位置修正的立体角（sr）；

P----古斯位置指数

α----窗对角线与窗垂直方向的夹角；

β----观察者眼睛与窗中心点的连线与视线方向的夹角。

窗的不舒适眩光计算各角度示意图

不舒适眩光分析报告书

5. 计算参数选用

5.1 模拟条件

天空状态：CIE 全阴天空，室外照度 5000 lx

周边环境：考虑分析区内的建筑物之间遮挡

室内环境：忽略室内家具类设施的影响，只考虑永久固定的顶棚、地面和墙面。

5.2 建筑饰面材料参数

建筑饰面材料选用与反射比取值		
部位	反射比材料设计取值	备注
顶棚	0.75	
地面	0.30	
墙面	0.60	
外表面	0.50	

注1：数据参考自：《建筑采光设计标准》GB50033-2013 附录D 表D.0.5；

5.3 门窗类型参数

窗的不舒适眩光是评价采光质量的重要指标，在计算眩光指数时，窗以及透光门都会结果产生影响，本章对计算中必要的门窗参数进行统计。

5.3.1 普通窗

门窗编号	宽度(mm)	高度(mm)	窗框类型	玻璃类型	可见光透射比	玻璃反射比
C0612	600	1200	单层铝窗	普通玻璃	0.89	0.08
C0912	900	1200	单层铝窗	普通玻璃	0.89	0.08
C1814	1800	1400	单层铝窗	普通玻璃	0.89	0.08

注：计算考虑了外窗玻璃的污染折减系数影响，系数取值 0.9。

不舒适眩光分析报告书

楼层	房间编号	房间类型	采光等级	采光类型	房间面积(m2)	眩光指数DGI	DGI限值	结论
5	5002	起居室	IV	侧面	23.80	12.3	27	满足

7. 评价结论

通过计算分析，同时依据《建筑采光设计标准》GB 50033-2013 对本项目的 1 个主要功能房间进行眩光分析计算，其中 0 个房间不满足标准限值要求，根据《绿色建筑评价标准》 GB/T 50378-2014 的 8.2.7 条款要求，本项目合理控制眩光项得分为 6 分。

图 4.140 眩光分析报告书

根据《绿色建筑评价标准技术细则 2019》第 5.2.8 条中控制眩光要求，在满足眩光要求的同时，还需保证室内天然采光均匀度（主要功能房间最大采光系数和平均采光系数比值小于 6）。在输出眩光报告前，还需要注意采光均匀度是否满足要求。

4.4.4 辅助分析

4.4.4.1 单点分析

单点分析的屏幕菜单命令：【辅助分析】→【单点分析】（DDFX）。

该命令通过点取楼层框内一点计算该点采光系数，并标注到点取位置。计算高度默认是工作面高，民用建筑为 750 mm，工业建筑为 1000 mm。必要时，用户也可以设置不同于工作面高的计算高度。进行计算前需要将房间显示设置到“网格图”的状态，然后根据分析面的情况点取计算点，输入分析面的高度。

4.4.4.2 不利房间

屏幕菜单命令：【辅助分析】→【不利房间】（BLFJ）。

该命令用于列出采光效果不利的房间，方便更有针对性地进行局部采光优化，如图 4.141 所示。

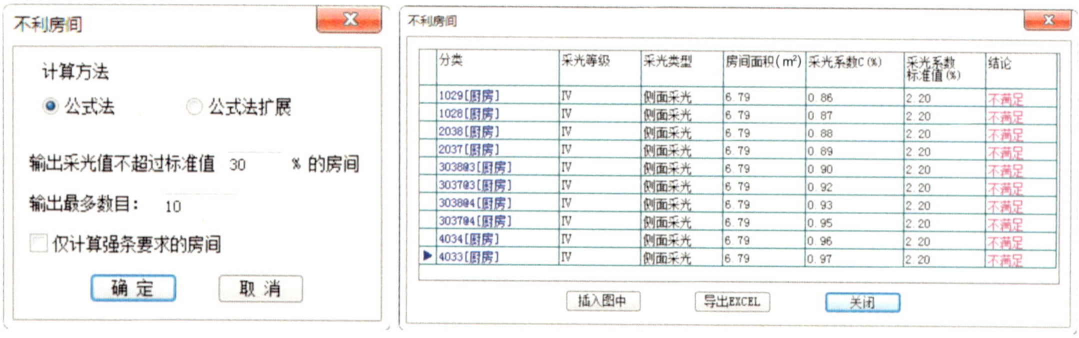

图 4.141 “不利房间”参数设置

不利房间设置参数如下：

（1）计算方法：用户可根据需要选择使用公式法或公式法扩展进行计算。

（2）输出条件：用户自行设置输出条件及输出数目，同时也可选择“仅计算强条要求的房间”。

4.4.4.3　窗口观测

屏幕菜单命令：【辅助分析】→【窗口观测】(CKGC)。

该命令支持采用模型观察的方式，在室内某点透过透光窗观察周边的遮挡情况，如图4.142所示。默认观察点为透光窗处向室内偏移1m，高1.6m。

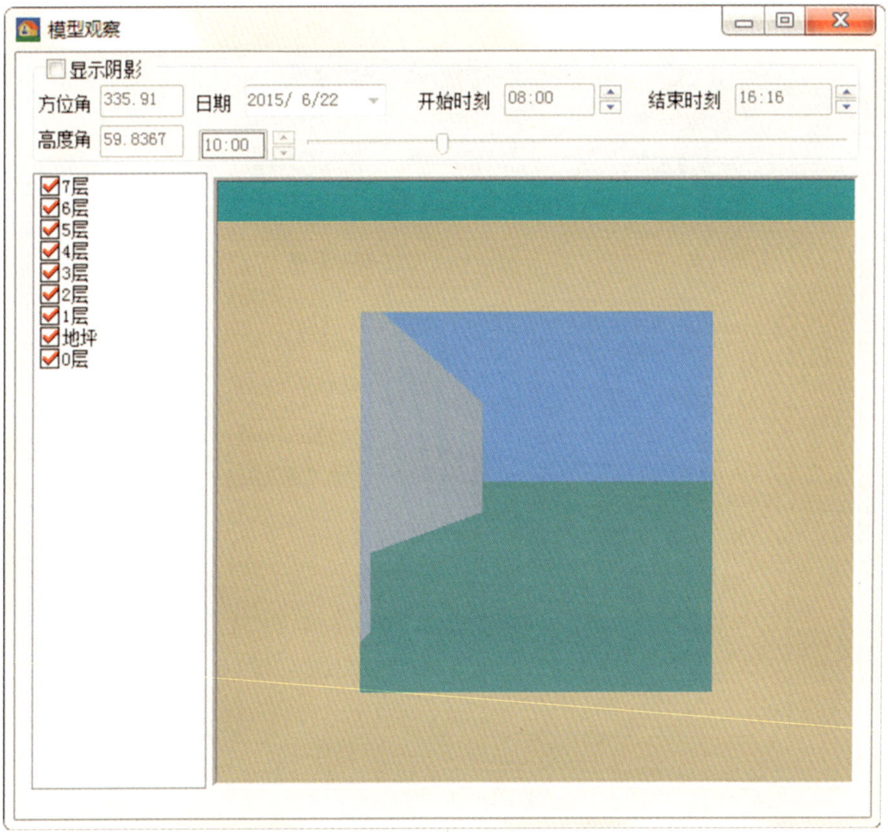

图4.142　窗口观测

4.4.4.4　创建相机

创建相机的屏幕菜单命令：【辅助分析】→【创建相机】(CJXJ)。

本命令支持用相机来确定用于三维分析的视图，用户可以设置一系列相机备用于三维分析。如图4.143所示，相机高度、目标高度和焦距用对话框输入，图中点取平面位置确定相机的位置和目标点。

图4.143　相机参数设置

在三维采光中，创建相机的位置应当在楼层框内，相机高度、目标高度及焦距都是参考所在楼层框的相对值。相机的实际标高会随楼层框的上下移动而改变，相机的方向也会随首层和总图指北针的旋转变换而改变。不要将相机创建在楼层框外。

4.4.4.5 三维采光

屏幕菜单命令：【辅助分析】→【三维采光】(SWCG)。

三维分析类似于三维渲染，即根据相机所确定的视图，将场景中的采光状况用形象的方式表达，包括伪彩色图和等值线图。选择相机，以便确定三维视图，然后选择计算类型。

三维采光参数内容设置如图 4.144 所示。

图 4.144 “三维采光设置”对话框

（1）分析类型：可选择伪彩色图（图 4.145）、等值线图（图 4.146）和渲染图。

（2）分析参数：可选择照度或亮度。

（3）选择模型：可选择单线模型或双线模型。单线模型，计算速度较快；双线模型是基于三维工作图，面数多，计算速度较慢。

（4）光气候：可选设计照度、临界照度、指定全阴天照度、晴天（大气清晰/浑浊）的某一时刻。

（5）最大照度：设置伪彩色图或者等值线图的最大照度值（单位为 lx），如果分析参数为亮度，则显示为最大亮度（单位为 nit）。最大照度（或亮度）的选择不仅与光气候条件有关，还与建筑自身的采光条件、相机位置和方向以及周边建筑的遮挡有关。可以先输入一个估计的照度（或亮度），渲染出一张伪彩色图，再根据结果修改参数，得到满意的结果。

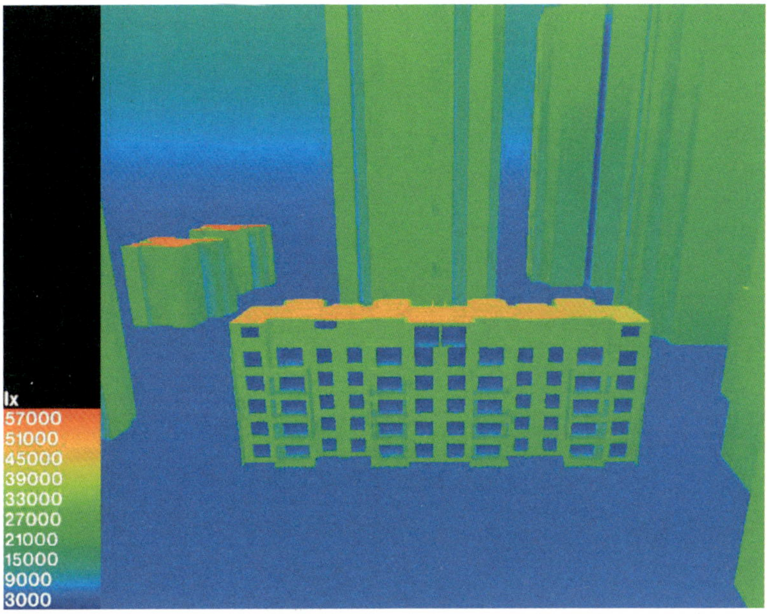

图 4.145　伪彩色图

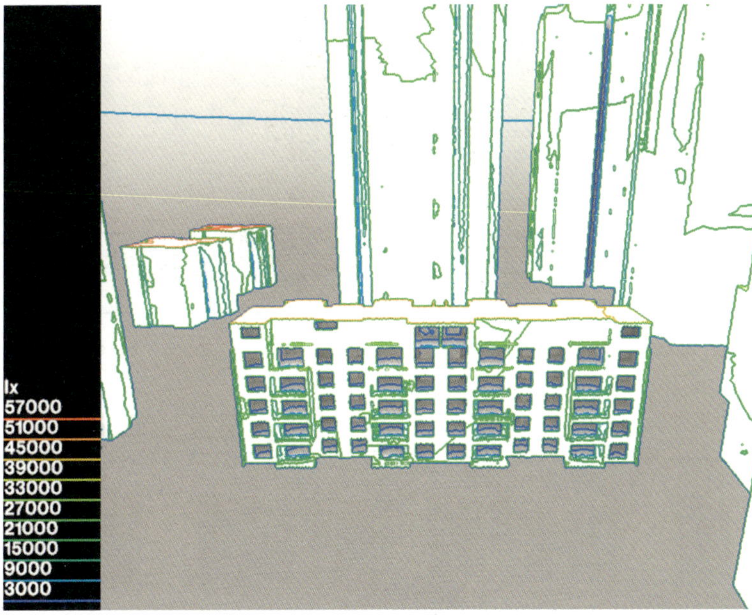

图 4.146　等值线图

（6）等级数目：设置伪彩色图或者等值线图划分的颜色等级数目，等级数目越多，颜色划分得越细。

（7）输出：输入图片的文件名称和图片分辨率，分辨率越高，速度越慢。

4.4.4.6　有效进深

屏幕菜单命令：【辅助分析】→【有效进深】（YXJS）。

该命令用于检查单侧采光窗的有效进深。单击生成有效进深线，移动鼠标可以查看结果如图 4.147 所示。

4.4.4.7　天空视比

屏幕菜单命令：【辅助分析】→【天空视比】（TKSB）。

该命令可用于计算透光外窗的可见天空比例。

4.4.4.8　分析彩图

屏幕菜单命令：【辅助分析】→【分析彩图】（FXCT）。

该命令把房间的采光系数及视野率（图 4.148）计算成果转成彩色分析图，更形象地展示平面采光和视野状况，如图 4.149 所示。

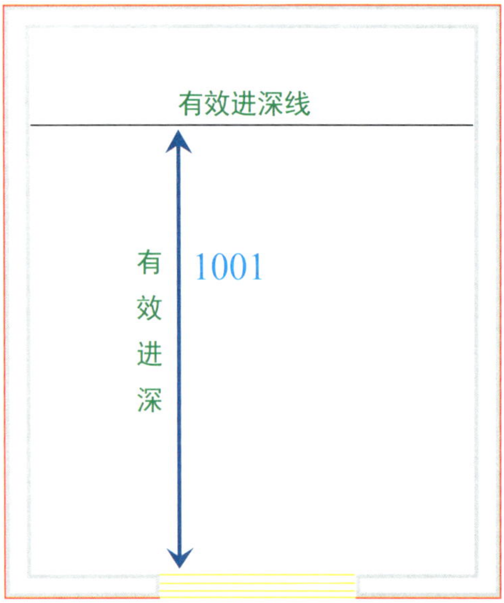

图 4.147　有效进深实例

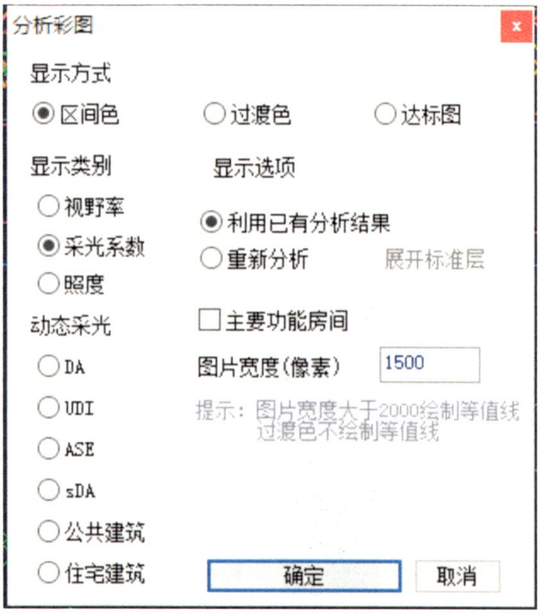

图 4.148　“分析彩图”对话框

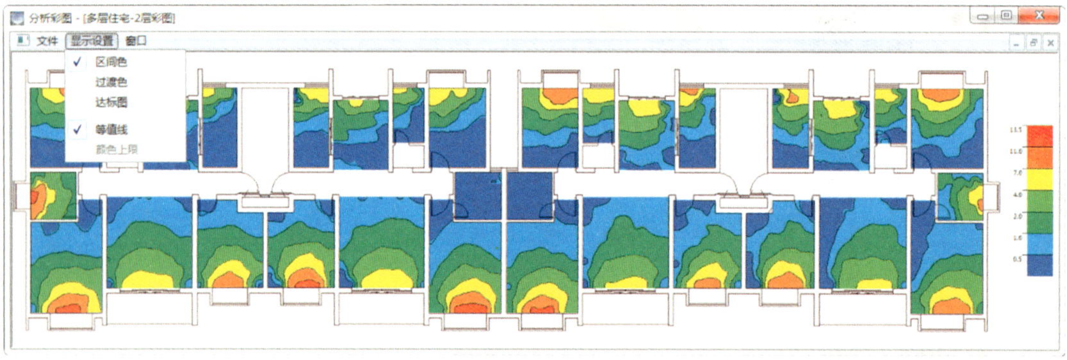

图 4.149　采光分析彩图

4.4.4.9 采光评价

屏幕菜单命令:【辅助分析】→【采光评价】(CGPJ)。

该命令对采光计算后的一系列房间进行采光评价，统计不同采光品质级别的比例，给出表格和饼图，如图 4.150 所示。

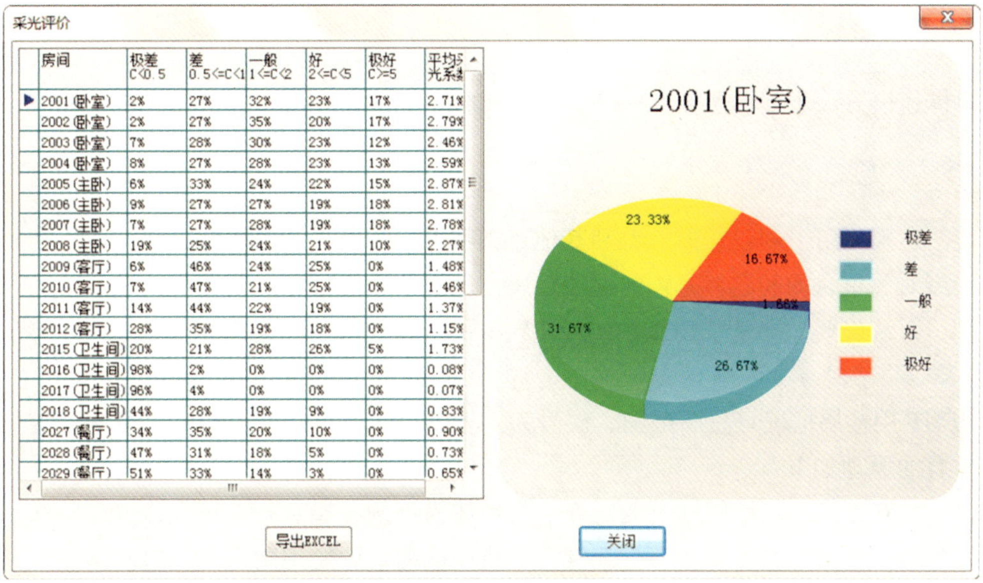

图 4.150 采光评价结果浏览

4.4.4.10 视野评价

屏幕菜单命令:【辅助分析】→【视野评价】(SYPJ)。

该命令对视野计算后的一系列房间进行视野评价，统计不同视野品质级别的比例，给出表格和饼图，如图 4.151 所示。

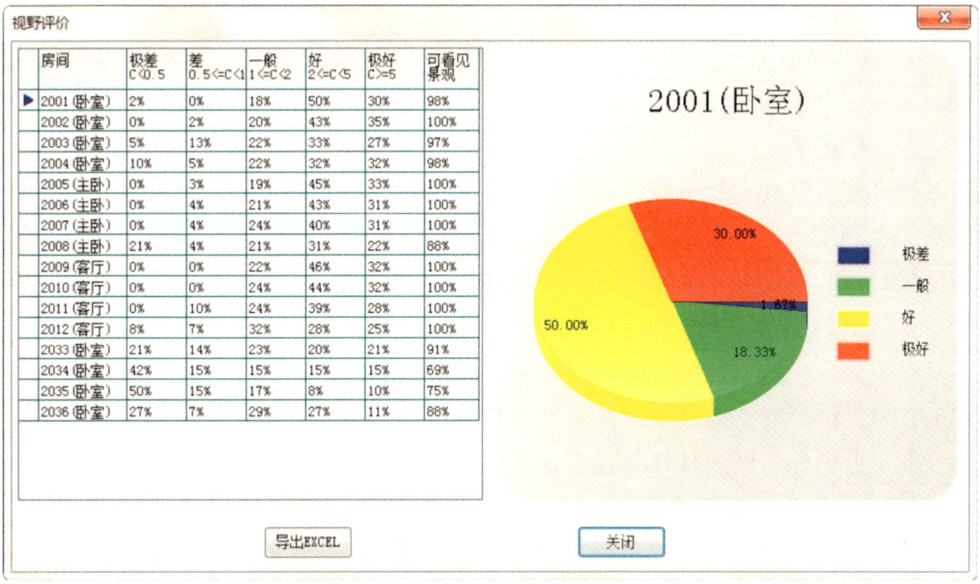

图 4.151 视野评价结果浏览

4.5 基于 BIM 技术的建筑风环境模拟

4.5.1 单体建模

单体建模方法步骤参照 4.3.2 中建筑节能创建模型部分内容，此处不再赘述。

4.5.2 总图建模

总图建模可用于创建总图模型和其他遮挡物模型，确定总图模型范围，并解决如何与单体模型对齐整合的问题。完整的建筑通风模型由单体模型和总图模型组成。对于室外风场模拟，系统需要捕捉整个建筑物或者建筑群的形状轮廓，因此需要建立总图模型。

4.5.2.1 总图与单体模型关系

VENT 用楼层框确定总图范围，层号为 0 表示总图而不是普通楼层。单体模型与总图模型整合的原理如下：

（1）对齐点：总图楼层框上的对齐点与单体模型的各层对齐点对齐；

（2）单体平面与总图平面的指北针符号指向同向，即使用同一个北向基准；

（3）通常单体模型的方向可根据需要的任意角度旋转；

（4）通过“本体入总”命令在总图中显示所需分析的单体图。

整合过程由程序在计算时自动完成。模型创建好后，用户可以用“模型观察”进行核对，查看单体建筑与总图的关系是否正确。

总图楼层框内的任何三维对象都作为总图模型，因此用户可以用 CAD 支持的任何方式建立三维模型对象，但图元必须置于“日-建筑”或“建-屋顶”图层中才会参与模拟计算。特别要提示的是，配套的日照分析软件 SUN 的模型可以用来作为 VENT 的总图模型。

4.5.2.2 模型约定

VENT 的总图模型十分简单，用柱状体（平板）代表总图上的各个建筑，即平面的建筑物轮廓加上高度。事实上，VENT 的工作模型与日照分析软件的总图模型一致。如果事先已经做过日照分析，便不必重建通风分析的总图模型。

4.5.2.3 单位设置

屏幕菜单命令：【室外总图】→【单位设置】（DWSZ）。

VENT 的工作模型支持米制和毫米制两种单位制，本命令可用来切换设置当前图形的单位制。事实上更好的做法是在新建空白图纸时选择合适的模板，ArchMeter.dwt 是米制模板图，其他均为毫米制模板图。

通过本命令改变单位制，只是给工作模型赋予了单位制属性，而不是用本命令对已有的模型进行全自动的单位转换。如果要对已有的模型进行单位制转换，用户还需要使用

AutoCAD 的“比例缩放”（SCALE）命令来对图元进行 1000 倍的放大或缩小。

有一种情况必须指出，在进行室内和室外风场联合分析时，即场内既有总图模型也有单体模型时，总图模型的单位必须与室内单体图相同，而室内单体只能是毫米制。因此，此种情况下的总图模型也必须是毫米制。从这个意义上说，米制仅支持单纯的室外风场模拟。

4.5.2.4 基本建模

总图基本模型的最基本部分由建筑轮廓构成，复杂形体的建模可参考其他 AutoCAD 的实体建模文档。

（1）建筑高度

建筑高度的相关内容介绍参照 4.3.2.1 部分内容。

（2）单体链接

屏幕菜单命令:【室外总图】→【单体链接】(DTLJ)。

本命令支持链接外部多个单体，并在本图中形成总图模型。而且，当外部单体有修改时，可以在总图中进行更新。通过【室外总图】→【更新单体】(GXDT)，当外部单体修改后，可通过该命令在总图中批量更新单体。通过【室外总图】→【修改链接】(XGLJ)，可以逐一导入外部修改的单体，同时可以修改单体在总图中的角度和名称。如果想修改单体在总图中的相对位置，则可以通过点击对应的单体进行拖曳调整。

（3）导入单体

屏幕菜单命令:【室外总图】→【导入单体】(DRDT)。

该命令可以从建筑专业 DWG 文件中导入已有的单体建筑轮廓，作为单体建筑插入总图中。这样可以重复利用已有单体建筑，无须通过“PLINE+建筑高度”创建总图模型，节省总图建模时间。

导入单体的必要条件如下：

①建筑单体图中每层都有建筑轮廓对象；

②有正确的楼层表（内部楼层表或楼层框）。

（4）本体入总

当总图和单体在同一张图纸中时，通过【室外总图】→【本体入总】(BTRZ)，将本图中的单体更新至总图框中，形成总图模型。

（5）建总图框

屏幕菜单命令:【室外总图】→【建总图框】(JZTK)。

本命令建立一个计算范围框，只有框内的图元才参与建筑通风的分析计算。

（6）模型的修改

双击建筑轮廓或右键菜单选择“对象编辑”，屏幕菜单命令:【室外总图】→【布尔编辑】(BEBJ)。

“对象编辑”可以快速修改建筑轮廓的高度和标高。如果要多个建筑轮廓一起修改，需用对象特性表（CTRL+1)。“布尔编辑”命令用并集和差集的方法对已有的建筑轮廓进行修改。通风的建筑轮廓不需要特别精细，微小的凹凸起伏可以抹平以减少计算量。修复建筑轮廓最简单的方法：使用辅助的闭合 PLINE 线，对已有的轮廓进行并集或差集。

4.5.2.5 体量建模

体量建模可用来创建总图模型，尤其是异形建筑。但要在风场模拟中起作用，必须将其置于“日-建筑”图层内。体量建模提供四种实体建模方法参照 4.3.2.3 部分内容。

4.5.3 VENT 软件建筑室外风环境模拟

4.5.3.1 使用方式

本节介绍 VENT 的核心内容——室外风场的模拟分析。室外通风需要建立室外总图模型，确定计算域，再给定风速、风向作为边界条件进行室外风环境分析。

VENT 既支持室外风场模拟，也支持室内风场分析，包括以下四种工作方式：

（1）室外风环境分析：如图 4.152 所示，单独进行室外风环境分析，建立室外总图模型，给定风速、风向，即可进行模拟分析。

（2）室内自然通风分析：如图 4.153 和图 4.154 所示，单独进行室内自然通风分析，建立单体或户型模型，并通过外窗的特性表 OPM（Ctrl+1 键）设定窗口风压强，再确定外窗的开口位置，最后分析室内的自然通风效果。

（3）先室外分析，后室内分析：需要建立单体模型和总图模型，并通过楼层框和总图框组成建筑群。先进行室外风环境分析，由于单体建筑也参与了室外分析，因此单体模型自动获得窗口压强，再进行室内自然通风分析。

（4）室内外通风分析：设置风场范围后，室内外风场同时模拟计算，在计算结果中可同时对内外风场进行分析，需要确保单体门窗关闭。

无论进行室外或室内分析，要先通过屏幕菜单命令：【设置】→【工程设置】(GCSZ)，对当前建筑项目的地理位置（地点）、热工分区及项目名称等基本信息进行设置。

建模完成后进行风环境分析时，有时会遇到计算机内存不足，无法进行网格划分。通常情况下，要先检查计算机配置，判断是否由于计算机内存的问题导致计算无法进行。若不是由于计算机内存不足，则可能是由于建模时图层混乱、比例失调等原因导致划分网格数过多。解决的方法为：新建文件，把已建成的模型拷贝至这个新文件中，然后进行计算。因此，建议在建好室内外模型后，把模型拷贝至新文件中进行计算，避免出现计算错误。

4.5.3.2 操作流程

（1）室外风场（图 4.152）

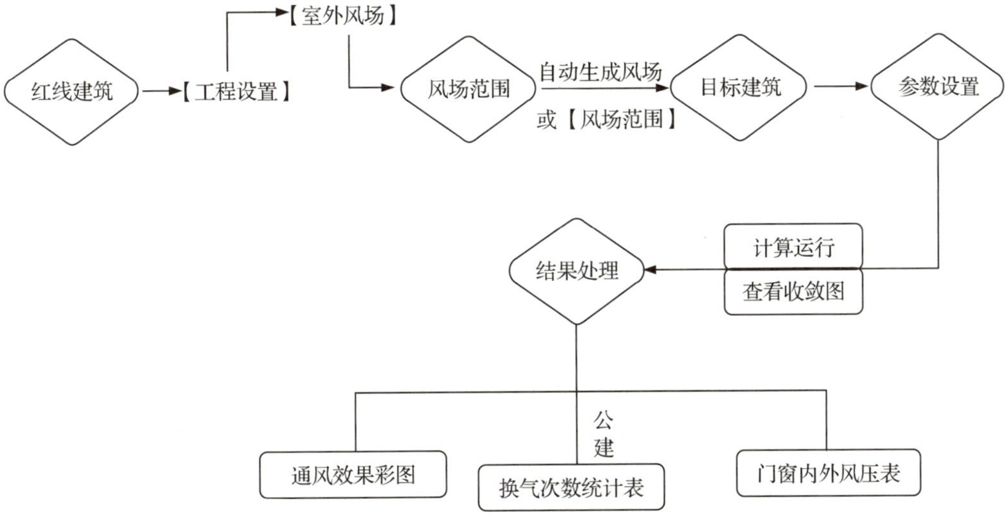

图 4.152 室外通风操作流程

(2) 室内居住建筑（图 4.153）

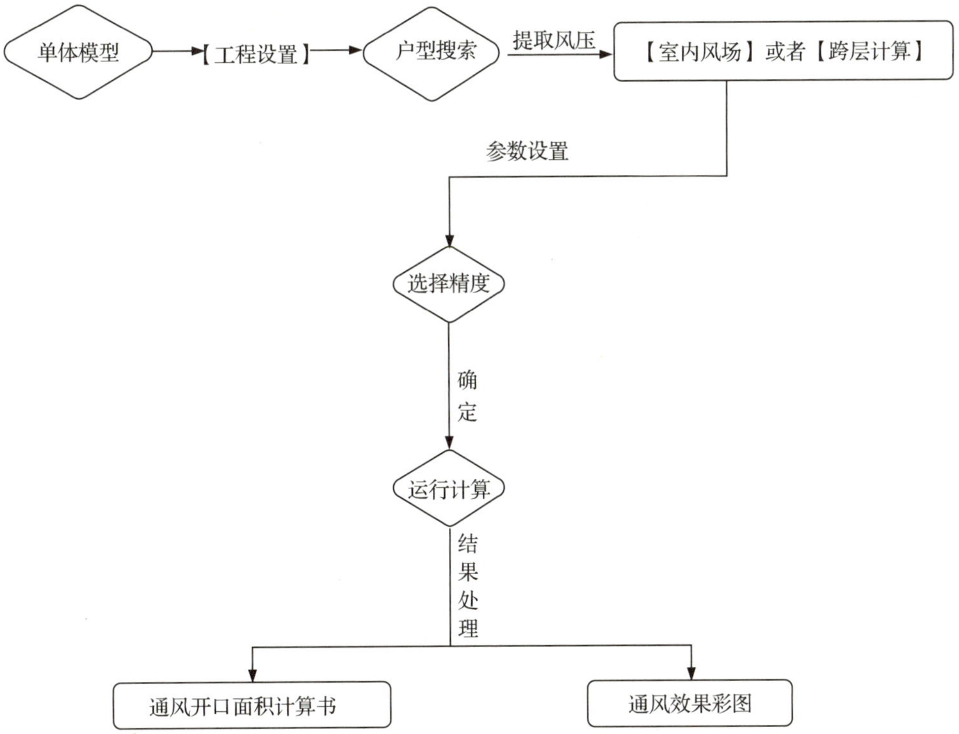

图 4.153 室内居住建筑通风操作流程

（3）室内公共建筑（图 4.154）

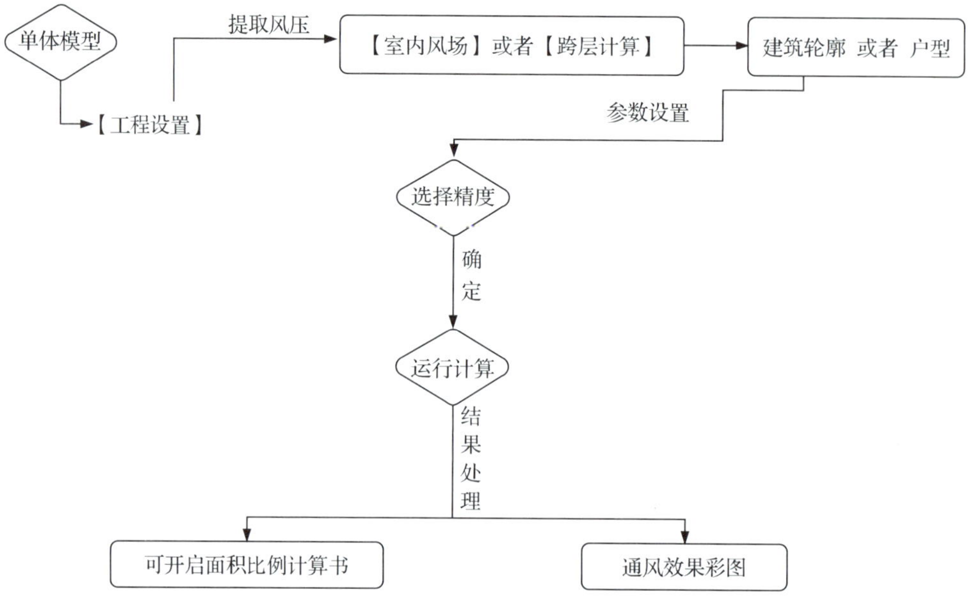

图 4.154　室内公共建筑通风操作流程

4.5.3.3　并行设置

屏幕菜单命令：【计算分析】→【并行设置】（BXSZ）。

如图 4.155 所示，在计算前，可根据自身需求对计算 CPU 数量进行设置。若电脑 CPU 核心数设置为 4，则 VENT 计算会占用 4 个 CPU。若需要计算速度达到最快，用户可根据需求设置计算核心数。

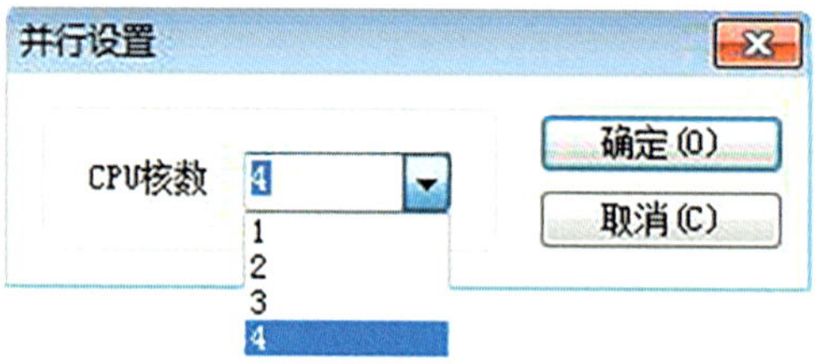

图 4.155　“并行设置”对话框

4.5.3.4　室外自然通风

（1）剖面创建

流场模拟是在三维空间内进行的，但观察结果的时候，用剖面表现更加方便。因此，应当为浏览模拟结果配置剖面视图。VENT 提供了水平剖面和垂直剖面的视图定义。若用户没有定义视图，系统将自动提供 1.5 m 标高处的水平剖面视图，用户可在参数设置界面勾选。若用户在计算之前确定观察某个剖面视图，可以在计算之前创建所需观察的剖面；若用户在计算完成后创建剖面，则需要在结果管理界面单击“更新剖面”命令，在结果浏览界面中将会显示所创建的剖面。剖面必须创建在总图框或者风场范围，且剖面的位置至少有一端在总图框或风场范围内，否则无法在结果浏览中更新。

①水平剖面

屏幕菜单命令：【设置】→【水平剖面】(SPPM)。

如图 4.156 所示，通过水平剖面符号（类似建筑标高符号）定义需要分析浏览的水平剖面视图。剖面视图的设置定义了 3 个水平剖面视图：L1 视图（标高 1.5m）；L2 视图（标高 5.0m）；L3 视图（标高 15.0m）。

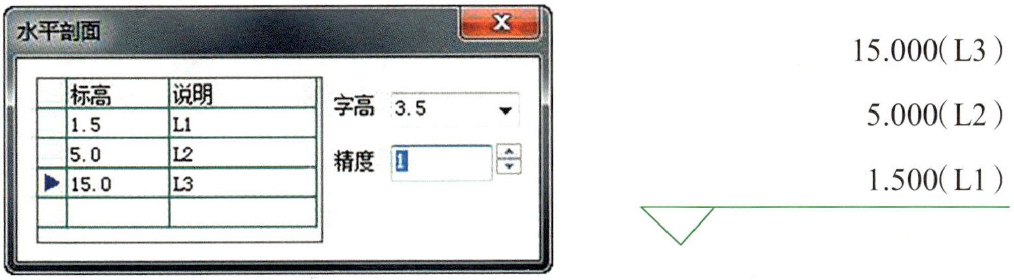

图 4.156 “水平剖面”对话框与水平视图符号

②垂直剖面

屏幕菜单命令：【设置】→【垂直剖面】(CZPM)。

图4.157 垂直视图符号

该命令用于通过垂直剖面符号定义需要分析浏览的垂直剖面视图，如图 4.157 所示。垂直剖面视图可按下列步骤定义：

a. 输入视图名称；

b. 输入剖面第一点；

c. 输入剖面第二点；

d. 输入视图方向，即观察的目标方向。

③三点剖面

屏幕菜单命令：【设置】→【三点剖面】(SDPM)。

通过依次点击建筑空间内的三个点，即可快速创建空间内的任一剖面。

(2) 风场创建

室外风场通常为一个包围建筑群的长方体，在流体力学中称为计算区域或计算域，即风场范围。室外风场计算前，需要确定风场的大小，即风场范围；同时要确定风场的边界与建筑群边界的相对位置。风场的大小影响计算量和计算时间，风场与建筑边界的相对位置影响风场计算的精确程度。确定合适的风场范围需要参考相关标准及工程实际。VENT 中提供程序自动创建的风场，用户也可以根据相关标准及要求创建风场。

(3) 风场边界

《建筑通风效果测试与评价标准》(JGJ/T 309—2013) 中建议：建筑到计算区域上边界距离宜大于 2 倍建筑高度 h；建筑到出口距离宜至少为 6 倍的回流区长度 h；建筑到进口距离宜为到出口距离的 2/3，即 4h。国内外的研究资料中阐明风场的范围，长度方向为 10h，高度方向为 3h～4h，宽度方向为 4h。风场边界与建筑的距离，建筑距上边界大于 2h，距离进口边界为 4h，距离出口边界至少为 6h。

①单栋建筑风场范围

上述标准及资料中描述的风场范围仅针对单栋建筑，相对比较容易建立，如图 4.158 中的方法即可建立合适的风场。

②建筑群风场范围

在实际工程中，建筑群对周围流场的影响比较复杂，不但与风场长度、高度、宽度有关，而且与周围建筑的相互位置及建筑群迎风方位有关。因此，对于一个建筑布局复杂、建筑高度差异较大的风场，如果风速方向特殊，就需要考虑这些实际情况，并结合标准进行风场创建。室外通风中，建筑背风面的尾流区风速风压分布比较重要。对于建筑群风场的创建，要尽可能保证尾流区的范围足够大并与标准接近；来流区、侧流区尺寸及风场高度可以根据实际情况适当缩小。尾流区域与来流区域示意图如图 4.158 所示。

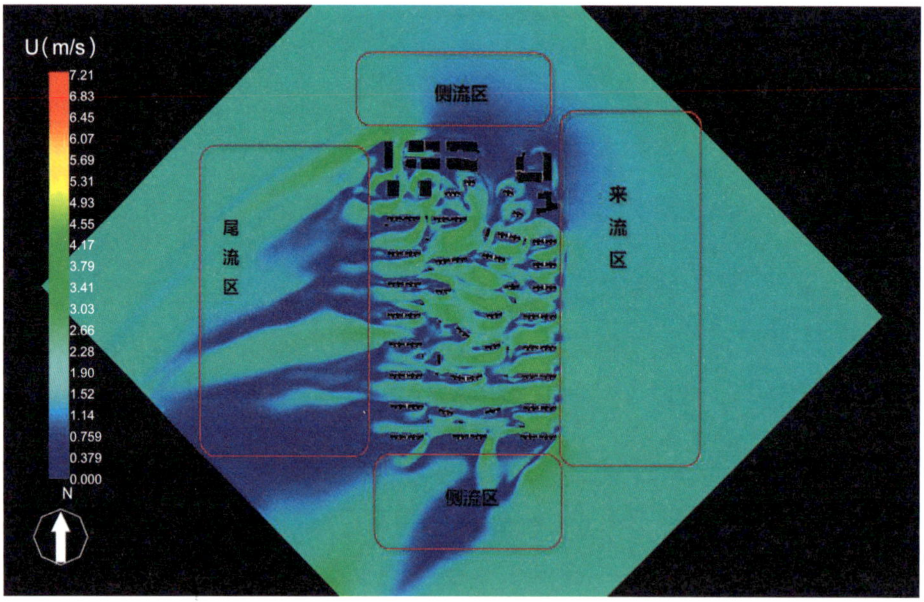

图 4.158　尾流区域与来流区域

对于建筑分布相对复杂的建筑群，建立风场时需把握以下几个步骤：

a. 分析整体建筑布局，确定风速方向，测量建筑群在风速方向的最大长度、宽度和高度。

b. 测量较高建筑的高度 h 和较低建筑的高度 h'，并观察其在风场中的位置。

c. 重点关注尾流区的尺寸，确保其尺寸足够大。

d. 尽可能以高楼的高度 h 作为参考设置边界。如果建筑群沿着风速方向的最大尺寸为 500 ～ 1000 m，则需要关注高楼的高度。建筑群中高楼包围矮楼时，应重点关注尾流区的长度，尽可能确保尾流区长度达到 6h，并适当减小来流区、侧流区的尺寸及风场高度，确保风场尺寸在1000 m左右；建筑群中矮楼包围高楼时，则确保建筑中高楼与尾流边界的最短距离为6h左右即可，此时尾流区的长度也可以按照6h'来创建；来流区长度可按照4h'来创建。

（4）创建方法

在VENT软件中，调用“风场范围”命令，并选择需要分析的建筑，然后选取总图中任意一点作为基点，此时会弹出风向“参数设置”对话框（图4.159），按需求设置风速方向后确定，即可生成风场。

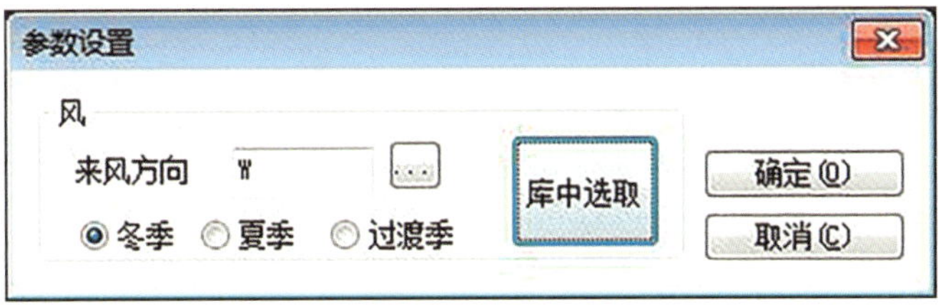

图4.159　从数据库中选择风向

通过以下方式可以对风场进行编辑：

①左键点击风场边框的任意对角点，可以任意缩放、平移风场，如图4.160所示。

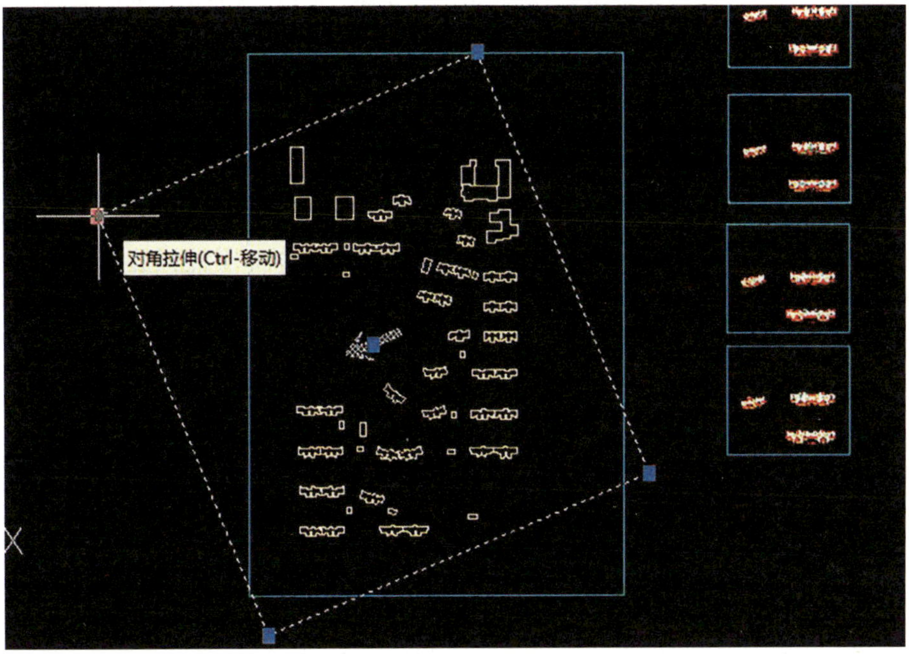

图4.160　风场大小调整

②右键选中风场边框并单击“对象编辑”，即可更改风场的长、宽、高及基点，如图4.161所示。

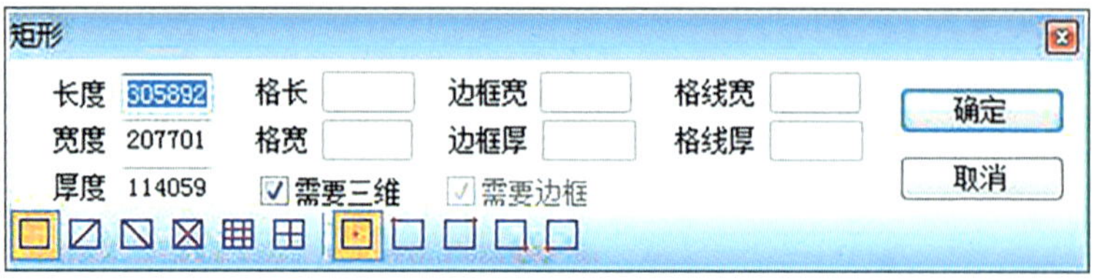

图 4.161 风场大小设置

③选中风场边框后，通过快捷键“CTRL+1”即可打开特性表，从而修改风场的尺寸等特性。

（5）目标建筑

目标建筑为最终需要分析的建筑。风场范围中包括目标建筑和其他对目标建筑通风效果有影响的建筑。所有位于风场范围内的建筑都会参与室外通风计算，但目标建筑周围区域会通过局部网格加密，以提升计算精度。

①创建目标建筑

屏幕菜单命令：【室外总图】→【建筑红线】（JZHX）。

VENT 软件提供建筑红线命令，用户可以根据需要将目标建筑划入建筑红线中。在显示结果时，将默认显示红线内的目标建筑；其他建筑为红线外建筑，其表面风压显示是否可以单独控制。具体方法为：首先通过闭合的多段线圈定目标建筑，再通过红线建筑命令将多段线转化为建筑红线。

②目标建筑命名

屏幕菜单命令：【室外总图】→【建筑命名】（JZMM）。

在进行风场计算前，可以对风场范围内的某个建筑进行命名。这样在浏览结果时，建筑名称即可显示。具体操作为：调用建筑命名命令，赋予建筑名称，选择对应建筑以及合适位置，即可完成建筑命名。

（6）模拟设置

①网格精度

建筑通风的模拟计算属于计算流体力学（Computational Fluid Dynamic，CFD）范畴。VENT 软件针对空气动力学的特点固化了很多 CFD 计算参数。由于 CFD 计算很复杂，需要在计算精度、内存需求和计算时间之间寻求适当的平衡。

网格精度的配置体现在网格划分和迭代次数上。网格划分得越密，精度越高，对内存要求越大，计算速度也越慢。软件提供了“粗略（高速）”“一般（中速）”“精细（低速）”三个档次的配置。“粗略（高速）”用于快速了解和学习建筑通风情况。“一般（中速）”可以用来模拟建筑通风并获得较好的计算成果；“精细（低速）”则用于精细地模拟建筑通风并获得高精度的计算成果。用户也可以自己调配计算参数，将其导出为磁盘文件，以便在后续的模拟分析时导入这些参数。

②网格参数

网格划分的基本原理是用于设置与网格划分相关的参数。如图 4.162 所示，程序会先进行一次初始的网格划分，此时，每个粗网格的大小是相同的；然后根据建筑表面等特征细分网格。细分一级就是将一个立方体网格一分为八，从平面上看就是一个矩形一分为四。

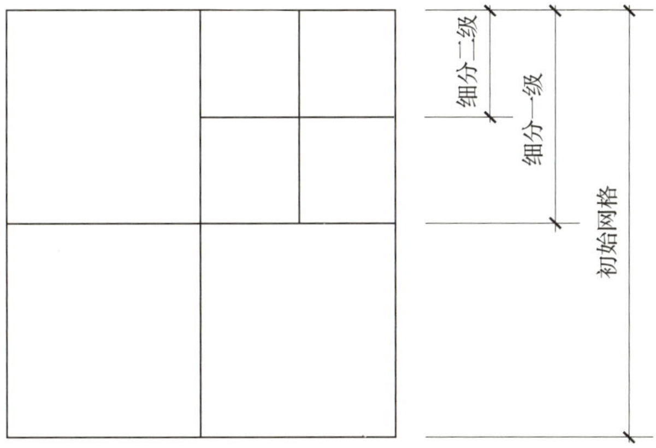

图 4.162　网格划分基本原理

网格参数对网格划分的精度和效果起决定性作用。如果网格太密，会导致计算速度下降并浪费计算资源；而如果网格太疏，则会导致计算精度不足，结果不够准确。因此，合理的网格方案需要考虑对计算域中不同的部分采用不同的网格方案。例如，建筑周围、远离高建筑的区域、建筑物轮廓有明显的局部特征（如尖角、凹槽、凸起等细微的外装饰），以及贴近地面的区域，都需要采用不同的网格方案。

因为地面对空气流动有摩擦作用，导致靠近地面的一个空气层的流速呈现梯度分布，该层被称为地面附面层。同样地，建筑物表面对空气的阻碍也会形成建筑表面附面层，附面层的网格都需要做特殊处理。受附面层影响，地面网格也需要做特殊加密；而地面以上的计算域网格则无须特殊加密，这部分被称为一般网格。

以上的网格方案对网格的控制分别体现在相应的网格参数中，具体包括：

A. 一般网格

a. “分弧精度”：将圆弧分解为线段时，为弦到弧的最大距离。

b. “初始网格”：初始化时正交网格的大小，单位为米（m）。

c. “最小细分级数”：初始网格最少细分的级数。

d. “最大细分级数”：初始网格最多细分的级数。

B. 地面网格

在一个室外风场中，靠近建筑物的区域称为近场，远离建筑物的区域称为远场。因为室外风场分析更加关注靠近建筑物的风场特征，近场的地面网格需要加密，对应地面细分级数较大；而远场地面网格较疏，对应地面细分级数较小。

a. “远场细分级数”：远场地面网格需要细分的级数

b. “近场细分级数”：近场地面网格需要细分的级数。

C. 附面层

a. “地面附面层数”：地面附面层网格的层数。

b. “建筑附面层数”：建筑表面附面层网格的层数。

在设置网格参数时，需选定风场分析范围（室外或者室内）之后会弹出“参数设置”对话框，在对话框里根据上述网格参数进行设置即可。

③入口风

入口风的风速、风向及与梯度风对应的地面粗糙度为风场计算的必要边界条件。在图中右上角“入口风”处可设置入口风速、风向及地面粗糙度指数；也可点击“库中选取”调用风速数据库中的当地风速值，点击“…”调用地面粗糙度数据库中的地面粗糙度指数值。

此处输入的入口风速的大小并非直接作为边界条件输入计算程序中，参与风场计算的边界条件为标准中推荐的梯度风函数，详见《建筑通风效果测试与评价标准》（JGJ/T 309—2013）及相关的各地标准。

在网格参数设置之后，软件开始进入计算阶段，首先进行网格划分，同时在计算窗口顶部会显示网格划分信息。在此过程中，需要观察网格划分是否成功、网格数、网格所包含面和定点的数量及所用时间。如果提示网格划分失败，则需要检查图纸模型、计算机内存及网格参数设置。

④迭代计算

网格划分完毕后，程序开始进行迭代计算，界面将会显示迭代次数和每次迭代后物理量的残差，并记录迭代所用时间。可以点击“收敛图”按钮调用收敛图，观察收敛图是否出现异常波动；迭代过程中是否出现计算失败的提示，并根据情况检查模型和求解参数是否正确。室外通风参数设置时选择了“计算完成后提取单体风压”，迭代计算完成之后程序将会进行窗户风压的提取，风压数据会保存在结果数据文件夹中，并显示到窗户风压表中。计算完成后，若标题栏提示“已完成”“已收敛”，则表明计算已经达到收敛标准，结果可参考。点击“计算结果”按钮，可以直接进入结果浏览界面，也可以退出后再到结果管理中查看结果。

⑤计算结果查看

计算完成或数学迭代求解过程完成后，可以直接浏览计算结果，也可以通过屏幕菜单【计算分析】→【结果管理】在结果管理框中查看结果。

计算流体力学认为，当残差足够小而达到某个数值并且稳定时，即可认为结果可以参考为收敛的解，这个数值就作为判断收敛的标准。残差值会在整个迭代计算过程显示于收敛图中，如图 4.163 所示。

图 4.164 是结果浏览界面，按住鼠标左键并拖动可以任意旋转图形，按住右键并拖动可以任意缩放图形，按住滚轮并拖动可平移图形，并且可以通过浏览界面左上角的“视图”菜单调整查看图形的角度。

根据标准要求，室外通风通常查看 1.5 m 水平剖面上的风速云图、风速矢量图、风压云图、风速放大系数云图，同时可以查看三维建筑表面的风压图。

⑥图形解读

风速、风压云图用于反映整体的风速、风压分布情况，风速矢量图通过箭头指向标明风速的方向（侧重于随时观察局部区域的风速方向）。根据实际分析需求，也可以查看某个水平剖面或垂直剖面的风速和风压图。在结果浏览器左边的图形信息栏中，可选择所需要的图形；右击“计算结果”即可弹出新建剖面的对话框，可根据需要进行水平剖面设置；剖面创建的方法也可参考。

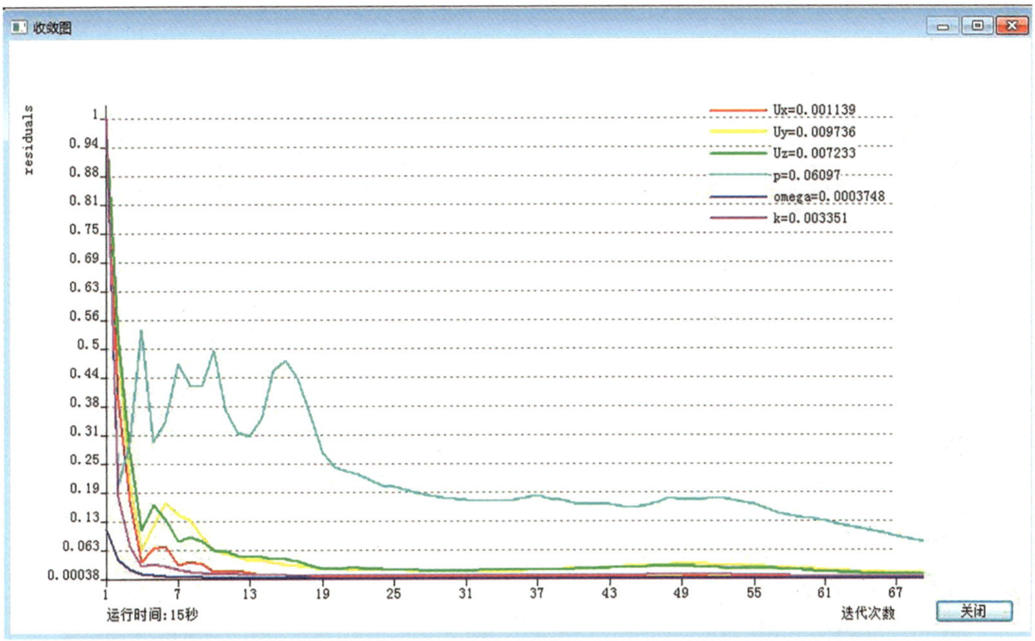

图 4.163　收敛图

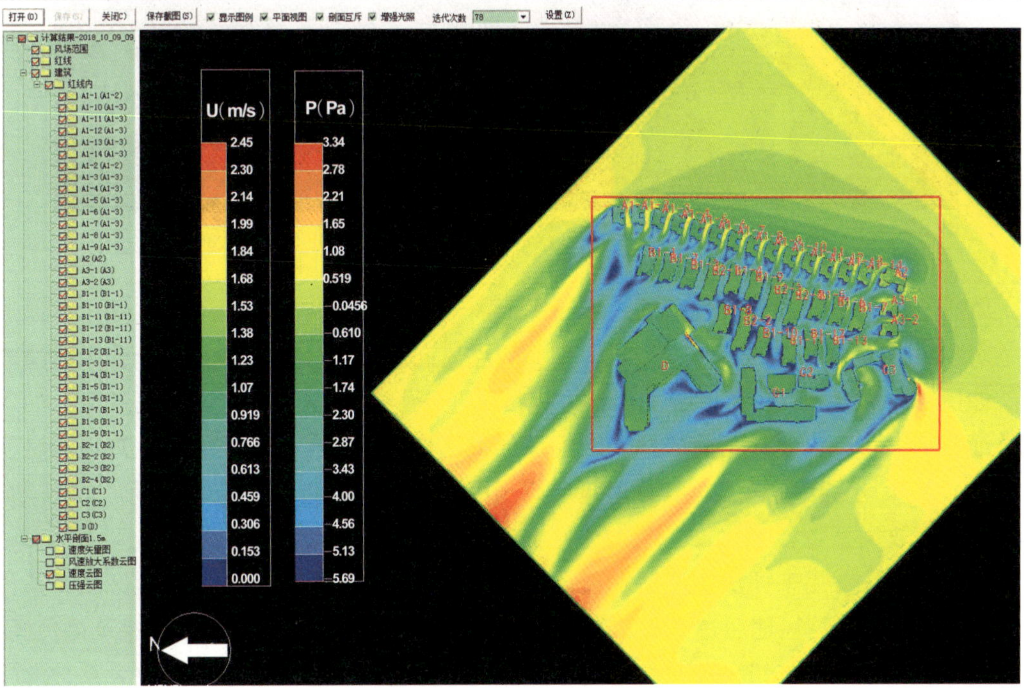

图 4.164　结果浏览界面

⑦风速云图

用伪彩色表示某一标高平面（剖面）的风速情况，如图 4.165 所示。窗口视图名称上可以选择不同高度的水平面，以便快速观察不同水平面上的风速情况。

《绿色建筑评价标准》(GB/T 50378—2019)(2024 年局部修订版）提出了冬季典型风速和风向下，建筑周围人行区域风速不大于 5m/s 的要求。1.5m 高度接近多数人行走的高度，通过 1.5m 高度水平面的风速云图可以快速判断主要行人区域是否满足风速的指标要求。

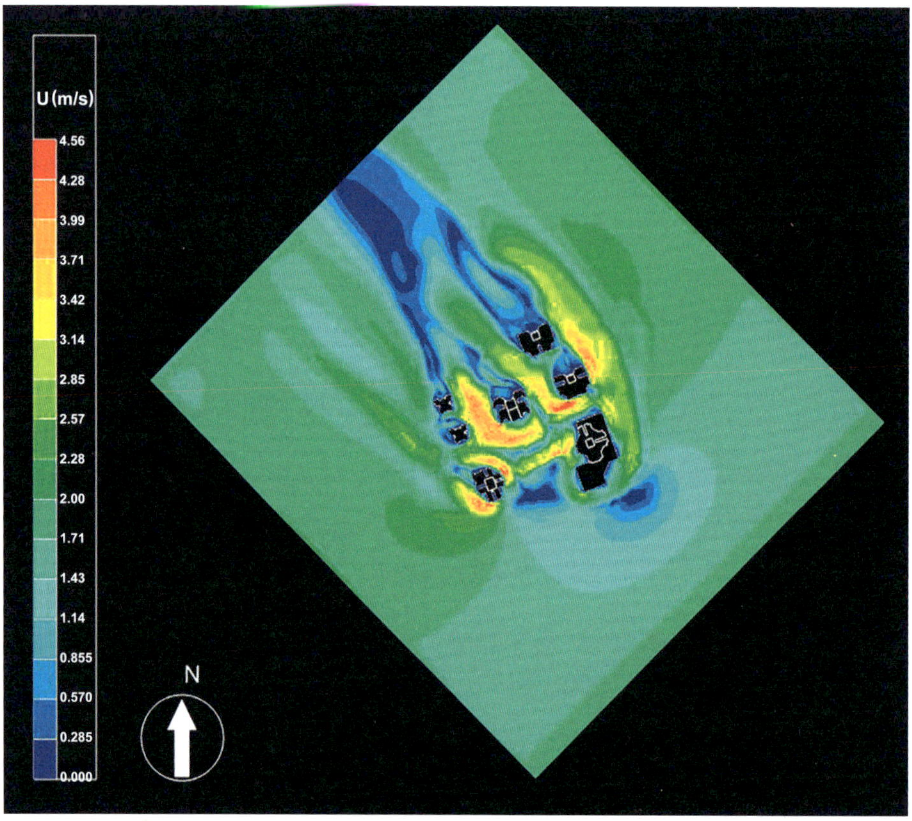

图 4.165　风速云图

风速矢量图用矢量箭头表示某一标高平面（剖面）的气流走向。矢量图不仅可以通过颜色表示风速大小，同时还可以直观地看到各点风向。此外，矢量的长度也表示风速的大小。如图 4.166 所示，在窗口视图名称“速度矢量图”上右键菜单进入“属性”界面可以调整箭头的大小，以便与当前的视图匹配。如图 4.167 所示，矢量图可以直观地观察气流的方向，判断是否出现涡流，以及建筑群周围的气流方向是否利于空气流通。

⑧风速放大系数云图

风速放大系数用来评价室外建筑通风的特性，如图 4.168 所示。有些地区风速条件不好，最多风向的平均风速超过 5m/s 较多，那么风速指标就很难达到《绿色建筑评价标准》(GB/T 50378—2019)(2024 年局部修订版）的要求，这个时候可以用风速放大系数的指标来判断是否符合该标准的要求。《绿色建筑评价标准》(GB/T 50378—2019)(2024 年局部修订版）要求行人活动区域风速放大系数不超过 2 倍，用风速放大系数云图可以直观地了解风速放大情况。

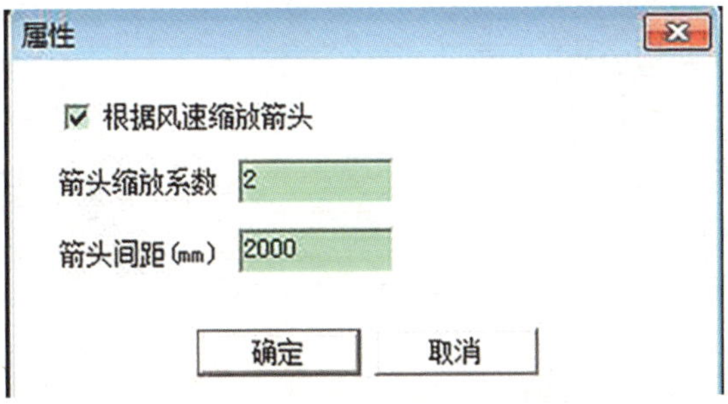

图 4.166　调整箭头大小的属性界面

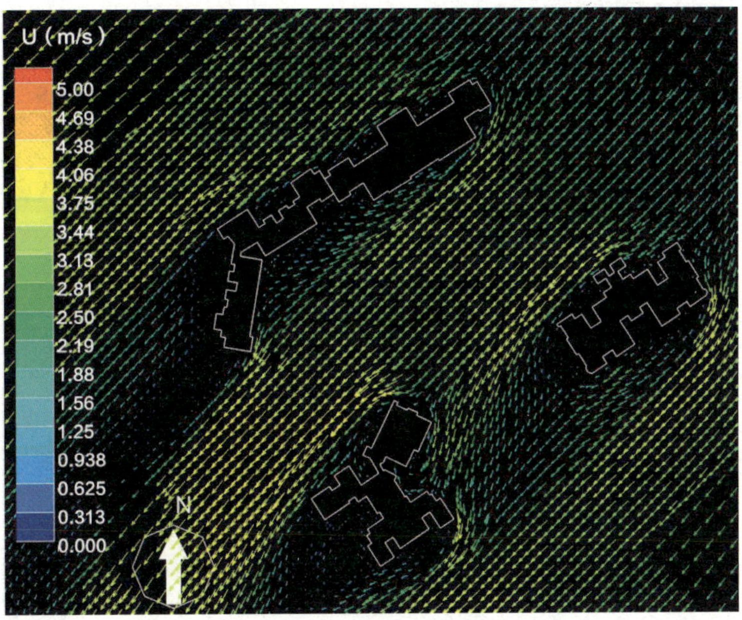

图 4.167　风速矢量图

⑨风压云图

风压云图显示在同一水平面或垂直剖面上不同位置压力值的分布。以水平面为例，如图 4.169 所示，建立了 1.5m 水平剖面，则可以在计算之后显示 1.5m。

水平剖面的压力分布云图。参考风压云图分布，可分析是否有利于夏季形成较好的室内通风，保证室内舒适性；或者冬季是否会形成较强的冷风渗透，不利于室内保温。

⑩压差

根据前述标准解读，夏季建筑的门窗内外压差大于 0.5 Pa，冬季建筑前后压差小于 5 Pa，这就需要了解建筑表面的空气风压分布情况。

夏季，室外通风分析时外门窗关闭，门窗内表面压力为 0，因此门窗外表面压力即为门窗内外压差，凡是门窗内外压差的绝对值大于 0.5 Pa 的都满足标准要求。

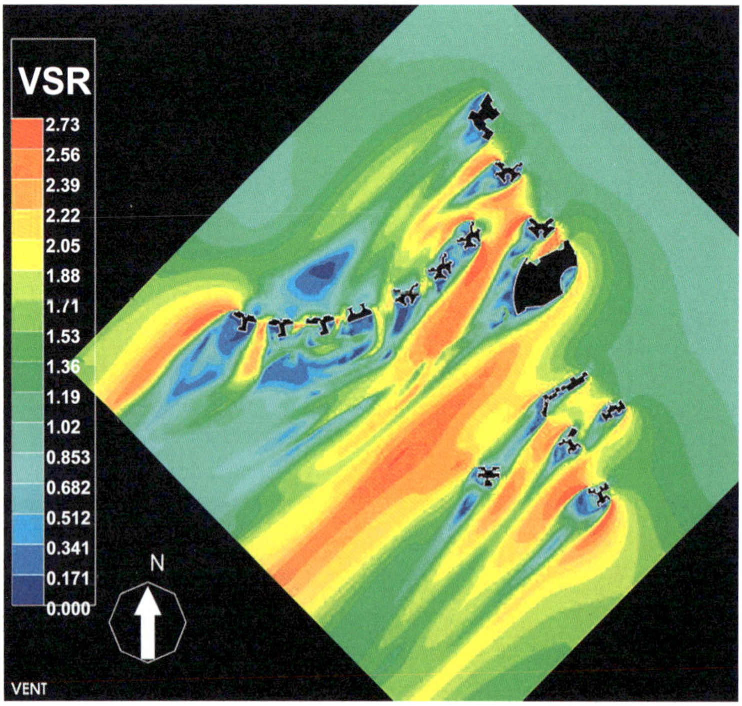

图 4.168　风速放大系数云图(夏季)

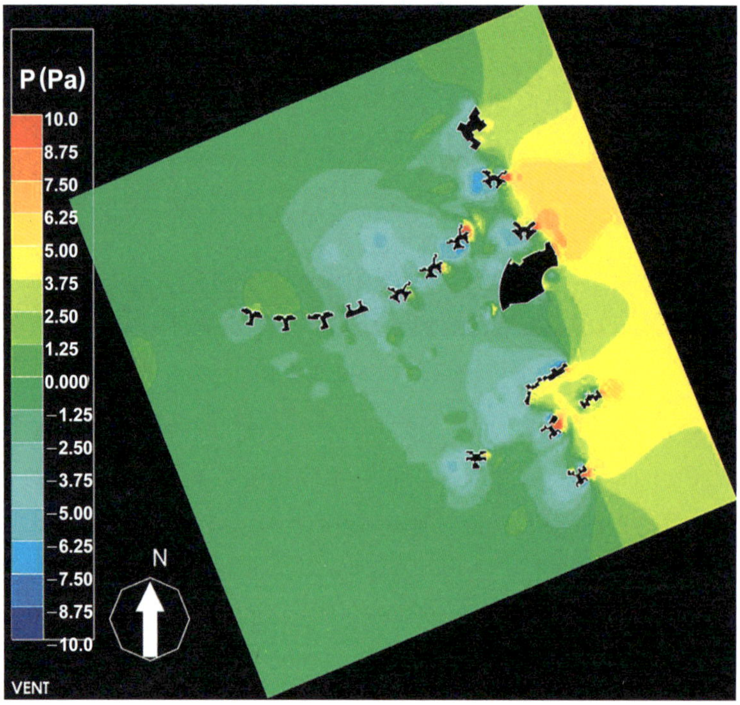

图 4.169　风压云图

冬季，可通过建筑表面风压云图确认建筑迎风面和背风面压差。建筑表面风压可以用三维视图分别观察目标建筑的表面，观察开窗部位的风压，了解关键位置建筑表面风压情况。

⑪流线图动画

结果列表中软件根据来风方向自动生成了流线图可供查看，可通过邮件属性进行线条粗细、长度和密度的调整来显示最完美的结果。

生成的流线图，可转换为根据风向和风速显示的流线动画，而且支持将动画保存为 .mp4 格式。

⑫显示设置

A. 增强光照

在“结果查看器”界面中，选择“增强光照”，可使图形亮度增强，与图例颜色对应，便于云图分析，还可以用于显示等值线。

B. 图例设置

a. 上下限设置

在计算结果查看界面中，鼠标置于图例顶端，点击“设置”按钮，即弹出“设置”对话框，可对参数的最大值或者最小值进行设置，对应的图例所显示数值的范围将随之改变。

b. 超限制提示设置

在前述绿色建筑标准中均提到过对于风速、风速放大系数以及风压值的限制范围，因此在云图中超过限制范围的区域将采用特定的颜色标识，以便一目了然地看到超限的区域。软件提供超过上限和下限的提示，用户可以根据实际需要勾选“指定范围”和“超限提示”。在云图中，超过上限 / 下限的部分，软件用红色 / 深蓝色表示。

c. 尺寸和位置设置

通过拖曳图例边框调整图例尺寸，控制其水平或者垂直显示以及在图形中的位置。当选中图例边框并拖曳时，可以调整图例尺寸；当选中图例边框并将其平移至图形界面的上下左右四个边界时，可以切换图例的水平或垂直显示。

d. 建筑透明度设置

通过拖曳透明度滑块调整建筑透明度，可以直观显示室内气流组织的分布状况。

C. 背景颜色设置

通过“设置”按钮打开整体设置界面，在背景色的色板中选择所需要的背景颜色。

D. 控制显示建筑

在室外通风结果浏览时，如需显示某个建筑，可以在图形界面左侧窗口中选中该建筑名称，右键菜单中设置其显示状态；如需批量设置风场范围内所有建筑的状态，则选中“建筑”按钮，同样在右键菜单中设置显示状态；同样可选取建筑的“风场范围”，但需先关闭“平面视图”，方可显示；若用户需查看各个方向的视图，可点击结果浏览中的视图选项。

⑬数据提取

如果想获取风场中任意一点的风压或者风速值，可先单击图形浏览器界面左下角以激活风场数据显示栏，再将鼠标置于风场中任意一点，即可显示该点的坐标以及对应的速度和风压值。

（7）结果管理

点击 VENT 左侧工具栏“结果管理”按钮，将弹出如图 4.170 所示的对话框。结果管理工具可以用来管理当前模拟过的结果，包括室外和室内两类。它列出每次计算的文件夹名称、网格数、备注、计算相关参数，且可查看收敛图、结果浏览、删除中间结果、删除完整结果，方便用户比较不同案例或者不同设置对应的结果。

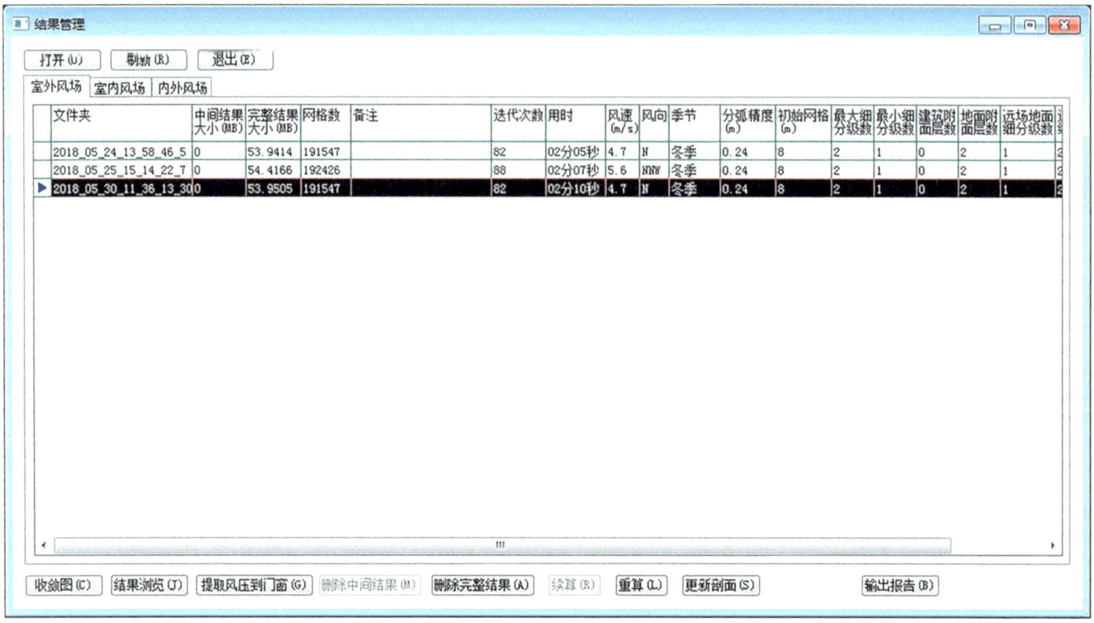

图 4.170　“结果管理”对话框

①续算原理

由于实际工程的室内外风场规模及设计各不相同，按照程序统一设定的迭代次数进行计算后，可能会出现结果未接近物理实际的情况，如室外通风尾流区速度很大，室内通风涡流较多，此时，用户可以通过“结果管理”对话框增加迭代次数继续计算直到计算收敛。此外，如果已经划分好网格并且在迭代计算中需要暂时停止计算以浏览结果，可以点击“停止计算”，即可浏览当前结果。根据需要，用户可以选择是否续算。如果需要续算，在“结果管理”框中选中该计算结果，单击“续算”并设置要增加的迭代次数即可。迭代次数可以根据第一次计算的结果适当增加。

②网格重算

网格重算功能允许用户可以重复利用室外通风已有结果的网格，修改速度值后重新计算风场。这样可以避免在计算不同速度大小的风场时重新划分网格。该功能适合进行不同风速条件下风场的比较。在结果管理框中，选中一个结果后单击“重算”，会弹出重算对话框。重新设置速度值，即可重新计算。

③室外报告

计算完成后，用户可通过“结果浏览”查看计算结果。之后，可通过“结果管理”或者“室外报告”输出室外计算结果报告书，如图 4.171 所示。可选择多个季节进行输出，一般情况下，完整的室外计算报告书中应包括冬季、夏季和过渡季三个季节的计算结果。用户也可选择单个季节进行计算书报告输出。按向导提示，用户可以对输出的图片进行位置更改和缩放。

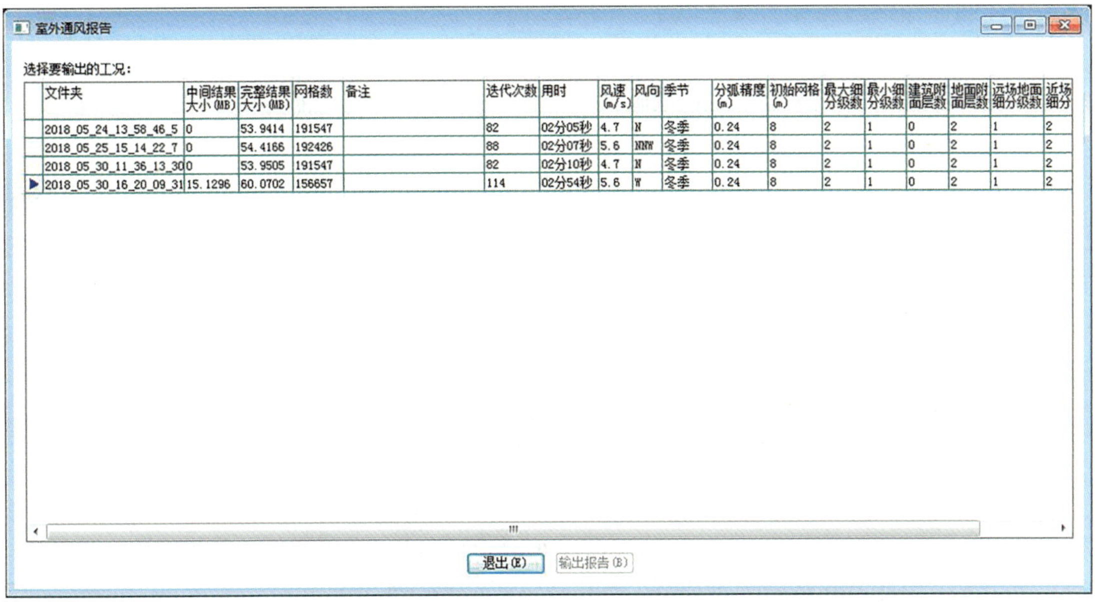

文件夹	中间结果大小(MB)	完整结果大小(MB)	网格数	备注	迭代次数	用时	风速(m/s)	风向	季节	分弧精度(m)	初始网格(m)	最大细分级数	最小细分级数	建筑附面层数	地面附面层数	远场地面细分级数	近场细分
2018_05_24_13_58_46_5	0	53.9414	191547		82	02分05秒	4.7	N	冬季	0.24	8	2	1	0	2	1	2
2018_05_25_15_14_22_7	0	54.4166	192426		88	02分07秒	5.6	NNW	冬季	0.24	8	2	1	0	2	1	2
2018_05_30_11_36_13_30	0	53.9505	191547		82	02分10秒	4.7	N	冬季	0.24	8	2	1	0	2	1	2
2018_05_30_16_20_09_31	15.1296	60.0702	156657		114	02分54秒	5.6	W	冬季	0.24	8	2	1	0	2	1	2

图 4.171 “室外报告”→“室外通风报告”输出窗口及输出向导

4.5.4 VENT 软件建筑室内通风模拟

室内通风模拟需要建立单体或者户型模型，并给定门窗压力、开口位置、开口大小作为边界条件，以分析室内自然通风的效果。门、窗开口是建筑外围护结构中室内外环境交流的主要通道。建筑物通过它们与外界进行能量交换，得到新鲜的空气。自然通风对改善室内热环境具有重要作用。因此，要保证室内空气流场，均匀地流过人们经常活动的范围，同时要保证有一定的风速。

VENT 室内通风计算模块是基于室外通风计算开发的。通常先进行室外风场的计算，计算之后会提取各个窗户表面压力值。之后在进行室内通风计算时，所需的窗户表面压力值会自动赋予对应窗户边界，作为室内分析的初始边界条件。如果用户有实测的门窗边界的压力值，也可以直接输入作为室内分析的边界条件。

注意事项如下：

（1）室内通风模拟把一个内部房间连通的户型作为一个计算域，并逐户进行计算。

（2）各单元互相封闭的居住建筑不可一次计算整个楼层。

（3）内部房间互相连通的公共建筑可以一次计算整个楼层。

4.5.4.1 视图定义

室内风场关注室内流体区域流场特性，因此用户根据需要建立某一层建筑室内的水平剖面和垂直剖面。室内风场水平剖面的基准面为该层的室内地坪，标高为室内地坪标高。室内风场视图定义的操作方法与室外相同。

软件提供室内地面以上 1.2m 高度水平剖面的彩图。若窗户标高大于 1.2m，或者窗户标高与窗户高度之和小于 1.2m，则需要人工创建水平剖面进行云图分析。对于异形窗，要根据情况确保门窗高度在所显示的水平剖面之内。

4.5.4.2 计算参数设定

VENT 室内通风流场计算需要设置网格参数，如图 4.172 所示，并设置门窗开启面积和门窗边界的压力值。

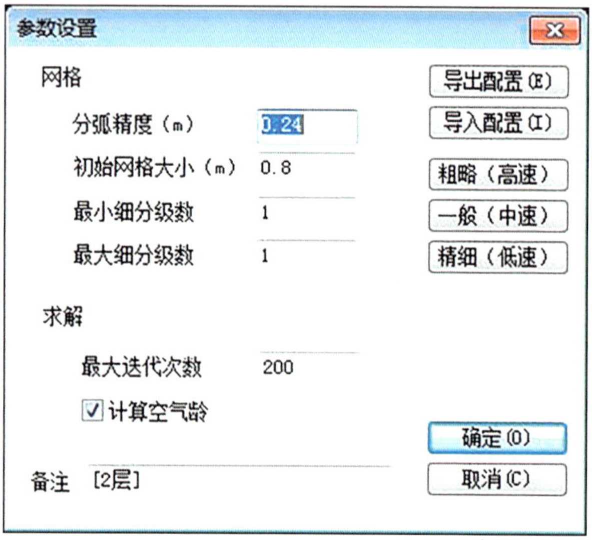

图4.172　室内通风流场计算参数设置

（1）网格精度

室内通风计算中精度的配置原理与室外计算基本相同，分为“粗略（高速）”“一般（中速）”“精细（低速）”三个档次进行配置。但由于室外与室内计算域的尺度不同，具体每个档次对应的网格参数与室外通风不同，如图 4.172 所示。

（2）网格参数

通风不需要地面和建筑表面网格附加层，因此没有附面层网格参数；此外，室内通风分析中，在风速可能发生较大变化的窗户、门、墙的拐角附近，网格需要特别加密。最大细分级数和最小细分级数可以控制加密后网格的尺寸，而网格参数的定义则与室外风场的计算参数相同。

（3）门窗风压

室内通风需要定义门窗是否开启、开启面积及门窗压力值；风压是室内通风计算的必要条件之一，没有风压，计算结果将会显示室内任意点速度均为 0。

门窗风压的规则如下：

在室外通风计算设置界面中选择“计算完毕提取单体门窗风压表”，如图 4.173 所示，确保门窗风压值的数据在室外通风计算完毕后可以保存到计算机硬盘中，同时可以显示在门窗风压表中，如图 4.174 所示。

①关闭程序时保存文件，可以将风压表的数据保存到图纸中，即使删除硬盘上风压的数据，也可保留风压表中的风压值。

②关闭程序时若未保存文件（但确认室外通风勾选提取单体风压），则再启动图纸时，风压表中没有最新的风压数据。在结果管理框中选中案例，并单击“提取风压到门窗”，数据即可提取到风压表中。

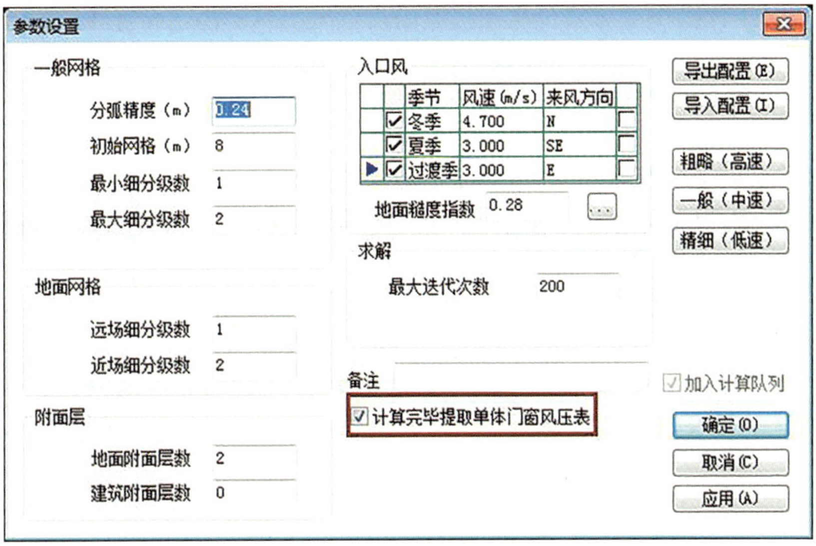

图 4.173　选择提取单体门窗风压表

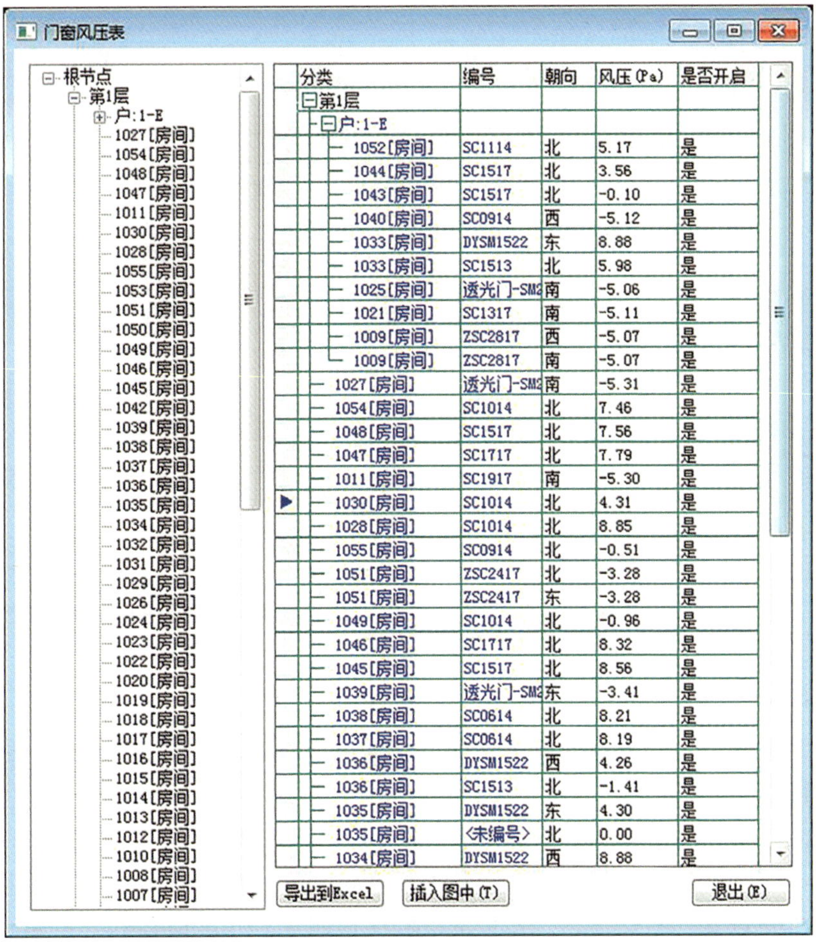

图 4.174　“门窗风压表”界面

③若是通过单体链接的方式计算和提取门窗风压，需要在完成室外计算后，打开对应的单体图纸，并在结果管理中打开该单体对应的总图图纸，然后即可提取门窗风压，如图4.175所示。

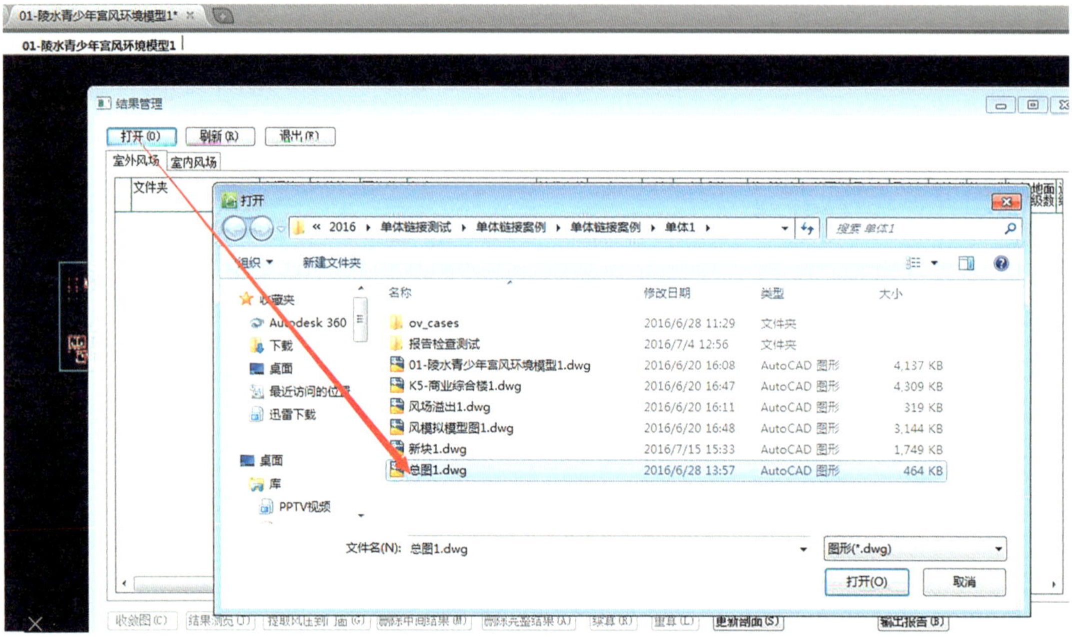

图 4.175 通过单体链接提取单体门窗风压

④若想修改某个门窗的风压值和开启状态，需要在其特性表中设置，风压表中会同步更新风压值和开启状态。

修改方法：选定一个门窗，按“Ctrl+1”键弹出特性表，在“通风”栏中设置门窗是否开启，并设置开启压力。

4.5.4.3 风场模拟

室内通风计算的风场模拟与室外通风相同，请参考4.5.3.2中室外风场模拟相关内容。

4.5.4.4 结果浏览

（1）绿色建筑标准解读

《绿色建筑评价标准》（GB/T 50378—2019）（2024年局部修订版）中第5.2.2条和第8.2.10条对建筑的室内自然通风效果的评价规则如下：

①民用建筑

a. 设玻璃幕墙且不设外窗的建筑，其玻璃幕墙透明部分可开启面积比例达到5%，得4分；达到10%，得6分。

b. 设外窗且不设玻璃幕墙的建筑，外窗可开启面积比例达到30%，得4分；达到35%，得6分。

c. 设玻璃幕墙和外窗的建筑，对其玻璃幕墙透明部分和外窗分别按本条第1款和第2款进行评价，得分取两项得分的平均值。

②居住建筑。按下列的规则分别评分并累计：通风开口面积与房间地板面积的比例在夏热冬暖地区达到 10%，在夏热冬冷地区达到 8%，在其他地区达到 5%，得 10 分。

③公共建筑。根据在过渡季典型工况下主要功能房间平均自然通风换气次数不小于 2 次 / h 的面积比例，按照规则评分，最高得 13 分。

（2）图形分析

室内风场除了关注标准要求外，也关注室内某个水平或者垂直剖面上风速和压力分布以及气流组织，因此需要查看风速和压力云图、风速矢量图。空气龄作为判断室内空气质量的指标之一，反映了空气的新鲜程度，通过空气龄云图可以观察其分布。结果浏览的具体方法与室外相同，请参考 4.5.3.2 中室外风场模拟结果浏览的相关内容。

如需分析空气龄，在室内风场参数设置界面勾选“计算空气龄”。

（3）可开启面积

依据上述民用建筑标准，需要提供建筑可开启面积比例统计，VENT 提供可开启面积比例计算书，操作方法如下：

屏幕菜单命令：【计算分析】→【开启比例】（KQBL）。

通过该命令可以输出建筑可开启面积比例计算书，也可将可开启面积统计表导出或放到图中任意空白位置。可开启面积通过“门扇展开”和“插入窗扇”设置。

（4）通风开口面积

依据上述居住建筑标准，需要提供通风开口面积与房间地板面积的比例，操作方法如下：

屏幕菜单命令：【计算分析】→【开地比】（KDB）。

通过该命令可以输出通风开口面积计算书，也可将通风开口面积统计表导出或放到图中任意空白位置。通风开口面积通过“门扇展开”和“插入窗扇”设置。需要注意的是，必须搜索户型才可提取开地比数值；开地比界面默认只显示主要功能房间，如果查看所有房间，需要取消勾选“主要功能房间”。主要功能房间通过屏幕菜单命令【设置】→【房间功能】（FJGN）设置。

开启比例的可开启面积与开地比的通风开口面积都是通过“门扇展开”和“插入窗扇”进行设置。目前，软件中认为可开启面积与通风开口面积在数值上是相等的，只是在概念上进行区分，所以可开启面积与通风开口面积的设置是完全一样的。

（5）换气次数

《绿色建筑评价标准》（GB / T 50378—2019）（2024 年局部修订版）对于公共建筑主要功能房间通风换气次数提出要求，其条文解释中特别强调：对于复杂建筑，需采用多区域网格法进行多房间自然通风量的模拟分析计算，从而获取换气次数。软件通过室外通风计算提取建筑单体门窗风压，再通过多区域网格法计算整栋建筑的换气次数。具体操作如下：

屏幕菜单命令：【计算分析】→【换气次数】（HQCS）。

需要在提取换气次数前通过【设置】→【房间功能】命令进行主要功能房间设置。

室外风场和室内风场模拟分析的参数配置、视图定义及不同的结果表达方式，这是室外和室内风环境分析的核心环节。该软件已在一些实际案例中得到了初步应用，其实用性具有较好的实验验证结果。

4.6　基于 BIM 技术的声环境分析模拟

4.6.1　创建模型

4.6.1.1　总图梳理

对项目的建筑总平面图进行梳理，保留与声环境分析的总图元素（场地内建筑轮廓及编号、场地外有遮挡影响的建筑、场地红线、场地车道、绿化区域、场地红线外的交通线路）。

（1）建总图框

将“节能分析”建立的单体模型单独复制到声环境分析文件夹，利用声环境分析软件打开该模型图纸。将“步骤 1”中梳理好的建筑总图打开后直接复制到打开的分析模型图纸内，按比例放大或缩小至匹配单体分析模型的尺寸（通常放大 1000 倍或缩小 0.001）。

屏幕菜单命令：【室外总图】→【建总图框】（JZTK）。

本命令用于创建总图框对象，确定总图的范围以及对齐点。运行命令后，手动选取两个对角点及对齐点，设置内外高差，即可形成总图框，如图 4.176 所示。

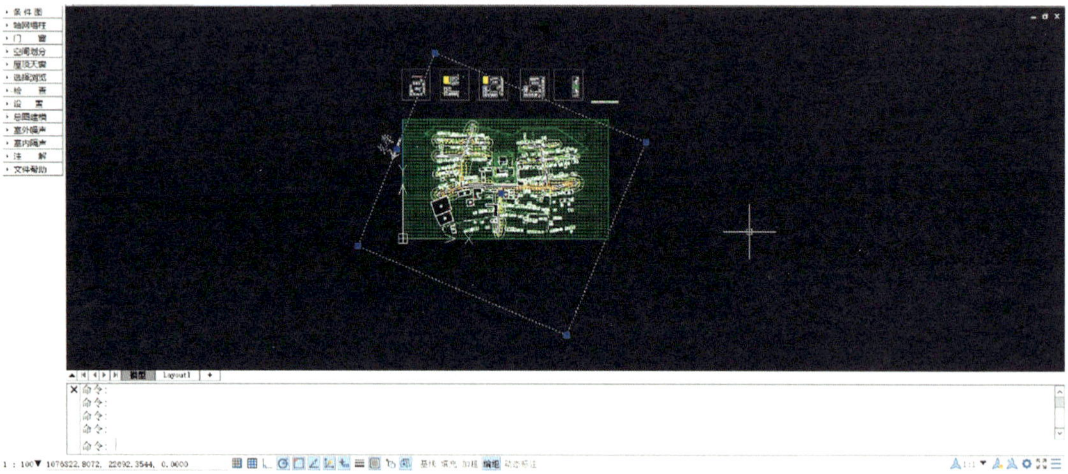

图 4.176　建总图框

（2）单位设置

屏幕菜单命令：【条件图】→【单位设置】（DWSZ）。

确认分析模型图纸的单位统一为毫米或米。本案例为毫米。

（3）本体入总

屏幕菜单命令：【场地总图】→【本体入总】（BTRZ）。

单体分析模型会自动形成总图分析模型嵌入到总图框对应的位置，如图 4.177 所示。

（4）检查方位

手动查看“本体入总”后的总图分析模型是否匹配总图方位，若不匹配，检查总图北向角度是否正确（软件模型设置为 90°为正北向）。执行【注解】→【指北针】命令，根据项目实际总图北向角度（图 4.178），重新建立北向角度。本案例设置总图北向角度为 180°。

图 4.177　本体入总

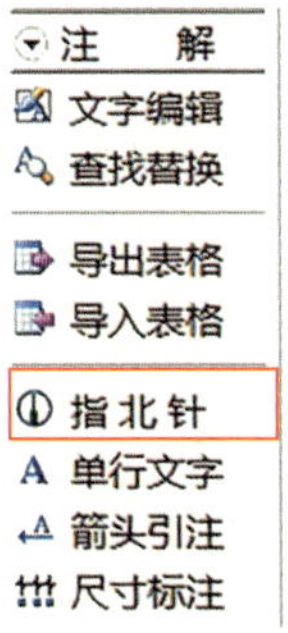

图 4.178　总图指北针

（5）设红线层

屏幕菜单命令：【场地总图】→【设红线层】（SHXC）。

选择总图红线（必须是多段线才可被识别）。选定被选择的红线，图层若变成了【总图红线】，则成功识别。若不是，则检查原总图红线是否为多段线或多段线是否首尾相连（不能是几段多线段组合）。

（6）周边模型

屏幕菜单命令：【场地总图】→【建筑高度】（JZGD）。

选择建筑轮廓线，根据周边模型的高度，设定【建筑高度】（需和单位设置中设定一致），然后根据总图标高信息设定该周边模型的底标高。本案例底标高均为“0”。根据上述操作依次建立所有的周边模型，如图 4.179 所示。

屏幕菜单命令：【场地总图】→【建筑命名】（JZMM）。

对周边模型和分析模型的名称按照项目实际进行命名。需注意的是，只有在对建筑命名后，该建筑才会在后续分析报告书内参与达标分析，否则不予统计。因此，需根据分析目标合理选择命名的建筑模型。本案例选择需查看周边模型和分析模型的声环境分析情况，因此对所有模型进行命名。

图4.179　周边模型建立

4.6.1.2　声源模型建立

通过地图软件，查询场地周边的交通组织情况，建立项目的声源模型。

（1）公路声源

屏幕菜单命令：【场地总图】→【公路声源】（GLSY）。

设定项目红线内和红线外的公路声源参数，包括路面类型、道路宽度情况（根据总图梳理后的道路路径绘制，宽度信息可通过总图信息获取或地图信息获取）、昼夜车流量情况（如无法准确了解公路车流情况，可按软件提供的车流参数参照值设定），选定后可将路面类型、车道数、设计车速、车流量数据自动匹配到该声源模型，如图 4.180 所示。

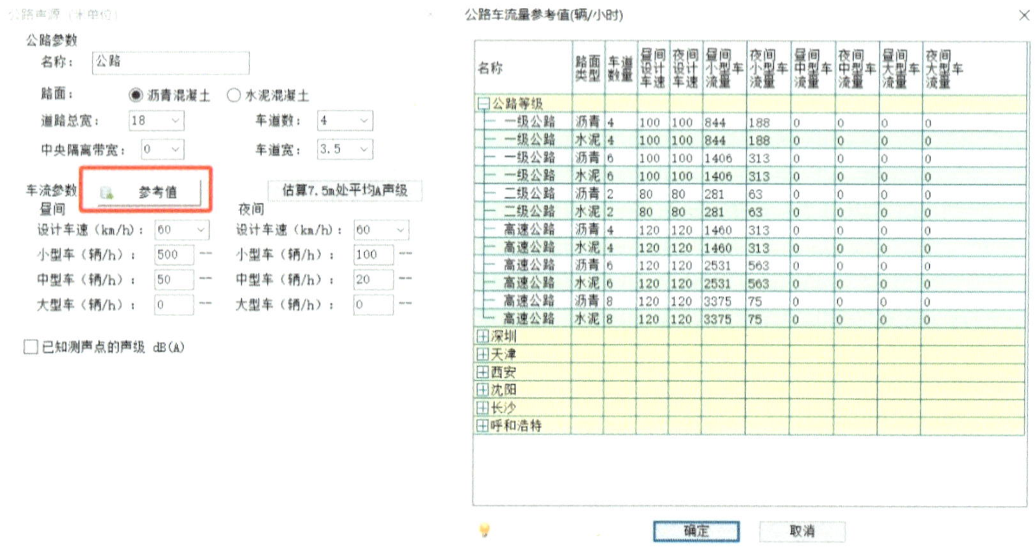

图 4.180　公路声源参数设定

（2）轨道声源

屏幕菜单命令：【场地总图】→【轨道声源】（GDSY）。

根据实际情况设定红线外的轨道声源参数，包括轨道名称、昼夜间车速、测点距离（测量列车声级时，为测点距列车的距离）、测点声级（测量点的声级结果），如图 4.181 所示。若无实测值，可根据软件提供的“参考值”进行类比设定，即根据周边轨道情况，选定类似的参考设置。

（3）交叉路口

若项目公路存在交叉的情况，会使该区域的周边噪声增加，需要执行屏幕菜单命令【场地总图】→【交叉路口】（JCLK），绘制出两条公路的交叉路口范围。

（4）桥梁

若项目周边交通组织存在高架桥、桥梁或者一定标高的公路，均可通过该操作建立桥梁声源模型。屏幕菜单命令：【场地总图】→【桥梁】（QL），根据总图梳理后保留的桥梁路径，设定好桥路宽度信息后进行绘制，绘制结束后，根据实际情况设定其高度信息。

（5）点声源

若项目建筑周边存在已明确的施工噪声、设备机房噪声、空调室外机噪声、空调冷却塔噪声等噪声源，可通过屏幕菜单命令【场地总图】→【点声源】（DSY）建立声源模型。

若已知该声源的噪声功率值，直接手动输入即可，否则单击“参考值”按钮，根据同类声源参考值进行选定设置。选定参考值后，在确定位置放置该点声源即可，如图 4.182 所示。

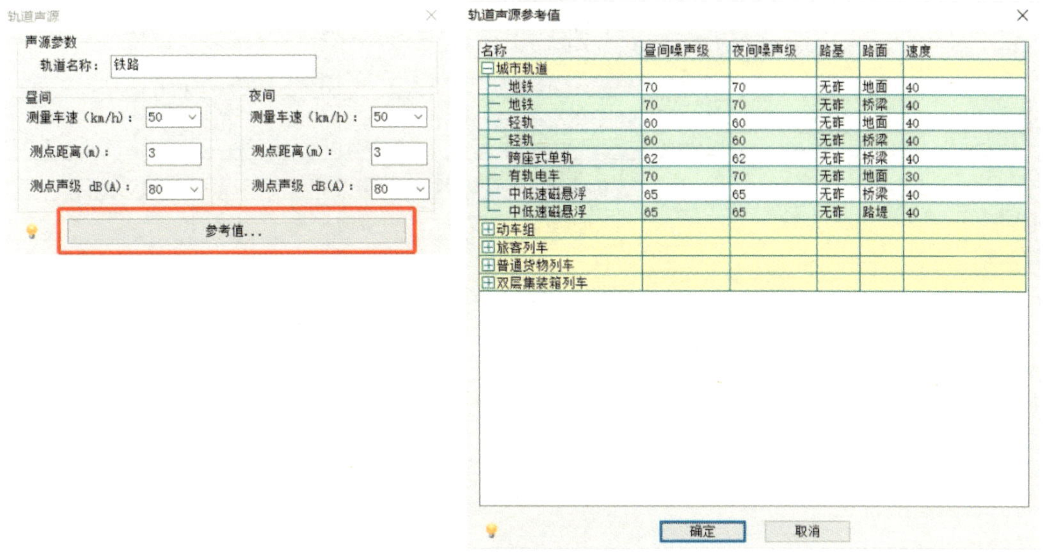

图 4.181　轨道声源参数设定

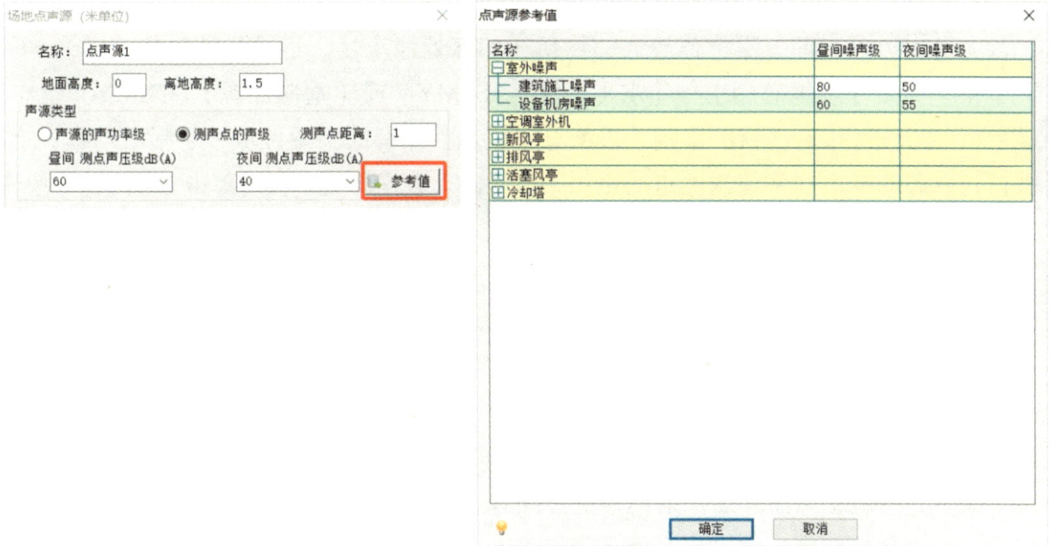

图 4.182　点声源参数设定

（6）线声源

若可以明确项目较远区域存在轨道交通或公路声源，可将该声源考虑为线声源纳入分析，通过屏幕菜单命令【场地总图】→【线声源】(XSY) 建立声源模型。根据总图梳理后保留的声源路径，绘制线声源，绘制后根据该声源的噪声功率值或测点的声级，手动输入数据即可，否则单击“参考值”按钮，根据同类声源参考值进行选定设置，如图 4.183 所示。

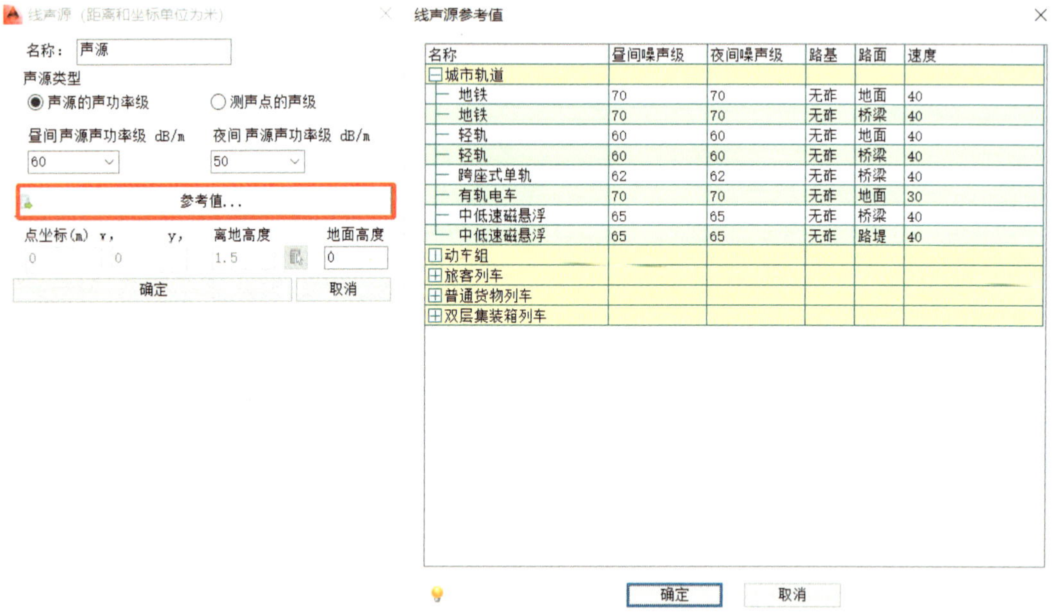

图 4.183　线声源参数设定

（7）面声源

若项目周边存在部分噪声值较大的场所（如室外停车场、运动场地、集市等），可通过屏幕菜单命令【场地总图】→【水平面源】（SPMY）或【垂向面源】（CXMY）建立声源模型，考虑该区域对项目的影响。根据总图梳理后保留的声源区域，绘制面声源，绘制后根据该声源的噪声功率值或测点的声级，手动输入数据即可，否则单击“参考值”按钮，根据同类声源参考值进行选定设置。

经查询，本案例仅存在周边公路声源和交叉路口，据实建立声源模型。

4.6.1.3　遮挡模型建立

（1）声屏障

在噪声传播中，建筑物、围墙、树木、山坡等均能对噪声传播造成影响，在一定程度上还可削减噪声。若项目红线范围内存在类似障碍物，可执行【场地总图】→【声屏障】（SPZ）命令，根据总图梳理后保留的声屏障路径绘制遮挡模型，设定声屏障高度信息和标高信息，完成遮挡模型建立。本案例无声屏障。

（2）绿化带

一定高度和密度的绿化林带能使声波衰减，有降噪的作用。若项目周边存在绿化林带，可执行【场地总图】→【绿化带】（LHD）命令，根据总图梳理后保留的绿化区域轮廓，绘制遮挡模型（仅考虑高度 3 m 以上的绿化带对降噪有效果），设定绿化带高度信息和标高信息，完成遮挡模型建立。本案例考虑高度 3 m 的绿化带。

4.6.1.4　整体模型检查

在进行上述步骤的模型建立后，可对项目室外声环境分析模型进行检查。单击鼠标右键，执行“模型观察”命令，查看项目的各类模型是否建立准确，若存在局部模型错误的情况，及时核实图纸和模型建立操作，重新对错误模型进行处理。

本案例经检查，模型无错误，可以进行下一环节操作，如图4.184和图4.185所示。

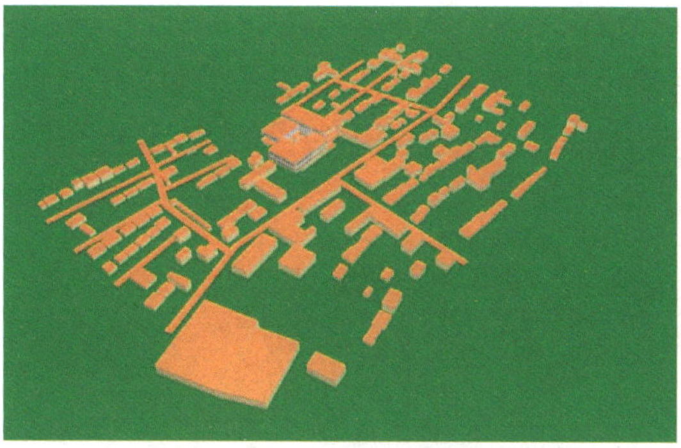

图4.184　声环境分析模型三维轴测图

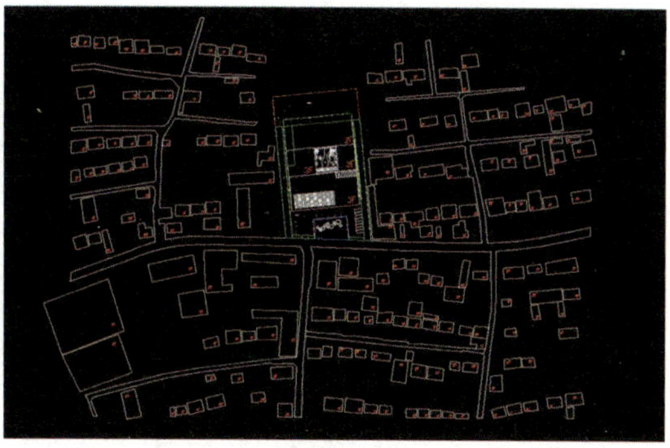

图4.185　声环境分析模型二维平面图

4.6.1.5　参数设置

设定当前建筑项目的基本信息、交通声源、交叉路口、计算设置等计算条件。

（1）基本信息设置

地理位置、建筑类型、工程名称、建设单位、设计单位、设计编号等基本信息与节能分析设置一致。

（2）噪声计算设置

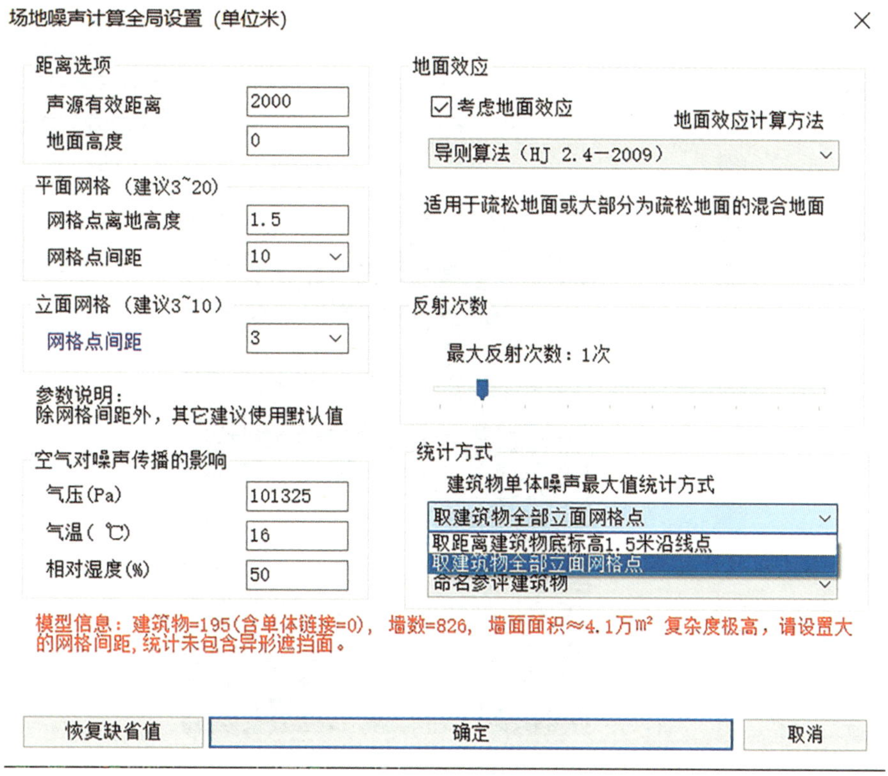

图4.186　“场地噪声计算全局设置”对话框

针对统计和评价的设置，建筑物单体噪声最大值统计方式一般推荐“取建筑物全部立面网格点”，其余参数可按照软件默认设置，如图 4.186 所示。

（3）声功能区设置

根据项目实际的需求及区域类型，将交通声源、用地红线和偏移的线的位置，用多段线连接成闭合的区域。根据区域类型选择 0 类到 4b 类（图 4.187）。若项目采用《绿色建筑评价标准》（GB/T 50378—2019）（2024 年局部修订版）进行噪声模拟时，无须绘制声功能区。

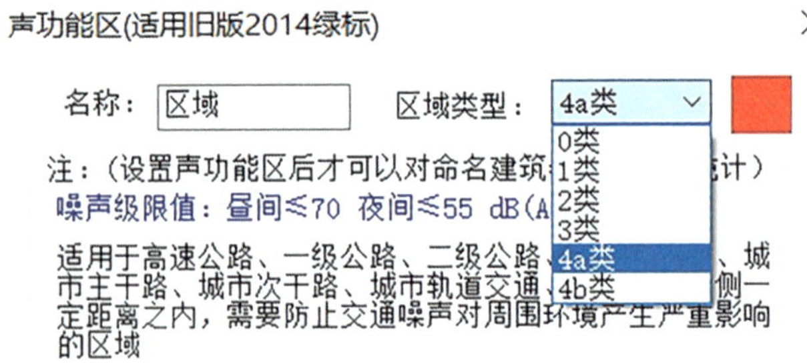

图 4.187 “声功能区”设置

本案例不进行声功能区设置。

4.6.2 室外声环境分析

4.6.2.1 噪声计算

（1）结果显示设置

屏幕菜单命令：【室外噪声】→【噪声计算】（ZSJS）。

选定分析区域进行噪声计算，计算完成后可对结果显示进行设置，包括昼/夜时段、出图类型、彩图分析参数等。本案例按照默认设置，如图 4.188 所示。

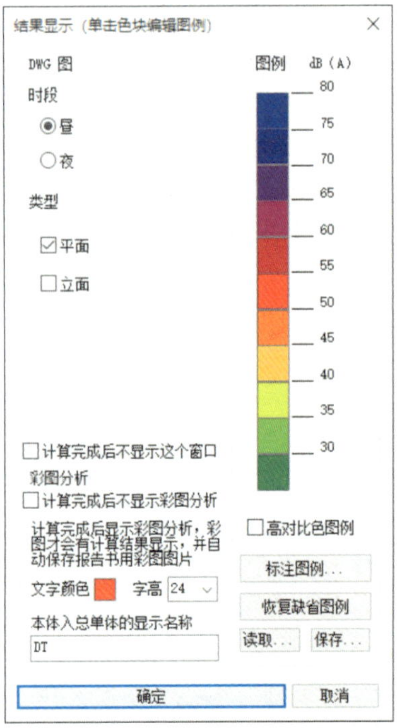

图4.188 计算结果显示设置

（2）计算结果检查

分析结果在图纸上显示后，可对结果手动检查其是否正确。检查分析区域、建筑边界、建筑围合范围内是否出现数据结果，如图 4.189 和图 4.190 所示。

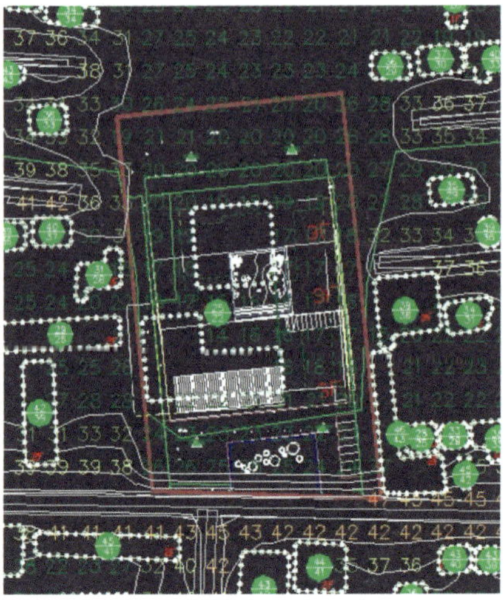

图4.189 计算结果平面图

屏幕菜单命令：【室外噪声】→【彩图

分析】。

可对项目分析结果的显示效果图进行设置、保存。

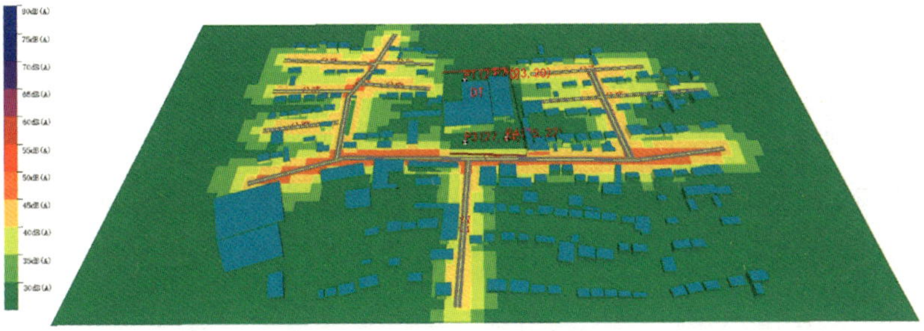

图 4.190　计算结果三维轴测图

4.6.2.2　输出报告

屏幕菜单命令:【室外噪声】→【噪声报告】(ZSBG)。

根据需求输出报告书，报告书如实反映设定的计算目标（场地噪声分布、噪声敏感建筑噪声分布情况）及内容，如图 4.191 所示。

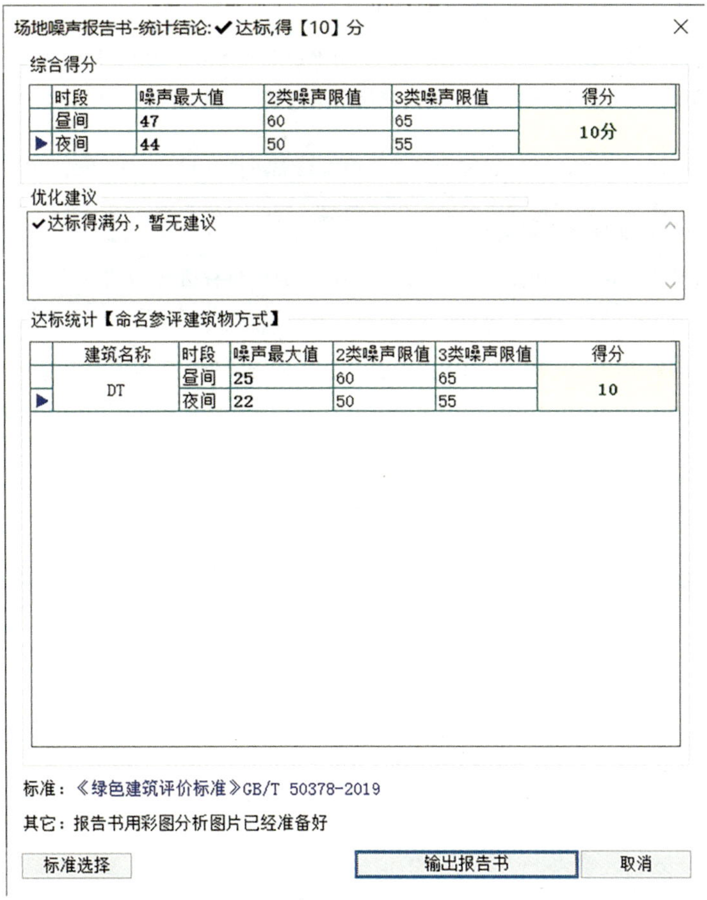

图 4.191　噪声报告输出设置

4.6.3 室内声环境分析

4.6.3.1 创建模型

根据项目单体设计图纸进行建模，具体建模步骤参考 4.3 建筑节能部分内容，或直接利用进行节能计算或其他单体建模计算时已经建立的模型。

4.6.3.2 参数设置

根据计算目标，进行标准选择、工程信息设置、边界噪声设置、室内声源设置、房间类型设置、工程构造设置、门窗类型设置、撞击声设置等。

（1）标准选择

根据室内噪声计算目标，选择对应的计算标准，如图 4.192 所示。

图 4.192 标准选择

（2）工程信息设置

根据项目实际信息设置工程基本信息。若打开的是节能分析模型，在节能分析阶段已经设置完成，本阶段可不再单独设置。

（3）边界噪声设置

设定建筑外围护结构的边界噪声值，如图 4.193 所示。软件提供以下三种输入方式。

图 4.193　边界噪声设置

①局部设置

屏幕菜单命令：【室内隔声】→【边界噪声】（BJZS）。

选择“局部设置”，设定昼夜室外噪声级情况（通常是实测参数），然后选定需要设置的外围护结构即可。该设置项目如有实测数值，则根据实际值进行填写。

②全局默认设置

屏幕菜单命令：【室内隔声】→【边界噪声】（BJZS），选择“全局默认设置”。

可根据标准要求的各类声功能区要求限值默认输入边界噪声值，以此设置全部围护结构边界噪声值。

③场地环境噪声计算结果读取

屏幕菜单命令：【室内隔声】→【边界噪声】（BJZS）。

选择“查询”，若项目进行了室外场地环境噪声模拟，可直接读取边界噪声赋予到各围护结构中。需要注意的是，室外噪声计算时可用本体入总和单体链接两种方式，在提取边界噪声时分别对应以下两种方法：

a. 本体入总

室外噪声模拟得到的噪声值可直接单击“边界噪声”命令，边界噪声自动提取到边界参与隔声计算。

b. 单体链接

室外噪声计算完成后，打开单体图，软件自动完成边界噪声提取。若一个单体模型在总图中对应多处位置，可根据窗口提示选择相应建筑的边界值。本案例室外噪声计算采用本体入总方式，边界噪声直接提取。

（4）室内声源

根据项目实际设计信息，可以对建筑内的噪声源进行设置，如图 4.194 所示。选取产生噪声的房间进行设置，如设备机房、洗衣房等。本案例无室内声源。

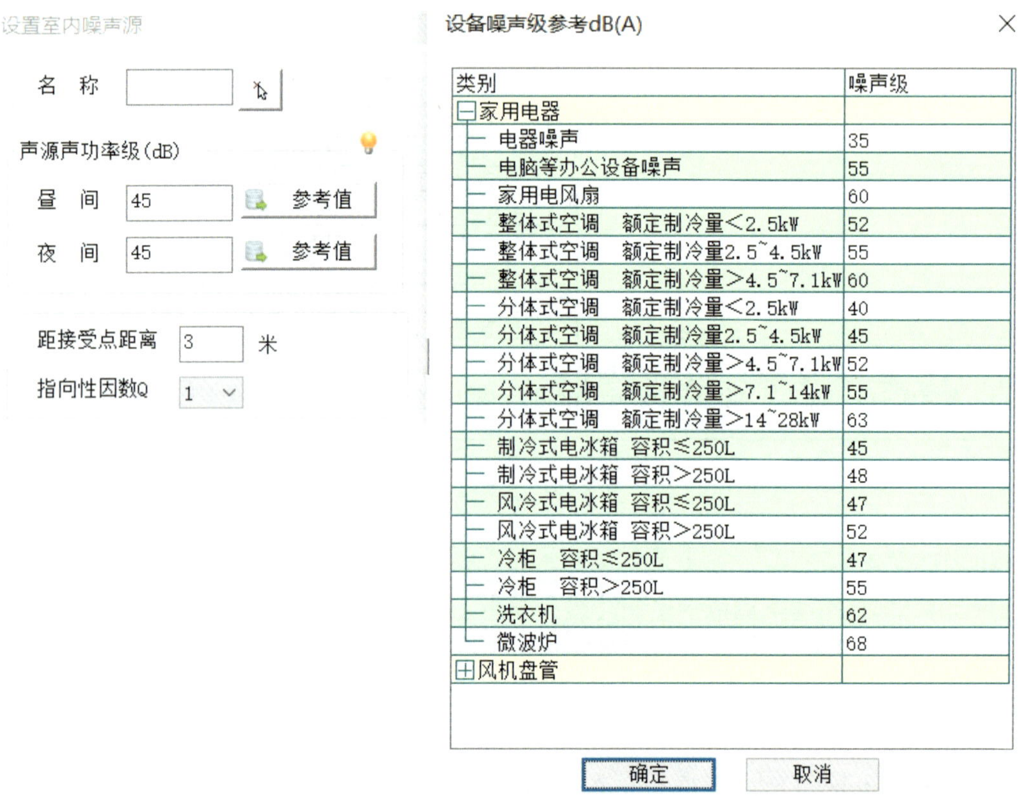

图 4.194 设置室内噪声源

（5）房间类型

根据项目实际建筑类型和房间功能，设定噪声敏感房间。

（6）工程构造

室内声环境计算主要是对围护结构自身的隔声性能参数进行详细设置。在工程构造设置时，若是直接采用的节能设计模型，其构造信息会同时录入；若是单独建模，需根据项目实际设计情况进行构造设置。该阶段的材料隔声量设置，主要是通过公式计算和类比计算两种方式进行。通常软件默认采用公式法计算隔声量，用户可灵活选择其一进行设置。对于面密度小、隔声性能好的轻质隔墙，多采用类比法计算。类比计算设置时，需取消“公式计算”勾选状态，单击“导入分频”或“导入计权”，在数据库中选择与设计一致的构造。若无相同构造，应考虑面密度相近的构造。其中门、窗的隔声性能参数设置仅提供类比计算方式。本案例外墙/隔墙按照类比法计算，其他按照公式法计算，如图4.195所示。

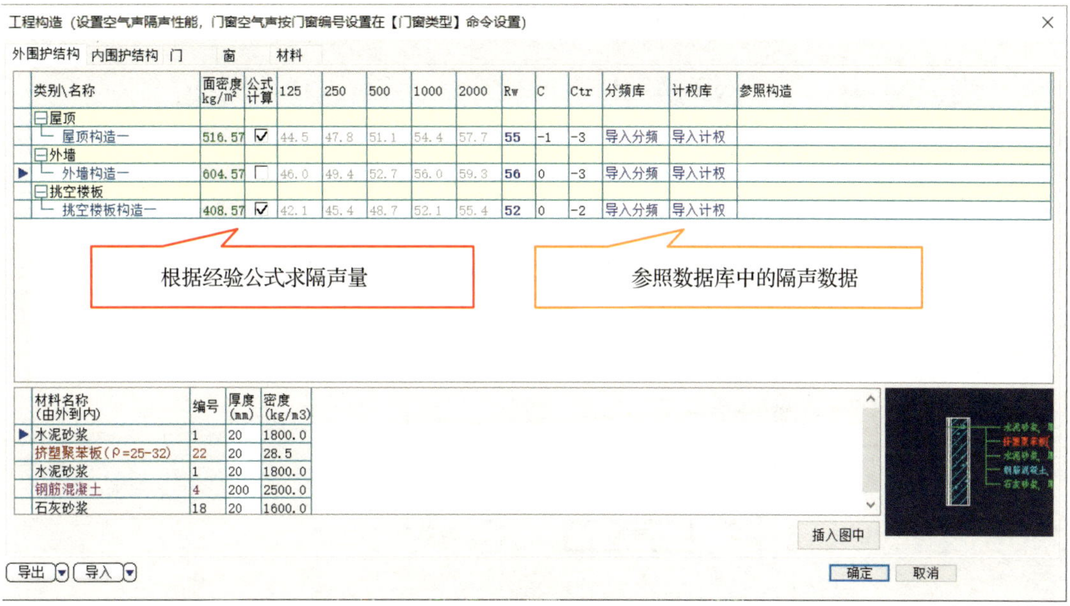

图4.195　材料隔声量计算设置

注意：应优先选择分频数据库，这是因为计权数据库无法进行组合墙的计算，在进行室内噪声计算时结果可能不准确。

（7）撞击声设置

对项目楼板的撞击声隔声参数进行设置，软件提供类比计算。单击“导入分频”或“导入图集”按钮，在数据库中选择与设计一致或类似的构造。楼板撞击声压级无法通过经验公式计算，一般采用实验室检测数据作为参照。可从数据库中选择与实际构造相近的做法，以此为依据进行撞击声达标判定。本案例按照导入分频设置。

（8）吸声参数设置

室内噪声级计算会受到房间内部构件吸声量的影响。执行【室内隔声】→【吸声系数（XSXS）】命令，可对项目的门窗/墙板的吸声参数进行设置。单击“导入”按钮，选择与设计一致或类似的构造。

（9）门窗缝隙设置

在门窗施工过程中，一般情况下门窗与墙之间都会留下缝隙，而一般的缝隙填充材料对降低隔声几乎没有实际的效果，所以该缝隙对组合墙的隔声性能影响较大。执行【室内隔声】→【窗墙缝隙】(CQFX）命令，可对项目的门窗缝隙宽度进行设置。若明确了其实际宽度，按照数据设置；若不明确，按照默认设置即可。

注意：一般的门窗与墙之间的缝隙为 5 mm（装配式）和 10 mm（非装配式）。

(10）隔声量公式设置

软件提供构件分频隔声量计算公式的选择，标准对计算公式未做明确要求，可根据项目需求，选择合适的计算公式，具体如图 4.196 所示。

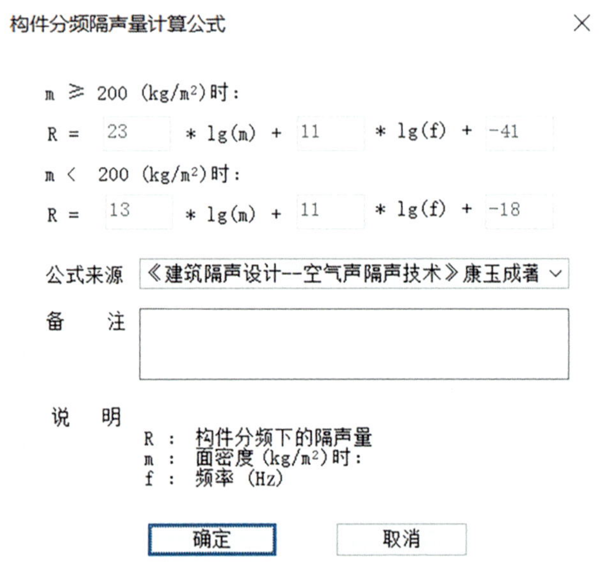

图 4.196　设置隔声量公式

4.6.3.3　隔声计算

屏幕菜单命令:【室内隔声】→【计算隔声】(JSGS)。

可对建筑隔声性能进行计算，结果界面显示建筑达标得分情况和室内噪声级，以及房间各室内构件空气声隔声性能和撞击声隔声性能等，如图 4.197 所示。

屏幕菜单命令:【室内隔声】→【构件隔声】(GJGS)。

在弹出的“围护结构隔声性能”面板中，可对建筑各类构件隔声性能和楼板的撞击声隔声性能进行计算，如图 4.198 所示。

4.6.3.4　输出报告

屏幕菜单命令:【隔声报告】(GSBG)。

选择输出“构件隔声性能”计算报告（主要输出建筑各类构件的空气声隔声量计算结果和楼板撞击声隔声性能计算结果）或室内噪声级计算报告（可选择输出最不利房间的噪声计算结果或指定房间的噪声计算结果)，如图 4.199 所示。

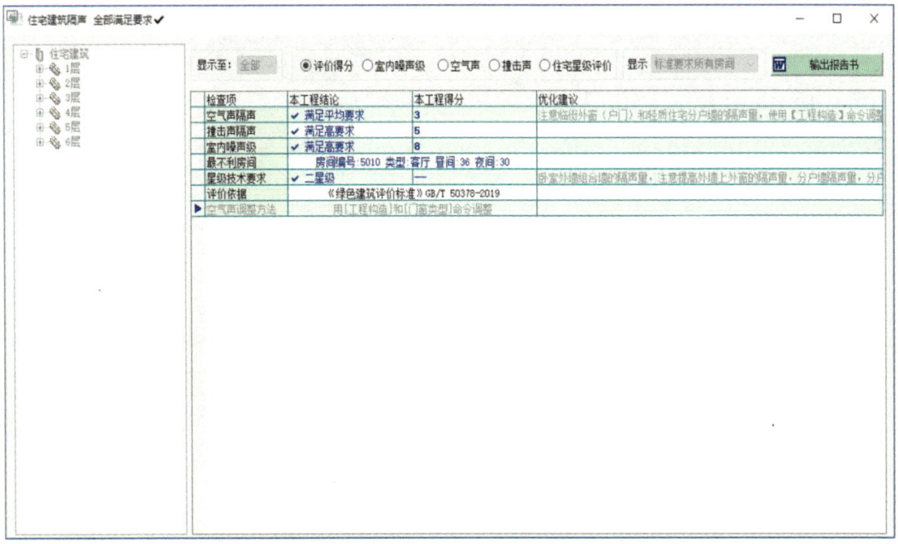

图 4.197　室内隔声性能计算

图 4.198　围护结构隔声性能计算

图 4.199　选择隔声报告书类型

思　考　题

（1）试简述节能模拟分析中模型建立的步骤。

（2）试简述室内采光模拟分析步骤。

（3）试简述室内、室外声环境模拟步骤。

第 5 章　BIM 竞赛

5.1　设计类 BIM 竞赛介绍

5.1.1　全国高校 BIM 毕业设计创新大赛

全国高校 BIM 毕业设计创新大赛是由中国土木工程学会建筑市场与招标投标研究分会、广联达科技股份有限公司联合主办，各大高校协办的与 BIM 相关的竞赛。大赛主要为学生赛道，报名不限年级，分为施工 BIM 建模与应用、建筑设计 BIM 应用创新、BIM 装饰设计全过程应用、BIM 全过程造价管理与应用、BIM 建设工程项目管理应用、智能建造与装配式建筑、道桥 BIM 设计与建模及机电 BIM 建模与应用几个模块，涉及内容较为全面，主要适用于建筑学学生参加的建筑设计 BIM 应用创新和 BIM 装饰设计全过程应用两个模块。

备赛练习以及参赛作品制作所需使用的软件由广联达科技股份有限公司提供。参赛队伍在大赛官网报名时需上传云锁承诺书，通过审核后，大赛组委会将向参赛队伍授权第一阶段软件云加密锁，晋级全国总决赛后将为晋级队伍授权第二阶段软件云加密锁。

5.1.1.1　B 模块——建筑设计 BIM 应用创新模块

在全国高校 BIM 毕业设计创新大赛每届比赛中，B 模块会有不同的选题，学生需要结合题目的要求及具体软件进行 BIM 正向设计。

B 模块为建筑设计 BIM 应用创新模块，通过探索 BIM 技术在建筑设计领域的落地应用，可以提升学生对 BIM 正向设计的认知和实践能力。本模块须以团队形式参与，每个团队共同完成全部的三个阶段内容：

第一阶段为方案设计阶段，主要完成项目调研与选址、设计主旨拟定（需解决的主要问题）与使用者分析、方案构思和建筑面积、功能构成设计、建筑室内外通风分析、自然采光分析等，最终完成方案设计阶段相应成果（成果：A1 规格 PDF 图纸，包含彩色总平面图、主要建筑单体平立剖面图、渲染图、各类分析图、方案设计说明等）。

第二阶段为 BIM 正向设计阶段，主要完成单体建筑深化设计与出图，学生需围绕方案阶段设计成果选择主要建筑单体进行深化设计，并基于二三维一体化理念，利用三维 BIM 模型，输出符合国家及行业设计规范要求的建筑设计图纸。学生广开思路开展设计、建模与出图工作（成果：单体建筑设计项目分享链接，包含模型界面与图纸界面）。

第三阶段为成果汇报阶段，主要工作为制作渲染视频、编写汇报 PPT 及录制汇报讲解视频（成果：汇报 PPT、汇报讲解视频、渲染动画视频）。

本模块结合建筑设计行业 BIM 技术、虚拟现实技术以及绿色建筑技术高速发展背景，要求参赛选手结合项目主题，自行选取项目场地，基于国产建筑设计平台“数维建筑设计软件、数维构件设计软件、建筑性能分析平台、FalconV 渲染器”完成参赛项目，实现建筑方案推敲、BIM 模型搭建、绿色建筑分析、可视化渲染、施工图出图全过程，从而掌握数字化建筑设计能力。

（1）项目主题与背景

随着城市化进程的加速发展和城市基础设施老化，许多城市面临着诸如交通拥堵、环境污染、资源浪费、老旧建筑维护困难、城市功能失衡等问题，因此城市更新已成为全球范围内的热门话题。

城市更新是指针对城市中老旧、损坏或低效的城市空间、建筑、设施等进行改造、升级和整治，以实现城市空间的优化利用，提高城市环境品质，满足社会经济发展和人民群众生活的需要。具体来说，城市更新包括对老旧厂区、产业园区的转型升级，推动产业创新发展；对老旧商业街区和传统商圈的更新，保留特色业态，提升原业态，植入新业态，复合新功能；对老旧社区、棚户区的改造和提升，提升居民生活条件，保障生活品质；对文化遗产地的保护与传承，挖掘历史文化价值，注入现代元素，实现文化与旅游的融合发展等。

（2）正向设计及出图

基于广联达数维建筑设计软件及数维构件设计软件，团队成员根据自己的任务分工进行建筑 BIM 正向设计和出图工作，最终每个成员独立完成一个单体建筑的设计及 BIM 模型创建，并在软件中创建图纸界面，输出相应技术图纸。

5.1.1.2　C 模块——BIM 装饰设计全过程应用模块

C 模块主要任务是以建筑装饰项目为载体，基于 BIM、虚拟现实、数字化、智能化等新技术、新模式的创新应用表达设计创意，通过竞赛与院校教学相互促进，与行业转型升级对人才的新需求进行有效对接。

（1）竞赛内容

对于装饰工程，可以选取住宅空间和公共空间。

①住宅空间：业主对空间设计的需求及喜好由参赛团队自定义，设计方案根据业主需求展开，建议但不限于以下选题方向：多孩家庭、适老住宅、旧房改造等贴近居住需求的方向。

②公共空间：包括办公空间、酒店空间、餐饮空间、商铺空间、民宿空间、休闲娱乐空间，以上类型空间任选其一，在空间划分和方案设计中需体现其空间类型的特点。

（2）完成内容及提交成果说明

①概念方案设计

手绘室内平面草图、分析图，通过室内手绘快速捕捉设计灵感，快速表达设计概念，高效设计沟通，作为后续设计方案及表现依据。完成基础方案构思后，建立 BIM 空间模型，在三维模型建构过程中再次进行设计推敲，完成设计建模并生成施工图纸。图纸必须包含：天花平面布置图、墙面立面布置图、地面平面布置图各一张。其他平面图、立面图及剖面图根据设计需要自行增加。此阶段对建模软件不做限制，推荐使用广联达数字装修深化设计软件（BIMDECO）。

②设计表现

利用BIM软件建立好模型，进入设计表现阶段，做效果图、漫游视频的输出，效果图及漫游视频能体现所选案例的设计主题，展现设计特点。选取合适的全景观察点，完成装饰虚拟设计展示与交互处理，输出VR全景二维码，辅助进行更加全面的方案展示与汇报。此阶段对渲染软件不做限制。

③方案深化

选取主要空间做深化设计，在BIMDECO中深化室内装修模型，在模型中布置墙面、顶面基层龙骨，设计瓷砖铺贴及拼缝、墙面饰面排版，布置窗口窗套等，并导出主要材料（墙地砖材料、墙面饰面材料、顶面材料）的工程量清单。为了能够直观地表达、推敲和验证此空间的施工可行性，针对关键工序、工法进行工序动画脚本的编写并输出工序动画。

④项目内容汇报展示

方案汇报主要从毕业设计任务创意过程、设计理念展开去讲解整个方案，主要展示方案创意过程、信息化模型应用、方案设计的创意创新。

（3）应用软件介绍

官方推荐软件：广联达数字装修深化设计软件（BIMDECO）、展视网VDP、展视网BI-MVR、广联达PDF快速看图软件。

5.1.2 “龙图杯”全国BIM（建筑信息模型）大赛

“龙图杯”全国BIM（建筑信息模型）大赛是由中国图学学会在中国科学技术协会、中国建筑科学研究院有限公司、清华大学、北京航空航天大学的指导下，举办的“龙图杯”全国BIM大赛。参赛人员必须为中国图学学会会员，作品提交内容包括参赛项目展示PPT、BIM创新应用、项目模型及动画视频。参赛作品可以是真实项目，也可是教学研究成果、毕业设计作品。“教学研究成果类”作品可由教师答辩，其他作品要求答辩人是实际参与的学生且参赛报名时在校就读。参赛软件不限。

此竞赛主要考核点在于BIM建模水平、BIM应用点及其应用效果、BIM与其他技术的集成应用及其应用效果、BIM应用点及与其他技术集成应用的创新性、参赛资料提交的完整性、参赛作品名称与参赛项目实际BIM应用情况的匹配度。

5.1.3 “优路杯”全国BIM技术大赛

“优路杯”全国BIM技术大赛是由工业和信息化部人才交流中心主办，石家庄铁道大学等高校承办的全国性BIM技术大赛。

本竞赛项目体现BIM应用价值深度具有代表性的模型文件或全部模型文件。院校组除提交模型文件外，还需按照赛题要求提交简要设计说明书，工程量清单及造价，二维图纸，BIM 技术动画介绍等。动画侧重项目 BIM 重难点应用，动画内容为进度和施工方案模拟。PPT 内容包括项目概况，单位简介，软件及硬件使用情况，BIM 团队建设，项目 BIM 技术实施路径，BIM 应用重点、难点及创新点等分析，经验总结等。

5.1.4 “鲁班杯”全国高校数字孪生创新应用大赛

本竞赛分为六大赛项，分别为：A——建设工程 BIM 应用、B——市政道桥 BIM 应用、C——室内设计与施工 BIM 应用、D——装配式深化设计与施工 BIM 应用、E——BIM 虚拟施工制作与应用、F——数字孪生创新应用。参赛院校以团队形式报名。

5.1.5 辽宁省大学生 BIM 应用技能大赛

本竞赛分为两个类别，分别为：

（1）城市基础设施

城市基础设施范围包括但不限于：轨道交通、铁路公路、大型桥梁与隧道、水运基础设施、机场航空、交通枢纽、邮电、供水供电、环境保护等市政公用工程设施和公共生活服务设施等。作品内容包括以下一些模块：土建 BIM 建模应用、机电 BIM 建模及综合应用、BIM 数字造价管理、BIM 招投标应用、BIM 建设工程管理应用、装配式（深化）设计与施工建造应用、智能建造与管理创新、BIM 创新应用等。

（2）工业与民用建筑

作品内容包括以下一些模块：土建 BIM 建模应用、机电 BIM 建模及综合应用、BIM 数字造价管理、BIM 招投标应用、BIM 建设工程管理应用、装配式（深化）设计与施工建造应用、智能建造与管理创新、BIM 装饰设计创新应用、BIM 正向设计等。

参赛作品可以是 BIM 的实际项目，也可以是 BIM 技术应用或研究。参赛作品需是 BIM 技术在该项目中的具体应用，体现 BIM 技术应用的创新性、实践性、合理性以及综合性，参赛软件不限。

各参赛队伍需在指定时间内将参赛作品介绍 PPT（必选）、参赛作品 BIM 模型（必选）以及参赛作品动画视频（可选）按照要求分别上传至报名平台。参赛作品介绍 PPT 包含项目简介，BIM 技术应用情况说明，BIM 应用的特点、亮点、主要成果和创新等。参赛作品动画视频时长不超过 5 分钟。

5.2 建模类 BIM 竞赛介绍

5.2.1 全国大学生先进成图技术与产品信息建模创新大赛

“高教杯”全国大学生先进成图技术与产品信息建模创新大赛是由教育部高等学校工

程图学课程教学指导委员会、中国图学学会制图技术专业委员会和中国图学学会产品信息建模专业委员会联合主办的图学类课程最高级别的国家级赛事，2018年被中国高等教育学会列入全国普通高校学科竞赛排行榜。

（1）竞赛类别：机械、建筑、水利和道桥共四个专业类别。建筑学专业主要参加建筑赛道。

（2）BIM竞赛内容：BIM技术应用，根据竞赛组委会的题目进行建模。

（3）竞赛分为个人赛和团体赛，均为计算机BIM建模。

5.2.2 全国高等院校学生“斯维尔杯”BIM-CIM创新大赛

全国高等院校学生“斯维尔杯”BIM-CIM创新大赛由中国建设教育协会主办，深圳市斯维尔科技股份有限公司承办，受到众多高校和行业内专家学者的普遍关注。本竞赛侧重于学生的建模能力，主要利用斯维尔科技股份有限公司提供的插件基于Revit软件进行建模。

大赛分BIM-CIM个人赛和团队赛两个赛道。个人赛分BIM建模、BIM绿色建筑、装配式建筑、国产BIM软件建模、数字造价五个项目，每个项目均由组委会统一出题。团队赛分四个专项：正向一体化BIM-CIM应用、绿色建筑BIM应用、数字建造与管理BIM应用、数字建筑碳排放计算与减碳设计。专项组委会统一提供任务书，参赛队伍按照要求完成作品并提交。

5.3 BIM竞赛中的参数化设计及分析

5.3.1 参数化设计

BIM参数化设计一般在方案阶段或初步设计阶段进行初步定制化研究。BIM正向设计属于信息化设计范畴，因此在BIM正向设计过程中，参数化设计贯穿始终。在BIM正向设计的初步设计阶段，如建筑外立面设计，通常直接通过Revit建模难以完成异形构件的外立面形状，所以BIM参数化设计可以通过编译可视化编程语言，来满足外立面设计中异形构件形状的需求。

5.3.1.1 参数化设计作用

参数化设计具有以下特点：

（1）可生成任意尺寸或形状的二维及三维模型；

（2）用户可自由定义几何结构以及各种材质等信息，从而实现不同风格的渲染效果；

（3）操作简便。

5.3.1.2 参数化设计原理

主要的BIM参数化设计插件为Dynamo，它是一个较开放且有前景的软件，可以通过设计者的编程进一步增强。Dynamo通过图形运算和Revit接口生成模型。与其他参数化软件相比，该软件可以更轻松且全面地创建复杂的造型，为设计者使用和修改软件中的参数提供一个可视化的平台。

参数化的理论是一种基于可视化的、能够识别相关关联，以及建立操作规则的开源视觉程序。Dynamo中的工程文件是一组由许多单位按一定逻辑顺序组成的“电池”。Dynamo中有许多功能单位（又称为节点），包括节点操作界面面板、节点输出项、节点输入项、节点标识名称和链接图标等。每一个节点均表示一条程序语法语句。用户可以直接操作这些节点，通过可视化界面控制程序的行为。输入该节点可以准确读取输入类型，对节点的功能进行操作并输出相应的运算结果。在Dynamo节点中，连接图示反映了节点的当前连接状态，对节点的运行结果有一定影响。当用户需要使用不同的节点时，他们必须选择合适的方式将它们与其他节点相匹配，以简化操作界面，提高程序的效率。在工程项目中，Dynamo可以创建复杂形状的几何图形，并处理大量数据。

5.3.1.3 参数化设计内容

Revit软件中的Dynamo应用并不止步于此。它可以根据需要创建Dynamo规则，例如，实现Dynamo参数数据与常见文本文件（如EXCEL）的互导，这些文件为用户提供了非常便利的建筑参数信息管理方式。此外，Revit软件也可以应用到其他方面。例如，使用Revit软件来模拟建筑物的外观；使用定制的自定义几何元素表示房屋与其他物体之间的位置关系，以及它们之间相应的颜色变化；建造任何形状或比例的不规则曲面等。这样就能把不同颜色变化产生的效果叠加起来，这种方法不仅提高了色彩渲染的速度，而且增强了建筑物模型与环境之间的真实感。

参数化设计交互能够助力Revit软件执行一些复杂的设计任务。例如，Dynamo常被用于给建筑构件上色，在构建复杂的配色方案时尤为有效。得益于Dynamo的自适应关系，屋顶窗户能够根据日照情况自动调整开窗率和角度。当建筑物或物体受到外力作用时，会产生相应的位移变化。此外，Revit软件还内置了一些针对人体行为特征的分析算法，为设计个性化产品提供了强大的支持。例如，当一个房间需要同时容纳多个人使用时，系统能够为每个人分配不同的位置，并计算出他们之间的距离，从而使所有人都能平等地获得相应的座位资源。在Revit软件中，可以通过Dynamo设定规则来实现特定区域的自动座位安排。这样，座椅布置就能随着边界和人员数量的调整而得到实时更新。

5.3.2 基于BIM工作流的建筑体量日照分析

通过Ladybug插件可以精确完成日照模拟分析。Ladybug是Grasshopper插件中的附带功能模块之一，可对建筑模型的太阳辐射、室外热舒适度、视野、阴影等多种性能进行分析，具有分析高效、精确的特点。通过使用Grasshopper Live Connection插件，可以完成BIM软件与分析软件的交互，也可以将BIM建模软件中的模型实时连接到分析软件中。在进行日照分析时，需要先在BIM软件中绘制建筑轮廓线，通过Grasshopper中的“2D Curve”运算器将轮廓线拾取到Grasshopper中，推拉生成建筑体块；或者通过“Morph Solid”运算器在BIM软件中同步生成体块并赋予材质。完成体块模型建立后，使用Ladybug插件中的运算器进行分析。

例如，一批拟建建筑位于山东省青岛市，属于Ⅱ类气候区。根据《青岛市住宅建筑设计规范》中的相关要求，该批建筑需满足大寒日日照时长不低于2小时的标准。建筑表面呈现的颜色表示日照分析结果，越接近黄色日照时长越长，越接近蓝色则日照时长越短。根据分析结果，最初的方案部分建筑较低层的房间无法满足日照标准，需对方案进行调整，具体调整方式为增大建筑间距。对调整后的方案进行分析，结果显示所有房间均可满足大寒日日照时长不低于2小时的标准，符合相关规范要求。通过对建筑冬至日10至13时的日照工况模拟，可见方案调整后冬至日10至13时房间日照时长明显延长，如图5.1所示。

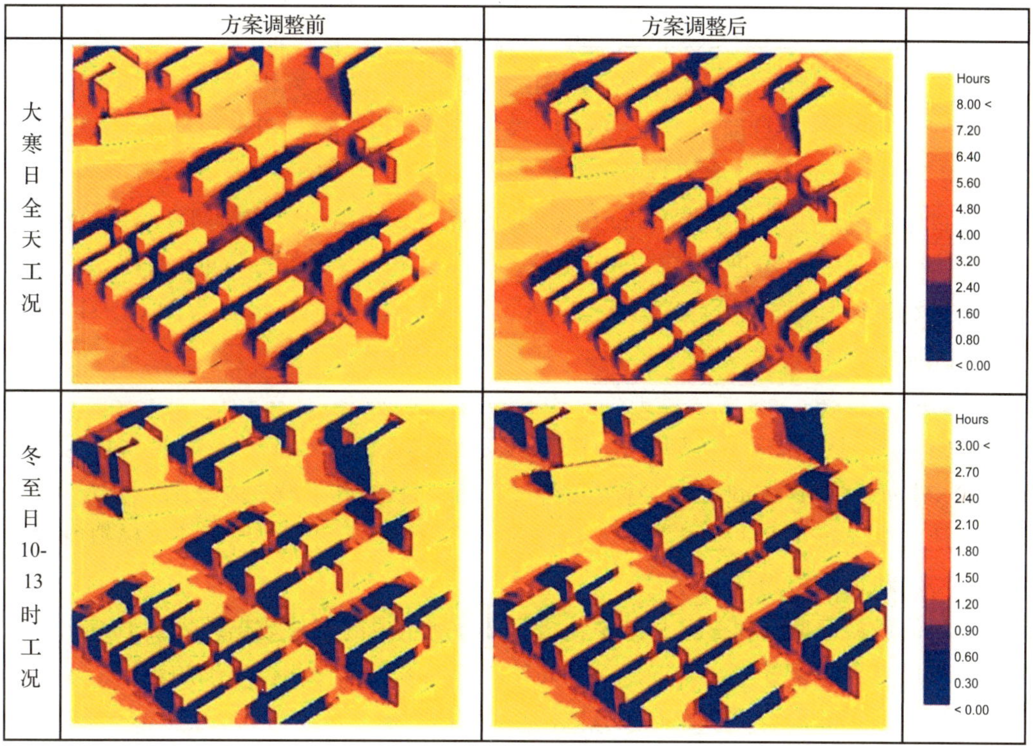

图5.1　日照分析图

根据实际操作的流程，对BIM流程中的日照分析方式特点进行总结，结果如下：

（1）基于BIM建模软件和Ladybug插件联动进行的建筑日照分析，不仅能避免重复建模和信息丢失的问题，还可实现联动模拟，并实时修改模型，从而提高工作效率。

（2）模拟精确性高，能导入准确的气象数据，可对规定时间、地点的建筑进行精确分析。

（3）模拟结果表达简洁直观，有助于结果的理解。

（4）与BIM建模软件的交互性好。日照模拟平台与BIM建模平台能够实时交互，可以在方案设计阶段对建筑日照、采光等性能进行模拟，其反馈结果能有效指导建筑性能设计，符合建筑行业信息化和可持续发展的要求。

5.3.3 基于 BIM 工作流的体量风环境分析

建筑风环境对局部气候、住区舒适性、建筑节能设计、大气污染物扩散情况及住区安全性起到重要的影响作用。例如，高层建筑附近产生的窄管效应会导致部分区域风速突然增大，对人员活动造成威胁，甚至引发安全事故；风闸效应使局部空气流通受阻，导致大气污染物聚集，影响人的身体健康；此外，不良的风环境设计对建筑的通风、热舒适度等指标均会产生不利影响，造成极大的能源浪费，阻碍建筑业的低碳发展。近年来，风环境在国内逐渐引起重视，越来越多的城市出台相关标准指导建筑设计，在未来的建筑设计中，风环境是设计的重要影响因素，因此在 BIM 建筑设计流程中引入风环境模拟是必然选择。建筑风环境分析依靠 CFD（Computational Fluid Dynamics，计算流体动力学）数值模拟技术，CFD 数值模拟技术能够对流体力学问题进行数值试验、计算机模拟，具有精度高、成本低、速度快的特点。目前，主流的 CFD 模拟软件有 Fluent、Phoenics、CFX、ANSYS/FLOTRAN 和 Grasshopper 附带的 Butterfly 插件等。

本项目体量风环境分析依靠 Butterfly 插件完成。Butterfly 是一款基于 Grasshopper 平台的 CFD 模拟分析插件，可进行室内外风环境、热压通风、室内外舒适度、HVAC 等方面的模拟分析。相比于其他主流的 CFD 模拟软件，该插件附属于 Rhino 平台的 Grasshopper 插件，与 BIM 软件平台具有良好的交互性，避免了重复建模。

使用 BIM+Grasshopper 对体量进行风环境分析的流程如下：

（1）在 BIM 软件中建立模型，并通过 Grasshopper Live Connection 插件将体量模型从 BIM 软件中拾取到 Grasshopper 中，操作流程与日照分析操作流程基本一致。

（2）使用 Ladybug 插件生成当地风玫瑰图，提取盛行风向、平均风速等模拟所需的气象数据，并将风向调整为来风方向。

（3）将体量模型拾取到 Butterfly 中，将 Ladybug 生成的气象数据载入到 Butterfly 中建立风场。在风场高度设置上，靠近地面的高度风速偏低，无法获得准确的数据，因此需将测量点设置在一定高度上。本文将测算高度设置为 15 m。

（4）划分网格，并根据精度要求和硬件条件确定网格的细化等级。网格的划分既可根据需求手动设置，也可使用软件提供的模块自行划分。

（5）对 Butterfly 风环境分析的相关条件进行设置，并进行分析。分析设置过程如图 5.2 所示。

分析结果可以准确展现建筑群体的风环境情况，如图 5.3 所示。该地块南北方向的剖视图可见，该建筑群地面高度处大部分街道空间的风速均在 3～4 m/s，少部分空间的风速在 4 m/s 以上，均满足室外人行区域风速小于 5 m/s 的要求。但在部分建筑之间存在一定的气流阻滞现象，对自然通风产生不利影响，应予以优化调整。

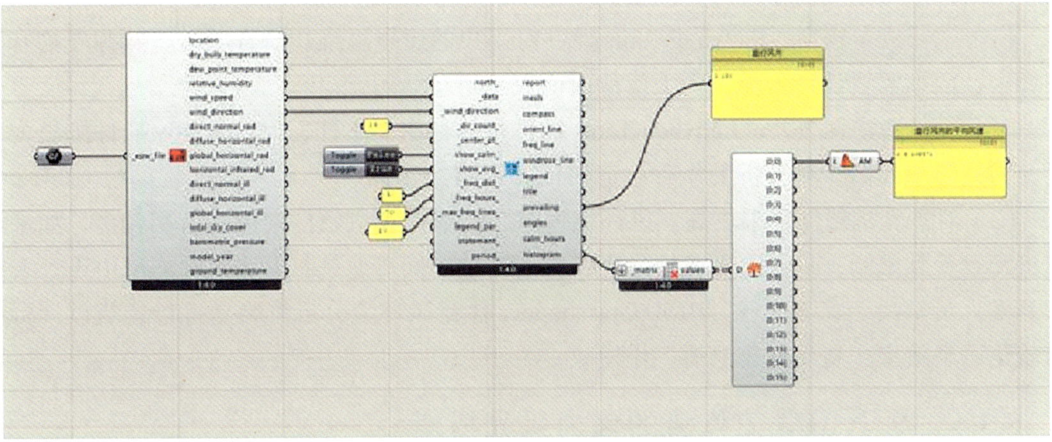

图 5.2　Butterfly 风环境分析图

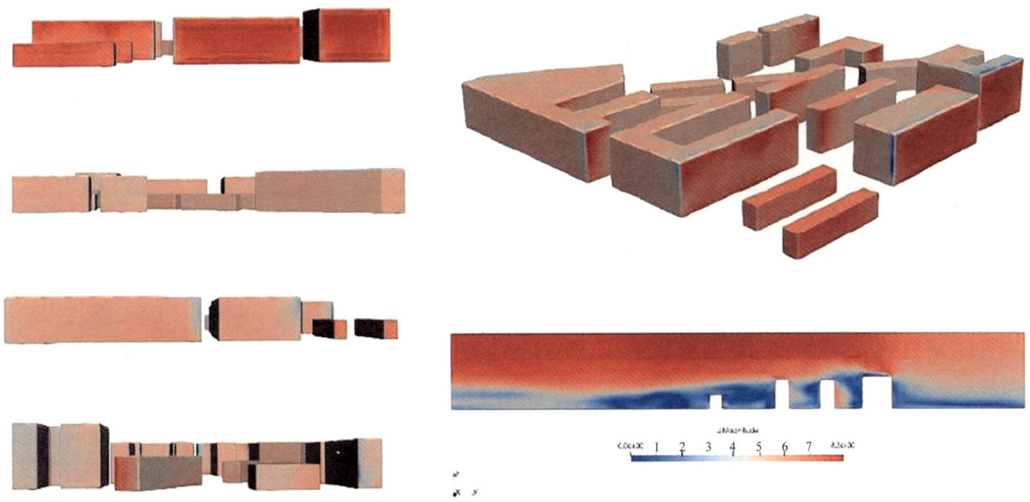

图 5.3　建筑群体的风环境分析图

通过实际操作可以得出结论：BIM+Grasshopper 的工作流能够满足方案设计阶段的风环境分析要求。该流程的优点如下：

（1）具备良好的交互性能。从 ArchiCAD 平台载入到 Rhino+Grasshopper 平台中仅需进行简短的联动操作即可，避免了重复建模导致的错漏和低效工作。

（2）分析结果精确。Butterfly 是一款科学成熟的分析软件，使用该软件得出的分析结果具有较好的参考价值。

（3）工作流实现参数化。使用 BIM+Grasshopper 工作流进行模拟分析时，从模型载入到建立风环境条件再到计算机模拟均使用参数化流程，整个过程以功能运算器的形式直观地展现在操作面板中，设计人员如需对某些条件属性进行调整，可以迅速找到控制该条件的面板进行操作。

然而，该工作流也存在以下缺陷：

（1）学习成本较高。Ladybug Tools 插件对用户的逻辑思维、语言能力、熟练度均有较高要求，前期需要设计人员投入大量的时间成本进行学习。

（2）软件稳定性较差。Ladybug Tools 插件整体稳定性不佳，而 Butterfly 插件则更为明显，其故障率较高，对分析工作有一定的负面影响。

（3）对计算机硬件要求较高。风环境模拟工作对计算机硬件资源的占用较多，如果计算机配置受到限制，则会大幅增加分析工作所需的时间。但是，上述问题均可由设计人员和开发人员解决。综上所述，BIM+Grasshopper 体量风环境分析策略是符合建筑设计行业智能化、高效率、高质量要求的工作模式。

5.3.4 基于 BIM 工作流的室内采光模拟

建筑光环境是建筑方案设计中的重要环节。建筑采光分为自然采光和照明系统采光两种。照明系统采光可在任何气象条件、任何时间为建筑提供照明，但耗费资源巨大，极易造成光污染。自然采光光照条件好，能有效节约能源，且更有利于人的身心健康。自然采光是连接室内外环境最重要的一种形式，是室内光环境质量优良的最佳表现。随着绿色建筑、可持续设计、建筑人居环境等理论的不断完善和普及，建筑设计工作中对自然采光的要求不断提高。建筑采光设计是一项复杂的工程，BIM 技术强大的辅助设计能力可以为采光设计提供科学的采光分析模拟，指导设计人员对建筑开窗的位置、形式、尺寸等因素进行综合考量，制定最合理的设计方案。相比于传统设计策略，模拟的精确性、效率、表达性均有大幅提高。

在 BIM 工作流中，室内采光模拟通过 Honeybee Radiance 插件完成。Honeybee Radiance 是 Ladybug Tools 开发的一款将 Radiance 光照分析工具整合到 Grasshopper 平台中的插件。Radiance 是一款先进的开源光照分析工具，能够对建筑的眩光、辐射、采光、日照进行模拟。进行采光分析时，在 BIM 软件中建立 BIM 模型，通过 Grasshopper Live Connection 插件与 Grasshopper 建立实时连接。

本项目选择山东省青岛市某住宅的两种户型进行分析验证。该住宅户型 1 主要空间均位于南向，户型 2 大部分功能空间位于北向，主卧室位于南向。分析结果显示，南向房间的采光好于北向房间。项目主要功能空间中，主卧室、次卧室等均能取得良好的采光效果，客厅靠窗一侧采光效果良好，远端和走廊采光因距离采光窗较远且受到遮挡，采光效果较差。次要功能空间中，厨房面积较小且无遮挡物，仅需较小的开窗面积即可满足良好的采光。由于该住宅未采用全明户型，卫生间未开窗，因此无法获得有效的室内自然采光，如图 5.4 所示。

通过对 BIM 工作流中室内采光模拟的相关操作验证可以得出结论：BIM+Grasshopper 模式能够满足建筑设计工作中室内采光模拟的要求，该模式具有分析结果精确、结果表现直观、模型建立参数化等优点。在实际操作中，通过对节点模块进行调整修改，可以方便快捷地对模型、分析平面等进行设置或设定分析项目，具有高效、精确的特点。

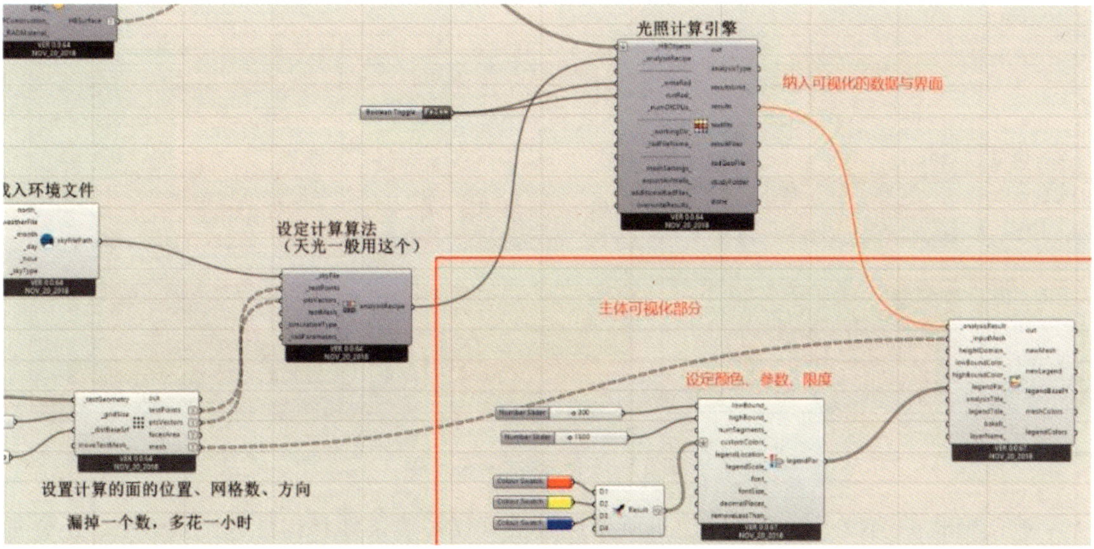

图 5.4　基于 BIM+Grasshopper 的室内采光模拟图

5.3.5　基于 BIM 工作流的立面方案比选分析

建筑设计工作中，开窗的形式对建筑的采光、通风等指标起到决定性的作用，同时也影响建筑的外观。不同的地区、不同的季节对室内光环境的要求不尽相同。北方寒冷地区的冬季要求尽可能地提高采光面积，而南方地区的夏季则要充分考虑遮阳设计。部分地区的立面窗还应同时兼顾冬季采光与夏季遮阳的需求。设计人员可根据不同的要求合理选择遮阳形式。目前主要的四种遮阳形式包括水平遮阳、垂直遮阳、综合式遮阳和挡板式遮阳，此外还有活动式遮阳（如百叶窗、活动式遮阳板等）。遮阳构件也可选择固定式和活动式，以满足不同季节的需求。

不同形式的立面窗设计对建筑采光的影响有明显的差异。建筑选择何种形式的立面窗设计需要经过精细的考虑。将 BIM 软件的分析能力应用到设计中，可以辅助设计人员进行决策，选择合理的立面设计形式。运用 BIM+Grasshopper 对不同的立面窗设计方案、遮阳构件设计方案进行比选，能够根据计算结果确定最符合需求的设计方案。

项目位于山东省青岛市，属于夏热冬冷地区，既要满足夏季遮阳隔热的设计要求，又要满足冬季采光采暖的要求。首先对普通窗、纵向长窗、横向长窗三种不同的开窗形式进行方案比选。在 BIM 软件平台中完成建模后，通过 Grasshopper Live Connection 插件与 Grasshopper 平台联动，使用 Ladybug、Honeybee 插件完成日照与采光的模拟。模拟地区设置为山东省青岛市，将青岛市气象数据文件载入到项目中。三个方案的窗墙比均为 0.286，工作平面设置为距离房间地面 750 mm 高度，分析对象为全自然采光百分比（DA），即室内光照满足特定标准的时间占全年使用时间的百分比。全自然采光百分比未规定照度的数值上限，无法对光照过量的情况进行模拟，还需分析有效室内光照（UDLI）。有效室内光照自然采光下限值为 100 lx，上限值为 2500 lx。模拟结果如图 5.5 所示。

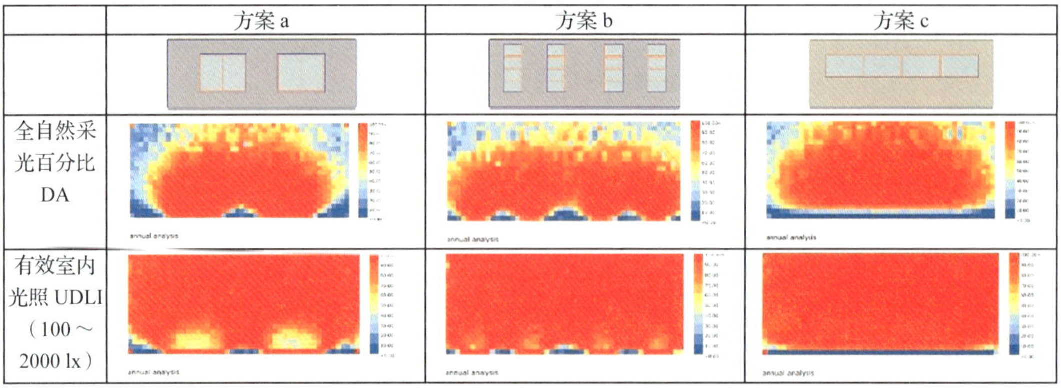

图 5.5　不同方案立面采光图

遮阳形式的选择不仅要考虑建筑所处位置的气候环境条件和构件的遮阳效果，还要考虑建筑的使用性质，确保构件的造型、材料与建筑外立面设计相协调。本节以山东省青岛市某住宅次卧为例进行分析，比选的遮阳构件形式包括水平式、垂直式、综合式、挡板式、活动式五种，分析结果如图 5.6 所示。

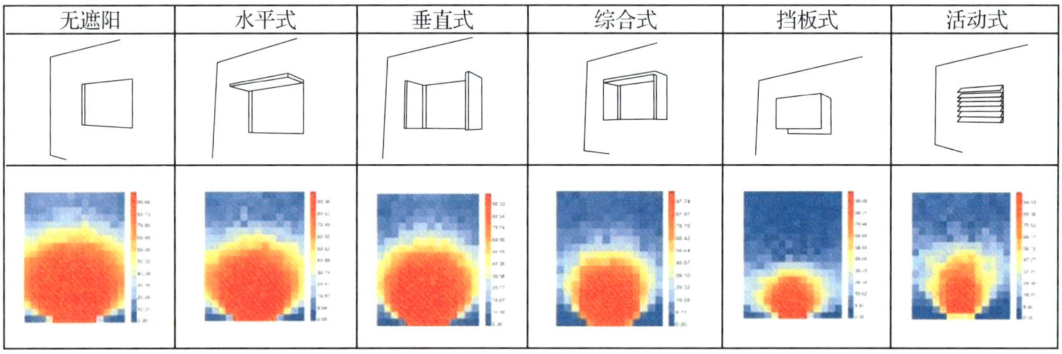

图 5.6　不同遮阳方式采光分析图

根据分析结果，可以准确地对不同遮阳形式的效果进行比选。五种遮阳形式的效果不尽相同，其中水平式遮阳和垂直式遮阳的效果相对有限，综合式遮阳对室内遮阳具有一定的作用，挡板式遮阳和活动式遮阳对阳光的阻挡效果最佳。当活动式遮阳板角度设置为 45°时，能够阻挡绝大部分阳光射入室内，效果明显优于其他遮阳形式，且能够根据需求调整遮阳效果，如图 5.7 所示。本项目位于我国北方地区，需要考虑冬季采暖采光需求，宜采用窗帘、百叶等内遮阳形式。对于该地区建筑中一些遮阳要求不高的房间，可以考虑选用水平式或垂直式遮阳；对遮阳要求较高、有防眩光要求的房间，可以综合考虑选择综合式、挡板式或活动式遮阳。

从实际操作效果来看，BIM+Grasshopper 的模式具有分析结果精确、参数化逻辑清晰的特点。在对活动式遮阳进行模拟分析时，由于活动式遮阳板百叶的数量、尺寸、间距、角度等参数均为不固定参数，其变化对分析结果的影响较为明显。在 Grasshopper 界面中使用参数化设计方法对百叶的参数进行控制，可以快速调整出需要的百叶形式，并对不同百叶形式下的遮阳效果进行分析，大幅提高了模拟工作的效率，如图 5.8 所示。由此可见，BIM+Grasshopper 模式具有明显的优点，是符合未来信息化、数字化要求的工作流程。

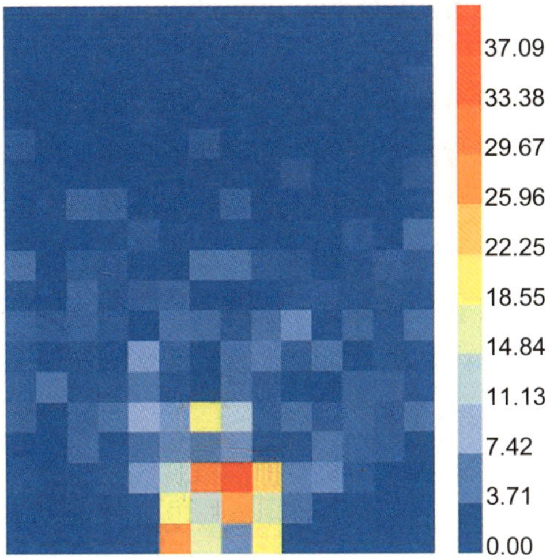

图 5.7　不同需求遮阳效果图

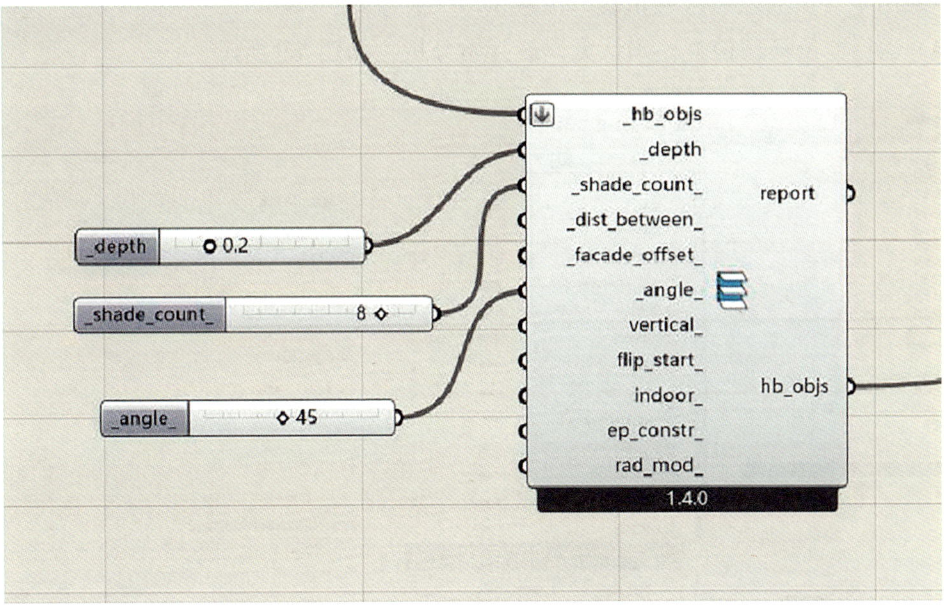

图 5.8　BIM+Grasshopper 遮阳模拟图

5.3.6 基于 BIM 工作流的能耗分析

建筑运行对能源的消耗在我国能源消耗总量中占据较大份额。在设计阶段加入对建筑全生命周期运行能耗的考量，能显著提高建筑方案的合理性，对降低我国建筑能源消耗具有积极意义。利用 BIM 技术将建筑方案模型与能耗模拟分析类软件平台相结合，可以简化能耗分析的操作流程，使模拟分析结果能更有效地指导设计人员对方案进行优化，显著降低运行能耗。

Honeybee-Energy Plus 能耗分析插件可以对建筑的能耗指标进行分析，但是 Honeybee-Energy Plus 插件对建模的要求极高，不符合建模规范的模型在运行分析时极易出现错误。因此，设计人员建立符合其要求的分析模型的工作异常复杂。虽然 BIM 工作流可以通过插件使两款软件平台进行联动，但是仍需花费大量的时间进行模型修正，在处理大体量模型时这一缺陷尤为明显。而 BIM 软件中附带一款 EcoDesigner 能耗分析插件，该插件能够直接识别 BIM 软件中建立的 BIM 模型，完全避免了重复建模，基本不需进行模型修正，极大提高了模型信息交互的效率。

使用 EcoDesigner 插件进行能耗分析的步骤如下：

（1）设置模型的位置，并将所在地区的气象数据文件载入到项目中。

（2）将 BIM 模型载入到 EcoDesigner 插件中。插件将自行识别建筑区域、构件、洞口的位置信息和物理性能指标、遮阳设置等属性。构件的物理性能指标应在设计阶段完成设置。

（3）设置建筑类型属性，并设置室内最高温度与最低温度、室内人工照明情况、设备使用情况等参数。设置建筑采用的建筑系统，并分时段设置不同系统运行条件和运行时间。本文中采用了自然通风、区域供暖、区域供冷三种系统。

（4）运行能量模型检查，确认无误后开始分析，如图 5.9 所示。

图 5.9 EcoDesigner 插件能耗分析图

EcoDesigner 插件的运行速度相对较快，分析结果自动输出为 PDF 格式的分析报告，设计人员可依据分析结果对建筑方案的节能设计进行优化。分析结果中包含基本能耗信息、能源消耗值、CO_2 排放量、环境影响等内容，如图 5.10 所示。

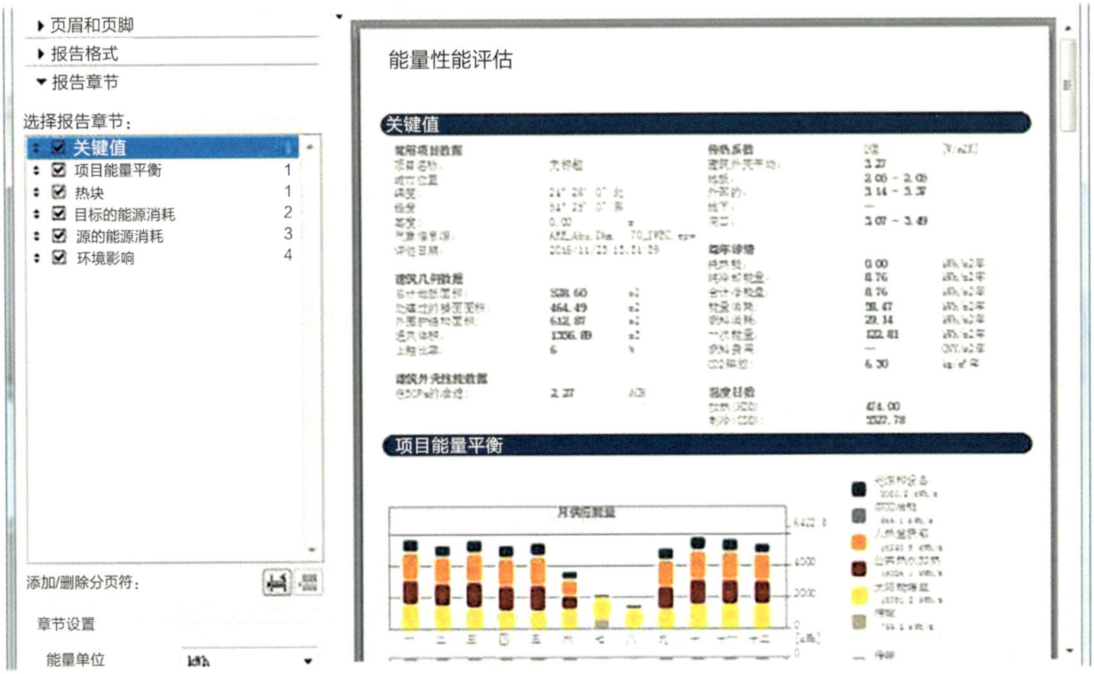

图 5.10　EcoDesigner 插件运行过程图

该策略有以下三点优势：

（1）完全依托 BIM 软件平台，能够直接使用平台中建立的 BIM，完全避免了复杂的重复建模工作。

（2）模拟速度快，仅需等待较短的时间即可获取结果。

（3）分析成果全面，表达清晰直观。

5.4　BIM 竞赛中动画模拟及疏散模拟分析

BIM 正向设计中，为了展示最后施工图阶段的成果文件，对施工图阶段的模型进行动画模拟深化设计。模型动画模拟深化原理是基于计算机仿真算法进行，并通过相关 BIM 软件轻量化处理实现的。

通常 BIM 正向设计模型动画模拟有多种方式，如 Revit 软件自带内置相机动画模拟，以及第三方 BIM 正向设计软件模拟，如 Enscape、Naviswork、Mars、Fuzor、Lumion、Twinmotion

等软件，都可进行渲染和动画模拟。

5.4.1 VR 模拟

VR（Virtual Reality—VR，虚拟现实技术）的出现不仅可以更深层次地去讲一个故事，更能够让观众完全沉浸在故事之中，使观众成为叙事的中心，也就是故事的中心。VR 技术应用于建筑设计的优势主要体现在以下几个方面：

5.4.1.1 身临其境的建筑空间体验

人对空间的体验并非静止的状态,空间的整体形象也是由一个个连续的片面视角组成。传统的建筑表达往往采用几个人视角度的效果图或者草图去模拟建筑生成后的效果，但由于其尺度的缩放和二维表达的方式，所能产生的效果与真实的感受仍然有很大的差距。而 VR 技术则摆脱了这一困局，从人视的真实位置出发去建立虚拟的建筑世界，并辅以工具使人能够通过此类工具仿真地看到模拟的效果，同时，这个虚拟世界也不是静止和二维的，它可以跟随视角产生变化，构建极度逼真的效果体验。

在 VR 系统里，参与者不仅可以选择自己的行进流线和视线角度，还可以选择不同的漫游路径、环境参数（包括时间、季节、天气等）和行进方式。

不同的漫游路径可以展现人在有目的与无目的情况下对于空间的不同感受，如图 5.11 所示；环境参数则给了空间在不同条件下的不同感觉；行进方式则在步行的基础上，增加了其他速度下的运行模式，包括车行甚至飞行等。对使用者来说，可以体验到这个空间在不同情境下所展现的面貌，使其对空间有更直观的认识；而对于建筑师来说，这也是一个很好的反馈与反思的过程。建筑的效果图往往会倾向于选择晴朗的白天来呈现建筑最好的一面，那么这个建筑与空间在其他条件下的状况往往被忽视，例如在夜晚，在雨天，它给用户呈现的感觉也应该是建筑师所考量的范围。同时，以不同的方式进行漫游体验，也给了建筑师一个更宏观的角度去考虑建筑与这个城市之间的关系，如当飞机掠过上空或者汽车从高架桥上呼啸而过的时候，建筑界面对城市产生了怎样的影响，我们也能够更清晰地感受到。

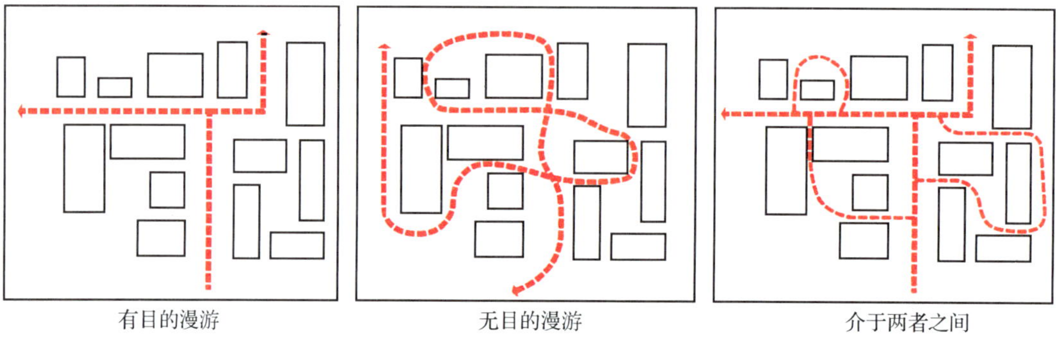

图 5.11 不同漫游路径下的不同空间感受

5.4.1.2 设计元素的实时编辑与比较

对设计元素的实时编辑实质上也是一种动态模拟的技术。建筑的形式与色彩，空间的布局和元素，都影响着整个环境的感觉。当模型在设计软件里编辑的时候，我们仍然是以一种上帝的视角去揣测其最终的效果是否合适，而 VR 技术则给了建筑师一个机会去关注每个细节。例如，以鸟瞰的视角在道路种植行道树的时候，往往会觉得树与树之间没有区别，在整体的效果上都是营造了线性绿植的感觉，而当回到人的视角，建筑、空间、人和景观之间在视线中呈现了各种复杂交错的关系，这个时候，不同的植物带来的效果也截然不同。除此之外，其他布景、小品的尺度、颜色和样式也都不能够随意选择。

对场所、材料和使用的自然感悟造就了无名的建筑，这些建筑更是美的表现。建筑的材质在鸟瞰的视角下往往只是一个颜色的呈现，而进入到人视的效果，材质的肌理、纹路、拼接尺寸，以及延伸开来在不同光线下呈现的阴影效果，都变得直观清晰，这无疑可以促使建筑师在设计上更加精益求精，也大大减少了建成后设计效果不如预期的可能性。VR 的直观反馈，让用户在多个选择进行横向比较的时候，也拥有了更加直观的依据。

5.4.1.3 建筑流线的分析

建筑流线是建筑在生成初期由基本功能组团决定的，同时，在功能布局结束后，流线也可以复查功能布置的合理性。对于建筑来说，形式和色彩决定了其美观度，而流线和功能则决定了其实用性。建筑流线的合理性和清晰度直接影响着参与者在建筑中的行进感受。在传统的设计模式下，建筑流线是否科学不能在设计阶段得到验证，而 VR 技术为科学地分析建筑流线提供了可能。

（1）交通换乘流线分析

对于大型的高铁站、地铁站等交通枢纽来说，由于客流量大、交通线路复杂，其交通换乘流线的设计是否科学合理，能否尽量缩短换乘距离、快速疏导客流，直接关系到乘客换乘是否便利，甚至关系到乘客的人身安全问题。在设计阶段，VR 技术可以实现交通换乘流线的模拟和分析，相对于传统的建筑流线分析来说，其实时性和动态性减少了很多建筑师自身逻辑下所认为正确的流线方式，可能发现潜在的流线设计问题。有些在图纸上看似没有问题的路径在现实中未必符合人的行为习惯，或者说，未必符合所有人的行为习惯。因此，在参与者的流线模拟中建筑师可以更好地验证人的行为习惯，也免去了传统的田野调查，例如在交通枢纽中心以大数据的方式收集和分析人的行为，并以此进行预测。

（2）人员应急疏散流线分析

在发生火灾等紧急情况时，待疏散人员的行为反应和疏散流线对于疏散效果至关重要。例如发生火灾时，烟气流动状态、建筑空间、人员的分布以及生理和心理特征等都影响着人的即时反应。通过 VR 技术模拟火灾事故环境，观察到不同参与者的疏散行为反应，不仅可以优化建筑的疏散设计，还可以应用在相关规范的流线制定上，避免一些主观臆测的数据制定。

（3）建筑物理环境的分析

建筑物理环境涉及建筑声环境（噪声控制、厅堂音质）、建筑光环境（自然采光、人工照明）和建筑热环境（保温节能、室内舒适）。以建筑声环境为例，对于住宅建筑，建筑师要考虑如何创造安静舒适的室内环境，尽量降低、隔绝和控制不需要的声音，即噪声控制。对于厅堂建筑，建筑师则要考虑如何提供良好的听闻环境，创造令人满意的音质。建筑声环境设计失败的案例屡有发生，如纽约林肯文化中心是美国二战以后规模最大的文化建设项目，由 5 座演艺建筑组成，其最后建成也是最重要的一座音乐厅（2644 座），于 1962 年建成后发现存在严重的音质缺陷。经 5 次聘请世界一流专家改造，在 1975 年除保留结构外全部拆除重建，虽然音质有明显改善，但是由于先天不足，仍只有 B 级水平。

目前，在设计中评价音乐厅、剧场等厅堂建筑的音响效果，传统的方法是搭建实物模型（通常为实际建筑的 1/8 或 1/10），通过模型来模拟建筑的音响效果，用专业仪器测出各项数据，然后进行评估。这种方法对模型的制作要求严苛，因而建模周期长、费用高。一旦检测结果表明音响效果不理想，修改设计、再制作模型测试，又是一个漫长而且费工费时的过程。

借助 VR 技术，设计师可以搭建虚拟的厅堂模型，并模拟音源的定位和听众的座位，在视觉的基础上进一步对听觉效果进行模拟测试，对涉及物理声学的建筑类型进行调整并改善。对基于物理声学的原理来进行混响设计的建筑来说，这种模拟提高了其声学设计的合理性，设计师可以根据实际应用的需求实时修改建筑空间布局、替换吸音材料或调整其使用面积，虚拟现实系统则会实时呈现设计修改之后的音响效果。由此可见，虚拟现实系统使得厅堂建筑的声学设计、测试、验证和修改变得方便快捷，省时省力。

5.4.1.4　公众参与设计

一个建筑项目的顺利完成，是开发商、建筑师、承包商等各方共同努力的结果，最终使用者的参与也必不可少。为了使建筑能够满足最终用户的实际需求，建筑师必须积极促成公众参与设计的过程，虚心听取他们的意见。但是，在传统设计模式下，基于设计图纸、建筑效果图、实物模型、动画等，公众很难全面、准确地理解建筑师的设计理念，更难想象出实际建成后的建筑物会给他们带来怎样的体验，也就无从反馈有价值的意见。

VR 技术的出现，实质上可以将建筑评估这个环节由建成后直接提前到建成前，不仅搭建了建筑师与公众交流的桥梁，也大量避免了建成后的诸多失误与负面评价。三维仿真的体验给了参与者一个在不必掌握专业建筑知识的基础上，也可以快速直观地了解设计意图和空间使用感受的平台，而且还可以实时反馈观感和修改意见。根据广泛收集的公众反馈，建筑师可以有针对性地进行改进设计，使之能够更好地满足使用者的需求。与传统的交流方式相比，非专业参与者不需要站在宏观的角度去专业地评价建筑的好坏，而只是站在个人体验的角度提出意见，建筑师更容易接受，也更能发现真实存在的问题，而不是对着图纸异想天开。同时，也拓展了建筑师、甲方及相关第三方之间的理解与交流。事实上，这种设计流程的转变已经被应用于现在的建筑设计之中。例如，在美国伊利诺州的科普利纪念医院病房设计中，建筑师邀请适用对象，即活动不便的老人，通过 VR 的仪器到事先搭建的虚拟病房模型中进行深度体验。他们在虚拟空间自由活动，以使用者的身份对病房的空间布局、设施配置等进行检查、评论，最终在一些细节之处，例如水龙头的开关位置发现了一些使用的不便之处。建筑师针对这样的问题作出及时改进，避免了实际使用中的诸多不便，实现了真正的“以人为本”。

5.4.2 BIM+VR 的应用软件运用

BIM+VR 为建筑设计展现了美好的前景。BIM（建筑信息模型）虽然可以生成可视化的三维模型，但是这种三维模型是基于电脑二维屏幕显示的模拟三维，不能给人带来真实空间的体验。而将 BIM 与 VR 技术相结合，可以让使用者走进 1∶1 的虚拟现实环境，宛如身临其境，真实体验，在设计过程中就可以看到建筑完成后的样貌和空间构成，在施工前就可以看到施工过程中的工程状态。这无论是对设计方还是对施工方，都能做到未雨绸缪，防患于未然。

虚拟现实技术模拟建筑环境，让人能够在其中漫游、体验、互动；BIM 作为建筑信息模型则为虚拟现实完整、精确地模拟建筑环境提供全部所需信息，是其实现的必备条件和可靠保障。BIM 加 VR，珠联璧合，必将产生一加一大于二的效益。

目前，设计行业全面、快速、广泛地采用BIM还存在一个很大的障碍，那就是这项技术对个人、团队和行业所产生的社会影响。即便如此，国内外一些大型建筑企业都在探索实施 BIM+VR。国内的万间科技、光辉城市、鲁班BIM 等公司已经研发出了基于 BIM+VR 的应用软件，如表 5.1 所示。这些实践虽仍然处于探索阶段，距离大规模推广应用还有很长的路要走，但毋庸置疑的是，BIM+VR 协同设计在未来一定是建筑行业的发展趋势。

表 5.1　基于 BIM+VR 的应用软件

序号	公司	软件	应用流程
1	光鱼全景	720 全景	3DMAX / 全景相机生成全景图 / 拍鱼眼图→上传拼接→一键发布
2	光辉城市	Smart	安装 Smart 插件→建模→赋材质→设置虚拟漫游→上传云端→下载
		Mars	3D 模型→VR 漫游→效果图 / 全景图 / CG 动画 / 全景视频/3D 立体漫游
3	Modelo	Modelo	3dm / skp / stl / rvt 等格式导入→查看模型
4	Iris VR	Iris Prospect	基于 PC-VR 的头显而设计，将 Rhino / Sketchup / Revit 等 3D 文件快速转化为 VR 环境
		Iris Scope	基于移动端 VR 而设计，在 iOS / Android 上免费使用，360°全屏预览
5	Enscape	Enscape	作为 Revit 和 Sketchup 的插件提供视频和 360°全景
6	Autodesk	Fuzor	与主流 BIM 软件双向互通，可在任意阶段实现 BIM 模型和 VR 场景的关联

5.4.3 BIM+VR 软件在各设计阶段的应用

5.4.3.1 BIM+VR 软件在场地设计阶段的应用

以 Autodesk Civil3D（图 5.12）为例，通过 BIM 与地理信息系统（GIS）的配合，设计者可以精确地对场地进行模拟，确定环境因素、相关法规和功能因素等，对场地进行更加客观科学的分析，为设计者提供最优的选址标准。其优点在于：

（1）通过量化的计算，确定场地是否满足项目要求；

（2）降低使用的需求和拆迁成本；

（3）提高能源效率；

（4）最小化潜在危险情况的发生；

（5）最大化投资回报。

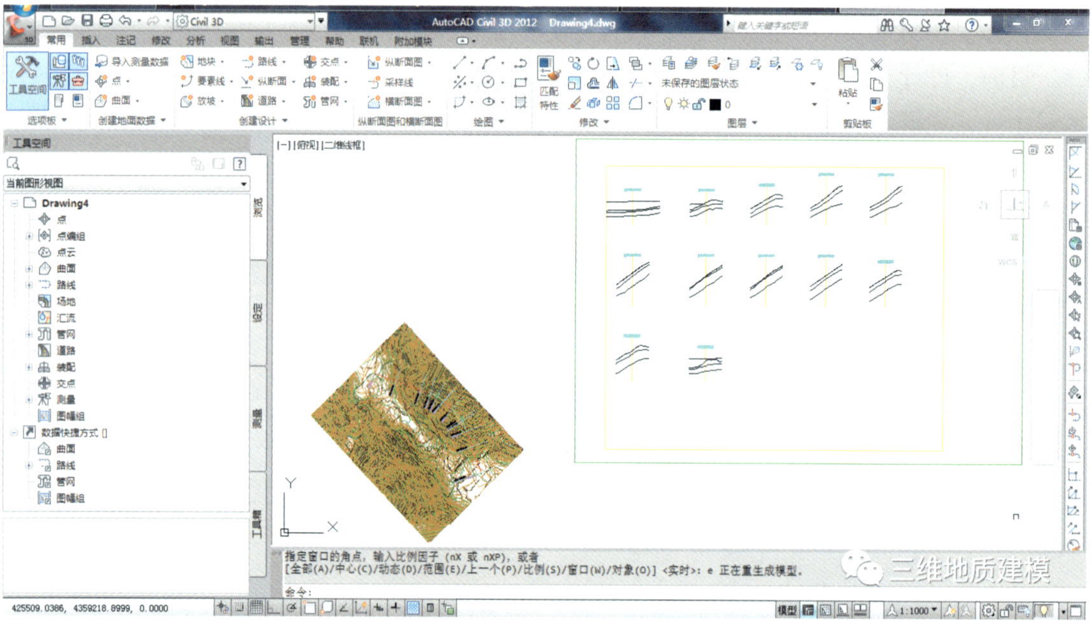

图 5.12 Autodesk Civil3D 场地分析图

Autodesk Civil3D 首先可以分类创建场地中的各类要素，例如地块、道路、要素线等，并对其进行编辑和管理，还原设计场地的原有信息。建立原有的场地只是设计的第一步，依据设计，场地也必然会产生相应的变动，这些变动也可以通过 Civil3D 中的放坡功能进行解析，量化两者之间的差异，在模型更新的同时也可以精确地计算出土方量，同时得到相应的施工图。

除此之外，对于场地中的其他要素，也可以在 Civil3D 中进行构建，且由于场地信息中大多包含的是不规则的自然形状，该软件对于曲面对象的处理能力是其主要优势，这也是其区别于大部分的建筑设计基础软件，例如 Autodesk CAD、Sketchup 等。

5.4.3.2 建筑设计阶段的软件应用

（1）Autodesk Vasari

该软件是一款主要侧重于概念设计的软件，采用和Revit软件相同的BIM引擎。借助这个软件，建筑师可以自由创建和编辑形体，并快速获得分析数据，得到最优的设计方案。除了建筑本身之外，这款软件还可以模拟太阳辐射、日照轨迹等进行能耗分析。

Autodesk Vasari在具备基本的建模引擎的同时，还集合了相关性能分析的工具，为设计师提供了实时比对方案的可能。设计师可以在确定建筑所处的地理位置之后，构建基础的体块模型去描述建筑，并且为了确保模拟计算的准确性，一般也要求设计师对场地周边的建筑进行简单的体块建模，最后即可对方案进行日照、风速、风向等方面分析，如图5.13所示。这个软件的性能分析可以在建模的过程中呈现实时的可视化，方便建筑师进行对比选择。

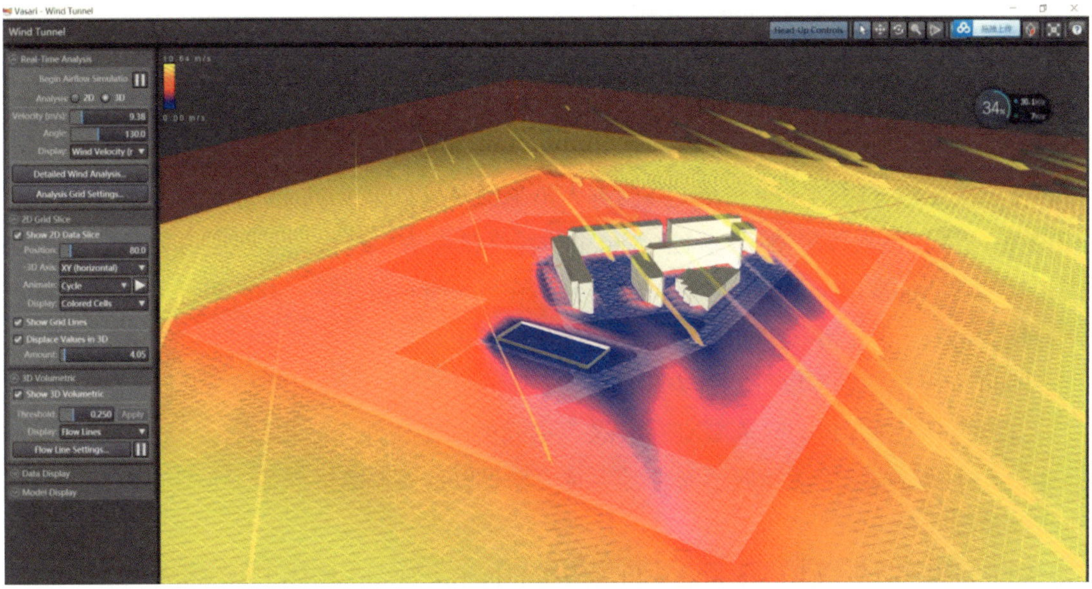

图5.13 Autodesk Vasari分析图

（2）Autodesk Revit

该软件是一款综合性的软件，可以作为建筑设计、结构设计和MEP设计的工具。在建筑设计方面，Revit软件可以按照设计师的意图进行设计，从而开发质量和精度更高的建筑设计，在结构设计方面也提供了专用于结构设计的工具。对于MEP设计，Revit软件也为机械电气工程师和管道工程师提供了可设计的系统。

5.4.3.3 后期用户体验阶段

VR软件目前国内外都有一些自己的探索，国内较为成熟的有Mars光辉城市。Mars首先是一款提供实时渲染功能的软件，与其他的渲染软件相比，Mars可以快速地布置场地内的景观和模拟建筑立面的效果，包括一些仿真的立面贴图等。在对模型的渲染高度还原基础上，Mars与传统的渲染软件（例如Enscape、Lumion等）最大的不同是，它同步提供了VR的全景效果，可以在手机端和通过佩戴设备获取实时的全景展示，如图5.14所示。

图 5.14　光辉城市漫游图

5.4.4　疏散模拟模型的构建

5.4.4.1　疏散模拟软件的选取

在建筑设计中，选取的疏散模拟软件为 Pathfinder，它是一套由美国的 Thunderhead Engineering 公司研发的简单、直观、易用的新型智能人员紧急疏散逃生评估系统。

在模拟方式方面，Pathfinder 支持两种人员疏散模式，即 SFPE 模式和 Steering 模式。在 SFPE 模式中，该软件忽略了对疏散人员个体特性的考虑，疏散人员被看作流体，并且允许相互渗透，常被用于人流整体特征的研究。在 Steering 模式下，软件赋予了疏散人员个体特性，引入了路径寻优、保持间距、个体碰撞等机制。

Pathfinder 软件具有以下几个方面的优点：

（1）内部快速建模与导入 DXF、FBX 等格式的图形文件建模相结合。

（2）可以通过三维动画展示灾难发生时的场景以及人群疏散状态，并且可以展示个体逃生路径。

（3）利用计算机图形模拟和游戏角色领域的技术，对多个群体中的每个个体运动都进行图形化的虚拟演练，从而可以准确确定出每个个体在灾难发生时的最佳逃生路径和逃生时间。

以下以小学教学综合体交通空间的疏散模拟为例，通过观察人群密度、个体特征、障碍物等对疏散的影响，采用 Steering 模式进行模拟评估。

5.4.4.2　疏散模拟模型的建立

（1）建立 BIM 模型

在小学建筑的建模过程中，根据需要模拟的对象，通过调研获取基础数据资料，在 Revit 软件中建立三维模型，并将 Revit 模型导出为 FBX 格式文件模型。

（2）疏散模拟模型的构建

将 BIM 模型导出为中间格式文件模型，然后导入疏散软件中，是目前简单有效的可行方案。具体操作为：首先在 Revit 软件中，将建立的模型导出为 FBX 格式文件模型；其次将文件导入 Pathfinder 软件中，并在 Pathfinder 软件中统一单位，重新定义楼板、楼梯、门、家具等要素；最后在适当的位置放置疏散模拟人员。具体操作如图 5.15 所示。

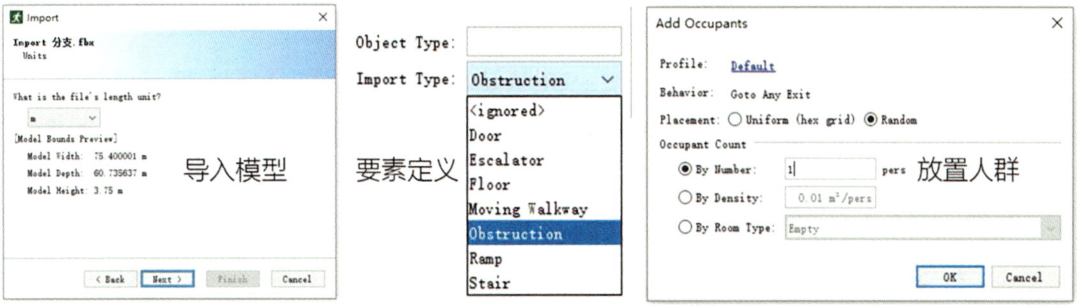

图 5.15　Pathfinder 软件截图

（3）疏散人员参数的设置

人员疏散的参数设置是实验模拟的重要准备工作，直接影响到最终模拟结果的准确性。Pathfinder 软件中人员三维表现基于圆柱体，疏散人员个体的体型需要由直径与高度两个参数来进行定义，本次模拟实验过程中直径数据取儿童肩宽的数值，高度为儿童身高数值，疏散速度取正常情况下儿童步行速度的数值。

小学生身高与肩宽的数据获取来自发表的报告与论文。2014 年，国家体育总局、教育部、科技部等 10 个部门联合在全国 31 个省、直辖市、自治区进行了第 4 次国民体质监测工作，并出版了《2014 年中国学生体质与健康调研报告》，其中详细记录了小学生的平均身高数据。报告中未涉及对于儿童肩宽的统计，肩宽的数据来自于另外一篇论文《以学龄儿童为中心的功能性背包设计》。儿童步行速度数据来自于论文《三维运动捕捉系统用于国内学龄期及青春期健康发育儿童步态分析的研究》。

有相关研究指出，在火灾等紧急情况下疏散人员在水平面的移动速度是正常情况下的 1.21 倍，后续模拟实验的各年龄小学生水平移动速度参数为正常步行速度的 1.21 倍。楼梯、人员密度的变化、障碍物等对人员疏散速度的影响，Pathfinder 软件有一套科学的算法可以进行计算与模拟。

5.5　BIM 竞赛优秀作品过程分析

5.5.1　结合 BIM 模型的数字化分析

在整个竞赛的设计过程中，同学需综合运用平时所学基础理论知识，对项目的定位、类型及设计内容进行理性分析并给出合理的设计方案和设计策略，同时，各专业要保持密切沟通，既要满足建筑学专业对项目的合理定位，又要保证技术的合理性和专业间的协调性。本书以竞赛中获奖同学的设计过程为例进行详细叙述。

5.5.1.1 基地条件分析

基地位于张家口市，规划用地形状较为规则，基地北高南低但高差不大，南北长约72 m，东西长约68 m，总用地面积4694 m^2。此地块在其南方有一栋拟建高层商业楼，东南至东方有4栋高层住宅楼，会对本项目日照和景观视线形成一定的遮挡，北-西-南方向180°均可无障碍观赏远处的群山、大清河，景观资源极其丰富。北侧为住宅用地，需要考虑对其日照遮挡问题。交通方面，基地处于十字路口的东南角，周边交通十分便利，具体如图5.16所示。

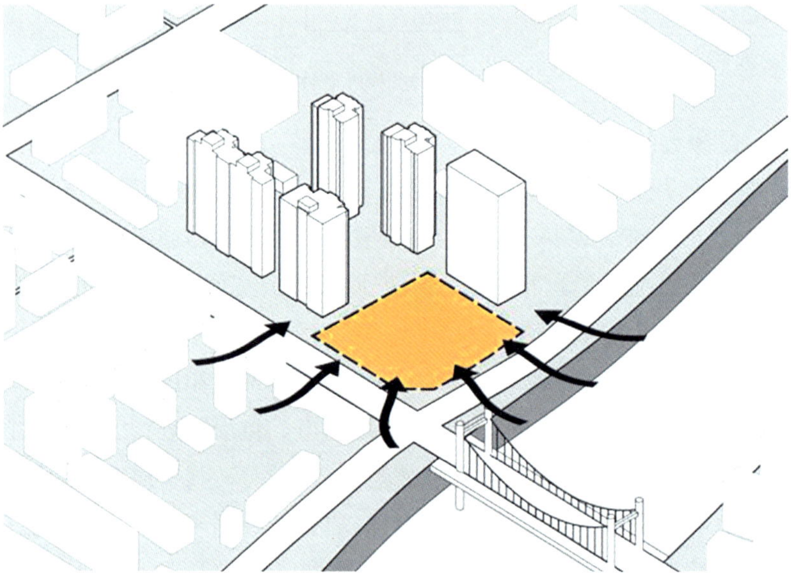

图 5.16 基地条件分析

5.5.1.2 周边商业环境分析

通过采用百度地图API采集以基地为中心1000 m、2000 m和5000 m范围内的兴趣点（POI），每个兴趣点都包含一系列的属性，包括经纬度、名称、所属类别等信息，然后对所得的数据进行筛选和分析，通过分析可以将这些点分成17个大类、200多个小类，其目的是为了分析周边同类业态的情况，周边娱乐、购物、交通等基础设施是否齐全，周边企事业单位、写字楼、居住区等潜在客户来源信息等，以得出本酒店产品定位、内部功能配置等结论，初步形成产品投资策略，为下一步方案设计提供数据支撑，具体如图5.17所示。

采集的数据通过清洗、整合后，除去住宅类建筑，从大类上看，800 m范围内分布的业态主要为公司企业、美食、购物。当去除周边住宅配套的便民设施后，公司企业和政府机构则显露出来，之后从R800的小类、R2000的大类和小类分析中也印证了这个结论：基地周围配套设施较为齐全，企事业单位较为密集，有良好的客源。另外，在周边800 m范围内共有3家酒店，一家为豪华酒店，另两家为连锁酒店；在2000 m范围内共有11家酒店，2家为豪华酒店，9家为连锁酒店或更低层次的自营旅店。具体如图5.18所示。

```
Baidu POI Spider.py
'''
@Baidu POI Spider
@Requirements:Python2.7
@Author   :   Auxo
@Contact  :   dingjiatong@gmail.com
@File     :   capture.py
@Time     :   20180120
'''
import requests
import urllib
import json
import math
import time
import xlwt

poitaglist= ['中餐厅','外国餐厅','小吃快餐店','蛋糕甜品店','咖啡厅','茶座','酒吧','购物中心','超市','便利店','
location = "40.810541,114.889647"
radius = 800
ak = "EHKuPxNAFFjSuiGBYq7LCAwPIQEAy6Hk"
output_type = "json" #json/xml
scope = 2 # 1 - SIMPLE 2 - FULL
pagesize = 20

workbook = xlwt.Workbook(encoding = 'ascii')
worksheet = workbook.add_sheet('poi')

counter = 0
path = 'd:/poi_R'+ str(radius) + '_' + time.strftime('%Y%m%d%H%M%S',time.localtime(time.time())) +'.xls'

for poitag in poitaglist:
    print poitag
    url_poitag = urllib.quote(poitag)
    url = "http://api.map.baidu.com/place/v2/search?query=" + url_poitag + "&location=" + location +"&rad
    res = urllib.urlopen(url).read()
    jsonStr = json.loads(res);
```

图 5.17　周边环境分析(一)

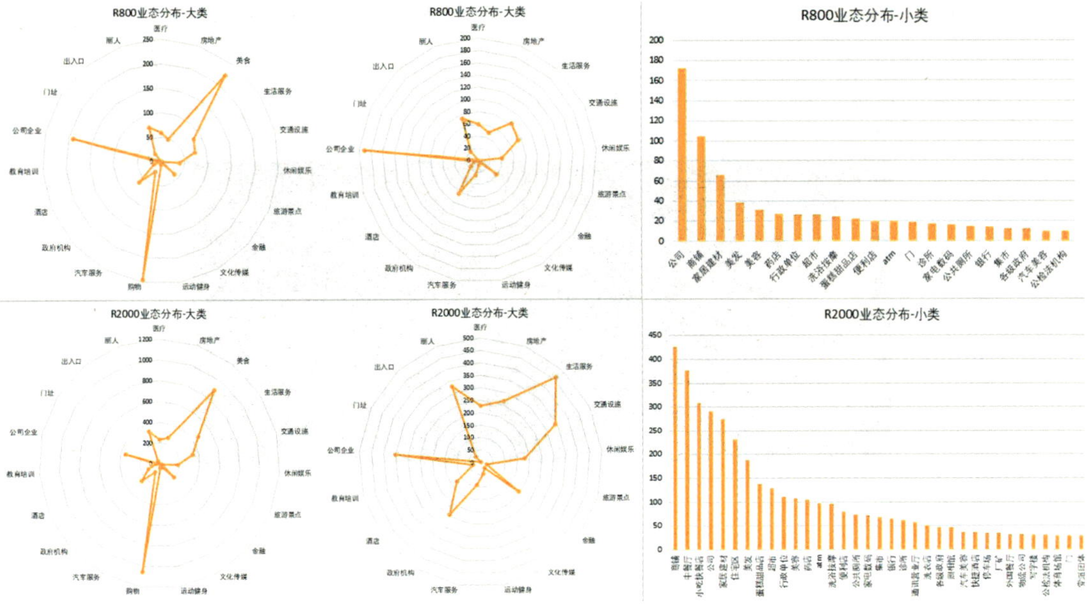

图 5.18　周边环境分析(二)

5.5.1.3　体型体量设计

在传统设计中，设计师通常依靠感觉或一些形式美的法则来确定建筑的形体。与之不同的是在这个设计中，为了在拟建楼建成情况下使日照和景观最大化，可以借助数字化手段来解决这个问题，如图 5.19 所示。设计时首先由设计师确定一个目标，控制各项条件的比重，从而生成一个符合要求的形体，这个过程分为环境数据收集、评价标准确立、原始模块选择、算法驱动四个部分。

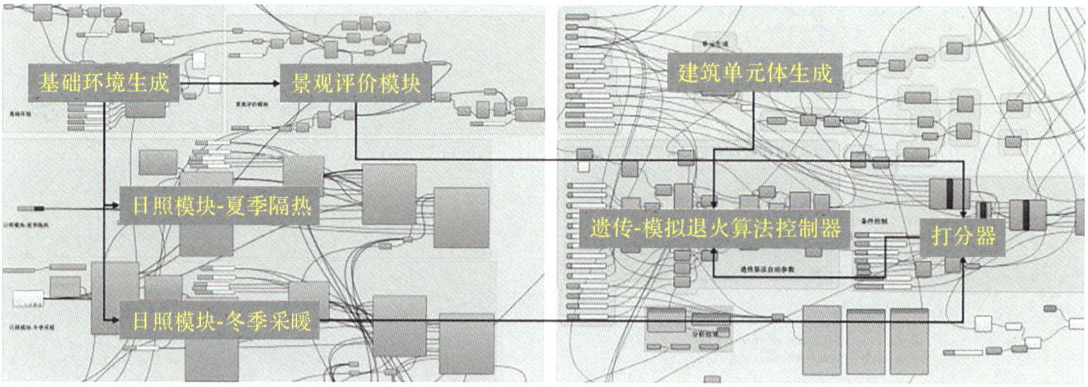

图 5.19 参数化分析

为了探讨周围环境会对建筑有什么影响，建筑又会怎样反作用于环境，首要的便是将周边的建筑环境在电脑中还原，这样才能为后续的处理分析提供依据。利用网络爬虫获取了百度地图的建筑轮廓参数，下载 OpenStreetMap 的景观和路径数据，结合从 Energyplus 下载的气象数据（包括太阳辐射、太阳路径、云量图、温湿度、焓湿图等），基本还原了周围的建筑和景观环境情况。然后将获取到的数据，比对参考 Rem Koolhaas 在《疯狂的纽约》一书中对建筑形体的归纳，总结出如图 5.20 所示三种建筑形体类型。考虑到建筑的落地性，摒弃大量的悬挑结构类型，选择第二种柱状网格生成的方式对建筑体型进行量化计算。

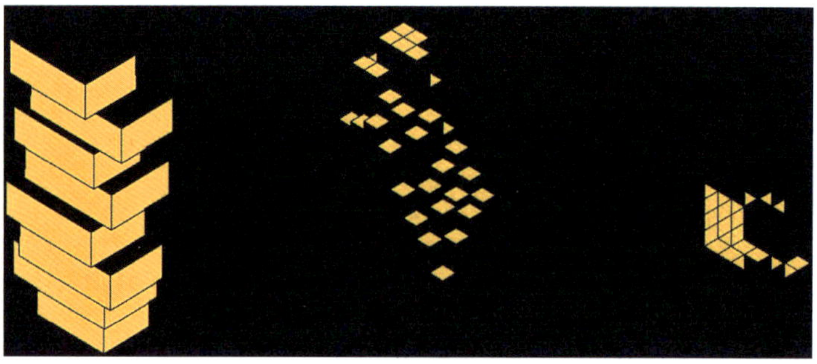

图 5.20 建筑体型量化计算

在这里，纳入到量化计算的项目为冬季建筑日照和景观。柱状网格按照酒店客房的设置标准进行设定。

由于使用的算法特性，需要简化这个评价的过程，在运算之前合并相似参数，删除无关参数，以保证每次运算不超过 300 ms。由于能看见大清河就可以看见西面环山，所以将景观问题简化为以基地为圆心 800 m 范围内河道的可视性分析，在建筑体量上分布随机点若干，在河道上分布随机点若干，将其随机连线，连线之间若有自体或其他楼遮挡则扣分。日照按照《城市居住区规划设计标准》（GB 50180—2018）中的相关规定，以大寒日累计日照 3 h 作为分值。将景观、日照两个因子在迭代中的最大值作为满分，最小值作为 0 分，将分值映射到 0～1 区间，通过控制权重来控制设计的主要方面和次要方面。

在此采用遗传算法和模拟退火算法，根据上述确定的评价标准进行打分，将分数低的淘汰掉，用剩下的高分种群的参数之间相互杂交，再进行下一次打分，循环往复推进到较优解。用遗传算法得出冬季日照、景观较优解后，再用模拟退火算法平稳推进到最优解，最终得到建筑初步形体和体量，如图 5.21 所示。

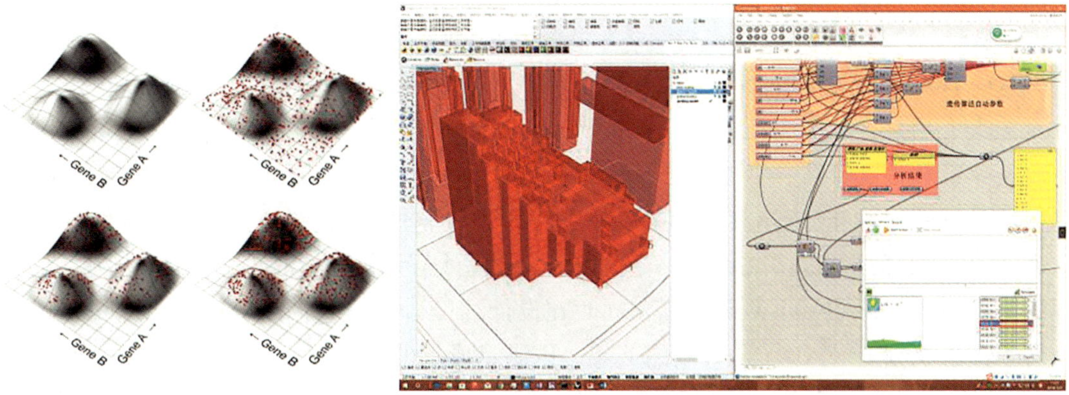

图 5.21　建筑体型量化计算

通过数字化设计手段确定了建筑初步体型体量之后，按照建筑任务书的要求验证形体体量是否满足要求，并对功能、交通系统、形体等细节进行完善，形成初步概念方案。同时，造价专业能够根据同等规模的相似工程进行造价概算，得出投资估算。

5.5.2　学生竞赛获奖项目实践

5.5.2.1　选题

根据任务书的要求，项目需要自选地块进行实践。以“可持续发展、智慧互联、人居健康”三个核心技术作为命题的竞赛目标，要求研究设计和规划建造出一座具有示范应用价值和有效推广意义的新型绿色环保、高效节能的住宅建筑。此命题既可以满足 BIM 竞赛的要求，又能紧跟当前建筑节能及可持续发展的趋势。

5.5.2.2　项目概况

项目地点在河北张家口，依托 SDC 竞赛，以乡村振兴为背景，设计要求考虑绿色节能的特点，从农民生活要素出发，充分提高生活质量。以实现永久性使用住宅为目标，研究、设计并建造一栋面积为 120～200 m^2 的单层节能住宅。由于 T&A House 设计作为竞赛项目，场地并无明确规定，故将其设定为一平整场地。住宅的设计还需要考虑到日常家用电器及生活设施的配套设置，并在房屋外部增加电动汽车及其配套充电装置。项目设计要充分运用各专业的先进技术与软件，通过跨专业协同进行工作。除了技术上的创新性，设计方案必须同时考虑实用性、经济性及在建筑业推广的可能性，同时项目使用 BIM 平台协同各专业进行设计的推进与深化。

5.5.2.3 组织形式

在 BIM 竞赛正式开始之前，对学生进行集中的培训。培训的内容包括以下几个方面：

（1）学习 BIM 技术的理论知识以及 BIM 软件的使用；

（2）介绍竞赛的相关情况以及解读竞赛任务书；

（3）请往届同学对之前 BIM 竞赛方案进行解读，分享经验以及反思，加强学生对 BIM 的理解；

（4）组织学生对气候、建筑形式等进行调研。

5.5.2.4 软件选取

T&A House 的设计是全部设计人员基于 BIM 平台的协同设计，因此选择合适的 BIM 软件至关重要。首先，考虑到 T&A House 是一个小型的民用建筑，以及学生们的可操作性，需要选择普及程度较高、学生比较容易学习和使用的核心建模软件，方便每个专业的学生都可以进行使用。同时选择其他专业单独所需的 BIM 软件，包括绿色能耗分析软件（Fluent、Ecotect 等）、负荷和机电分析软件（鸿业）、结构设计与计算分析软件（盈建科 YJK 等）和模型碰撞检测软件（Navisworks）等。同时在设计过程结合一些非 BIM 软件，如 lumion（渲染图、漫游视频）、CAD（二维制图）等，以满足成果的要求。

5.5.2.5 实施阶段

（1）任务书解读和调研阶段

T&A House 设计参加的是 2021 年 SDC 竞赛，通过对竞赛任务书的解读，团队设计以零能耗建筑为目标，目的是减少建筑能耗，提高住宅的智能化水平和居住舒适性，在张家口地区建立 120 ～ 150 m^2 的新农村住宅建筑。为了能够为团队的设计做好充分的准备，联合毕业设计小组在 BIM 联合毕业设计开始前的寒假期间，将对张家口地域特色、SDC 历年竞赛情况和零能耗建筑设计技术进行调研。

①调研张家口地域特色

本次毕业设计虽无具体场地，但明确城市为河北省张家口市，目标是设计一个零能耗住宅建筑，所以对建筑项目所在地的地域气候研究是最基本的需求。

BIM 联合毕业设计小组通过整理张家口市的气象数据资料，了解到张家口市处于东亚大陆性季风气候之温带亚干旱区，四季分明，整体气候特征为：春季短暂，干燥且风沙大；夏季高热高湿，降水短促集中；秋季晴朗，冷暖适中；冬季寒冷而漫长。

根据我国的热工分区标准，可知张家口属于寒冷地区。根据气象资料数据，绘制全年温度曲线图（图 5.22），春季温度基本在 5 ～ 15℃之间，冬季温度基本小于 5℃，秋季温度主要在 5 ～ 15℃之间，夏季温度基本在 20℃以上。根据我国住宅建筑采暖期室外临界温度为 5℃的标准，张家口市日平均温度不大于 5℃的天数基本大于 145 天，因此在进行零能耗住宅设计时，需要着重考虑以冬季建筑保温设计为主，提高住宅围护结构的保温性能，增加住宅的建筑气密性。

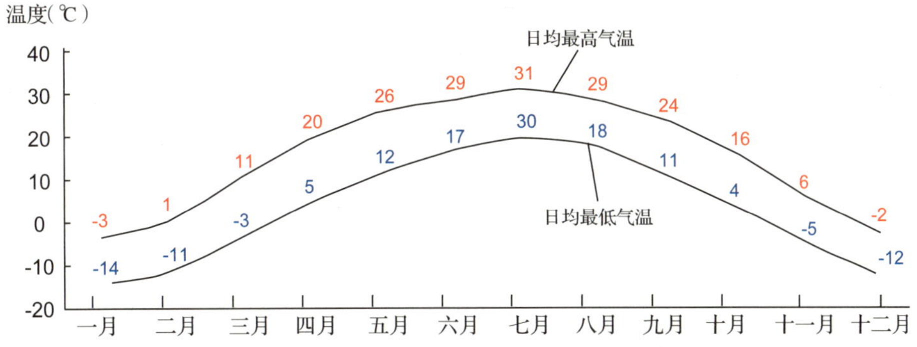

图 5.22　张家口市全年温度曲线图

结合张家口市风频图（图 5.23），BIM 联合毕业设计小组总结得出张家口的冬季寒冷而漫长，盛行的季风是西北风；夏季炎热而比较短暂，盛行的季风是东南风。由此可见，张家口市主导风向是西北风，这个结果对建筑设计有十分重要的指导意义。

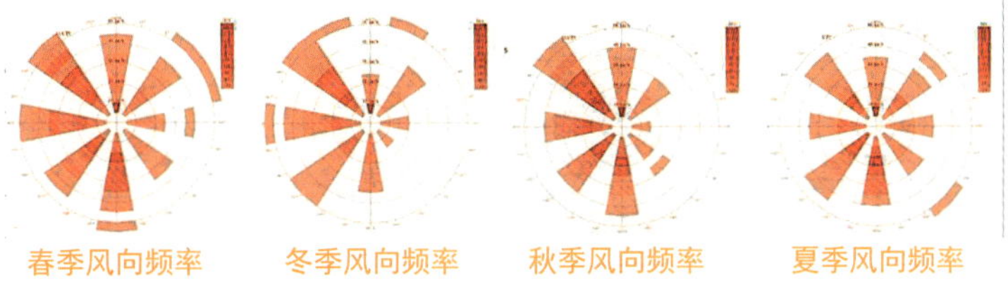

图 5.23　张家口市风频图

②调研历年 SDC 竞赛

BIM 联合毕业设计小组通过网络途径收集历届 SDC 竞赛的相关案例，了解 SDC 竞赛的相关理念和案例经验，归纳整理后进行具体研究。同时利用寒假时间去山西大同和山东德州——历届 SDC 竞赛主办城市，实地调查建造的参赛作品，真实感受这些节能建筑的使用状况。

通过理论和实践两种形式的调查，BIM 设计团队参考 SDC 竞赛的评估标准并结合实际案例总结的经验，初步构建出零能耗住宅优化体系（图 5.24）。SDC 竞赛评估体系包括五个方面：建筑设计、能源、环境舒适、社会经济和设计策略，在这五个内容的基础上细分为十项评估标准。这十项标准可以利用节能技术进行解决，汇总得到通过被动式设计和主动式设计手段进行零能耗建筑设计。以这个体系框架为依据，选择适合 BIM 联合毕业设计团队的方式进行设计。

③调研零能耗建筑设计

寒假期间师生自行组织参观就近的零能耗建筑，收集零能耗建筑设计的相关理论知识，并通过网络远程交流，共同提出 T&A House 预期使用的节能技术，如图 5.25 所示。零能耗设计技术预期包括被动式节能技术、主动式节能技术和可再生能源的利用。在初步设计阶段，可以结合场地设计、建筑形体设计，对被动式节能进行设计，包括功能空间合理布局、阳光房设计、人工湿地环境调节等；在建筑深入设计中，主要进行主动式节能设计，包括暖通空调设计、光伏一体化设计等，采用主动式技术减少建筑的大部分能耗损失。

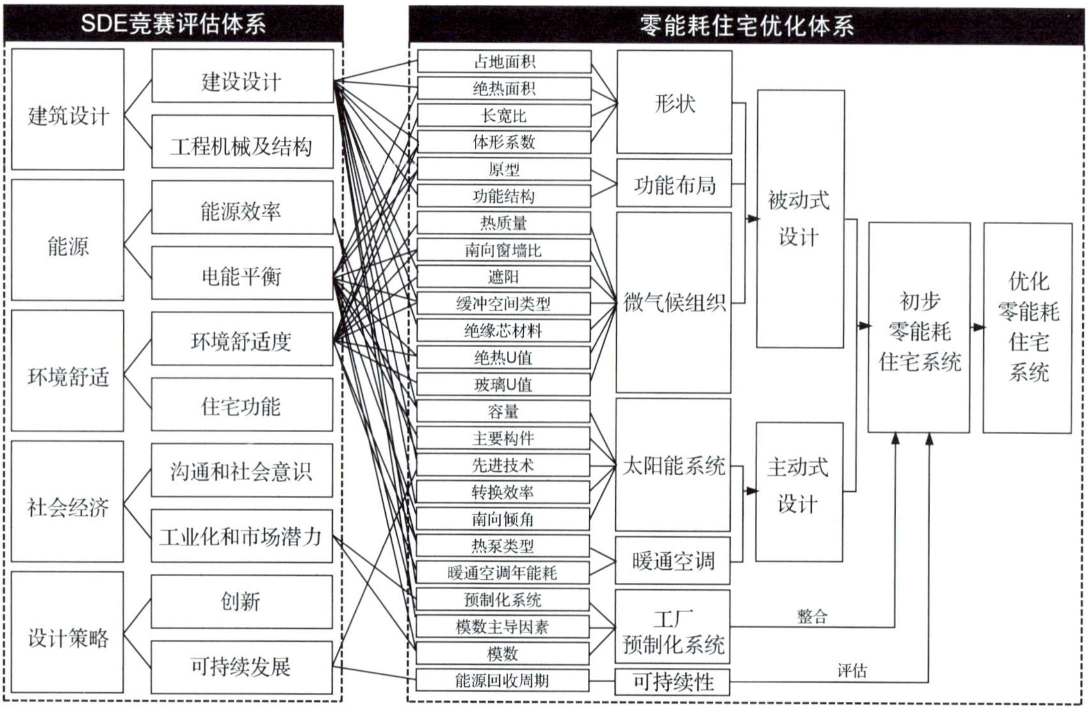

图 5.24　零能耗住宅优化体系

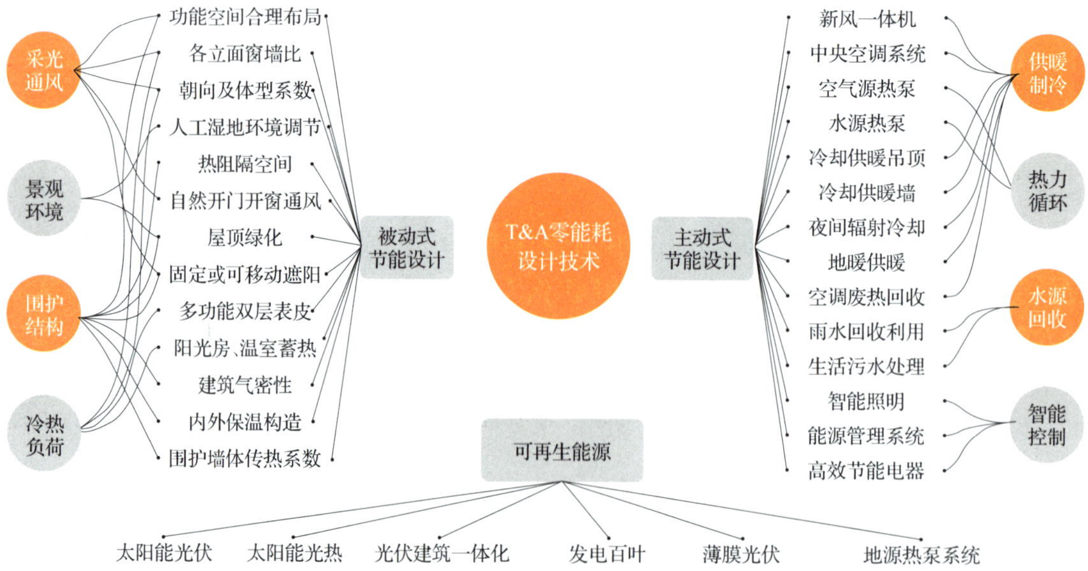

图 5.25　节能技术

（2）概念设计协同阶段

第一周，根据共同调研，以建筑学专业为主导提出总体及概念设计方案，供各专业的导师和同学进行讨论，由各专业就建筑设计理念、体量设计、机电设备布置等提出合理的意见和建议。经过二至三次汇报与讨论，形成满足各专业基本需求的 T&A House 建筑单体概念设计方案，如图 5.26 所示。

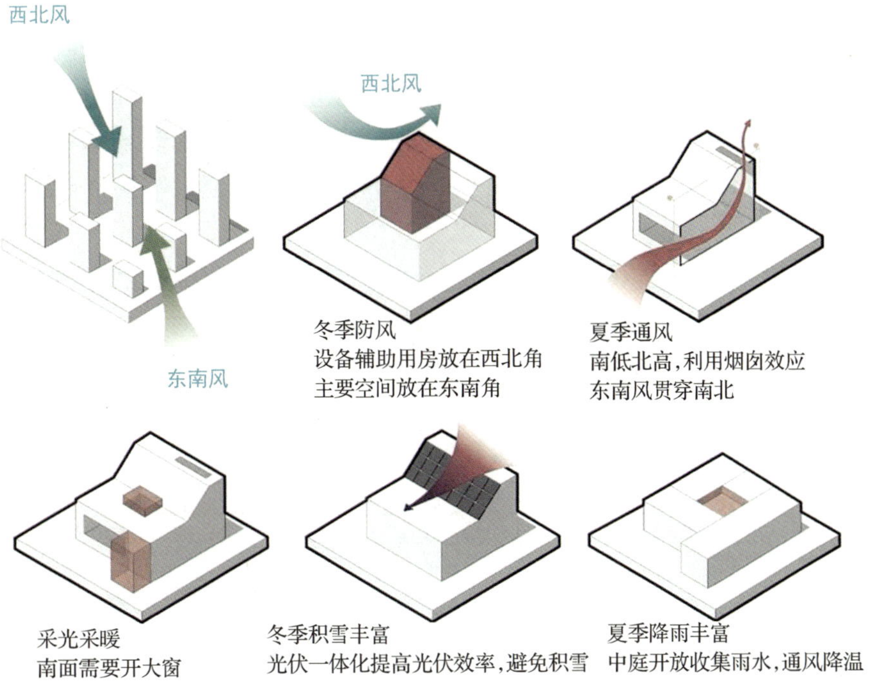

图 5.26　建筑单体概念设计方案

张家口市冬天漫长寒冷，需要进行建筑保温处理。结合建筑学专业，分析张家口当地农村建筑形体简单、立面开窗少的特点，在建筑形体设计中选择较为简单体型，以降低建筑形体系数，减少外围护结构的散热。由于张家口市夏季盛行东南风，冬季盛行西北风，布局上将主要房间布置在东南向，设备房间布置在西北角。能动专业对于形体提出了关键性的意见，即将北侧屋面抬高，既能形成烟囱效应、形成夏季通风，又能利用辅助空间形成冬季防风。建筑体块中间挖空形成中庭环境，提高通风作用，同时又可以利用中庭蓄热形成采光采暖阳光房。此外，中庭还可以用作雨水收集作用，为环境工程专业的雨水收集提供场地。同时电力工程专业对于屋顶最终形体的设计体现关键性作用，提出建筑光伏一体化设计，需要利用形成的坡度防治冬季屋顶积雪，避免影响建筑用电。在建筑学专业提出体型模型的基础上，在所有专业的共同交流和努力之下，最终完成了 T&A House 建筑单体概念方案。

（3）初步设计协同阶段

第二周至第七周，在 T&A House 建筑单体形成概念方案后，利用选定的 BIM 协同软件建立一个 BIM 协同毕业设计平台。

先由建筑学专业的同学建立建筑基础概念模型，每个专业根据各专业所需要的BIM软件建立模型，专业内的协同都是采用工作集合的协同工作模式，之后通过链接协同模式进行不同专业之间的协同。专业间协同可以进行模型检测，一旦出现了专业冲突，可以快速发现，协同整改，并在第七周各专业中期答辩前完成。建筑初步设计方案主要以场地设计、形体设计和平面设计为主。

①场地协同设计

在进行场地协同设计过程中，建筑学专业首先在平整场地上根据建筑概念设计方案和功能要求进行区域划分，建立 T&A House 建筑场地初步模型。同时环境专业根据张家口的降水情况和建筑的污水处理量估算选择合理雨污处理技术、所需场地等，对建筑学专业的场地设计提出要求，并建立水处理系统初步模型，然后通过链接整合模型，完成建筑场地的初步设计。

将场地设计到一块平整场地中，之后布置室外的使用空间，在建筑的主入口南向布置空间走廊或者封闭式阳台作为室内外的缓冲空间。受到风向的影响，建筑的西面用作建筑的附属停车空间，并留有充足的空间布置清洁能源充电装置。与环境设计专业讨论，预留西南角作为污水收集处理场地。确定好室外空间布置，就可以确定入户流线和场地内的软硬铺地，规划人行和车行流线及建筑的设备间入口，预留交通空间以及人性化的无障碍坡道等。在布置完这些后，最后进行屋顶形态的布置和屋顶绿化面积布置（图 5.27）。

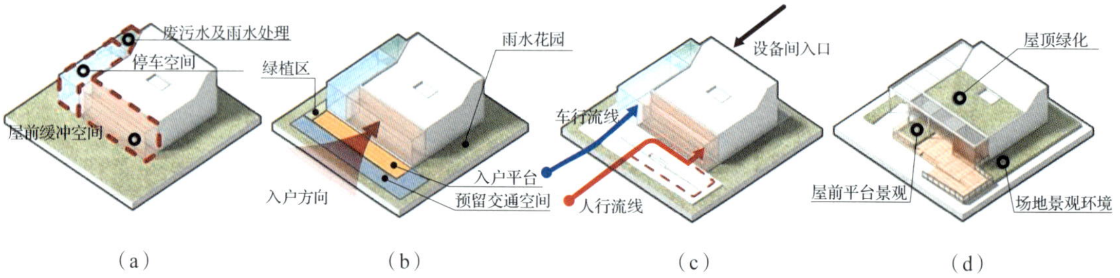

图 5.27　场地设计

(a)置入室外使用空间;(b)确定入户流线与软硬铺地;(c)确定步行、车行流线;(d)确定绿植区布局

在建筑学专业进行场地的基本布置时，对张家口市的水质、降水量、降水规则进行资料收集和分析总结，并根据 T&A House 的面积推断产生的污水量。通过收集的资料选定适合本项目的污物处理技术方案，通过对比方案选择出能耗低、花费少、便捷操作、易于管理的方案。根据选定的方案初步推断出场地面积需求，在概念方案模型的基础上进行初步水处理系统模型设计，完成场地设计并提出海绵庭院和雨水花园收集方式。张家口市夏季雨水充沛，利用分散式雨水收集提高对雨水的收集和处理能力，还能被动式地调节微气候。海绵庭院则利用多层次的铺地对雨水和污水进行净化，将净化水收集到净化池用于植物种植。同时，联合环境设计专业在建筑的角落设置回收材料种植盒，将废旧材料变废为宝，增强建筑的环保性。相关设计如图 5.28 所示。

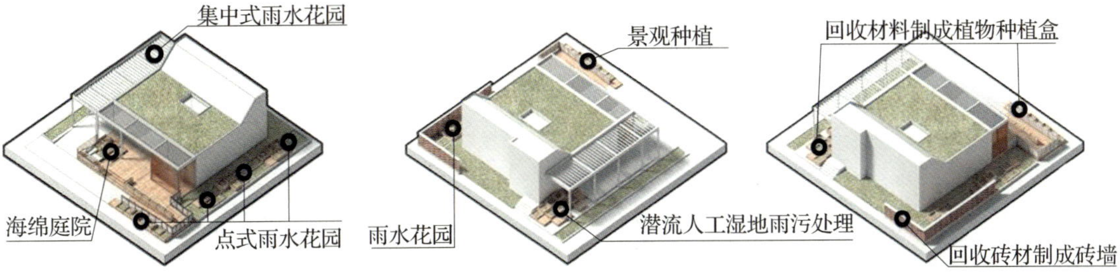

(a)　　　　(b)　　　　(c)

图 5.28　节能设计

(a)分散式雨水花园及海绵庭院;(b)垂直式潜流人工湿地;(c)废旧材料回收再利用

在空间布局的选择上，对比线性布置、紧凑组合、分散式模块布置三种方式，最终选择紧凑空间布局，如图 5.29 所示。相比之下，这种布局形式空间大小灵活多变，可以围绕着庭院形成中庭，功能区也能得到合理布置。考虑到张家口的建筑需要进行保温设计，紧凑空间布局可以明显降低建筑的体型系数，减少与外界接触的能耗损失，这在寒冷地区的被动式节能设计中非常关键。在空间原型上选择中心庭院型，主要考虑到这种类型的空间组合紧凑，同时内部还具有一定的流动性。在节能方面，这种形式既保证了在寒冷地区达到良好的热舒适性，又可以在建筑内形成良好的通风，更为关键的是，中心的庭院可以成为中庭,用于雨水收集和绿化种植,从而辅助调节建筑内的微气候环境。

考虑到气候环境的影响，T&A House 将主要房间和公共开放空间放在北侧和东侧，北侧放置次要房间，设备间则放置在朝向最不好的西北角，中间部分挖空形成中庭空间。主要房间为主次卧，次要房间为客厅和餐厅，其他的空间主要是厨房、卫生间和设备间。环境设计专业在此基础上，将平面分成西侧的不可变空间和东侧的可变空间，不可变空间为固定的居住空间和配套辅助空间，如图 5.30 所示。可变空间包括一个次卧室、大面积的公共活动空间和餐厅空间。次卧室可以变成休闲空间，或者是单人卧室。大面积的公共活动空间能够根据日常生活需要灵活地分隔成家庭活动区、办公区或书房。这种空间可变性可以适应多种居住模式：夫妇双人空间、一家三口、二孩空间或三卧民宿布局等。在此基础上最后进行集成室内空间设计和集成家具设计，方便进行可变空间分割。

为了满足 SDC 竞赛 20 天快速建造的需求，本建筑使用了模块化和预制化装配的形式。土木工程专业根据整个建筑功能布置的逻辑将建筑平面划分成三类主模块（图 5.31）。为了保证整个住宅的模块划分合理，在平面柱网确定时结构专业需提出合适的柱网尺寸要求：模块 A（3600 mm×3600 mm×3300 mm）、模块 B（4500 mm×3600 mm×3300 mm）和模块 C（3900 mm ×3600 mm×3300 mm），以及阳光房模块 D（3900 mm×2200 mm×3300 mm）。为了满足建筑北面屋顶存在的 45°角坡面结构稳定性和屋面承载力，另外预制了单独的三块斜坡模块，统一将所有模块的高度设置为 2700 mm，底部形状则适配下部框架模块顶部，并建立 BIM 结构模型。通过荷载和内力的计算，对比方案，对每个模块的框架结构和连接形式进行尺寸设计与材料选择。

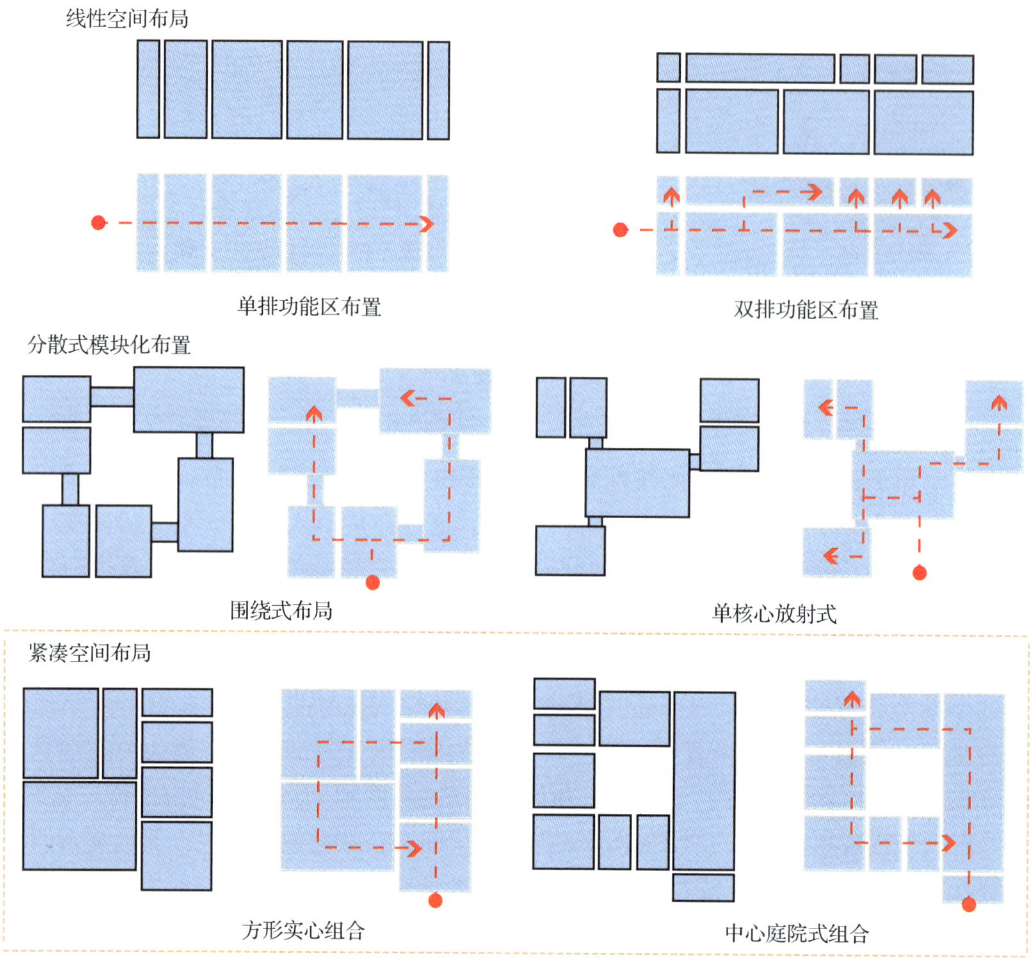

图 5.29　空间布局设计

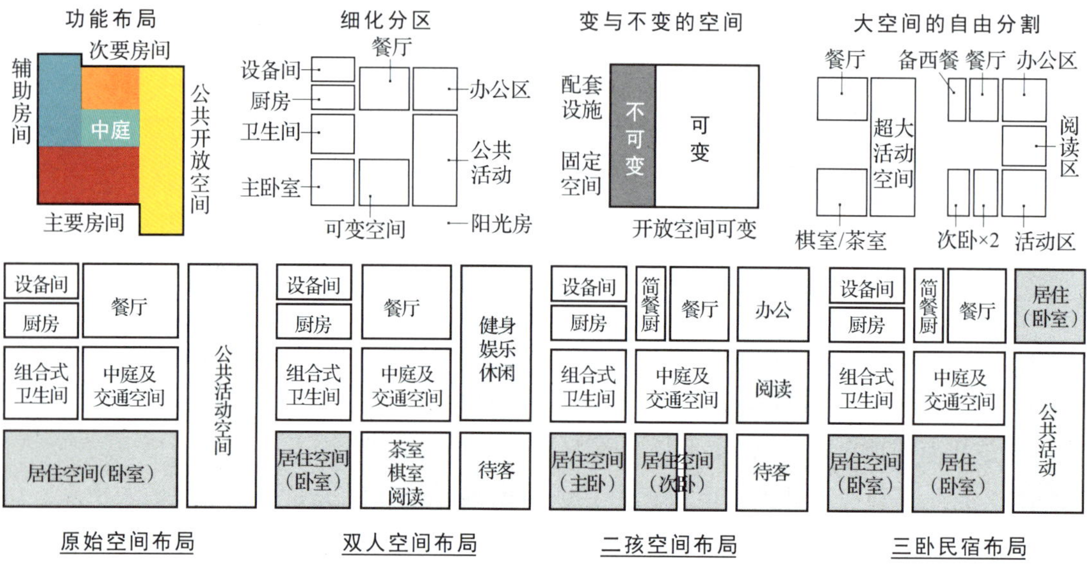

图 5.30　功能组合设计

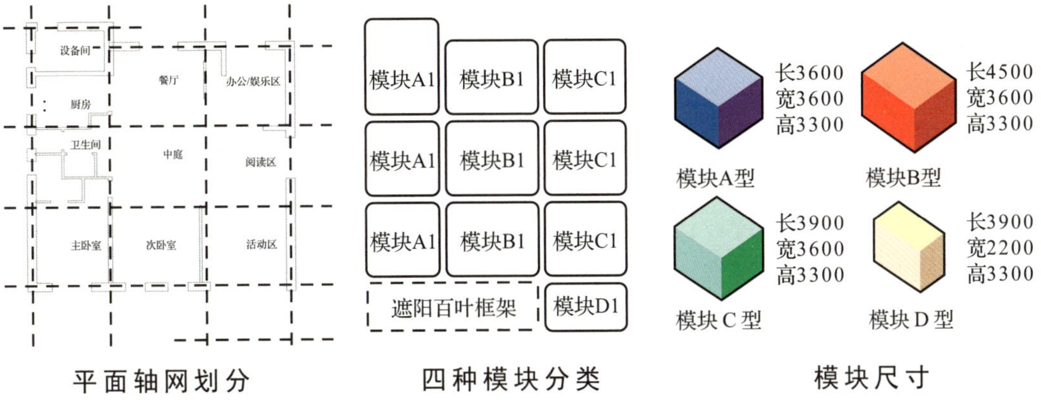

图 5.31　模块设计

将建筑学、电力工程和能动专业的BIM模型进行整合，并将模型产生碰撞的地方进行标记，然后在各专业导师协同指导下调整、优化方案，如建筑学需要根据光伏板所需倾角和屋顶面积进行建筑体型调整，能动专业的集热器面积需求及形式也对屋顶造型产生影响。经过几轮调整，最终完成 T&A House 平面初步设计方案，如图 5.32 所示。

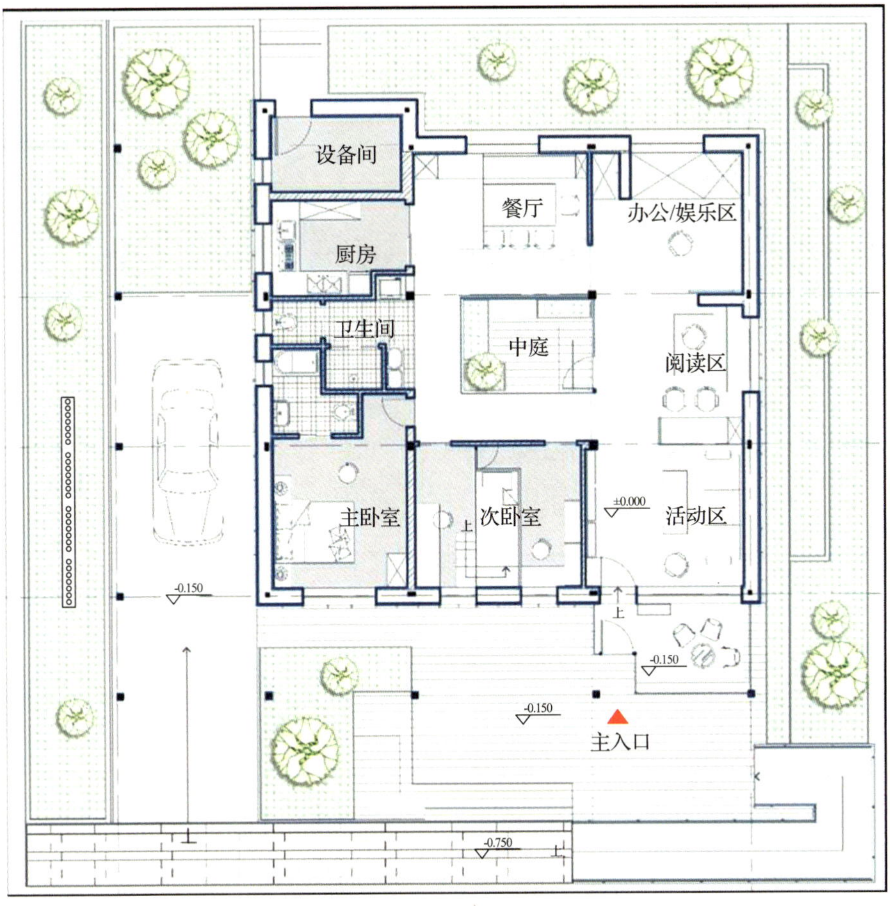

图 5.32　T&A House 平面初步设计

（4）方案深化协同阶段

建筑初步设计方案定稿之后，各专业通过BIM协同平台进行各专业模型的建立，并进行整体模型的初步整合。在第 8 至 10 周，BIM 协同设计进入方案模型深化阶段，将建筑中所利用的主动式节能技术进行深化设计，以达到零能耗建筑的目的。在建筑初步设计方案的基础上，分别进行以环境设计专业为主导的水处理系统设计；以能动专业为主导的暖通空调系统设计和热力系统设计，并进行管线及设备布置，提供材料基本明细等；以电气工程为主导的智能控制系统设计。

电力工程作为光伏发电系统的核心，承担着整个建筑的电力供求，是 T&A House 零能耗设计的关键。此设计由电力工程专业作为主导，环境设计和建筑学专业进行协同设计。

电力工程采用并网型太阳能光伏发电系统，采用“发电自用、余电上网”的原则，不使用传统的蓄电池等储能环节，进一步节约 T&A House 的建造成本，具有一定的经济效益。为了满足整个建筑的用电，电力工程专业需要对建筑中不同系统保证建筑日常运行所需要的具体用电情况进行分析（如环境设计专业制定的常用家用电器的使用情况），根据这些数据进行建筑日最大用电负荷的估算，对比多个方案，确定光伏电池的容量以及逆变器的型号，最终采用将 12 块 330 W 光伏板串联，之后并联连接逆变器的光伏布置和连接形式。

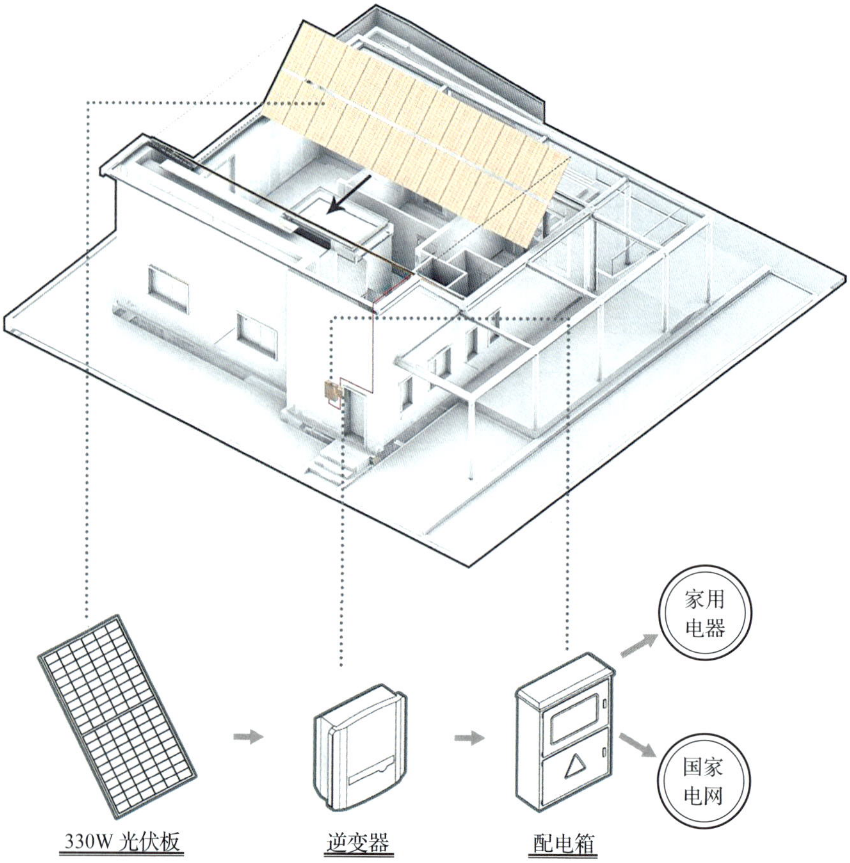

图 5.33 BIM 电力系统模型

同时，为了能够更好地将光伏面板加入整体的建筑中，电力工程和建筑学专业协同设计建筑整体的形态，计算合适的光伏角度和效率，进行建筑方案最后的坡屋面一体化光伏布置，构建BIM电力系统模型，如图5.33所示。

思 考 题

（1）在BIM正向设计竞赛中，需要进行哪些分析？

（2）BIM竞赛主要分为正向设计类和插件建模类，它们的不同点是什么？

（3）如何将数字化、参数化技术应用于BIM竞赛中？

第6章 BIM 技术在本科建筑设计课程中的应用

6.1 BIM 初识与进阶阶段——中低年级建筑设计课程应用

（多层住宅和民宿建筑设计、厂房改造设计）

6.1.1 初识阶段概述

BIM 技术在中低年级建筑设计课程中的应用，主要体现在初识至进阶阶段，即学生通过初次接触 BIM 技术，过渡到对 BIM 技术的简单应用。如在建筑设计课程中，学生通过实操 Revit 软件的基本操作和功能，随后开始深入了解 BIM 技术在复杂场景下的应用。他们将学习从其在多层住宅和民宿建筑设计中的基本建模，进阶到在既有建筑改造设计中如何利用 Revit 进行现有建筑的建模和分析，并学习如何应用 BIM 技术进行设计优化和碰撞检测。

6.1.2 课程训练目标

初识阶段，在多层住宅和民宿建筑设计课程中，BIM 技术的学习和应用旨在让学生充分理解并熟练运用 BIM 技术，将其应用于多层住宅和民宿建筑设计中，以提高设计效率、优化设计质量，并为后续 BIM 课程设计打下良好的基础。进阶阶段，在既有建筑改造项目中，提升对 BIM 技术的理解和应用能力，能够独立完成较为复杂的建模和分析任务。

6.1.3 训练重点

初识阶段：了解 Revit 软件在多层住宅和民宿建筑设计中的基本功能和工具；了解 BIM 技术在设计过程中的协作性，如多人同时编辑、数据共享等功能的应用；了解 BIM 模型在多层住宅和民宿设计中的优势，如快速设计变更、可视化效果等；掌握如何利用 Revit 操作知识进行建筑元素的建模、楼层规划、平面布局等操作。

进阶阶段：理解 Revit 软件如何支持厂房改造设计的需求，包括现有建筑物建模、场地分析等；掌握如何利用 BIM 技术进行数据导入和建模，以快速生成现有建筑的 3D 模型；了解 BIM 技术在改造设计中的可视化效果和实时更新的优势，如利用 Revit 软件进行碰撞检测、空间分析等；了解如何分析 BIM 技术在厂房改造设计中节约时间和成本的优势。

6.1.4 训练要点

初识阶段（基本建模技能）：（1）掌握 Revit 软件的基本建模工具，包括创建墙体、楼板、窗户、门等建筑元素。（2）楼层规划和布局：学习如何利用 Revit 软件进行楼层规划和布局设计，包括房间划分、功能分区等。（3）参数化建模：了解如何使用参数化建模功能，以提高建模效率并支持设计变更。（4）数据交换和协作：了解 BIM 模型的数据交换和团队协作功能，以便与团队成员协作完成项目设计。

进阶阶段（高级建模技能）：（1）学习如何利用 Revit 软件进行复杂建筑元素的建模，如现有建筑的结构和外观。（2）场地分析：了解如何利用 Revit 软件进行场地分析，包括地形分析、可行性研究等。（3）数据导入和导出：学习如何导入现有建筑的数据到 Revit 软件中进行建模，并能导出模型数据进行分析和评估。（4）碰撞检测：了解如何使用碰撞检测功能，确保改造设计方案的合理性和可行性。

6.1.5 初识阶段课程应用

6.1.5.1 巩固对 BIM 软件基本操作的掌握

学生应熟练掌握 BIM 软件（如 Revit 软件）的基本操作，包括界面布局、基本建模工具的使用等。在本阶段课程中，通过介绍 BIM（Building Information Modeling）技术，以及学习如何利用Revit软件进行多层住宅和民宿设计，目的是让学生充分理解并熟练运用Revit软件的基本操作，为后续课程的学习奠定基础。

（1）设计题目选择

在本节课程中，选择多层住宅和民宿设计作为设计题目，这样的选择有助于学生从简单到复杂逐步学习 Revit 软件的基本操作，因为这些项目涵盖了建筑设计中的基本要素，如墙体、楼板、窗户、门等。

（2）案例分析

根据选题提供一些多层住宅和民宿设计的案例，让学生通过分析实际项目的 BIM 模型，巩固对 Revit 软件的实际应用，并从中学习一些实用的技巧和方法。

（3）问题解答与讨论

在实践操作过程中，鼓励学生积极提问并组织讨论，帮助他们理解问题的根源并找到解决方法，加深对 Revit 软件操作的理解。

6.1.5.2 参数化设计思维的启蒙

BIM 设计思维的启蒙对学生的建筑设计能力和 BIM 技术应用能力的培养至关重要。通过设计实践，学生可以逐步理解 BIM 软件参数化设计的意义、基本内容以及优势，为后续课程的 BIM 建筑设计应用形成良好的基础意识。

（1）参数化设计的意义

参数化设计是一种基于参数和规则的设计方法，通过调整设计参数，快速生成不同设计方案。参数设置是参数化设计的起点，涉及设计中所有可变元素的识别和定义。参数化设计的意义在于利用这些参数作为信息化控制和使用的基础，来提升建筑全生命周期的策划、设计、建设、运维以及拆除的科学性、适用性、经济性。在设计阶段，还可以快速响应设计变化，提高设计效率和灵活性。

（2）参数化设计的基本内容

这些参数可以是物理尺寸（如长度、宽度、高度）、材料属性（如强度、密度、热性能）、功能需求（如空间用途、人流容量）、成本信息（如材料生产厂商、产地、品牌、单价）、施工组织信息（如施工进度、入场时间、工艺工序）等。

例：在建筑设计方案简单模型中进行物理尺寸的参数输入（三维空间参数）；在已经形成的简单空间 Revit 模型进行主要结构构件的材料属性录入。

（3）参数化设计的优势

参数化设计的一个显著优势是其对设计变化的快速响应能力。设计师可以通过简单地调整参数，而不必重新设计整个模型就能生成不同的设计方案。这种灵活性对于应对客户需求的变化、市场趋势的快速反应以及设计过程中的迭代至关重要，同时能够减少大量传统设计手段所产生的“不交圈”问题。

例：通过调整户型模型平面尺寸形状，同时观察建筑立面图、剖面图的同步调整。

（4）设计优化

可以通过参数化设计进行方案优化，满足设计要求并提高设计质量。

例：通过调整 Revit 模型的物理尺寸优化室内外空间效果；通过调整 Revit 模型的材料参数来优化建筑立面效果和室内效果。

（5）设计复用

参数化设计提供了一种强大的工具，可以生成丰富多样的设计方案。通过参数的组合和规则的应用，设计师可以创造出独特的形状、结构和形式，增强设计的视觉冲击力和创造性，同时提升设计效率。

例：查阅 Revit 族（如窗户、门、楼梯）并且进行插入、复制、修改等操作应用。

（6）设计实践中的应用

在设计实践中，学生可以通过参数化设计方法，尝试利用 BIM 软件生成多种设计方案，并比较不同方案的优劣。例如，在多层住宅设计中，可以通过调整楼板、墙体、窗户等参数，生成不同户型和布局方案，以满足不同用户的需求。通过这样的实践，学生可以逐步理解参数化设计的意义和优势，并将其应用于实际建筑设计中。

通过对 BIM 设计思维的启蒙，学生将逐步培养出灵活应对设计变化、注重设计优化和提高设计表达力的能力，为未来的建筑设计实践奠定良好的基础。

6.1.5.3 建立简单建筑空间的 BIM 模型

学生能够根据设计要求，利用 BIM 软件构建多层住宅和民宿建筑的三维建模，并准确表达设计意图，同时尝试进行基础参数录入与应用。

（1）分步指导。考虑到课时有限，建议将学生分为小组，并提供详细的分步指导。通过建立项目、设置项目参数、创建墙体、添加楼板、布置窗户等步骤，学生逐步掌握 Revit 软件的基本操作。

（2）实践操作。在本节课程中，鼓励学生通过实践操作来学习 Revit 软件。他们将按照分步指导逐步完成建模过程，从简单到复杂逐渐提高难度，以确保每个学生都能够掌握基本操作。在使用 Revit 软件进行基本的多层住宅建筑模型建立时，有一些关键要点和注意事项需要考虑。

（3）项目设置方法：①在开始建模之前，确保正确设置项目参数，包括单位、地理位置、高度约束等；②确保所选的模板适合用于多层住宅建筑的设计和建模。

（4）建立基本结构方法：①创建建筑的地面平面，确定建筑的轮廓和形状；②使用墙体工具创建建筑物的外墙，确保墙体的高度和位置与设计要求一致。

（5）创建楼板：①使用楼板工具创建每个楼层的楼板，确保楼板的大小和位置符合设计要求；②考虑楼板的厚度和材质，以及与墙体的连接方式。

（6）添加楼梯和电梯：根据设计要求，添加楼梯和（或）电梯，确保它们与楼板和楼层的连接正确，并符合安全规范。

（7）设计房间布局：①使用房间工具在每个楼层内创建房间，确保房间的大小、形状和位置符合设计要求；②考虑房间之间的功能关系和流通性。

（8）添加窗户和门：①使用窗户和门工具在墙体上添加窗户和门，确保它们与墙体的连接正确，并符合建筑设计和安全要求；②考虑窗户和门的类型、尺寸和位置对采光和通风的影响。

（9）创建屋顶：如果需要，使用屋顶工具创建建筑的屋顶结构，确保它与墙体和楼板的连接正确，并符合设计要求。

（10）添加建筑元素：根据设计要求，添加其他建筑元素，如立面装饰、阳台、栏杆等，确保它们与建筑的整体风格和主题一致。

（11）注意事项：①确保在建模过程中保持模型的准确性和一致性，避免错误和冲突。②始终参考设计图纸和规范，确保模型与设计要求一致。③注意模型的尺寸和比例，确保其符合实际建筑的尺寸和比例。④定期保存模型，并备份重要数据，以防数据意外丢失或损坏。⑤不断学习和掌握 Revit 软件的功能和技巧，以提高建模效率和质量。

通过遵循上述要点和注意事项，可以有效地利用 Revit 软件建立基本的多层住宅建筑模型，并确保模型的准确性和质量。

6.1.5.4 可视化表达与沟通

学生应掌握 BIM 技术的可视化表达功能，能够生成基本的渲染图和实时演示，以便向客户和团队成员沟通设计方案。BIM 技术的可视化表达功能对于学生理解建筑空间、讨论设计方案以及进行简单构造讨论至关重要。通过掌握这些功能，学生可以有效地与团队成员、客户和其他相关方进行沟通和交流，进而提高设计质量和效率。BIM 技术可视化表达功能的知识要点和重点如下：

（1）渲染和材质

①知识要点。学生需要了解如何添加材质和进行渲染，以增强建筑模型的真实感和表现力。

②重点详述。添加材质：在 Revit 软件中，为建筑元素指定材质，可以通过“属性”面板选择不同的材质类型，如砖石、木材、金属等；编辑材质外观：调整材质的纹理、颜色、

光泽等属性，以更准确地模拟现实世界中的材料特性；进行渲染设置：使用 Revit 软件的"渲染"工具进行渲染设置，包括光照、阴影、反射等，以获得逼真的视觉效果。

（2）视图设置

①知识要点。学生需要了解如何设置不同视图，以展示建筑模型的不同方面和细节。

②重点详述。创建视图：在 Revit 软件中创建不同类型的视图，如平面图、立面图、剖面图等，以展示建筑的不同视角和细节；调整视图范围：使用"视图范围"工具来控制视图的显示范围，确保视图内容的准确性和完整性；设置比例：为每个视图设置合适的比例，以便在打印或展示时能够清晰地传达设计信息。

（3）实时演示

①知识要点。学生需要了解如何进行实时演示，以模拟用户在建筑空间中的体验。

②重点详述。演示如何在 BIM 软件中进行实时演示设置，包括导航、相机视角调整等，以提供更直观的建筑体验。

通过深入理解和掌握上述知识要点和重点，学生将能够有效地利用 BIM 技术的可视化表达功能，进行建筑空间观察、讨论设计方案以及进行简单构造讨论，从而提高设计质量和效率，为未来的建筑设计实践打下良好基础。

6.1.5.5 持续学习与技术更新

学生应具备持续学习的意识，及时了解 BIM 技术的最新发展动态，并不断提升自己的技术水平和应用能力。

在建筑行业和教育领域，BIM（建筑信息模型）技术正迅速发展，它对提高设计质量、施工效率和项目管理水平具有显著影响。因此，学生和专业人士都应具备持续学习的意识，以适应这一变革。以下是一些关于如何持续了解 BIM 技术最新发展动态并提升技术水平和应用能力的详述。

（1）持续学习的重要性

BIM 软件和相关技术不断更新，新功能和新工具可以帮助提高工作效率。

①行业标准变化：随着 BIM 技术在建筑行业的广泛应用，相关的行业标准和法规也在不断发展。②职业发展需求：持续学习可以帮助学生和专业人士在竞争激烈的就业市场中脱颖而出。

（2）了解最新发展动态

①专业会议和研讨会：参加 BIM 技术相关的会议和研讨会，与行业专家和同行交流，了解最新的技术进展和行业趋势。②在线课程和教程：利用在线教育资源，如 Coursera、edX、Udemy 等，学习最新的 BIM 技术和应用。③专业期刊和杂志：阅读建筑和工程领域的专业期刊，了解最新的研究成果和技术动态。④社交媒体和论坛：加入 LinkedIn、Facebook 等社交媒体上的 BIM 技术专业群组，参与讨论，获取第一手资讯。

（3）提升技术水平

①实践操作：通过实际操作来提升技能，完成实际的 BIM 项目，解决实际问题。②软件认证：考取 BIM 软件的官方认证，如 Autodesk Revit 认证，证明自己的专业能力。③学

习编程：学习编程语言，如Python或Dynamo，以定制BIM软件的自动化脚本和工具。

（4）提高应用能力

①跨学科学习：了解项目管理、施工技术、可持续性设计等其他领域的知识，以更全面地应用BIM技术。②团队合作：在团队项目中实践BIM技术，学习如何与不同专业的团队成员协作。③案例研究：研究成功的BIM应用案例，分析其成功的因素，吸取经验。

（5）持续反馈和评估

①定期评估：定期评估自己的BIM技能和知识水平，确定需要改进的地方。②获取反馈：从同行和导师那里获取反馈，了解自己的优势和不足。

持续学习是适应BIM技术发展的关键。学生应该积极参加相关的教育活动，不断实践和探索，同时建立广泛的专业网络，以保持自己在这一领域的竞争力。通过持续学习和实践，学生可以不断提升自己的技术水平和应用能力，为未来的职业生涯打下坚实的基础。

6.1.6 进阶阶段课程应用

6.1.6.1 进行复杂建筑模型（厂房改造）的建立

针对学生学习如何利用Revit软件进行复杂建筑元素的建模，这里以厂房改造设计为依托进行学习和训练，以下是指导学生的详细步骤。

（1）理解厂房改造设计的要求：首先，学生需要充分理解厂房改造设计的目标和要求，包括对现有建筑结构和外观的保留、改造或增加新元素等；其次，强调学生应该考虑到厂房的特殊性，如大空间、高层高、大跨度等，以及改造后的功能需求。

（2）学习及应用复杂建筑元素的建模技巧：首先，指导学生学习Revit软件中复杂建筑元素的建模技巧，如曲面、特殊形状的墙体、屋顶、梁柱等；其次，强调学生学习如何使用Revit软件的建模工具和编辑功能，灵活应用参数化设计，以实现复杂建筑元素的精确建模。

①项目准备与分析：在开始建模之前，学生应进行全面的现场调研和资料收集，了解厂房的原始结构、材料、空间布局等；分析改造需求，包括新功能的引入、结构加固、美学提升等。

②初始模型搭建：使用Revit软件导入现有的厂房平面图和立面图，建立初始模型，这可以作为后续改造设计的基础。

③参数化设计基础：学生应了解如何定义项目参数和族参数，以及如何利用这些参数控制模型的尺寸、形状和位置。在Revit软件中，参数是控制模型尺寸、形状和位置的关键工具，它们允许设计师通过修改参数值来驱动模型的变化，实现快速迭代和精确控制。以下是如何定义项目参数和族参数，以及如何利用这些参数控制模型尺寸、形状和位置的详细步骤。

A. 步骤一：定义项目参数

首先，理解项目参数的作用：项目参数是在整个项目中使用的，可以用来控制整个项目范围的元素，如项目名称、建筑高度限制、材料性能等；其次，创建项目参数：在Revit

软件中，通过“管理”选项卡下的“项目参数”命令来创建新的项目参数，并定义参数名称、类型（如文字、数字、长度等）和默认值；再次，应用项目参数：将项目参数应用到项目的不同元素中，如在墙体、楼板、屋顶等的类型属性中使用项目参数来控制其尺寸或材料；最后，利用项目参数进行全局控制：如何通过修改项目参数来实现对整个项目中相关元素的统一控制，如改变建筑高度限制时，所有相关的墙体和楼板都会自动调整。

B. 步骤二：定义族参数

a. 理解族参数的作用：族参数是用于控制族元素尺寸、形状和位置的参数，它们对于创建可重复使用的族文件至关重要。b. 创建族参数：在族编辑器中，通过“族类别和参数”对话框来创建新的族参数，定义参数名称、类型、是否实例或类型参数以及默认值，从而控制模型的尺寸、形状和位置。c. 参数与模型几何关联：如何将参数与模型的几何图形关联起来，如使用参数控制墙体的厚度或窗户的宽度。d. 参数化尺寸控制：展示如何使用参数来控制模型的尺寸，如通过修改参数来快速调整房间的面积或建筑的立面高度。e. 形状控制：如何利用参数化设计来控制模型的形状，如通过参数控制曲线的形状或复杂的屋顶轮廓。f. 位置控制：讲解如何使用参数来控制模型元素的位置，如通过参数控制门或窗的精确位置，以适应不同的空间布局。g. 参数化设计的优势：强调参数化设计的优势，如提高设计灵活性、减少设计错误、提高工作效率等。

④复杂结构建模：对于厂房中的大型结构元素，如桁架、屋顶结构等，使用 Revit 软件的建模工具进行精确建模。利用参数化设计，允许通过调整参数快速测试不同的结构方案。

⑤保留与新增元素的结合：教授学生如何区分和处理需要保留的原始结构和计划新增的设计元素。同时，使用 Revit 软件的“组”功能来管理保留元素，便于后续的编辑和更新。

⑥结构加固与改造：针对需要加固的区域，使用 Revit 软件的结构建模工具来设计加固构件，如新增的支撑、梁或柱。通过参数化设计，可以轻松调整加固构件的尺寸和位置，以适应不同的结构需求。

⑦空间重组与功能区划分：利用 Revit 软件的建模工具重新划分空间，创建新的功能区，如办公区、展览区、休闲区等。应用参数化设计思想，通过调整空间划分的参数，快速比较不同的布局方案。

⑧建筑元素的精细化设计：对于复杂的建筑元素，如特色楼梯、电梯井、天窗等，使用 Revit 软件进行精细化建模。利用参数化设计，可以轻松调整这些元素的设计，以满足功能和美学的要求。

⑨可持续设计考虑：引导学生考虑可持续设计原则，如自然采光、通风、能源效率等，并在 Revit 模型中体现这些原则。

（3）分析现有建筑结构和外观：①对现有厂房的结构和外观进行分析，包括墙体、梁柱、窗户、门等元素的形状、尺寸、位置等；②强调应该注意到现有结构的特点和问题，以便在建模过程中进行合理的模拟和改造。

（4）实践建模：①根据厂房改造设计的要求，在 Revit 软件中进行实践建模。建议从简单的部分开始，逐步增大复杂度。②鼓励尝试模拟现有结构的各个部分，如墙体、屋顶、梁柱等，以及加入新的设计元素，如玻璃幕墙、挑檐等。③碰撞检查：在 Revit 软件中进行碰撞检查，找出实体与实体之间的交叉碰撞问题，如结构构件之间的冲突。检查构件间的间隙是否满足施工要求，如安装和检修空间，以及动态施工过程中可能发生的碰撞。根据碰撞检查的结果，对模型中的冲突点进行调整，优化构件间的位置关系，减少施工中的碰撞问题。④工程量提取：使用 Revit 软件的明细表功能自动统计构件的工程量，包括族参数统计和计算值生成，如构件的体积和重量。

（5）强化实践和反馈：组织学生进行实践练习，并提供实时反馈和指导，帮助他们克服建模过程中遇到的困难和问题。

（6）综合评估和总结：①定期进行检查及综合评估，检查对复杂建筑元素建模技能的掌握程度。可通过课堂作业、项目展示等形式进行评估。②在课程结束时，组织学生总结经验和教训，分享建模过程中的收获和挑战，为进一步学习和实践提供指导。

通过以上步骤，学生将能够系统地学习和掌握利用 Revit 软件进行复杂建筑元素的建模技能，并将其应用于厂房改造设计等实际项目中，为未来的建筑设计实践做好充分准备。

6.2 BIM 专精阶段及综合应用——高年级建筑设计课程应用

（高层办公楼设计、商业综合体建筑设计）

6.2.1 专精阶段概述

在专精阶段中，学生将进一步深入学习 BIM 技术的应用，特别是在高层建筑设计领域，将学习如何利用 Revit 软件进行高层建筑的结构构造设计、管线配合、参数化设计管理应用和模型协作等高级功能。之后，将运用所学的 BIM 技术知识和技能，完成更为复杂的商业综合体建筑方案设计项目，并在项目中展现出对 BIM 技术的深入理解和灵活运用，从而具备对 BIM 技术进行综合应用的能力。

6.2.2 课程训练目标

掌握 BIM 技术在高层建筑设计中的高级应用，通过参数化信息合理地进行项目设计辅助应用，能够独立解决复杂的设计问题；同时，能够将其运用到实际项目中，并在团队中发挥重要作用，为项目的成功提供支持。

6.2.3 应用重点

6.2.3.1 专精阶段

介绍 Revit 软件在高层建筑设计中的特点和适用性；讨论如何利用 Revit 软件进行高层建筑构造设计以及管道系统布置等多专业配合工作等；强调 BIM 技术在高层建筑设计中的

参数化设计和自动化流程的应用，如利用族库、参数化设计等功能；分析BIM技术在高层建筑设计中的优势，如准确的量化分析、模型协作等；利用信息化建筑模型进行基本的统计和概预算应用。

6.2.3.2　综合应用阶段

探讨Revit软件如何支持商业综合体方案设计的复杂需求；讨论如何利用Revit软件进行商业综合体的空间规划、功能分区、交通分析、消防安全设计等；强调BIM技术在商业综合体设计中的协同工作和团队合作的重要性，如利用云端模型共享等功能；利用Revit软件进行工程图纸的设计，注重图纸表达的规范性。

6.2.4　应用要点

6.2.4.1　专精阶段

（1）结构、构造建模和分析：学习如何利用Revit软件进行高层建筑的结构、构造建模和分析，包括楼板、柱、梁等结构元素的建模。

（2）了解如何利用Revit软件进行高层建筑立面的信息化设计和表达，包括幕墙系统、窗户排布等。

（3）掌握参数化设计技术，进行信息化模型应用，以提高设计效率并支持设计方案的优化。

（4）模拟多专业协作设计，建筑设计应具备全专业统揽的知识宽度与基本经验。

6.2.4.2　综合应用阶段

（1）了解全过程管理知识：学习如何利用Revit软件进行商业综合体项目的全过程管理，包括方案设计、施工管理等。

（2）空间规划和功能分区：了解如何利用Revit软件进行商业综合体的空间规划和功能分区设计，包括商业区、办公区、休闲区等。

（3）云端协作和共享：了解如何利用BIM云端平台进行团队协作和模型共享，以提高团队工作效率。

（4）可视化和呈现：掌握BIM技术的可视化和呈现技巧，以提高设计方案的表达效果和沟通能力。

6.2.5　专精阶段课程应用

6.2.5.1　整理参数化模型并进行结构构造建模与信息赋予

（1）参数化模型整理细化

模型审查：检查模型的几何准确性，确保没有多余的几何体或遗漏的结构构件。

参数优化：调整参数化模型中的参数，以反映设计变更或优化后的设计方案。

模型链接：确保所有相关联的模型视图和图纸与主模型同步更新。

（2）结构、构造建模

结构系统设计：详细设计高层办公楼的框架、剪力墙、楼板等主要承重结构以及相关的外墙、屋面、立面造型等部位的构造处理设计。

细节设计：对构造节点、梁柱接头等关键部位进行精细化设计。

（3）信息赋予

属性添加：为模型中的每个构件添加详细的属性信息，如材料属性、耐火等级、耐久性等。

信息管理：使用Revit软件的共享参数和族类别确保信息的一致性和可管理性。

6.2.5.2 对信息化建筑设计模型进行分析管理应用

Revit软件作为建筑信息模型（BIM）的核心软件，提供了丰富的工具和功能来辅助设计决策和提高设计质量。以下是利用Revit软件进行各类分析辅助设计的方法，以及可以配合使用的第三方软件。

（1）结构分析

①Revit内置功能：使用Revit的结构模板和分析工具，可以对建筑模型进行初步的结构分析，如评估梁、柱和板的尺寸。②第三方软件：对于更复杂的结构分析，可使用如ETABS、SAP2000或Robot Structural Analysis等软件进行详细分析，这些软件通常能与Revit模型链接，实现双向信息交换。

（2）能耗分析

①Revit内置功能：Revit软件提供了能源分析插件，允许用户评估建筑的能源效率，包括日照、采光和热负荷分析。②第三方软件：更深入的能耗模拟可以通过IES VE、EnergyPlus或天正、斯维尔等软件进行，这些工具可以提供更详细的能耗模拟和预测。

（3）照明分析

①Revit内置功能：利用Revit软件的照明分析工具，可以模拟自然光和人工照明的分布，帮助优化窗户和照明设备的设计。②第三方软件：专业的照明分析软件如RELUX、AGi32或DIALux，能提供更高级的照明模拟和分析。

（4）声学分析

①Revit内置功能：Revit软件可以进行基本的声学分析，评估材料的吸声性能和空间的混响时间。②第三方软件：Odeon、EASE或CATT Acoustic软件可以进行更复杂的声学模拟，包括声音传播、反射和吸收分析。

（5）热能分析

①Revit内置功能：使用Revit的热能分析工具，可以评估建筑外围结构的热工性能，包括墙体、窗户和屋顶的热传导。②第三方软件：Thermal Energy Storage、Tas或IES VE等软件可以进行更深入的热能模拟和分析。

（6）可持续性分析

①Revit内置功能：Revit的可持续性分析工具可以帮助评估材料的环境影响和建筑的整体可持续性。②第三方软件：Green Building Studio或One Click LCA可以进行更深入的环境影响评估和生命周期分析。

通过结合Revit内置功能和第三方软件的高级分析工具，可以全面评估设计方案的性能，做出更加明智的设计决策。

6.2.5.3 高层办公楼立面信息化设计

（1）立面设计

幕墙系统设计：设计适应高层办公楼特点的幕墙系统，考虑安全、自重、维护等因素。

窗户排布和尺寸设计：根据采光、视野和美学要求，进行窗户的排布和尺寸设计。

（2）参数化设计优化

设计变量分析：确定影响立面设计的关键参数，如窗墙比、嵌板尺寸等。

方案比选：通过调整关键参数（材料、色彩、安全、经济），快速比较不同立面设计方案的优劣。

6.2.5.4 模拟全专业协作设计

在 Revit 软件中设置工作集或使用链接模型，模拟不同专业间的协作框架。主要有两种方法：设置工作集（Worksets）和使用链接模型（Linked Models），以下是这两种方法的详细要点。

（1）设置工作集协作框架

①项目设置：在Revit软件中创建一个新的项目文件，设置好项目单位、参数和族类别等。②创建工作集：通过“协作”选项卡下的“工作集”工具，创建多个工作集，每个工作集可以分配给不同的专业或团队成员。③分配元素到工作集：在模型中选择元素，将其分配到相应的工作集。例如，建筑专业的元素分配到“Architecture”工作集。④保存本地副本：每个团队成员需要保存工作集的本地副本，以便在本地进行编辑。⑤工作集权限：设置工作集权限，允许或限制团队成员对特定工作集的读写权限。⑥同步与更新：团队成员在完成本地工作后，需要同步更改回中央模型。此外通过“同步与更新”工具，还可以查看和接受其他成员的更改。⑦工作集管理：定期进行工作集管理，如合并工作集更改、解决工作集冲突等。⑧沟通与协调：保持团队间的沟通，确保所有成员都了解最新的工作集分配和更改。

（2）使用链接模型协作框架

①创建中心文件：在项目中创建一个中心文件，作为所有协作的基础。②创建本地文件：每个专业或团队成员创建自己的本地文件，并将其与中心文件链接。③链接专业模型：在中心文件中，通过“插入”选项卡下的“链接 Revit”工具，链接各个专业或团队成员的本地文件。④协调链接顺序：确定链接模型的顺序，如先链接结构模型，再链接建筑模型，最后链接机电模型。⑤管理链接：定期检查和更新链接，确保所有链接都是最新的。⑥协调视图：在中心文件中协调各个链接模型的视图，确保视图的一致性和准确性。⑦解决冲突：使用 Revit 的碰撞检测工具，检测并解决不同链接模型之间的冲突。⑧共享坐标系统：确保所有模型使用相同的坐标系统，以便于模型之间的精确对齐。⑨导出和共享：将中心文件导出为其他格式，如 NWD 或 NWC，以便于团队成员共享和查看。⑩沟通与协调：保持团队间的沟通，协调不同专业间的工作，确保模型的一致性和完整性。

通过以上两种方法，可以在 Revit 软件中有效地模拟不同专业间的协作框架，实现多专业协同工作，提高设计效率和质量。需要注意的是，无论使用哪种方法，团队间的沟通和协调都是至关重要的。

6.2.5.5 开展基础的概预算应用

在Revit软件中，明细表是一种强大的工具，它可以自动从模型中提取工程量信息，从而减少人工计算的错误和工作量。以下是利用Revit软件明细表功能自动提取工程量的方法。

（1）步骤1：准备模型

确保Revit模型是最新的，并且所有需要计算的构件都已经正确放置在模型中。模型的准确性直接影响到明细表的准确性。

（2）步骤2：创建明细表

①在Revit软件中，转到“视图”选项卡；②在“量化”组中，点击“明细表/数量”按钮，或者使用快捷键“NV”；③在打开的明细表对话框中，选择“新建”。

（3）步骤3：设置明细表参数

①在明细表属性中，设置明细表的名称和描述；②选择明细表的类型，例如“材料”、“面积”、“体积”等；③指定明细表的来源，可以是整个项目、特定的楼层或选定的模型区域。

（4）步骤4：选择要包含的类别和族

①在明细表字段中，选择想要提取信息的类别，如“墙”、“楼板”、“门”等；②根据需要添加特定的族类型，以提取更详细的信息。

（5）步骤5：添加计算公式和字段

①根据需要，添加计算公式来获取如面积、体积或数量等信息；②可以添加额外的字段，如“标记”、“描述”、“材料”等，以提供更多关于模型构件的信息。

（6）步骤6：排序和过滤

①为了更好地组织和阅读明细表，可以对提取的数据进行排序和过滤；②可以使用“排序/分组”功能，根据特定字段对数据进行分组显示。

（7）步骤7：完成明细表并生成报告

①完成明细表设置后，点击“确定”按钮以生成明细表；②明细表会以表格形式显示在Revit软件中，可以对其进行编辑和格式化；③可以通过“导出”功能将明细表导出为Excel或其他格式，以便于进一步分析或报告。

（8）步骤8：校验和更新

①定期校验明细表中的信息，确保与模型保持一致；②当模型更新时，记得更新明细表以反映最新的工程量。

注意事项：确保模型中的每个构件都有正确的类型和实例参数，因为明细表依赖这些信息来提取数据。使用明细表的“实例”和“类型”选项来控制提取的是特定实例的信息还是整个类型信息。明细表可以链接到模型中的视图，这样当视图中的模型发生变化时，明细表也会自动更新。

通过上述步骤，可以有效地利用Revit软件的明细表功能来自动提取工程量，从而提高工作效率和准确性。

6.2.5.6 模拟预算控制

模拟成本分析与优化：分析不同设计方案的成本效益，识别成本节约的潜在机会。同时，根据成本分析结果，调整设计方案，以实现成本控制目标。

（1）案例背景：在某高层办公楼项目中，设计团队考虑使用不同强度等级的混凝土来优化成本。

（2）实际操作：①材料选择与分析：在Revit软件中，团队首先为楼板选择了两种不同强度等级的混凝土（例如C30和C40），通过明细表统计了每种混凝土的使用量。②成本比较：利用Revit的明细表导出数据，结合市场价格，比较了两种混凝土的总成本差异。③性能评估：团队评估了降低混凝土强度等级对结构安全性的影响，并确认C30混凝土可以满足设计要求。④模型调整：在Revit模型中，将楼板的混凝土材料从C40更改为C30。

结果：通过材料优化，项目团队在不影响结构安全的前提下，实现了约10%的成本节约。

6.2.6 综合应用阶段课程应用

在建筑设计课程中，特别是针对商业综合体项目的设计，BIM技术的应用可以极大地提高设计效率、优化决策过程，并增强团队协作。学生将掌握BIM技术在商业综合体设计中的高级应用，包括全过程管理、多专业协同以及设计优化。

6.2.6.1 项目启动

使用Revit软件创建商业综合体的初步模型，包括建筑、结构和MEP（机电管道）系统。以建筑专业为主，模拟其他专业参与分工配合。

6.2.6.2 团队分工

根据项目的复杂性，将团队分成不同的专业小组，如建筑、结构、机电、室内设计等。

6.2.6.3 开展团队设计工作

使用Revit软件进行细致的空间规划，包括商业区、办公区、休闲区等的布局。

（1）项目准备和启动。①创建项目文件：在Revit软件中创建新的项目文件，设置项目参数，如单位、标高、轴网等。②导入场地信息：导入场地的CAD文件，包括地形、周边环境等。

（2）建筑外观设计。①体量建模：使用Revit软件的体量建模工具创建建筑的初步形态。②外观设计：应用材质、颜色和纹理设计建筑的外立面，可以使用Revit软件的自适应族来创建窗户、幕墙等元素。

（3）内部空间布局。①空间规划：根据商业综合体的功能需求，规划内部空间，如零售区、办公区、餐饮区和娱乐区。②墙体和楼板：使用Revit软件的墙体、楼板工具进行内部空间的划分。③楼梯和电梯：设计楼梯、电梯等垂直交通设施，确保人流顺畅。

（4）消防设计。①疏散分析：使用Revit软件进行疏散模拟，确保满足消防安全规范要求。②消防设施：设计消防系统，包括消防栓、喷淋设备、烟感报警器、灭火器等，并确保它们的正确布局。③防火分区：根据消防规范，使用防火墙和防火门进行防火分区。

通过动态修改工具，快速调整空间布局，以适应不同的功能需求和用户体验。以下是基本设计步骤和要点：

步骤一：准备模型。确保 Revit 模型包含了所有必要的信息，如：①建筑的入口和出口位置；②内部空间布局，包括走廊、楼梯、电梯等；③墙体、家具和其他可能影响疏散路径的障碍物。

步骤二：设置疏散路径。①在 Revit 软件中，使用“路径”工具创建疏散路径；②确保所有路径都符合消防安全规范，如宽度、坡度等。

步骤三：定义疏散区域。①使用“防火分区”工具定义建筑内的各个疏散区域；②确保每个区域都有明确的疏散路线和出口。

步骤四：添加出口组件。①在模型中添加出口组件，如门、安全出口等；②确保出口的尺寸和数量符合规范要求。

步骤五：进行疏散模拟。①使用 Revit 软件的“性能测试”工具，选择“疏散”选项；②设置模拟参数，如人群密度、行走速度等；③运行模拟，观察人群疏散的动态过程。

步骤六：分析结果。①分析疏散模拟的结果，检查是否有任何问题，如拥堵点、疏散时间过长等；②记录不符合规范的地方，并进行标记。

步骤七：调整设计。①根据疏散分析的结果，调整建筑的空间布局和疏散路径；②增加额外的出口或调整现有出口的位置和尺寸；③移除或重新布局可能阻碍疏散的障碍物。

步骤八：重新模拟。①对调整后的设计方案进行再次疏散模拟；②确保所有修改都符合消防安全规范，并且疏散时间在可接受范围内。

步骤九：文档记录。①将疏散分析的过程和结果记录在项目文档中；②准备必要的报告和图纸，以供审查和审批。

步骤十：持续优化。①在整个设计过程中，持续进行疏散分析，确保设计变更不会影响疏散效率；②与消防顾问和安全专家合作，确保设计方案满足所有安全要求。

通过上述步骤，可以确保商业综合体建筑项目的疏散设计符合消防安全规范，提高建筑的安全性。疏散分析是建筑设计中的一个重要环节，对于保障人员安全至关重要。

6.2.6.4 协同工作

（1）利用Revit软件的协作功能，如工作集和链接模型，实现多专业团队的协同工作。了解如何使用云端服务，如 BIM360 进行模型共享和实时更新，确保团队成员之间的信息同步。在 Revit 软件中，协作功能是实现团队成员间有效合作的重要工具，特别是在复杂的商业综合体项目中。以下是利用Revit协作功能开展小组建筑方案设计及模型建立的步骤：

步骤一：项目准备。创建中心文件：项目负责人在 Revit 软件中创建中心文件，这是所有团队成员共享和协作的基础。

步骤二：设置协作环境。①工作集设置：根据项目需要设置工作集，如按专业（建筑、结构、机电）或按楼层/区域划分。②权限管理：为团队成员分配工作集权限，确保成员只能编辑分配给他们的工作集。

步骤三：模型建立。①本地文件：每个团队成员创建自己的本地文件，并将其链接到中心文件，以便在本地进行编辑。②链接中心文件：在本地文件中链接中心文件，确保所有更改都能同步到中心文件。

步骤四：专业分工（模拟）。①结构专业：负责结构系统的建模，如柱、梁、板等。②建筑专业：负责建筑外观和内部空间的建模，包括墙体、门窗、楼梯等。③机电专业：负责电气、管道和通风系统的建模。

步骤五：协作流程（模拟设置）。①编辑和更新：团队成员在自己的本地文件上进行编辑，完成后保存并更新到中心文件。②同步与协调：定期同步本地文件与中心文件，解决任何潜在的冲突或问题。

步骤六：沟通与会议（模拟开展）。①定期会议：定期举行项目会议，讨论进度、解决问题并协调下一步工作。②实时沟通：使用项目管理软件或即时通信工具进行日常沟通。

步骤七：视图和图纸。①创建视图：根据需要创建平面图、立面图、剖面图等视图。②图纸组织：在图纸中组织视图，确保图纸的一致性和可读性。

步骤八：碰撞检测。使用 Revit 软件的碰撞检测功能，定期检查不同专业模型之间的冲突。

（2）空间规划和功能分区

①如何使用 Revit 软件进行人流模拟、视线分析和空间优化。②如何根据不同商业活动的特定需求进行空间和功能的设计。

（3）可视化和呈现

使用 Revit 软件的可视化工具，如渲染、漫游或虚拟现实（VR）来提高设计方案的表达效果。在 Revit 软件中进行商业综合体建筑的可视化呈现，可以通过多种方式来实现，从而帮助设计团队更好地展示设计方案，并与客户或利益相关者进行有效沟通。以下是利用 Revit 软件进行建筑可视化呈现的一些关键步骤。

①模型细化：确保 Revit 模型是最新的，并且包含了所有设计细节，如建筑外观、内部布局、材料等。

②材质和纹理：为模型中的各个构件指定合适的材质和纹理，以真实反映建筑材料的外观。

③视图创建：创建不同的视图，包括平面图、立面图、剖面图和 3D 视图，以展示设计的不同方面。

④使用相机和视角：在 Revit 软件中使用“相机”工具，设置不同的视角和视点，捕捉建筑的关键视图。

⑤渲染设置：调整渲染设置，如光照、阴影、反射等，以提高图像的真实感。

⑥制作效果图：使用 Revit 的内置渲染引擎或云渲染服务，生成高质量的效果图。

⑦漫游和动画：利用 Revit 的“漫游”功能，创建建筑内部或外部的漫游路径，制作漫游动画。制作建筑施工过程的动画，展示施工步骤或方法。

⑧虚拟现实（VR）：将 Revit 模型导出为支持 VR 的格式，如 FBX 或 DWG，然后在 VR

软件中进行展示，提供沉浸式体验。

⑨交互式演示。使用 Revit 的“演示”功能，创建交互式的演示文稿，允许用户通过点击不同的视图或构件，了解详细信息。

⑩云服务集成。利用 BIM360 等云服务，创建在线的可视化展示，允许远程访问和共享模型。

⑪导出和分享。a. 将 Revit 模型或视图导出为常用格式，如 JPEG、PNG 或 PDF，用于制作演示文稿或报告。b. 使用在线分享工具，如 Dropbox 或 Google Drive，方便团队成员和客户访问和查看可视化内容。

（4）注重工程图纸的表达规范性

在商业综合体项目设计中，使用 Revit 软件进行工程图纸的规范表达和出图是确保设计意图准确传达给施工团队的关键步骤。以下是详细的操作流程。

①准备阶段。进行模型校验，确保 Revit 模型中的所有设计信息都是最新的，并且与设计意图相符。

②图纸设置。a. 图纸比例：为每个视图或图纸设置合适的比例，以确保打印或显示时信息清晰。b. 图框和标题栏：为图纸添加符合行业标准的图框和标题栏。

③视图创建。a. 平面图：创建商业综合体的平面图，包括地面层、各楼层以及屋顶平面。b. 立面图：制作建筑的立面图，展示建筑高度和外观细节。c. 剖面图：创建剖面图，以展示建筑的垂直结构和内部空间关系。d. 详图：绘制关键节点和复杂部位的详图，如楼梯、电梯井、幕墙连接位置等。

④标记和注释。a. 尺寸标注：为图纸添加必要的尺寸标注，确保施工团队能够准确理解模型的尺寸。b. 标记：使用 Revit 软件的标记工具为图纸添加标记，如门窗编号、材料代码等。c. 文字注释：添加必要的文字注释，提供额外的设计信息或施工说明。

⑤文档协调。a. 链接协调：确保所有链接的模型和视图都与主模型同步。b. 视图协调：使用 Revit 软件的“协调”功能检查视图之间的一致性。

⑥明细表和注释。a. 明细表：创建明细表以列出所有构件的详细信息，如数量、材料、尺寸等。b. 注释：使用注释工具添加施工说明、设计意图或任何特殊要求。

⑦图纸组织。a. 图纸排序：按照逻辑顺序组织图纸，如先平面图后立面图和剖面图。b. 索引：创建图纸索引，方便查找和引用特定的图纸或视图。

⑧审核和修订。a. 内部审核：在出图前进行内部审核，确保所有图纸都符合设计标准和规范。b. 版本控制：使用 Revit 软件的版本控制功能管理图纸的修订历史。

⑨出图。a. 打印设置：根据需要的打印尺寸和质量调整打印设置。b. 批量打印：使用 Revit 软件的批量打印功能一次性打印多张图纸。c. 电子版：导出图纸为 PDF 或其他电子格式，便于电子审阅和存档。

⑩模拟交付。a. 图纸交付：将最终的图纸交付给施工团队或客户。b. 施工前会议：在施工前与施工团队召开会议，解释图纸中的任何疑问。

⑪持续更新。a. 设计变更：在设计过程中，对图纸进行必要的更新和修订；b. 记录变

更：记录所有的设计变更，并确保这些变更反映在最终的施工图纸中。

通过上述步骤，Revit软件能够帮助设计团队高效地创建规范、准确的工程图纸，为商业综合体项目的顺利施工提供坚实基础。

（5）设计优势分析

强调BIM模型在复杂的大型公共建筑项目设计过程中的准确性和可更新性，如通过模型进行实时的设计变更和冲突检测。

（6）了解全过程管理

①如何使用Revit软件进行从概念设计到施工管理的全过程管理。

②如何进行项目规划、设计、施工以及后期的设施管理。

（7）了解云端协作和共享

①介绍BIM云端平台的使用方法，如通过BIM360进行项目文件的云端存储、共享和协作。

②学习如何通过云端服务进行设计评审和版本控制。

思　考　题

（1）试简述BIM技术在建筑设计中的重要性，并思考在未来的建筑设计实践中如何更有效地利用BIM技术。

（2）考虑到BIM技术的快速发展，请描述一个学习计划，说明如何在未来几年内持续提升自己在BIM领域的知识和技能。

（3）试简述在Revit软件中如何使用参数化设计来优化一个厂房改造项目的设计方案，并解释这样做的好处。

（4）试解释为什么在厂房改造设计中进行碰撞检查是重要的，并且讨论碰撞检查如何帮助节约时间和成本。

（5）试简述Revit软件在高层建筑设计中进行结构分析的重要性，并简述如何利用Revit软件和第三方软件进行结构分析。

（6）试简述在Revit软件中进行多专业协同设计的过程，并解释如何使用工作集和链接模型来实现有效的团队合作。

（7）讨论在Revit软件中进行商业综合体项目设计时，如何利用BIM技术进行全过程管理，并说明其对项目成功的影响。

（8）试简述在Revit软件中进行商业综合体建筑项目消防设计时，疏散模拟的重要性，并解释如何利用Revit工具进行疏散模拟分析。

第 7 章　BIM 工程实施应用

7.1　BIM 在工程项目前期规划阶段的应用

在工程项目前期规划阶段，BIM 技术的应用能够为项目提供全面的信息支持，确保项目从规划到实施的顺利进行。项目前期规划阶段是整个项目的起点，决定了项目的整体方向、规模、预算和后续实施策略。BIM 技术的引入，可以极大地提高前期规划的效率和准确性，为后续的设计、施工和运营奠定坚实的基础。通过 BIM 模型，项目团队以及投资方可以更加直观地掌握项目的各项信息，包括建筑布局、结构、材料、设备等，从而更加准确地评估项目的可行性和风险。此外，BIM 技术还可以促进项目团队之间的协作和信息共享，提高项目管理的效率和质量。

7.1.1　项目信息集成与管理

BIM 技术通过数字化手段，将项目中的各类信息（如建筑、结构、机电、材料、成本等）整合到一个统一的模型中，实现信息的集成与共享，这使得项目基础信息的收集与整理变得更加高效、准确。

在项目初期，BIM 技术可以帮助项目团队快速收集项目的基础信息，如地形地貌、气象条件、交通状况等。同时，BIM 技术还可以对项目中的各类数据进行标准化处理，确保数据的一致性和准确性。通过 BIM 模型，项目团队可以清晰地了解项目的整体情况，为后续的设计、施工和管理提供有力支持。

BIM 模型数据管理是一个复杂而关键的过程，它涉及项目的各个阶段，从规划、设计到施工和运营。BIM 模型数据管理的主要方面和步骤如下：

（1）数据收集

在项目开始阶段，收集和确认项目所需的数据内容和格式要求。这些数据包括建筑、结构、机电、材料、成本等各个方面的信息。

（2）数据生成

在 BIM 软件中创建建筑模型，并添加必要的属性和参数。这些属性和参数描述了模型的各个方面，如尺寸、材料、成本等。

（3）数据验证

进行模型的质量检查，确保数据的准确性和完整性。这项工作可以通过使用 BIM 软件的验证工具或手动检查来完成。

（4）协同与共享

BIM模型数据管理涉及多个团队成员之间的协同合作和数据共享。为了实现这一目标，应确保各个团队成员都使用相同的BIM软件和版本，并遵循统一的数据标准和命名规则。此外，还需要使用BIM协同工具来实现多人同时对一个建筑信息模型进行编辑和查看，确保团队成员之间的信息共享和沟通顺畅。

（5）版本管理

在BIM项目中，模型数据可能会经历多个版本的更新和修改。为了跟踪和管理这些版本，应建立一个有效的版本控制系统，包括版本号的分配、版本说明的记录以及版本的备份和恢复等。

（6）数据备份和恢复

模型数据的备份是模型数据管理一个非常重要的方面，应定期备份项目数据，并确保备份数据的可靠性和完整性，以备不时之需。同时，还需要制定数据恢复计划，以便在数据丢失或损坏时能够及时恢复。

（7）数据清理和优化

随着项目的进行，模型数据可能会积累大量的无用和冗余数据。为了保持模型的清晰和高效，应定期进行数据清理和优化工作，删除无用的数据和文件，并优化模型的性能和加载速度。

（8）数据归档

项目结束后，应对数据进行整理和归档，确保数据的长期保存和可访问性。这可以通过将数据存储在云端或其他可靠的存储介质中来实现。

在具体实施中，企业或BIM设计团队通常会采用一系列的工具和技术来支持BIM模型的数据管理。例如，使用BIM建模工具创建和编辑BIM模型，使用BIM协同工具实现团队成员之间的协同工作，使用BIM数据管理工具管理，存储和检索BIM模型的数据等。

总之，BIM模型数据管理是一个复杂而关键的过程，需要项目团队之间的密切合作和有效的工具支持。通过有效的数据管理，可以确保BIM模型的准确性和完整性，提高项目的整体效率和质量。

7.1.2 BIM技术在项目前期规划中的应用

在工程项目前期规划阶段，BIM技术的应用能够为项目提供全面的信息支持，确保项目从规划到实施的顺利进行。通过BIM模型，可以直观地展示项目的整体布局、空间关系以及各个专业的设计细节，项目团队可以更加直观地了解项目的各项信息，包括建筑布局、结构、材料、设备等，从而更加准确地评估项目的可行性和风险。此外，BIM模型还能够起到辅助决策的作用，项目团队可以通过BIM模型进行方案比选和决策分析，选择最优的设计方案。

7.1.2.1 项目选址与布局

在项目选址阶段，BIM技术能够提供强大的数据支持和决策依据。首先，BIM技术可以整合地形、地貌、交通、气候等自然和人文环境数据，建立三维地理信息系统，帮助项目团队对潜在选址进行初步筛选。其次，通过BIM模型的可视化功能，项目团队可以直观地评估选址的合理性，如地形起伏、交通便捷性等，从而选择出最优的项目位置。

在确定了项目位置后，BIM技术还可以进一步支持项目的布局规划。通过BIM模型，设计师可以对拟建项目的选址和布局进行模拟分析，评估不同选址方案对周边环境、交通、能源、景观视线等方面的影响，模拟不同的布局方案，实现多方案的比较和优化，确保最终确定的布局方案既符合项目需求，又能实现与周边环境的和谐共存。

7.1.2.2 场地分析与规划

在场地分析与规划阶段，BIM技术的应用，极大地提升了规划的科学性和准确性。

（1）场地条件分析与评估

在项目前期，BIM技术可以帮助项目团队对场地条件进行深入的分析与评估。通过收集场地的地形、地貌、土壤、气候、水文等各方面的数据，BIM技术可以建立详细的三维场地模型。这一模型不仅可以直观地展示场地的自然状况，还可以通过内置的分析工具，对场地的地形坡度、水文条件、气候条件等进行精确的分析。

此外，BIM技术还可以对场地的建设条件进行评估，如场地的交通状况、基础设施、周边环境等。这些分析结果为后续的场地规划提供了重要的参考依据。

（2）场地物理环境分析与模拟

BIM技术在场地物理环境分析与模拟方面同样具有强大的功能。通过对场地的日照、风向、风速、温度等物理环境参数进行模拟分析，BIM技术可以帮助项目团队更好地理解场地的物理环境特征，从而制定出更加符合实际需求的场地规划方案。

例如，利用BIM技术进行太阳轨迹分析，可以了解不同时间段内场地的日照情况，为建筑物的布局和朝向设计提供科学依据。同时，通过通风分析，可以评估场地的通风情况，为建筑物的通风系统设计提供参考。

（3）利用BIM技术进行场地规划与布局

在场地规划与布局方面，BIM技术提供了全新的视角和工具。通过BIM模型，项目团队可以直观地看到场地规划后的效果，并进行实时的修改和调整。这种可视化的规划方式不仅提高了规划的效率，也使得规划结果更加直观和易于理解。

同时，BIM技术还可以实现多专业的协同设计。在场地规划过程中，不同专业的设计师可以在同一个BIM模型上进行工作，实时共享和更新数据。这大大提高了设计的协同性和效率，减少了因信息不畅导致的设计冲突和错误。

7.1.2.3 概念方案的比选

BIM技术还可以进行多方案比较和优化。通过对不同规划方案进行模拟和分析，项目团队可以选出最优的方案进行实施。这种基于数据的决策方式使得场地规划更加科学和合理。

首先，在概念设计阶段，BIM技术可以帮助设计师更好地理解工程空间要求，从而更快更好地控制现有建筑物的设计方案。通过BIM模型的可视化功能，设计师可以直观地展示设计方案的效果和细节，方便业主和其他利益相关者进行评审和决策。

其次，BIM技术可以实现多方案的比选和优化。设计师可以在BIM模型上快速生成多个概念设计方案，并通过模拟和分析来评估不同方案的效果和可行性。同时，BIM技术还可以提供详细的数据支持，如建筑面积、体积、材料用量等，帮助设计师进行成本估算和预算控制。

最后，BIM技术还可以实现概念设计与后续设计的无缝衔接。在确定了概念设计方案后，设计师可以将BIM模型直接导入到后续的设计阶段中，继续进行深化设计和施工图设计。这不仅可以提高设计效率和质量，还可以减少设计过程中的错误和遗漏。

综上所述，BIM技术在项目前期规划中的应用具有显著的优势和价值。从项目选址与布局、场地分析与规划到概念设计的比选等方面，BIM技术都能够提供强大的数据支持和决策依据，帮助项目团队实现更加科学、合理和高效的项目前期规划。

7.2 BIM技术在工程设计阶段的应用

7.2.1 设计阶段BIM技术的引入

在建筑设计阶段引入BIM技术，意味着将传统的二维设计方式转变为三维数字化设计。通过BIM软件，设计师可以创建包含丰富建筑信息的三维模型，这些信息不仅包括建筑的几何尺寸、材料属性，还包括建筑的结构、设备、管线等。这种转变使得设计过程更加直观、高效和准确。

7.2.2 设计阶段BIM应用的价值

设计阶段BIM应用的价值主要体现在以下几个方面：

（1）提高设计效率和质量：BIM技术可以实现设计信息的实时共享和协同工作，减少设计错误和冲突，提高设计效率和质量。

（2）降低设计成本：通过BIM技术，设计师可以更加准确地估算材料用量和工程造价，同时通过BIM模型的碰撞检测功能，避免设计中存在的疏漏，降低工程拆改风险，避免设计返工，从而降低设计成本。

（3）便于后期施工和维护：BIM模型可以为后续的施工和维护提供准确的数据支持，降低施工难度和风险，提高建筑物的使用寿命和安全性。

7.2.3 建筑设计阶段BIM技术的应用

7.2.3.1 三维建模与可视化

（1）三维建模技术的详细步骤

三维建模技术主要包括以下几个步骤：

①收集建筑信息：包括建筑的结构、功能、材料、设备等信息。

②建立三维模型：使用BIM软件，根据收集到的建筑信息建立三维模型。

③完善模型信息：为模型添加各种属性信息，如材料属性、结构属性等。

④验证模型准确性：通过模拟和分析来验证模型的准确性和合理性。

（2）可视化在建筑设计中的应用

可视化技术可以将复杂的建筑信息以直观的形式展现出来，帮助设计师更好地理解设计意图和建筑效果。在建筑设计中，可视化技术可以用于展示建筑的外观、内部空间布局、景观环境等。通过利用VR（虚拟现实）和AR（增强现实）等技术，还可以使设计团队和客户之间的交流和沟通更加直观和高效。

7.2.3.2 碰撞检测与冲突管理

BIM技术可以进行三维碰撞检测，提前发现设计中的问题和隐患。通过碰撞检测，项目团队可以及时调整设计方案，避免施工过程中的返工和延误。

（1）碰撞检测的原理与方法

碰撞检测是通过BIM技术检查建筑模型中的构件是否发生碰撞或干涉的过程。其原理是利用BIM软件中的碰撞检测功能，对模型进行自动或手动检查，找出可能存在的碰撞问题。碰撞检测的方法主要包括空间碰撞检测和规则碰撞检测两种。

（2）利用BIM技术进行各专业间的碰撞检测

在建筑设计中，各专业之间的协同工作非常重要。利用BIM技术，可以对不同专业的设计模型进行碰撞检测，找出可能存在的冲突和干涉问题。这有助于设计师及时发现并解决问题，避免后期施工中的返工和延误。

（3）冲突管理与解决方案的提出

当发现碰撞问题时，BIM技术可以帮助设计师进行冲突管理。首先，通过分析碰撞问题的原因和影响范围，确定解决问题的优先级和顺序；其次，制定相应的解决方案和措施，对模型进行必要的修改和优化；最后，通过再次进行碰撞检测来验证解决方案的有效性和可行性。

7.2.3.3 管线综合设计

传统的二维设计中，管线综合设计常常花费大量的时间和精力，却很难避免管线的交叉和碰撞，也很难进行系统的管线排布来提升室内净高。传统的设计流程中通过二维管线综合设计来协调各专业的管线布置，只能将各专业的平面管线布置图进行简单叠加，按照一定的原则确定各种系统管线的相对位置，进而确定各管线的原则性标高，再针对关键部位绘制局部的剖面图。由于设备管线系统繁多、布局复杂，施工中常常发生碰撞，带来一系列的麻烦。传统二维管线综合设计存在以下一些缺陷。

（1）仅靠人眼观察和判断，难以进行全面系统的分析，无法完全避免碰撞。特别是对于大型性、复杂性的建筑，在梁高变化较大的地方，常常解决了管线之间的碰撞，却忽略了管线与梁之间的碰撞。

（2）管线交叉的处理均为局部调整，很难将管线的连贯性考虑进去，可能会顾此失彼，虽解决了一处碰撞，却又带来别处的碰撞。

（3）管线标高多为原则性确定相对位置，仅在局部绘制剖面的位置进行精确定位，大量管线没有全面精确地确定标高。

（4）多专业叠合的二维平面图纸图面复杂繁乱，不够直观。仅通过“平面+局部剖面”的方式，对于多管交叉的复杂部位表达不够充分。

（5）虽然以各专业的工艺布置要求为指导原则进行布置，但是由于空间、结构体系的复杂性，有时无法完全满足设计原则，尤其在净空要求非常高的情况下，需要因地制宜地变通布置方式，这时二维的管线综合设计方式的局限性就显露出来。

BIM技术具有数字化、可视化、真实化等特点，将其应用于管线综合设计中具有巨大的价值。BIM技术能够将原本繁杂、抽象的二维平面图纸内容以清晰、直观的三维立体管线方式呈现出来，便于设计、施工人员观察和判断，从而为后续的工程提供保障。BIM三维管线综合设计的优势体现在以下几个方面：

（1）BIM模型将所有专业放在同一模型中，对专业协同的结果进行全面检验，专业之间的冲突、高度方向上的碰撞是考量的重点。模型均按真实尺度建模，传统表达予以省略的部分（如管道保温层等）均得以展现，从而将一些看上去没问题，而实际上却存在的深层次问题暴露出来。

（2）土建及设备全专业建模并协调优化，全方位的三维模型可在任意位置剖切大样及轴测图大样，观察并调整该处管线的标高关系。

（3）BIM软件可全面检测管线之间、管线与土建之间的所有碰撞问题，并反馈给各专业设计人员进行调整，理论上可消除所有管线碰撞问题。

（4）对管线标高进行全面精确的定位，同时以技术手段直观反映楼层净高的分布状态，轻松发现影响净高的瓶颈位置，从而优化设计，精确控制净高及吊顶高度。

（5）除了传统的图纸表现，再辅以局部剖面及局部轴测图，管线关系一目了然。三维的BIM模型还可浏览、漫游，以多种手段进行直观的表现。

（6）由于BIM模型已集成了各种设备管线的信息数据，因此还可以对设备管线进行精确的列表统计，部分替代设备算量的工作。

7.2.3.4 建筑性能分析与模拟

（1）绿色建筑分析与评估

绿色建筑是指在建筑的全寿命周期内，最大限度地节约资源（节能、节地、节水、节材）、保护环境和减少污染，为人们提供健康、适用和高效的使用空间，与自然和谐共生的建筑。利用BIM技术，可以对建筑进行绿色建筑分析和评估，包括建筑的能耗、碳排放、室内环境质量等方面的分析和评估。

（2）能源、采光、通风等性能模拟

BIM技术还可以对建筑的能源、采光、通风等性能进行模拟和分析。通过模拟建筑在不同环境下的运行状况，可以预测建筑的能耗水平、采光效果和通风性能等，为设计师提供科学的数据支持和优化建议。

7.2.3.5 建设成本控制

BIM技术可以在设计阶段就实现精准控制项目成本，相较于传统成本控制方法，BIM技术在成本控制方面具有以下几方面优势：

（1）提高效率：BIM技术可以自动计算工程量、材料用量等数据，减少人工计算的工作量，提高成本控制的效率。

（2）精确计划：通过建立三维模型，可以更加准确地模拟施工过程和资源消耗情况，为制定精确的施工计划提供支持。

（3）减少误差：BIM技术的参数化设计功能可以减少设计变更和错误，降低因返工和浪费导致的成本增加。

（4）提高协同性：BIM技术可以实现各专业之间的协同设计和施工协同管理，提高不同部门之间的协同效率。

（5）优化设计方案：BIM技术的优化功能可以帮助发现设计方案中的潜在问题并进行优化，减少因设计不合理导致的成本损失。

（6）实现信息化管理：BIM技术可以与企业管理系统集成，实现项目信息的数字化管理和共享，提高管理效率和准确性。

7.2.3.6 协同设计与信息共享

（1）协同设计平台的构建与应用

BIM技术提供了一个协同工作的平台，使得各个专业的设计师可以在同一模型上进行设计和修改。这有助于减少专业之间的冲突和碰撞，提高设计效率和质量。

协同设计平台是支持多专业、多团队协同工作的在线平台。利用BIM技术，可以构建基于云计算的协同设计平台，实现设计信息的实时共享和协同工作。在平台上，不同专业的设计师可以共同编辑和修改BIM模型，实现设计信息的无缝对接和协同工作。

（2）设计信息的共享与版本控制

在协同设计过程中，设计信息的共享和版本控制非常重要。利用BIM技术，可以实现设计信息的实时共享和版本控制。设计师可以在平台上查看和获取最新的设计信息，同时确保设计信息的准确性和一致性。此外，平台还提供版本管理功能，帮助设计师跟踪和管理设计信息的变更历史记录。

7.2.3.7 虚拟施工

虚拟施工是利用BIM技术对施工过程进行模拟和预测的过程。通过构建虚拟施工模型，可以模拟施工过程中的各种情况，如施工顺序、施工方法、施工机械等，这有助于设计师和施工人员更好地理解施工过程和可能出现的问题。

7.3 BIM 技术在施工阶段的应用

7.3.1 施工阶段 BIM 技术的引入

建筑施工是形成建设工程实体、实现建设工程使用价值的过程。在传统项目的施工阶段，由于需要协调的内容较多、涉及的施工队伍庞大以及组织与管理复杂等原因，常存在一系列显著的缺陷。

首先，传统项目施工阶段的信息沟通以二维图纸为主，信息交流和沟通存在一定的困难，可能导致信息传递过程中的解读错误或信息遗漏。尤其是在不同专业和分包商之间的协作中，这种信息的不对称和误解会导致施工进度受阻，甚至产生安全隐患。

其次，传统项目施工阶段的资源管理依赖人工和经验，也面临诸多挑战。从材料采购、库存管理到机械调度和人员安排，往往依赖经验和个人判断，难以实现精准控制。这不仅可能导致资源的浪费，还可能影响施工效率和项目进度。

再次，传统项目由于无法在设计阶段避免一些不可预见的设计缺陷，施工过程中的冲突和变更频繁出现，这不仅增加了额外的施工成本和时间，还可能对项目的整体质量和稳定性造成不良影响。此外，质量管理和安全控制也是传统项目施工阶段的薄弱环节。传统项目缺乏实时的数据监测和预警系统，质量管理和安全控制手段有限，使得施工过程中的潜在问题和风险难以及时发现和处理。这不仅增大了质量事故和安全事故的风险，还可能对项目的声誉和效益造成负面影响。

最后，决策支持也是传统施工的一大短板。在面对复杂的施工问题和挑战时，由于缺乏有效的数据分析和模型预测工具，决策者往往只能依靠经验和直觉进行判断。这不仅可能导致决策失误，还可能错失优化施工效率和降低成本的机会。

由此可见，传统项目施工阶段没有应用BIM技术，长期面临着信息交流不畅、施工冲突频繁、资源管理困难、质量安全管理受限以及决策支持不足等缺陷。这些缺陷不仅会影响项目的顺利进行和质量，还可能对项目的经济效益和社会效益造成不利影响。因此，引入BIM技术对于提升项目施工阶段的管理水平和效率至关重要。

7.3.2 施工阶段 BIM 应用的价值

上文对传统项目施工阶段面临的主要缺陷进行了总结，那么在施工阶段引入BIM技术的重要性也就不言而喻，它代表着建筑行业向数字化、智能化转型的关键一步。随着建筑项目的复杂性日益增强，传统的施工方法已难以满足现代项目管理的高效率、高质量需求。BIM技术以其强大的可视化、模拟性、优化和协同能力，为施工阶段提供了全新的解决方案。

BIM技术允许施工单位在虚拟环境中对施工过程进行精确模拟，预测并解决潜在问题，从而优化施工流程，减少现场变更和返工。通过BIM模型，施工单位能够实时掌握施工进度、资源使用情况以及成本消耗，实现施工过程的数字化管理，提高管理效率。此外，BIM技术还能够实现不同专业、不同分包商之间的数据共享和协同工作，有效避免信息孤岛，提高整个项目的协同效率。

在质量控制和安全管理方面，BIM技术同样发挥着重要作用。通过BIM模型与现场实际情况的对比，施工单位能够及时发现并处理质量问题，确保施工质量符合设计要求。同时，BIM技术还能够模拟施工过程中的安全风险，帮助施工单位提前制定安全防范措施，降低安全事故的发生率。

总之，施工阶段引入BIM技术是现代建筑项目管理的必然趋势。它不仅能够帮助施工单位提高施工效率、降低成本、改善质量，还能够推动整个建筑行业的数字化、智能化转型发展。因此，施工单位应积极探索和应用BIM技术，以适应不断变化的市场需求和工程要求。

7.3.3 建筑施工阶段BIM技术的应用

7.3.3.1 施工模拟与进度管理

（1）施工模拟技术与方法

施工模拟是一种有效的将BIM技术与实际工作现场结合起来的技术，旨在更好地利用建筑信息模型改善施工管理和质量检测。施工模拟有助于发现和解决施工过程中的问题，还可以明确施工步骤的执行顺序，从而更好地控制施工质量和效率。此外，它还可以帮助施工班组识别可能遇到的安全隐患，减少施工中的安全事故，并在施工过程中及时地识别和解决问题，从而提高施工质量和效率。

施工模拟实现的重要技术主要包括建筑信息模型技术、建筑虚拟仿真技术、建筑技术支持系统和建筑视频监控技术等。

①建筑信息模型技术：通过将建筑设计的模型、结构和材料等元素集中于一个数字信息模型上，能够告知施工队伍在施工过程中必须遵循的设计要求。通过分析建筑信息模型，可以有效地分析施工过程中的可能结果，及时发现和解决存在的问题，避免违反设计标准，降低成本。

②建筑虚拟仿真技术：建立在建筑信息模型基础上的一种技术。它可以通过精确模拟施工过程中的设备和工具的运动，来准确地反映施工过程的真实特性。通过模拟仿真还可以识别出施工过程中可能出现的问题，并及时采取措施改善问题，提高施工效率。

③建筑技术支持系统：建筑技术支持的重要工具，可以帮助工程队伍在施工过程中及时地进行安全检查和建筑质量检查。结合建筑信息模型，工程技术支持系统可以通过移动终端让施工管理人员在任何地方实施实时的质量检查，避免施工现场漏检的情况发生，从而提高质量检测的准确性和及时性。

④建筑视频监控技术：施工模拟实施的又一重要技术，可以实时监控施工现场。建筑视频监控可以对施工过程中发生的事件和违法行为进行实时监控，及时发现并解决问题，确保施工的安全和质量。

（2）进度计划的制定与优化

施工进度计划是项目建设和施工的重要技术文件，是施工单位进行生产和经济活动的重要依据，详细、准确的施工进度计划是建设工程精细化管理的前提。

基于BIM技术的施工进度计划编制有两种方式：第一种，直接在BIM模型的基础上，分别对各个构件的计划施工起止时间进行设定，完成施工进度计划的编制；第二种，利用项目管理软件编制进度计划，将进度计划文件导入BIM模型中，把模型中各个构件与进度计划中的相应计划关联，形成BIM 4D模型。

BIM 4D模型是将3D模型赋予时间的维度，将BIM模型和时间进度关联起来，在软件中赋予每一个子模型时间信息，于是3D模型就具有了时间的属性。这样，工程人员通过对BIM 4D模型进行漫游和虚拟施工，按照工程项目的施工计划模拟现实的建造过程，在虚拟的环境下发现施工过程中可能存在的问题和风险，并针对问题对模型和计划进行调整和修改，进而优化施工计划。

基于BIM技术的4D施工方案模拟进度管理是按照时间进程动态化地演示施工过程。BIM 4D模型即使发生了设计变更、施工图更改等情况，也可以快速地对进度计划进行自动同步修改。BIM模型并不是一个单一的图形化模型，它包含从构件材质到尺寸数量，以及项目位置和周围环境等完整的建筑信息。通过BIM模型，可以直接获得各阶段所需的材料种类及数量，大大减少编制进度计划的工作量，并且提高进度计划的准确性。通过4D施工模拟，可以间接地生成与施工进度计划相关联的材料和资金供应计划，并在施工阶段开始之前与业主和供应商进行沟通，从而保证施工过程中资金和材料的充分供应，避免因资金和材料的不到位对施工进度产生影响。

7.3.3.2 资源管理与成本控制

BIM技术在资源管理与成本控制中的优势在于其精确性、实时性和预测性，这些优势使得项目团队能够更好地管理和控制项目资源，提高项目的经济效益和增强项目的竞争力。

首先，BIM技术通过三维模型能够准确预测并计算项目所需的各种资源（如材料、设备和劳动力）的类型和数量，从而实现了资源的精确规划和合理调配，这极大地减少了资源的浪费和过度采购，降低了项目的总体成本；其次，BIM技术提供了实时更新和跟踪资源使用情况的功能，使项目团队能够及时了解资源的消耗情况和剩余量，从而及时调整和优化资源的使用计划，这种动态管理不仅提高了资源的使用效率，还有助于避免资源短缺或过剩带来的额外成本。此外，BIM技术还具备强大的数据分析能力，可以对项目的成本进行精确估算和预测，帮助项目团队制定更加合理和有效的成本控制策略。

（1）材料、设备、劳动力的管理

①材料管理

BIM技术通过构建详细的三维模型，能够精确预测并计算项目所需的各种材料类型和数量，为材料采购提供准确依据。BIM模型中的工程量计算是指根据建筑元素的属性信息和几何数据，利用BIM软件来自动进行数量统计和计算。通常，BIM模型中的元素都具有属性信息，如尺寸、材料、构造等，这些信息可以直接用于工程量计算。另外，利用BIM

技术的参数化设计，可以实时跟踪材料的库存情况和使用情况，避免材料的浪费和短缺。BIM模型还可以模拟材料的运输和堆放过程，优化材料的存储和运输方案，降低材料成本。

②设备管理

在施工阶段，通过构建三维模型，BIM技术不仅能够实时监控设备的运行状态，提供精确的位置、规格和使用状态信息，还能进行预测性维护，提前发现潜在问题并采取措施。此外，BIM技术还实现了与其他管理系统的协同工作，提高了施工效率和安全性，为项目的顺利进行提供了有力保障。

③劳动力管理

BIM技术通过构建劳动力需求模型，可以预测项目在不同阶段对劳动力的需求情况，为项目团队提供准确的劳动力需求计划。通过BIM技术，项目管理人员可以直观地了解到所有相关人员的技能、经验和工作负荷。基于这些信息，他们可以更加科学地进行人员调配和任务分配，确保项目进展顺利并达到高效的施工组织。BIM技术可以帮助项目团队更好地预测和规划劳动力的需求，根据项目的不同阶段和需求动态调整劳动力资源，从而实现资源的优化配置。

（2）成本估算与成本控制

传统的工程造价要求造价人员必须熟悉相关概预算定额、取费标准、各种图纸和地区有关取费的规定，存在人力耗用多、计算时间长、工作效率低、容易出错、与实际脱节等问题。BIM技术能够很好地解决工程造价过程中遇到的各种问题，实现对工程成本的实时控制，是工程造价领域未来发展的趋势。

前文提到了BIM 4D的概念，是在建筑信息模型的基础上加入了时间的要素，如果在此基础上再加入成本的要素，那么就得到了BIM 5D模型，这就实现了对建筑项目更全面、更准确的管理。BIM 5D模型可以将建筑元素与其相关的成本数据进行关联，从而实现对建筑项目成本的估算、分析和控制。通过建模软件中的成本模块，可以对建筑项目进行成本估算和成本控制。

①成本估算

BIM技术可以在项目早期阶段进行成本估算，通过模拟施工过程和材料使用情况，预测项目的总成本和各项费用。利用BIM模型中的参数化设计和工程量统计功能，使项目中的材料和劳动力及所需时间得到更精确的估算，可以快速生成准确的工程量清单和材料清单，为成本估算提供数据支持。

BIM技术提供了可靠的成本估算和计划评估，可以与成本数据库进行集成，根据历史数据和市场行情自动更新成本估算结果，提高成本估算的准确性和时效性，使项目管理者能够更加有效地控制项目成本，从而提高投资效率，降低风险。

②成本控制

利用BIM技术可以动态监控项目的进展，实时跟踪项目成本的发生情况，将实际成本与预算成本进行对比分析，及时发现或预测成本偏差。通过BIM模型中的成本信息，可以精确计算各项费用的实际发生额和预算发生额，为成本控制提供详细的数据支持。

BIM 技术可以把建筑施工过程划分成多个阶段，通过实时监控，掌握每个阶段的建设进度，并根据预定施工时间和实际施工进度进行调整和修正，这有助于预测建筑施工成本，提高施工计划的精细化管理和安排，从而减少施工期间的资源浪费和成本增加。

另外，BIM 技术还可以与财务管理系统进行集成，实现成本数据的实时共享和更新，提高成本控制的效率和准确性。

7.3.3.3　施工安全管理与质量控制

随着近年工业化和城镇化建设速度的加快，建筑业的产值和从业人数都在持续增加。由于现在大型建筑工程项目施工工艺复杂、建设周期长，且存在诸多不确定性因素，加大了工程施工安全和质量控制管理难度。在当前土木施工技术飞速发展的背景下，传统的安全管理模式和质量监督机制已经显得滞后，BIM 技术的出现，标志着建筑业进入了信息化时代，这对建筑业的发展起着巨大的推动作用。

（1）施工安全管理

施工安全管理，是施工管理者运用经济、法律、行政、技术、舆论、决策等手段，对人、物、环境等对象施加影响和控制，排除不安全因素，以达到安全生产目的的活动。安全管理作为项目管理的重要组成部分，直接影响项目其他目标的实现程度。

将 BIM 技术运用到建筑工程施工安全管理过程中，利用 BIM 建模、虚拟施工、碰撞检测等技术来指导施工，并基于可视化管理平台制定安全应急预案，将会大大提高施工安全管理水平，避免建筑工程安全事故的发生。BIM 技术在施工安全管理中的应用，为建筑项目提供了全新的视角和工具，显著提升了施工过程中的安全性和管理效率。

①风险识别与预防

建筑工程安全管理风险识别的重要任务是对危险源进行辨识和评价，传统的安全检查表法（SCL）依赖对检查列项的打分，不够直观，容易出现理解偏差，综合评价结论也难以对具体检查项目的优化和改进提供帮助。BIM 技术具有的可视化、模拟性、优化性等特点，能够有效解决上述安全检查表法遇到的问题。BIM 技术通过三维模型模拟整个施工过程，能够提前发现可能存在的安全风险，如设备操作不当、材料堆放不合理等。这种模拟有助于项目团队在实际施工前对危险源进行识别，进行风险评估并制定预防措施，从而有效避免或减少安全事故的发生。BIM 技术能够构建建筑的三维模型，帮助管理人员对施工现场进行空间想象，找到项目区别于以往工程的特殊之处，避免漏项。

②可视化交底与培训

BIM模型的可视化特性使得复杂的施工过程和安全隐患能够以直观的方式呈现给施工人员。通过 BIM 模型进行交底和培训，施工人员能够更加清晰地理解施工要求和安全注意事项，增强安全意识，减少因误操作导致的安全事故。

③实时监控与预警

结合传感器和物联网技术，BIM 系统可以实现对施工现场的实时监控。通过收集和分析施工现场的数据，BIM 系统能够及时发现潜在的安全隐患，如设备故障、人员聚集等，并发出预警信息，提醒管理人员及时采取措施进行处理。

另外，由于工程项目的复杂性，在工程进行中不可控风险有很多，有可能会使工程无法按照原定计划完成。因此，制定初始项目安全进度计划后，仍然需要在项目实施过程中根据实际进展情况不断对安全计划进行动态调整，及时发现进度偏差和问题，提出预警并寻找相应措施，以应对各种实际情况的改变，保证按要求完成工作。

④安全方案优化

BIM技术可以根据实际施工情况对安全方案进行模拟和优化。例如，在模拟中发现某个区域的施工存在安全风险，BIM系统将会提出预警，并提供可供选择的解决方案，如调整施工方案或增加防护措施等，以降低安全风险。这种优化过程不仅提高了施工的安全性，还有助于节省成本和缩短工期。

⑤事故分析与应对

在安全事故发生后，BIM技术可以帮助项目团队进行事故分析。通过查看事故发生时的BIM模型和实时数据，项目团队可以迅速了解事故原因和过程，并制定应对措施。这种基于BIM的事故分析和应对方式有助于提高事故处理的效率和准确性。

（2）施工质量控制与评估

BIM技术能够提供详细的施工质量报告和追溯机制，为项目质量管理提供有力支持。通过施工前的质量规划、施工过程中的质量控制、施工质量的分析与评估以及施工质量的追溯与改进等方面的应用，BIM技术可以显著提高施工质量的控制水平和检测效率，确保建筑工程的质量符合设计要求和相关标准。

①施工前的质量规划

BIM技术支持项目团队在施工前进行详细的质量规划。通过BIM模型，可以清晰地展示出施工过程中的关键质量控制点，以及每个施工阶段的质量要求和标准。这有助于确保所有相关人员对质量要求有清晰的认识，并在施工过程中遵循这些要求。

在质量规划阶段，BIM技术还可以用于碰撞检测和冲突解决。通过模拟施工过程的各个阶段，BIM技术可以发现潜在的设计冲突和施工碰撞，从而在施工前及时进行修正，避免施工过程中出现质量问题和工期延误。

②施工过程中的质量控制

在施工过程中，BIM技术为质量控制提供了强大的支持。通过BIM模型，管理人员可以实时监控施工进度和施工质量，确保施工按照预定的计划和要求进行。BIM技术还可以与各种质量检测设备集成，实现施工质量的实时检测和评估。例如，通过BIM模型中的位置信息和尺寸数据，可以精确确定构件的位置和测量构件的尺寸偏差；通过集成传感器，可以实时监测混凝土的浇筑质量、温度等信息。这些实时数据有助于管理人员及时发现施工过程中的质量问题，并采取相应的措施进行整改。

③施工质量分析与评估

BIM技术可以用于施工质量的分析和评估。通过收集和分析BIM模型中的施工数据和质量检测数据，可以评估施工质量是否符合设计要求和相关标准。同时，还可以发现施工过程中存在的问题和不足之处，为后续的改进提供依据。

BIM 技术还可以生成详细的施工质量报告和图表，帮助管理人员更加直观地了解施工质量的整体情况。这些报告和图表可以作为项目质量管理的重要参考依据，为项目的顺利验收和交付提供支持。

④施工质量的追溯与改进

BIM 技术可以记录施工过程中的各种数据和信息，形成完整的施工质量档案。这些档案可以用于施工质量的追溯和改进。当发生质量问题时，管理人员可以通过 BIM 模型迅速定位问题所在，并查找相关的施工记录和数据，分析问题的原因并提出解决方案。

同时，BIM 技术还可以用于施工质量的持续改进。通过收集和分析施工过程中的数据和信息，可以发现施工过程中的瓶颈和不足之处，从而制定有针对性的改进措施和优化方案。这些改进措施和优化方案可以进一步改进施工工艺和管理流程，提高施工质量和效率，降低施工成本和风险。

7.4 BIM 技术在运维阶段的应用

7.4.1 运维阶段 BIM 技术的引入

在建设工程项目中，运维管理阶段是建筑生命周期中持续时间最长的一个阶段，其主要任务包括设施的维护、修缮、改造和运营。在这个阶段，BIM 模型作为建筑信息的载体，为运维团队提供了全面、准确、实时的建筑信息，大大提高了运维管理的效率和质量。BIM 技术在运维管理阶段还可以为建筑设施的维护、修缮、改造和运营提供全面的数据支持，推动建筑行业的数字化转型和发展。

首先，BIM 模型可以帮助运维团队快速定位设备设施的位置。在传统的运维管理中，要找到某个设备设施的位置通常需要翻阅大量的图纸和文档，耗时耗力。而有了 BIM 模型，运维人员只需要在模型中搜索相应的信息，就可以快速找到设备设施的准确位置，大大提高了工作效率。

其次，BIM 模型还可以为运维团队提供设备的运行参数和维护历史记录。通过对模型中的数据进行分析，运维人员可以了解设备的运行状态和维护需求，从而制定更加科学合理的维护计划，延长设备的使用寿命，降低运维成本。

最后，BIM 模型还可以帮助运维团队进行设施改造和升级。在传统的改造过程中，由于缺乏准确的建筑信息，往往会出现设计施工不符、信息遗漏等问题。而有了 BIM 模型，改造团队可以在模型中进行设备运行模拟，评估设备的性能和效率，提前发现潜在的问题，从而选择更加合适的设备进行更换或升级，确保改造过程的顺利进行。

7.4.2 运维管理阶段的 BIM 应用

BIM 技术通过数字化的建筑信息模型，整合了建筑项目各个阶段的数据，包括建筑结构、设备、管线等各个方面的信息。在运维阶段，BIM 技术可以用于设备管理、空间管理、维修计划、安全管理、能耗管理、巡检管理、维修管理以及应急演练等多个方面。通过 BIM 技术的应用，运维人员可以更加高效地进行维护工作，及时发现和解决问题，提高建筑物的运行效率和安全性。同时，BIM 技术还可以为运维管理提供有力的数据支持，推动运维管理的数字化、智能化和精细化发展。

7.4.2.1 设备管理

在运维管理阶段，BIM 技术可以用于设备管理。通过 BIM 模型，可以详细记录设备的规格、型号、位置、状态等信息，实现设备信息的数字化管理。同时，BIM 模型还可以与物联网技术相结合，实现对设备的实时监控和远程控制，提高设备的运行效率和可靠性。相关应用主要体现在以下几个方面：

（1）设备信息管理

BIM 模型能够详细记录设备的规格、型号、位置、状态等信息，实现设备信息的数字化管理。这使得运维人员可以方便地查询和更新设备信息，提高了设备管理的效率。

（2）设备状态监测

通过 BIM 技术与物联网技术的结合，可以实现对设备的实时监控和远程控制。运维人员可以实时了解设备的运行状态，及时发现异常情况，采取相应的维护措施，确保设备的正常运行。

（3）设备维护计划

BIM 模型可以根据设备的运行状态和维护需求，制订合理的维护计划。通过定期检查和保养，可以延长设备的使用寿命，提高设备的运行效率。

（4）设备维修管理

当设备发生故障时，BIM 模型可以提供设备的历史维修记录和维护建议，为维修人员提供有价值的参考信息。同时，BIM 模型还可以记录维修过程和维修结果，实现维修工作的数字化管理。

7.4.2.2 空间管理

为了有效管理建筑空间，保证空间的利用率，可结合建筑信息模型进行建筑空间管理。通过 BIM 模型，可以对建筑物的空间布局进行三维可视化展示，帮助管理人员更好地了解建筑物的空间使用情况。此外，BIM 模型还可以用于空间规划和优化，提高空间利用效率。BIM 技术的空间管理功能主要包括以下几个方面：

（1）空间规划

根据企业或组织业务发展，设置空间租赁或购买等空间信息，积累空间管理的各类信息，便于预期评估，制订满足未来发展需求的空间规划。

（2）空间分配

基于 BIM 技术对建筑空间进行合理分配，方便查看和统计各类空间信息，包括空间的位置、面积、用途等，并动态记录分配信息，提高空间的利用率。

（3）空间维护

通过 BIM 技术与物联网技术的结合，可以实时监测空间的使用情况，如空间的温度、湿度、空气质量等环境参数，以及空间内的人流、物流等信息。这些数据有助于及时发现空间使用中的问题，并进行相应的维护管理。通过定期检查和维护，可以保持空间的良好状态，提高空间的使用质量。

（4）空间安全

BIM 技术还可以用于空间安全管理，通过模型中的安全设施和监控设备信息，运维人员可以及时发现和处理安全隐患，确保空间的安全使用。同时，BIM 模型还可以提供紧急情况下的疏散路线和应急预案，提高空间的安全性和可靠性。

7.4.2.3 资产管理

利用 BIM 技术对资产进行信息化管理，辅助建设单位进行投资决策和制订短期、长期的管理计划。利用运维模型数据，评估、改造和更新建筑资产的费用，建立与模型相关联的资产数据库。其具体的功能，包括形成运维管理部门和财务部门需要的资产管理信息库，实时提供不同类型的资产分析报表；生成企业的资产财务报告，分析模拟特殊资产更新和替代的成本测算；动态显示建筑资产信息的更新、替换或维护过程，并跟踪各类变化。

7.4.2.4 能耗管理

在能耗管理方面，通过 BIM 模型，可以分析建筑物的能耗情况，提出节能建议和优化方案。同时，BIM 模型还可以与能源管理系统相结合，实现对建筑物能耗的实时监控和数据分析，为能源管理提供有力支持。

（1）实时监控和数据分析

BIM 技术可以与能耗监测系统集成，实现对建筑能耗的实时监控和数据分析。通过 BIM 模型，能耗监测系统可以获得建筑的能耗数据，包括水、电、气等各个方面的消耗情况，并进行分析和优化。这有助于建筑管理者及时发现能耗问题，并采取相应的措施进行改进，降低能耗成本。

（2）能耗模拟和预测

通过建立精确的 BIM 模型，可以模拟建筑在不同气候条件、不同使用情况和不同时间段的能耗情况，这有助于建筑设计师和工程师在设计阶段就能预测建筑的能耗表现，优化设计方案，提高建筑的能源效率。同时，在建筑运营阶段，也可以利用 BIM 模型进行能耗预测，为建筑管理者提供决策支持。

（3）设备能效分析

BIM 技术可以对建筑中的设备系统（如空调系统、照明系统、电梯系统等）进行能效分析，评估其运行效率和能耗情况，这有助于发现设备系统的能耗问题，提出改进措施，降低建筑的整体能耗。同时，还可以对设备的维护和管理进行优化，延长设备的使用寿命。

（4）可再生能源利用分析

通过 BIM 技术，可以对建筑的可再生能源利用情况进行分析和模拟，如太阳能、风能等，这有助于评估可再生能源的潜力和效益，为建筑的绿色设计和可持续发展提供支持。

同时，还可以实时监测可再生能源的使用情况，为建筑管理者提供有关可再生能源利用的数据和反馈。

7.4.2.5 安全和巡检管理

在运维管理阶段，BIM技术可以用于巡检管理。通过BIM模型，可以制定巡检计划和巡检路线，提高巡检工作的效率和质量。同时，BIM模型还可以记录巡检过程中的问题和处理情况，为后续的维护工作提供参考依据。

通过BIM模型，可以模拟建筑物的安全疏散路径和应急逃生方案，提高建筑物的安全性能。此外，BIM模型还可以用于监测建筑物的结构安全状态，及时发现潜在的安全隐患。

7.4.2.6 维修管理

在运维管理阶段，BIM技术可以用于制订维修计划。通过BIM模型，可以分析设备的运行状态和维护需求，制定合理的维护建议，详细记录设备的维修过程和维修结果，从而实现维修工作的数字化管理。

思 考 题

（1）BIM工程实施的步骤有哪些？

（2）BIM在前期策划阶段的主要应用点有哪些？

（3）BIM在设计阶段的主要应用点有哪些？

（4）BIM技术在建筑全生命周期中的应用体现在哪些方面？

第 8 章　建筑 BIM 技术展望

随着科技的不断进步，建筑行业正面临着一场由传统模式向数字化、智能化转型的革命。传统的建造模式已不能满足建立各设计、结构、管道或设备的定义及属性，难以符合现代复杂建筑物的信息需求，因此信息业开始广泛地发展面向对象概念以解决 CAD 系统的缺陷，发展出具有三维视图及对象功能的 BIM，并结合其他开发插件语言，开发出能应用于其他领域的系统，以完成更加复杂的应用。

在“互联网+”的概念被正式提出之后，各行各业纷纷尝试借助互联网思维推动行业发展，建筑施工行业也不例外。随着 BIM 技术应用逐步走向深入，单纯应用 BIM 技术的项目越来越少，更多的是将 BIM 技术与其他先进技术集成或与应用系统集成，以期发挥更大的综合价值。在这场转型中，BIM（建筑信息模型）技术凭借其强大的信息集成和协同工作能力，逐渐成为推动建筑行业变革的重要力量。BIM 技术的应用，不仅提高了建筑项目的效率和质量，还促进了各参与方的协同合作，为建筑行业的可持续发展注入了新的活力。然而，BIM 技术的发展也面临一些挑战和问题，需要行业内外共同努力，共同推动其健康、有序的发展。

8.1　BIM 与绿色建筑

BIM 与绿色建筑的结合，为建筑行业带来了更加环保和可持续的建筑实践。这种结合主要体现在以下几个方面：

（1）全面分析建筑与环境的相互作用

BIM 技术通过其核心建模软件，可以对建筑模型及其周边环境进行模拟，全面分析建筑与环境之间的相互作用。这有助于设计师更好地理解建筑在自然环境中的体现，从而做出更环保、更可持续的设计方案。例如，通过 BIM 的模拟功能，可以预测建筑在不同气候条件下的能耗表现，从而优化建筑的节能设计。同时，BIM 还可以分析建筑对周边环境的影响，如光污染、热岛效应等，从而采取应对措施。

（2）优化能源利用与节水设计

BIM 技术可以协助设计师进行能源系统的监测、控制和管理，确保建筑能源系统的高效运行。通过模拟和分析，可以优化能源系统的设计参数，提高自然资源的利用率。在节水设计方面，BIM 技术可以帮助设计师评估建筑物的水资源消耗情况，提出节水措施和建议。例如，通过模拟分析不同节水洁具的节水效果，选择最适合的节水方案。

（3）提高材料利用效率与减少浪费

BIM 技术可以在设计阶段对材料的使用进行精确预测和计算，从而优化材料的选型和使用量。这有助于减少材料浪费，降低建筑成本，同时也有助于减少建筑垃圾的产生。

（4）提升设计与施工效率

BIM技术通过三维可视化功能，使设计师、工程师和施工人员能够更直观地理解设计意图和施工方案。这有助于减少误解和冲突，提高设计和施工的效率。同时，BIM技术还可以实现各专业之间的协同工作，避免信息孤岛的产生。通过共享和更新项目信息，各方可以共同解决设计中遇到的问题，提高项目的整体质量。

（5）支持全生命周期管理

BIM技术不仅支持建筑的设计和施工阶段，还支持建筑的运维和拆除阶段。通过BIM模型，可以实时监测建筑的使用情况和性能表现，及时发现并解决问题。同时，BIM技术还可以为建筑的拆除和再利用提供数据支持，实现建筑的全生命周期管理。

综上所述，绿色建筑与BIM技术的结合为建筑行业带来了更加环保和可持续的建筑实践。通过全面分析建筑与环境的相互作用、优化能源利用与节水设计、提高材料利用效率与减少浪费、提升设计与施工效率以及支持全生命周期管理等方面的应用，BIM技术为推动绿色建筑的发展做出重要贡献。

8.2 BIM与云计算

云计算是一种基于互联网的计算方式，以这种方式共享的软硬件和信息资源可以按需提供给计算机和其他终端使用。BIM与云计算集成应用，是利用云计算的优势将BIM技术应用转化为BIM云服务。

（1）设计信息的协同整理与分享

BIM技术和云计算的联合应用，大大提高了设计土木工程的整体性、高效性和可操作性。设计师、工程师和施工人员可以通过云平台实时共享和更新BIM模型，实现多用户、多地点的协同设计，从而提高工作效率和增强协同能力。

（2）BIM模型的云存储和共享

云计算提供了强大的存储能力，使得BIM模型能够安全、便捷地存储在云端。这使得团队成员可以随时随地访问和修改BIM模型，实现远程协作和实时更新。

（3）BIM模型的云协同和协作

通过云计算平台，团队成员可以实时查看和编辑BIM模型，实现无缝协同工作。这有助于减少误解和冲突，提高项目的整体质量。

（4）BIM模型的云计算分析和仿真

云计算提供了强大的计算能力，使得复杂的BIM模型分析和仿真成为可能。这有助于设计师和工程师更准确地预测建筑性能，优化设计方案。

（5）云计算的BIM数据管理和处理

云计算平台可以高效地管理和处理BIM数据，确保数据的准确性和一致性。这使得项目信息更加透明和可追踪，有助于项目管理和决策。

（6）云计算的BIM模型可视化和展示

云计算平台提供了丰富的可视化工具，可以将BIM模型以直观、生动的形式呈现给团队成员和利益相关者。这有助于增强沟通效果，提高项目的可理解度和支持度。

总的来说，BIM与云计算的结合将极大地提升建筑和工程领域的效率和质量，减少施工和运维的成本，真正实现信息化建筑的目标。

8.3 BIM与GIS

BIM是一种基于建筑工程项目的各项相关信息数据所建立起来的建筑模型，通过数字信息仿真模拟建筑物所具有的真实信息。它涵盖了从设计、施工到运营协调等各个阶段的信息，是建筑工程全生命周期的数据集合。而GIS则是一种特定的空间信息系统，它可以在计算机硬、软件系统支持下，对整个或部分地球表层（包括大气层）空间中的相关地理分布数据进行采集、储存、管理、运算、分析、显示和描述。GIS技术可以处理大量的地理空间数据，并提供空间分析和可视化功能。

BIM与GIS集成应用，是通过数据集成、系统集成或应用集成来实现的，可在BIM应用中集成GIS，也可以在GIS应用中集成BIM，或是BIM与GIS深度集成，以发挥各自优势，拓展应用领域。目前，二者集成在城市规划、城市交通分析、城市微环境分析、市政管网管理、住宅小区规划、数字防灾、既有建筑改造等领域都有所应用，与各自单独应用相比，在建模质量、分析精度、决策效率、成本控制水平等方面都有明显提高。

BIM与GIS集成应用，可增强大规模公共设施的管理能力。现阶段，BIM应用主要集中在设计、施工阶段，而二者集成应用可解决大型公共建筑、市政及基础设施的BIM运维管理，将BIM应用延伸到运维阶段。

随着互联网的高速发展，基于互联网和移动通信技术的BIM与GIS集成应用，将改变二者的应用模式，向着网络服务的方向发展。当前，BIM和GIS不约而同地开始融合云计算这项新技术，分别出现了“云BIM”和“云GIS”的概念，云计算的引入将使BIM和GIS的数据存储方式发生改变，数据量级也将得到提升，其应用也会得到跨越式发展。

当BIM与GIS相结合时，可以实现以下优势：

（1）数据整合与共享

BIM和GIS的结合可以实现建筑工程和地理空间数据的整合与共享，为项目提供全面的数据支持。

（2）智慧城市数字化管理

BIM和GIS的整合可以为智慧城市数字化管理提供各种应用管理，如数据整合、空间管理等，提高城市管理的效率和智能化水平。

（3）工程全生命周期管理

从新建工程到翻新工程，再到建筑物的全生命周期运营维护管理，BIM 和 GIS 的整合都可以发挥重要作用。特别是在古迹维护、风险管理、能源管理等方面，BIM 和 GIS 的结合能够提供更精确的数据和更科学的管理方法。

（4）辅助决策与规划

通过 BIM 和 GIS 的整合，可以实现对工程项目和地理环境的全面分析和评估，为决策提供科学依据。同时，GIS 的宏观尺度功能可以扩展 BIM 的应用范围，使其不仅局限于单个建筑物，还能应用于道路、铁路、隧道、水电、港口等工程领域。

总之，BIM 和 GIS 的结合为建筑和工程领域带来更多的可能性和优势，有助于提高项目的效率、质量和可持续性。

8.4 BIM 与 VR / AR / MR

BIM（建筑信息模型）与 VR（虚拟现实）、AR（增强现实）和 MR（混合现实）的结合，为建筑和工程领域带来了革命性的变革。虚拟现实，是一种三维环境技术，集先进的计算机技术、传感与测量技术、仿真技术、微电子技术等为一体，借此产生逼真的视、听、触等三维感觉环境，形成一种虚拟世界。虚拟现实技术是人们运用计算机对复杂数据进行的可视化操作，与传统的人机界面以及流行的视窗操作相比，虚拟现实在技术思想上有了质的飞跃。

（1）BIM 与 VR 的结合

VR 技术可以创建一个完全虚拟的三维环境，让用户身临其境地体验建筑项目。设计师、工程师和业主可以穿戴 VR 头盔，进入虚拟建筑环境，亲身感受设计方案。这种体验使得各方能够更直观地理解空间布局、材质选择和建筑比例，从而减少在建筑施工前后的设计修改，提高设计的质量和符合度。结合 BIM 模型，VR 技术可以展示建筑项目的全生命周期，包括设计、施工和运维等阶段，这有助于项目团队更好地理解项目的整体情况和各个环节的关联性。

（2）BIM 与 AR 的结合

AR 技术可以将虚拟信息叠加到现实世界中，为用户提供一种全新的交互方式。在建筑施工阶段，工人可以使用 AR 眼镜或设备，将 BIM 中的信息投射到施工现场，以便准确定位管道、电缆和其他构件。这种实时的可视化指导可以提高施工的精度和效率。AR 技术还可以用于缺陷管理，通过虚拟模型与现实叠加，可以直观对比并识别施工的缺陷和错误。同时，也可以通过编写程序，把施工现场的工序做法、施工问题、构建属性等信息投射到眼前，用于施工阶段和后期运维。

（3）BIM 与 MR 的结合

MR 技术结合了 VR 和 AR 的特点，既可以创建虚拟环境，也可以将虚拟信息叠加到现实世界中，这使得 MR 技术在建筑领域具有更广泛的应用前景。基于 BIM 的设计方案模型，结合 MR 的呈现方式，可以更便捷地做到随时修改随时查看，真正所见即所得。同时，MR 技术还可以提供实时的数据分析和决策支持，帮助项目团队更好地应对各种挑战。

总的来说，BIM 与 VR / AR / MR 的结合将为建筑和工程领域带来更高效、更直观、更智能的工作方式。这种结合不仅能提高项目的效率和质量，还会为用户带来全新的体验和价值。随着技术的不断发展和完善，相信 BIM+VR / AR / MR 将在未来发挥更大的作用。

8.5 BIM 与物联网

BIM（建筑信息模型）与物联网（IoT）的结合在建筑行业中展现出了巨大的潜力和价值。它们之间的集成可以实现建筑全过程的信息集成与融合，从而优化建筑的设计、施工、运营和维护等各个阶段。

（1）数据采集与集成

物联网技术通过射频识别系统、红外感应器、全球定位系统等信息传感设备，能够实时采集建筑项目的各种数据，如温度、湿度、光照、能耗等。而 BIM 技术则提供了一个强大的数据平台，可以将这些数据进行集成和管理，形成一个完整的建筑信息数据库。

（2）实时监控与管理

物联网技术能够实现对建筑项目的实时监控，包括施工进度、设备状态、环境质量等。而 BIM 技术则可以将这些监控数据以三维模型的形式展现出来，使得项目管理人员能够更直观地了解项目的实际情况，从而做出更准确的决策。

（3）智能化运维

在建筑的运营阶段，BIM 与物联网的集成可以实现建筑物的智能化运维。通过物联网技术，可以实时监测建筑物的各项指标，如能耗、安全状况等，并将这些数据与 BIM 模型进行关联。一旦发现异常情况，系统可以自动触发警报，并生成相应的维修方案，从而大大提高运维的效率和准确性。

（4）协同工作

BIM 与物联网的集成还可以促进项目团队之间的协同工作。设计师、工程师、施工人员等各方人员可以通过 BIM 模型共享项目信息，实现设计、施工、运维等各个环节的无缝对接。同时，物联网技术还可以提供实时的现场数据支持，帮助项目团队更好地应对各种挑战。

总的来说，BIM 与物联网的集成应用将为建筑行业带来更高效、更智能、更绿色的解决方案。它们之间的结合不仅可以提高建筑项目的效率和质量，还可以降低项目的成本和环境影响，推动建筑行业的可持续发展。BIM 与物联网的深度融合与应用，势必将智能建造提升到智慧建造的新高度，开创智慧建筑新时代，是未来建设行业信息化发展的重要方向之一。

8.6 BIM与3D打印

3D打印技术是一种快速成型技术，是以三维数字模型文件为基础，通过逐层打印或粉末熔铸的方式来构造物体的技术，是综合了数字建模技术、机电控制技术、信息技术、材料科学与化学等方面的前沿技术。BIM与3D打印技术的结合，为建筑领域带来了前所未有的创新和变革。以下是关于BIM+3D打印的一些主要应用点和优势。

（1）主要应用点

①直观展示与对比分析：通过3D打印机对设计的BIM按比例进行打印，可以更加直观地展示和对比分析设计方案，助力方案比选和评审。

②施工模拟：通过3D打印机对BIM中的复杂结构、机电设备等按比例进行打印，可以进行带实操性质的施工模拟，帮助施工人员更好地理解施工方案和操作流程。

③智能化生产：以BIM搭建的数据库为核心进行3D打印，可以实现建筑物及相关构件的智能化生产，特别是对于异形构件的生产具有显著优势。

④装配式建筑：将BIM和3D打印结合起来应用于装配式建筑，可以快速批量打印并生产装配式构件，提高建筑效率和质量。

（2）优势

①定制个性化：未来客户可以在极大程度上根据自己的想法影响建筑的设计，实现个性化的定制。

②造型奇异化：BIM+3D打印技术可以建造出更多造型奇异的建筑物，满足设计师和客户的创新需求。

③模型直观化：3D实时打印的建筑模型即使是普通老百姓也能看懂看透，提高了建筑设计的公众参与度和透明度。

④建造绿色化：3D打印的材料已经开始使用建筑垃圾等废料，建造过程也将大大减少噪声与环境污染，真正实现建造绿色化。

⑤成本减少：部件拼装等新型施工方法将减少大量的劳动力，节约人工成本；建造时间的缩短也会节约大量的人工成本；使用废料作为建筑材料将大大减少材料的成本。

然而，BIM+3D打印技术也面临一些挑战和限制，如打印材料单一、强度限制大等问题。但随着技术的不断发展和完善，相信这些问题将逐渐得到解决。未来，BIM+3D打印技术将在建筑领域发挥更大的作用，推动建筑行业的创新和可持续发展。

8.7 BIM与数字建造

BIM与数字建造的结合，将为建筑行业带来显著的变革和提升。这种结合通过利用

BIM技术的数据集成、可视化和模拟能力，以及数字建造的高效、精确和智能化特点，实现建筑项目的全生命周期数字化管理。

（1）BIM+数字建造的应用主要体现在以下几个方面：

①设计优化：BIM技术为设计师提供了全面的数字化设计工具，可以对建筑项目的各个细节进行精确模拟和分析。通过BIM模型，设计师可以实时查看和调整设计方案，进行多方案比较和优化，提高设计效率和质量。

②施工模拟与管理：利用BIM技术可以构建精确的数字化施工模型，对施工过程进行模拟和预测。这有助于施工人员提前发现潜在的问题和冲突，制定针对性的解决方案。同时，BIM模型还可以与施工计划软件进行集成，实现施工进度的动态管理和资源优化。

③质量控制与安全管理：BIM技术可以实时跟踪和记录建筑项目的质量信息和安全数据。通过数据分析，可以及时发现潜在的质量问题和安全隐患，并采取相应的措施进行改进和预防。这有助于提高建筑项目的质量和安全性。

④交付与运维管理：BIM模型包含了建筑项目的所有信息，可以方便地提取出项目所需的各种报表和图纸。这有助于提高交付的准确性和效率，降低交付成本。同时，BIM模型还可以为运维管理提供丰富的数据支持，帮助运维人员更好地了解建筑项目的运行状况和维护需求。

（2）BIM+数字建造的优势主要体现在以下几个方面：

①提高效率：通过数字化设计、施工和交付等流程，可以大幅提高建筑项目的效率。同时，数字化管理可以优化资源配置和进度安排，减少浪费和延误。

②提高质量：BIM技术和数字建造的应用可以提高建筑项目的质量和精度。通过模拟和分析等手段，可以发现潜在的问题和冲突并进行改进和优化。

③降低成本：数字建造可以减少人工和材料浪费，降低施工成本。同时BIM技术的应用也可以提高设计效率和准确性，降低设计成本。

④增强协同性：BIM技术和数字建造的应用可以实现不同部门和团队之间的信息共享和协同工作，提高项目管理的协同性和效率。

总的来说，BIM+数字建造为建筑行业带来了显著的变革和提升。通过利用BIM技术的数据集成、可视化和模拟能力以及数字建造的高效、精确和智能化特点，可以实现建筑项目的全生命周期数字化管理，提高项目的效率、质量和可持续性。

8.8 BIM与人工智能

BIM与人工智能（AI）的结合，将为建筑行业带来前所未有的机遇和变革。这种结合不仅可以提高建筑设计和施工的效率，还能优化项目管理、提高安全性，并推动行业的创新。

BIM+人工智能的主要应用如下：

①设计优化与冲突检测：AI可以通过数据分析和算法，在BIM模型中自动检测潜在

的冲突或错误，如管道与结构的干涉、设备与空间的冲突等。通过早期发现和解决这些问题，可以减少施工阶段的错误和降低施工阶段的成本。同时，AI 还可以提供设计优化建议，帮助设计师改进设计方案，提高设计质量和效率。

②施工组织优化：AI 可以对建筑周边地形、地段进行完整的数据分析和预测，结合 BIM 模型，提出多套解决方案供建设者选择和决策。这有助于实现施工资源的优化配置，提高工作效率。

③安全管理：在施工安全方面，AI 系统可以在安全隐患较大的区域进行机械设备控制，避免人工操作可能带来的危险。此外，AI 还可以结合其他技术进行隐患排查和质量检查，提高施工现场的安全性。

④环境监测与保护：通过 BIM 技术与 AI 的结合，可以对建筑结构进行未来发展趋势的预测，并应用于自然环境的监测中。这有助于及时发现和解决环境问题，保护生态环境。

⑤自动化建模与数据分析：BIM 软件可以使用机器来学习数据和检测模式，并从中独立决定如何实现自动化和改进建模过程。这不仅使过程更快，而且减少人为错误，从而提高了现场的安全性。

⑥智能决策支持：AI 可以分析 BIM 模型中的大量数据，为项目管理者提供智能决策支持。例如，基于历史数据和当前进度，AI 可以预测项目的完成时间和成本，帮助管理者制订更合理的计划。

总之，BIM+人工智能的结合将为建筑行业带来更多的机遇和挑战。通过充分利用这种结合的优势，可以推动建筑行业的创新和发展，提高项目的效率和质量，并为社会带来更多价值。

参考文献

［1］李益，常莉. BIM技术概论［M］. 北京：清华大学出版社，2019.

［2］饶婕，梁艳. 建筑信息模型（BIM）初级［M］. 北京：中国建筑工业出版社，2021.

［3］鞠采坪，蔡可心. BIM在高校建筑专业教学中的应用初探［J］. 消费导刊，2021（23）：106.

［4］周建亮. BIM技术原理与综合应用［M］. 北京：机械工业出版社，2022.

［5］张立茂，吴贤国. BIM技术与应用［M］. 北京：中国建筑工业出版社，2017.

［6］广联达科技股份有限公司，东南大学. 数字建筑人才培养［M］. 南京：东南大学出版社，2023.

［7］赵宾杰，谢艳华，李泽雨. 基于“以赛促学、以赛促教”教学模式的BIM技术类课程教学实践［J］. 西部素质教育，2023，9（21）：143-147.

［8］袁亭亭. 基于BIM协同的建筑学跨专业毕业设计教学研究［D］. 徐州：中国矿业大学，2021.

［9］李立. 基于信息技术的建筑整体设计——“BIM+CC”设计方法研究［D］. 北京：北京交通大学，2015.

［10］朱英姿. 基于BIM的某装配式建筑预制构件参数化设计及应用研究［D］. 吉林：东北电力大学，2023.

［11］肖时祥，布欣，王新武. 基于BIM技术的异形空间结构参数化设计［J］. 土木建筑工程信息技术，2024，16（2）：70-75.

［12］谭旺，仝美娜，赵欣翀，等. 基于BIM的全过程智能建造技术研发及综合应用——以北京城市副中心剧院项目为例［J］. 中国勘察设计，2024（4）：74-77.

［13］张绍平，万雅琴，黄敏，等. 基于1+X建筑信息模型职业技能等级证书考核案例的BIM族建模能力提升研究［J］. 安徽建筑，2024，31（2）：73-76.

［14］韩冬辰. 面向数字孪生建筑的“信息-物理”交互策略研究［D］. 北京：清华大学，2020.

［15］周奇松. 基于数字技术的工业遗产建筑改造策略研究——以连云港锦屏磷矿选矿厂为例［D］. 徐州：中国矿业大学，2022.

［16］何荥，袁磊. 建筑采光［M］. 北京：知识产权出版社，2019.

［17］田真，晁军. 建筑通风［M］. 北京：知识产权出版社，2018.

［18］刘琦，王德华. 建筑日照［M］. 北京：知识产权出版社，2016.

［19］孟琪，闵鹤群. 建筑声环境［M］. 北京：知识产权出版社，2021.

［20］罗智星，王海宁. 建筑能耗与负荷［M］. 北京：知识产权出版社，2021.

［21］陈宏，张杰，管毓刚. 建筑节能［M］. 北京：知识产权出版社，2019.

［22］高玉环，谢崇实，高露. 绿色建筑与建筑节能［M］. 北京：北京理工大学出版社，2024.

［23］中国建筑科技集团. 绿色建筑设计导则［M］. 北京：中国建筑工业出版社，2021.